U0142947

財務管理

Financial Management

台灣大學經濟系
謝德宗 教授 著

五南圖書出版公司 印行

Hsieh Chou-Jung.
2014. 5.

序

從 1990 年代末期起，作者在台大經研所在職專班講授財務管理課程，並於 2011 年出版《財務管理》一書。然而許多老師採用此書授課後，紛紛反映內容偏難且份量偏多，難以適合學生課後研讀與老師授課時數需求。有鑑於此，作者開始嘗試於上課時精簡難度較高內容，引進較多現行實務內容與附加練習題，重新撰寫《財務管理》。

在重新撰寫本書過程中，作者除簡化相關理論外，也將過去參與上市公司董事會運作經驗融入教科書中。尤其是台大經研所在職專班學生來自各行各業的財務經理與會計師、證券業與銀行業從業人員，在課堂上提供特殊的財務管理、金融投資操作與銀行授信經驗，讓作者得以大幅修正每章初稿，縮小理論與實務的距離，促使本書內容更具實用性與可讀性。實務上，財務人員從事公司理財，「直覺」將扮演重要關鍵因素，不過掌握「為何」與「如何」則是同等重要。據此，本書特色即在凸顯何者是重要且實用的財務議題、降低純理論議題的份量，精簡缺乏實用性或可直覺判斷的繁瑣計算。此外，財務人員是支援公司營運的關鍵執行者，如何精準剖析相關訊息與掌握公司財務資源，將是維持公司財務穩健的重要關鍵。是以本書將介紹重要的財務分析方法，以實例說明運用過程中可能存在的陷阱，讓財務人員決策與操作不致發生偏誤。

本書附網路練習題，可輕鬆瞭解本書個案導讀所引申的議題焦點，並可進行搜尋訊息，藉以掌握財務金融動態情勢。特別提醒您的是，逐一演算練習題才能透澈瞭解書中內涵。對有意報考證券分析師、會計師或國家考試的讀者而言，本書每章的習題多數與實際現象有關，詳加演練可收事半功倍之效。

　　最後，本書封面與封底均係謝州融先生親手描繪的畫作，讀者閱讀本書，除能分享欣賞藝術之美外，也能增添財務邏輯之藝術涵養。同時，作者要感謝參與財務課程的專班學生，歷屆修課同學逐一檢視每章初稿，提供他們獨有的實務經驗，甚至建議修改方向而讓本書增色許多。國際經濟金融環境瞬息萬變，舉目回顧、展望未來，不完美與瑕疵之處仍難避免。敬請讀者不吝賜正，俾能於再版時更正。

謝德宗

於台大經濟系

(dthsieh@ntu.edu.tw)

目 錄 *Contents*

導論

個案導讀

安隆 (Enron) 是在 1985 年合併德州兩家瓦斯管線公司而成，1999 年設置網站交易平台而躍居全球最大的能源交易集團，2000 年營業額突破 1,000 億美元高居美國第七大企業。安隆股價在 2000 年 8 月間達到 90 美元高峰，然而 2001 年 10 月爆發財務問題重挫股價至低於 1 美元，旋即於 2001 年 12 月 2 日申請破產保護，成為美國有史以來最大的破產案。負責安隆簽證的 Arthur Andersen 會計師事務所係全球五大會計師事務所之一，涉及協助偽造不實資訊、逃稅與銷毀會計資料，遭到美國司法部起訴。安隆從一家小公司出發，利用關係人交易，高估資產、操控盈餘、隱瞞負債，獲得許多殊榮而快速擠入全球五百大企業之林，其成功讓許多企業家欣羨模仿。然而曾幾何時，安隆卻一夕倒塌宣布破產。

安隆暴起暴落提供財務管理的良好實例個案。針對安隆興衰過程的來龍去脈，本章首先討論公司組織型態，說明公司所有權歸屬與追求目標。其次，將探討財務長扮演的角色與決策內容。接著，將探討公司面臨的代理問題，說明公司治理概念與追求的財務目標。最後，再說明財務管理發展趨勢與本書架構。

 1.1 廠商的本質

1.1.1 廠商組織型態

在完全競爭市場，不論供給者或消費者決策均屬個體行為，然而體系何以出現企業取代個體間的交易活動？Coase 在《廠商的本質》(*Nature of Firms*) (1937) 首先提出這個問題並提供思考線索。

在真實世界中，Coase 指出人們透過市場機能從事商品交易，必須支付價款與交易成本 (transaction cost)，前者即是「利用價格機能的成本」(提供商品價格的成本)，而後者則為「透過市場交換的交易成本」(包括議價成本、訂立和執行契約成本等)。舉例來說，張無忌規劃裝潢新屋，選擇透過市場價格機能，自行尋找木匠、水電工與油漆工來修繕，除支付因素費用 (價格) 外，還需耗費尋找與整合因素的時間與精力。另外，有人成立室內設計公司來整合上述因素，將透過「外部價格機能」僱用的因素，轉變成以「內部契約連結」的組織安排 (如簽訂勞動契約而成為僱傭關係)，提供張無忌裝潢設計服務。當人們透過價格機能取得所需商品與勞務的總成本，超過自行組合因素產生商品與勞務的成本，將會形成企業出現價值的誘因，促成企業興起來提供人們所需的商品與勞務。

Coase 認為市場交易成本高於廠商內部管理協調成本，將是提供廠商出現誘因，尋求以較低成本的廠商內部交易取代較高成本的市場交易。企業規模取決於利用市場機能交易的成本，成本愈高，有利於交易內部化，促使企業規模愈大；反之，企業規模愈小。一旦市場交易的邊際成本等於廠商內部管理協調的邊際成本，就是廠商規模擴張的極限。換言之，營利事業是人們基於從事特定經濟活動而成立的組織，用以取代外部的價格機能運作，發揮降低交易成本效果。Stigler 更以「寇斯定理」(Coase theorem) 來描述該種現象，說明廠商形成的本質。

綜合《民法》、《公司法》與《證券交易法》規定，台灣的營利事業組織型態如圖 1-1 所示。

獨資 (sole proprietorship) 係由業主獨自擁有事業，自行挹注營運資金，對營利事業負債與義務負無限責任。一旦業主去世，事業也將結束，盈餘則屬個人所得而須繳納所得稅。合夥 (partnership) 則由多人集資共同管理事業，一般合夥須對事業負債承擔無限清償責任，有限合夥僅以投資金額為限而承擔有限責任，所有權移轉需經一般合夥人全體同意。人們採取獨資與合夥型態營運，成立組織成本低廉，但是承擔責任無限，事業存續期間有限，而所有權移轉困

交易成本
交易雙方完成交易所需承擔與此交易相關的成本。

寇斯定理
在體系存在交易成本狀況下，資源配置效率將會受到影響。

獨資
業主獨自擁有事業，自行挹注營運資金，對營利事業負債與義務負無限責任。

合夥
多人集資共同管理事業。

Ronald Coase (1910~2013)

出生於英國倫敦的 Willesden，曾在政府部門擔任統計工作，爾後在英國倫敦經濟學院、美國 Virginia 大學與 Chicago 大學任教，並於 1991 年獲頒諾貝爾經濟學獎。Coase 指出交易成本存在提供廠商出現誘因，也是擴展規模的界限。同時，交易成本和財產權在經濟組織和制度結構中扮演重要角色，對經濟活動運作發揮影響。是以 Stigler 將此概念命名為「Coase 定理」，譽為新制度經濟學的鼻祖。

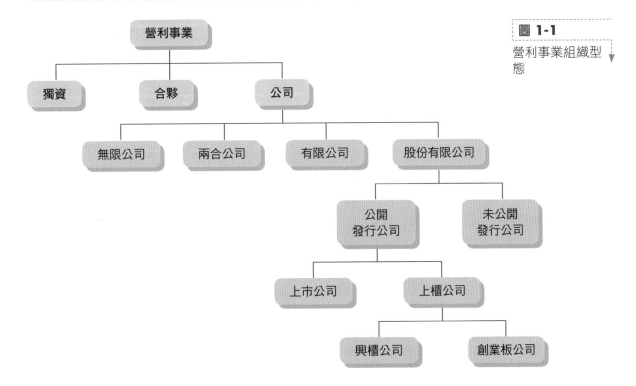

圖 **1-1**
營利事業組織型態

難，尤其是營運資金來源有限，勢必侷限規模成長。

　　對營利事業而言，公司 (corporation) 是現代社會的重要經營模式。台灣的《公司法》規定公司型態有無限公司、兩合公司、有限公司與股份有限公司四類，擁有名字、享有自然人擁有的許多法定權力，如取得和交易財產、簽訂契約、進行訴訟等。相對獨資和合夥而言，營利事業以公司型態營運的優點如下：

1. 以股權衡量所有權，股權獨立且能自由移轉，大幅提升募集資金能力。
2. 股權分散由眾多股東持有，單一股東死亡或撤資並不影響公司存續營運。

3. 股份有限公司的責任有限，股東僅對持有股權負責。舉例來說，張無忌持有力霸 1,000 股，價值 2,000 元，力霸倒閉造成的最大損失僅 2,000 元。

一般而言，經濟部商業司是公司的主管機關，消極監理公司營運，如公司業務內容、現金增資需向商業司辦理變更登記。隨著公司營運規模擴大，在分散股權後，向金管會證期局申請為公開發行公司。此時，一般性規範仍由商業司管轄，主管機關卻轉為金管會證期局，需受《公司法》、《證券交易法》及證期局各項解釋函令及規定的規範。證期局對公開發行公司採取積極管理，如發行股票或公司債、公司資本額異動 (增資或減資)、合併及分割案等，均須向證期局申報生效或核准，後者對其許多決策具有准駁與否權利。另外，公開發行公司須公開揭露資訊，經由綜合證券商輔導，可由其推薦在興櫃掛牌交易，爾後再向證券交易所或櫃檯買賣中心申請，審核通過即可成為上市或上櫃公司。

George Joseph Stigler (1911~1991)

出生於美國 Washington 的 Seattle，曾經任教於 Iowa 大學、Brown 大學、Chicago 大學與 Columbia 大學，擔任安全投資保護委員會副主席、Nixon 總統的法規管理改革顧問，並於 1982 年獲頒諾貝爾經濟學獎。Stigler 是 Chicago 學派個體理論的核心人物，論證「看不見的手」在當代市場仍然運作良好，政府管制經常無法發揮預期效果，Milton Friedman 譽為「以經濟分析來研究法律與政治問題的開山祖師」，為「管制經濟學」奠定基礎。

1.1.2 廠商所有權歸屬與經營目標

公司治理
透過制度設計以落實管理階層責任為目標的管理機制。

2001 年爆發安隆案促使公司治理 (corporate governance) 再受各國重視，此係企業規模愈大促使經濟活動的聯繫性愈趨緊密，企業成敗形成的影響與波及範圍愈來愈廣，企業失敗成本和風險已非單一企業可以承擔，促使「企業對誰負責」的議題浮上檯面！

公司係由股東 (擁有所有權)、董事會 (擁有經營權) 與高階管理階層 (擁有管理權) 三者構成。在公司未上市與上櫃前，股權集中於少數股東，股東、董事與管理階層三者重疊而難以區隔。隨著公司上市與上櫃後，股權分散導致股東眾多，難以全部投入經營活動，故將透過股東會選舉董事，再由董事會聘僱管理階層帶領員工經營公司，形成雙重委託代理。

董事會擁有決策權，包括決定企業目標與主要政策、選任高階主管、審核公司營運結果等。是以在營運過程中，董事會扮演何種角色、被期望發揮何種功能與實際產生何種作用，均是財務管理的重要研究議題。

上市公司監理涉及公司**財產權** (property rights) 歸屬問題，亦即企業倒閉的最大受害者是誰？財務管理針對上市公司所有權歸屬，提出下列兩種看法：

1. **股東權益理論** (stockholder theory)　公司績效不彰的風險是由股東承擔，故應由股東選出具備股東身分的董事來組成董事會，擬定追求公司利益的決策，以確保股東利益。換言之，股東承擔公司盈虧，公司所有權屬於股東，董事會成員應以主要股東為主。

2. **利益關係人理論** (stakeholder theory)　公司績效不彰而倒閉，將損害利害關係人權益，故應選出利害關係人組成董事會來監督公司經營決策。公司治理提供股東、供應商、借款者、顧客及政府和社區等供應公司各種資源的彼此法律關係的架構。依據「承擔風險者應獲得風險控制權」的邏輯，承擔公司**事業風險** (business risk) 並有貢獻的利益關係人，都應分享公司控制權和剩餘請求權。

一般而言，公司上市或上櫃後，股權分散讓股東人數遽增，如聯電與台積電股東近百萬人，許多投資人甚至消失在股票基金中。公司績效不佳陷入困境，股東眼見苗頭不對，將迅速賣股落跑規避風險。反觀資深員工家當全在公司，難以灑脫離職，早與公司結為生命共同體，是以實有必要賦予公司請求權。至於公司供應商與坐落的社區，同樣也與公司營運緊密相連，也應賦予公司請求權，如落腳雲林麥寮的台塑六輕廠在 2011 年頻傳工安事件，嚴重危及當地鄉民生活環境。綜合上述說法，公司的利害關係人縱無股權，也應有權擔任董事，許多國家因而規定公司需有外部或獨立董事，代表社會大眾利益監督公司營運。

過去《公司法》基於股東權益理論觀點，規定董事會應由三人以上組成，由股東會選任有行為能力的股東，而在上市或上櫃後，董事會應擴大超過五人。到了 2001 年，《公司法》改採利害關係人理論觀點，取消董事須為股東的限制，規定自 2002 年 2 月起申請上市或上櫃公司董事會至少需有兩位獨立董事，其中一位須為會計或財務專業人士。2006 年 1 月修訂《證券交易法》，明定公開發行公司得依公司章程規定自願設置獨立董事，且不得少於二人與董事席次五分之一。

上市與上櫃公司需在董事會納入非股東的外部董事代表公眾、員工或社群利益，此係非執行公司經營權限的董事，而獨立董事則是外部董事且具備獨立性者。所謂「獨立性」是指獨立於公司經營與可能影響獨立判斷行使監督職權

財產權
人們持有實體或無形資產而能產生經濟價值者。

股東權益理論
股東承擔公司盈虧，公司所有權屬於股東，董事會成員應以主要股東為主。

利益關係人理論
公司所有權屬於與公司具有利害關係者。

事業風險
公司營運所需承擔的風險。

的商業或其他關係。獨立董事並非獨立於公司，能否獨立行使職權也與持股無關，獨立董事持有股權將可建立與股東相同的利害關係，為行使監督權限提供正面誘因。

最後，**知識經濟** (knowledge-based economy) 興起帶動人力資本 (human capital) 概念廣受重視，公司追求未來營運發展，將需百納海川吸引人才參與營運，積極實施經營分享制、員工分紅配股 (認股選擇權) 與入股。台灣國營事業規定設有勞工董事席次，此係落實公司遵循追求利益關係人財富極大化目標，凸顯公司所有權屬於利益關係人的概念。

知識經濟
立基於知識與訊息的激發、擴散與應用的經濟活動。

人力資本
人們接受教育與訓練而在未來能夠產生一連串收益。

知識補給站

股東所有權理論認為股東是唯一擁有公司者，經營決策係在追求股東財富極大化。實務上，提供公司專用資源者並非僅有股東 (股權資本)、債權人 (債務資本)、供應商、顧客 (市場資本)、員工 (人力資本) 均在營運過程中發揮貢獻，共同承擔公司的事業風險。是以利益關係人理論基於「承擔風險者應獲得風險控制權」，認為提供專用資源並承擔事業風險的利益相關人，都應分享公司控制權和剩餘請求權。

利益關係人理論運用於財務管理，將呈現下列特性：

(1) 公司是「營利組織」，公司利益有別於股東利益，而利益關係人的利益可用「公共利益」衡量。公司追求公共利益極大化，董事會和管理階層的職責就在協調與平衡各種利益關係人。

(2) 股東所有權理論強調「股東單邊治理」，而利益相關人理論則強調利益關係人共同參與公司治理。提供公司金融資本 (股東與債權人)、人力資本 (管理階層和員工) 以及市場資本 (顧客) 應能直接參與公司財務管理，而其他利益關係人則透過獨立董事代表參與。

(3) 員工是公司最重要的利益相關人，兩者的財務聯繫除薪資制度外，員工參與財務管理包括員工入股、員工分紅與員工持股信託。

從 1980 年代迄今，美國已有 29 州修改公司法，要求公司營運係為利益關係人而非僅為股東服務。是以在營運過程中，管理階層追求目標趨於多元化：

1. **股東財富極大化**　依據股東所有權理論，管理階層追求股東財富極大化。
2. **社會福利**　依據利益關係人理論，公司價值與公司社會責任連結，董事受利益關係人委託，應積極履行公司在社會中應有的角色。是以管理階層追求經營績效來提升股東財富，間接讓整個社會 (股東) 受益，尤其是避免發生財務危機甚至破產，干擾體系運作穩定性 (避免員工失業)。
3. **滿足市場需求**　公司經營績效係由股東、員工與客戶三方合力達成，管理

階層應追求提供高品質商品與服務來滿足市場需求。

4. **維持盈餘穩定成長**　公司營運績效需倚賴員工努力的貢獻，管理階層應追求業務、人才與工作環境穩定均衡發展。

檢視上述多元化目標內涵，管理階層很難同時追求股東財富極大化與維持營運穩定性，然而擬定決策卻須同時兼顧影響兩種目標有關的因素。管理階層追求股東財富極大化，理論上係針對追求「長期」或「平均」盈餘而言，實務上，其中意涵卻又讓人難以清楚瞭解：

- 盈餘是指會計淨利或每股盈餘嗎？
- 公司追求長期盈餘極大化嗎？

舉例來說，管理階層降低產品價格或放寬賒帳期限，就能輕易提高市場占有率與銷售額。同樣地，管理階層只要緊縮研發費用，也能迅速降低成本，提高短期盈餘。至於公司只要不舉債且僅執行安全投資計畫，即可避免陷入破產困境。是以管理階層追求盈餘極大化，到底是針對何年盈餘而言？管理階層如何在當期盈餘與未來盈餘間取捨，甚難為外人道也。

基於股東觀點，財務長基於股東財富極大化而擬定財務決策。投資人購買股票若是追求資本利得，答案就很清楚：「好決策能讓股東住帝寶 (提升股票價值)，錯誤決策則讓股東進套房 (減低股票價值)」。極大化股票價值理應涵蓋先前提及的各種目標，不會出現長短期差異且有疑義的狀況。

1.2　金融循環流程與財務管理

在經濟活動中，人們經常陷入當期收支難以契合窘境，從而衍生後續互通資金活動，形成推動金融循環的動力。在圖 1-2 中，以家計部門為主的**盈餘單位** (surplus spending unit, SSU) 或稱金主，屬於當期所得超過支出者，為求效率運用資金，將依投資學提供的藍圖，透過金融機構與金融市場安排投資組合而形成資產需求(資金供給者)。另外，以公司為主的**赤字單位** (deficit spending unit, DSU) 屬於當期入不敷出者，為彌補資金缺口，將循財務管理提供的原則，透過金融機構與金融市場尋求資金來源而形成資產供給 (資金需求者)。

公司經營績效與各種企業功能 (生產管理、行銷管理、人事管理、研發管理及財務管理) 配合程度息息相關，財務管理控制公司資金流量，則是推動各項管理功能的動能。圖 1-3 顯示財務長在公司扮演的角色，擬定融資與投資決策為公司創造財富，追求公司價值極大。

盈餘單位
當期所得超過支出者。

赤字單位
當期入不敷出者。

圖 1-2

金融循環流程

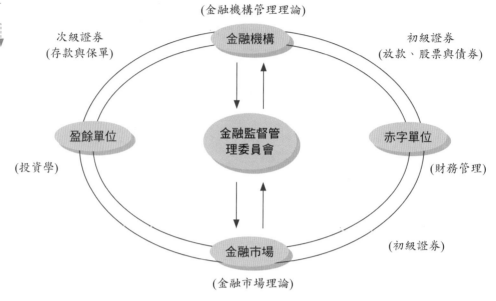

圖 1-3

財務長角色

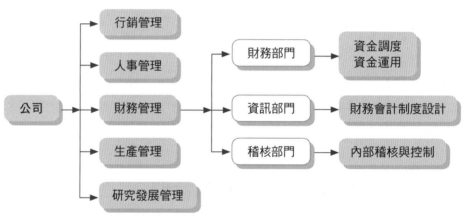

一般而言，財務長規劃財務管理策略的程序分為兩步驟：

(一) 事前準備工作

1. **操作環境** 瞭解公司內部環境，如組織文化特色，以及公司外部環境，如高科技公司現金需求高、營建業週轉金需求強、產業特色與產業發展方向，才能擬定合乎公司營運的財務決策。

2. **蒐集財務資訊** 掌握財務報表，瞭解財務資料來源管道、內容品質與資料可用性，才能瞭解公司會計品質與財務報告體系。

3. **公司現況** 掌握公司生產、行銷與企業政策現況，才能提出策略循序漸進改善公司財務。

(二) 財務政策擬定

在追求公司價值極大下，財務長擬定財務政策將如圖 1-4 所示。

1. **長期政策**　決定公司財務結構與長期資金運用政策。
2. **短期政策**　在長期政策限制下，落實長期財務目標的短期方案，包括股利政策、現金管理政策、投資政策 (資本預算) 與避險政策等。

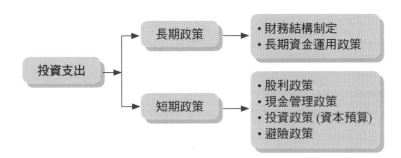

圖 1-4
財務政策內涵

財務長追求公司價值 (股東財富) 極大化，執行決策將如圖 1-5 所示。

1. **融資政策** (finance policy)　依據營運計畫所需資金性質，首先評估募集資金策略並選擇適當財務結構，然後採取**直接金融** (direct finance) (資本市場與貨幣市場) 或**間接金融** (indirect finance) (金融機構) 策略募集資金。

2. **投資政策** (investment policy)　在評估事業風險與報酬後，將營運資金投入實體與金融資產交易，藉以獲取營運收益。如何評估投資案的預期報酬與風險，擬定資本預算而形成最適投資組合，將是財務管理的第二個重點。

3. **股利政策** (dividend policy)　會計年度結束，董事會針對公司稅後盈餘提出盈餘分配案。依據《公司法》規定，製造業須提存法定公積 10%，剩餘部分再依公司章程規定的董監酬勞、員工紅利、盈餘公積與股東紅利等順序分配。

> **融資政策**
> 依據營運計畫所需資金性質，評估募集資金策略並選擇適當財務結構。

> **投資政策**
> 評估投資案的預期報酬與風險，擬定資本預算而形成最適投資組合。

> **股利政策**
> 董事會針對公司稅後盈餘提出盈餘分配案。

最後，公司績效評估著重是否落實財務目標，而財務控制、設計與執行控制方式，將是保證落實財務目標的手段。在營運期間，管理階層透過釘住生產成本、原料採購成本、營業收入、營業費用與財務費用等指標來落實盈餘目標。

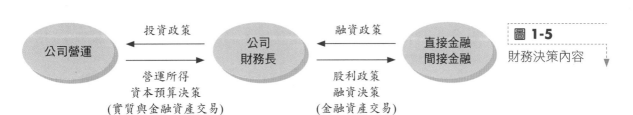

圖 1-5
財務決策內容

財務長係以年度盈餘為控制目標,將生產和經營活動分解為階段性執行目標,按時間控制工作進度。一旦個別指標超前或落後,應迅速調整使符合預算進度,執行過程如下:

- **預算目標** 蒐集有關成本與營收資料,由各部門規劃營運目標,經過匯總並考慮影響因素後,據以預測營運期間的成本和盈餘目標。
- **確定目標** 管理階層依據預測目標,經過經營會議討論選定方案並公布目標,包括明確決議、責任目標、激勵和獎懲辦法。
- **分解控制** 針對確定目標對成本和盈餘的組成指標進行分解,控制執行目標的時間和進度。
- **落實控制** 將上述分解的指標落實到預期的各項數據值。
- **反饋** 從目標落實點的基層起,在執行過程中及時檢討實際進度與工作資訊,掌握各階段的執行結果。
- **檢討與修正** 隨時分析反饋結果和資訊,檢討各項目標未完成的原因,據以擬定或修正下階段的方案。

1.3 代理問題

1.3.1 代理問題的發生

公開發行公司股權分散由眾多股東持有,促使構成公司架構的所有權、經營權與管理權明顯分離。由於三者追求目標未必一致,管理階層決策是否符合股東利益有待商榷。Akerlof、Spence 與 Stiglitz 強調資訊不對稱 (asymmetric information) 在經濟活動中扮演的角色,而在公司營運過程中,資訊不對稱將讓代理問題 (agency problem) 出現在股東與管理階層、股東與債權人兩個層次。

(一) 股東與管理階層的代理問題

管理階層和股東追求目標未必一致,從而引發下列代理問題:

1. **工作不力** 管理階層擁有股權偏低,創造利益多數歸屬股東,缺乏為股東創造財富的誘因。
2. **補貼性消費 (perquisities)** 管理階層偏好補貼性消費活動,該部分支出係由股東買單。
3. **管理買下 (management buyouts, MBO)** 管理階層為取得公司控制權,往往壓低股價以降低買回股票成本,從而損及股東權益。

資訊不對稱
在不確定環境下,交易雙方擁有的訊息不同。

代理問題
在資訊不對稱下,由於代理人與主理人追求目標不同,代理人偏離主理人目標而發生損害主理人利益的現象。

補貼性消費
管理階層偏好補貼性消費活動,該部分支出由股東買單。

管理買下
管理階層採取壓低股價買回股票,以取得公司控制權。

至於代理成本 (agency cost) 是指管理階層和股東間因利益衝突而衍生的監理成本與對營運的傷害：

1. 管理階層追求私利而浪費資源，如公司買單的奢侈品和非必要物品。
2. 監督管理階層必須支付監督成本，為激勵工作誘因而需支付高薪、紅利與其他福利支出，以及委外查核與評估財務報表成本。
3. 管理階層企圖掌控超過現有資源，如公司控制權和更多財富，而此種意圖與公司規模成長相連結。舉例來說，管理階層常遭訴訟僅係為了擴大公司規模和證明自身能力，而高價併購其他公司，此種行為明顯損及股東權益。

為降低代理問題形成的損失，股東從事監督活動必須承擔代理成本：

1. **監督成本**　健全的公司監理機制在於透過制度設計與執行，進而監督大股東兼管理階層的行為與提升管理效率，藉以確保外部股東權益。
2. **設計組織架構成本**　為提升管理階層工作誘因，公司設計適當組織架構與建立誘因制度，將須承擔調整組織成本。
3. **機會成本**　為使管理階層決策符合股東利益，董事會可採解僱威脅、接收威脅或惡意接管 (hostile takeover)、管理激勵計畫與管理人力市場等四種策略，但須承擔機會成本。

為紓緩股東與管理階層間的代理問題，經營階層通常採取下列改善策略：

1. 健全組織設計與內部控制以監理管理階層。
2. 透過股東會改選董事，制衡管理階層。
3. 建立誘因制度，如發放員工認股權證以提升工作誘因。
4. 管理階層績效不佳，隨時另尋其他經理人取代。
5. 證券市場會對管理階層績效進行評等，此即市場監督。

(二) 股東與債權人間的代理問題

公司舉債營運將引起股東與債權人間的代理問題：

1. **道德危險 (moral hazard)**　股東未經債權人同意，要求管理階層違背原先承諾，轉向執行高風險專案，擴大債權人承擔的風險。此外，管理階層基於本人利益而過度投資，引爆財務危機而無法正常清償本息，甚至違約。
2. **債權稀釋 (claim dilution)**　董事會為提升獲利能力，連續擴大舉債營運而稀釋債權，導致財務風險攀升而損及債權人利益。
3. **股利支付 (dividend payout)**　管理階層舉債發放股利，降低清償債權人本

息的能力。

為解決債權人與股東間的代理問題，債權人可採取下列策略改善：

1. 以債權人大會制約。
2. 訂立完善的債務契約，要求提供足額擔保品。

Andrew Michael Spence (1943~)

出生於美國 New Jersey 州的 Montclair，曾任教於 Stanford 大學與哈佛大學，歷任 Harvard 大學經濟學系主任、藝術及科學院院長、Stanford 大學商學院院長、國家科技及經濟政策研究委員會主席，並於 2001 年因將訊息理論運用於分析經濟現象而獲頒諾貝爾經濟學獎。

George A. Akerlof (1940~)

出生於美國 Connecticut 州的 New Haven，任教於加州 Berkley 大學經濟系，2001 年因奠定資訊不對稱分析的理論基礎而獲頒諾貝爾經濟學獎。

Joseph E. Stiglitz (1943~)

出生於美國 Indiana 州的 Gary，曾任教於耶魯、Stanford、Oxford 與 Princeton 大學，擔任過 Clinton 總統經濟顧問團主席、世界銀行副總裁與首席經濟學家。2001 年因運用資訊不對稱理論於保險市場而獲頒諾貝爾經濟學獎。

1.3.2　公司治理

公司治理萌芽於 1970 年，直迄 1997 年亞洲金融危機後，經濟合作發展組織 (The Organisation for Economic Co-operation and Development, OECD) (1999) 指出亞洲企業的公司治理未上軌道，是其無法提升國際競爭優勢的關鍵。2001 年 12 月 2 日，美國安隆製作假帳而宣告破產，接續發生世界通訊 (MCI World Com) 隱匿虧損、線上時代華納 (AOL Time Warner) 虛報廣告營業費用、強生製藥 (Johnson & Johnson) 被控隱瞞產品過失等事件，無不讓投資人蒙受鉅額損失。同樣的，從 2004 年 6 月起，台灣股市也陸續爆發博達、衛道、訊碟、皇統、力霸掏空事件而相繼破產，股東哀鴻遍野、人人自危。管理階層的代理問題瞬間占據新聞媒體版面，政府、企業、外界監督機構 (如會計師事務所、公司治理評等公司) 以及投資人競相呼籲強化公司治理，從而躍居財務管理熱門議題。

公司治理係在紓緩代理問題，經濟合作發展組織 (OECD) (1999) 提出《公司治理結構原則》，並以圖 1-6 顯示的公司利益關係人聯繫來定義：

「泛指規範公司管理階層、董監事、股東與其他利益關係人 (如員工、債權人、客戶、社區與政府) 之間關係的架構，並可透過這種機制釐定公司營運目標，落實該目標與監測營運績效。」

在該定義下，公司治理係由董事會執行，需要遵守當地法律和公司內規，也將涉及公司內部利益關係人及公司治理眾多目標間的關係，主要利益關係人包括股東、管理階層和董監事，其他利益關係人士包括員工、供應商、顧客、銀行和其他債權人、政策擬定者、整個社區環境。就實質內涵而言，公司治理具有下列特質：

1. 制度安排　公司建立治理成員間的權利分配和制衡關係，明確界定股東

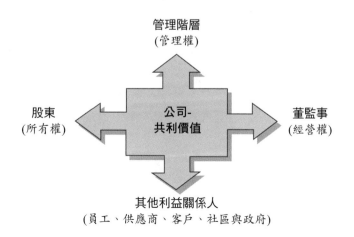

圖 1-6

公司治理關係的架構

13

會、董事會、監察人和經理人員職責與功能的組織結構，決定營運目標，以及由誰控制公司、如何控制與分配盈餘等攸關公司發展的議題。

2. **契約關係**　基於《公司法》和公司章程，透過公司治理規範利益關係人的關係，促使股東 (所有權) 和董事會 (經營權) 間的信託關係、董事會 (經營權) 與經理人 (管理權) 間的委託代理關係能有明確的權力邊界，落實各方權、責、利的均衡協調。

3. **權利制衡機制**　包括外部治理機制 (如政府、金融機構和資本市場) 和內部治理機制 (如公司章程、董事會議事規則等明確關於利益關係人間權力分配與制衡關係) 的規範。在制衡機制運作下，各方利益關係人獨立運作又相互制約，共同推進公司效率運作。

接著，公司治理結構具備權責分明、各司其職，委託代理、縱向授權，激勵與制衡機制關係等特質，提供利益關係人各盡其職機制，以符合公平性 (fairness)、透明性 (transparency)、課責性 (accountability) 以及責任性 (responsibility) 等四項原則。公平性是指公平合理對待投資人與利益關係人；透明性是指適時透明化揭露財務與相關資訊；課責性是指明確劃分董事與高階管理階層的角色與責任，並對其決策負責；責任性則是指遵守法律與社會期待的價值規範，盡到善良管理人職責。基於上述原則，OECD 提出的公司治理內容涵蓋五個層面：

- **股東權利**　確保股權登記安全性、自由轉讓、及時取得公司資訊、出席股東會與選舉董監事、分享公司盈餘。股東有權獲知公司重大決策訊息，參與股東大會應被告知議事規則 (包括投票程序)，有權質詢董事會並列入議程。

- **公平對待股東**　股東應擁有相同投票權，權利若遭侵犯，應獲得救濟機會和有效賠償，並可取得攸關公司營運與財務的相關訊息。董事會應揭露影響公司重大利益的交易活動或事件，嚴格禁止內線交易。

- **董事會責任**　董事會善盡規劃營運策略、有效監督管理階層 (包括執行業務董事) 以及對公司和股東應負的責任，而應執行的主要功能包括：

1. 擬定和落實公司策略、風險管理政策、年度預算和營運計畫，設定績效目標與監督執行績效，以及監督重大投資支出、併購和撤資。

2. 監督公司治理效率，依實際運作情形適時修正。董事會應獨立於管理階層且應有足夠的獨立董事，能夠客觀評估公司業務與可能的利益衝突，如財務報告、獨立董事提名、董事薪酬等重大責任。

3. 監督董事們可能的利益衝突，包括公司資產在關係人交易中被誤用、濫

用和掏空。

4. 確保公司會計和財務報告真實性，包括獨立稽核查帳、適當控制系統的執行，尤其是風險控管、財務控制和法律遵循系統。

5. 監督資訊揭露和溝通程序。

• 資訊揭露透明化 (disclosure and transparency)　包括營運目標、主要股東的股權變化、公司治理結構和政策、董事與管理階層的薪資報酬、公司財務與營運資訊，以及涉及員工與利害關係人利益的可預見重大風險。

資訊揭露透明化
針對公司營運目標、主要股東股權變化、公司治理、董事與管理階層薪資報酬、財務與營運資訊，以及涉及員工與利害關係人利益的資訊公開揭露。

知識補給站

2004 年 6 月 15 日，上市公司博達無預警宣告即將到期的 29.8 億元公司債難以清償，並向士林地方法院聲請重整。曾有輝煌經歷的博達，何以淪落重整困境，引爆震驚股市的事件？博達董事長葉素菲以四大步驟，編造台灣股市史上最大宗、最敢講、最無視監理機制的騙局：

1. 利用榮獲國家磐石獎，烘托出全球生產砷化鎵磊晶片的頂尖招牌。
2. 宣稱接單塞爆產能，滿到三年都做不完。
3. 以既有產能與持續獲利，前景一片光明。
4. 為擴大產能獲取更多利益，必須增資擴廠。

上述任何情境均會吸引投資人眼光，何況四者環環相扣凸顯的遠景。然而縱使博達曾獲磐石獎，各大企業也競相入股，一切均是基於虛幻財報。博達雖能生產砷化鎵磊晶片，生產成本卻是過高，缺乏市場競爭力。平均生產成本並非會計帳目管轄範圍，製程更屬營業機密，宣稱擁有全球最具競爭力的產能與生產成本，卻無人能反證辯駁。尤其是磊晶片接單滿到三年做不完，更可用「產能滿載」搪塞而拒接，何況訂單都做不完，擴產與獲利更不在話下。

博達並未生產出貨，營業額從何而來？事實上，葉董事長係採最原始作假帳方式。會計帳目不會列載購進哪些原料、出貨給誰，只有列載在何地花費多少錢，從何處賺取多少錢，結算是賺或賠而已。博達從 2000 年開始「左手賣給右手」，自產自銷虛增應收帳款，國內銷貨對象為泉盈、凌創與學鋒等公司，海外銷貨對象是 EMPEROR、MARSMAN、FARSTREAM、FANSSON、KINGDOM、DVD、DYNAMIC 與 LANDWORLD 等虛構的紙上公司，虛增應收帳款超過 161.3 億元。博達全無營業收入，日常支出全來自公司向市場拋售股票，不斷舉債補足龐大資金缺口，入不敷出日子終將來臨。

最後，台灣證券交易所在 2004 年 6 月 17 日將博達轉列全額交割股，並於 6 月 23 日停止股票交易。董事長葉素菲則因詐欺與背信罪，被台灣最高法院判有期徒刑十四年定讞，並於 2009 年 12 月 8 日入獄服刑。

- **公司治理與利益關係人角色** 尊重法律賦予利益關係人的權利，強化其參與機制與誘因，鼓勵其積極與公司營運，合作創造財富、就業機會和維持公司財務健全性等。

1.4 財務管理發展趨勢

從狹義來看，財務管理是規劃公司營運資金來源，以滿足不同時程與不同性質的資金需求。財務長必須針對目前環境，選擇資金來源、安排融資組合，以極尋求合理資金成本。從廣義來看，財務長面對目前金融環境，除須建構最適融資組合外，更需效率運用資金與安排投資組合，達成股東財富極大化。

影響公司財務決策的因素有二，外部層面 (系統風險) 係指總體經濟金融環境，財務長無從影響與掌控。內部層面 (非系統風險) 則屬公司內部營運因素而能自行掌控與調整，是以公司內部控制及提升績效，將是財務長執行任務的核心。另外，公司營運涵蓋八大循環主題：生產與製造、銷售與收款、採購與驗收、人事與薪資、財務與會計、資材與倉儲物料、研究與發展、廣告與企劃等，均屬財務管理範疇，所有營運活動皆應以財務管理績效做為評估標準。

隨著經濟金融國際化成為經濟發展主流後，跨國集團崛起而尋求資金來源多元化，旋即躍居財務長的重要決策議題。財務管理除強調改善財務決策品質外，如何在資本預算程序中正確評估資金成本，更讓投資與融資決策成為探討焦點。面對國際經濟金融局勢劇變，財務管理策略也將朝下列方向發展：

財務槓桿
公司採取舉債與自有資金營運。

- **財務槓桿 (financial leverage)** 傳統資本結構理論強調舉債經營有助於提高盈餘，然而 2008 年金融海嘯與 2009 年歐債危機重創景氣與引發金融市場動盪，擴大財務槓桿操作遭致嚴苛挑戰。

財務彈性
公司提高自有資金比率與保留融資額度，以因應金融危機引發的信用緊縮環境。

- **財務彈性 (financial flexibility)** 公司應提高自有資金比率，與金融機構建立良好關係，保留融資額度以因應金融危機引發的全面性信用緊縮環境。

- **營運安全性** 經濟環境劇變與公司頻傳營運艱困，迫使銀行大幅緊縮信用，財務長必須提升償債能力與維持高流動性部位，方能因應非預期支出，藉以規避陷入財務困境。

公司重建
經營階層評估調整公司結構的策略，如資本結構調整、撤資、併購 (分割)、合資或策略聯盟等，強化持續成長動力。

- **公司重建 (corporate reconstruction)** 為因應經濟金融情勢邅變，經營階層應評估調整公司結構的策略，如資本結構調整、撤資、併購 (分割)、合資或策略聯盟等，配合安排資金來源因應，強化持續成長動力。

- **公司治理** 嚴格釐清股東及管理階層的代理關係，落實內控制度，杜絕掏空資產或不當利益輸送活動，以維持公司健全營運。

圖 1-7 係本書架構,將包括五個主題。

第一個主題將闡述財務管理基本概念,包括第二章至第五章。

第二個主題將探討風險與預期報酬率的取捨,包括第六章至第七章。

第三個主題將探討資本結構與證券評價,包括第八章至第十一章

第四個主題將探討資產管理與資本預算,包括第十二章至第十四章。

第五個主題包括有關公司規模成長與內部運作的重要議題,包括第十五章至第十六章。

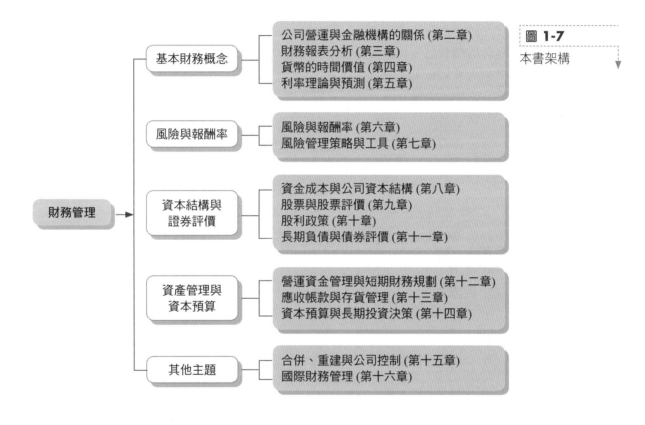

圖 1-7
本書架構

問題研討

小組討論題

一、是非題

1. 台塑集團管理階層追求公司價值極大化，將會有利於社會資源合理配置。

2. 台積電公司與股東間存在的財務關係，將是反映監督與被監督的關係。

3. 從財務管理角度來看，公司治理是針對公司控制權和剩餘請求權分配的法律、制度，以及文化的安排。

4. 遊戲軟體公司歐買尬股票於 2010 年底上櫃交易後，相對公司未上櫃前較容易募集大筆營運資金。

5. 上市半導體大廠茂德爆發股東與管理階層間的代理問題，可能原因是管理階層並未追求股東財富極大化。

6. 上市公司力晶半導體為紓解股東和銀行債權人間的代理問題，董事會決議採取高槓桿財務操作，將可達到目的。

7. 上市公司太平洋電纜的經營階層基於自利動機，做出違反股東利益的決策，從而陷入破產倒閉，此即稱為道德危險。

8. 信昌化工管理階層追求公司價值極大化，勢必面臨無法直接反映公司當前獲利的缺陷。

二、選擇題

1. 鴻海集團管理階層擬定決策，何者並非最需追求的目標？　(a) 股東財富極大化　(b) 盈餘極大化　(c) 股價極大化　(d) 公司價值極大化

2. 隨著晨星半導體於 2010 年掛牌上市後，有關其營運特質的說法，何者錯誤？　(a) 所有權難以移轉　(b) 股東責任有限　(c) 容易募集鉅額營運資金　(d) 公司壽命無限

3. 在企業組織型態中，何者並非獨資企業的特徵？　(a) 較容易設立　(b) 企業壽命無限　(c) 業主獨享利潤　(d) 對負債負無限責任

4. 力霸集團股東與管理階層之間存在嚴重代理問題，試問何種原因不可能存在？　(a) 管理階層並未追求股東財富極大化　(b) 管理階層採取管理買下策略　(c) 購買私人豪華汽車與座機　(d) 管理階層獨享績效配股權

5. 上市公司力晶半導體在 2008 年爆發與銀行團間的代理問題，何種現象並非引爆的原因？　(a) 未經銀行團同意就發行新公司債　(b) 管理階層偏好高風險專案，銀行團則偏好安全性投資計畫　(c) 將舉債資金用於發放股利　(d) 股東防止管理階層融資買下

6. 上市公司如興製衣為紓解股東和債權銀行間的代理問題，採取何種策略將

無法達成目的？　(a) 高薪挖角　(b) 限制發放股利　(c) 必須有擔保品　(d) 以高風險溢酬彌補債權人承受的風險

7. 上市公司出現代理問題，何種衍生的相關成本將不會出現？　(a) 監督成本　(b) 員工紅利增加　(c) 獲利機會損失　(d) 公司股價下跌損失

8. IC 通路龍頭大聯大控股董事會追求「股東財富極大化」，將與何種概念最接近？　(a) 利潤極大化　(b) 會計利潤極大化　(c) 公司價值極大化　(d) 每股盈餘極大化

9. 股東為防止管理階層圖謀私利的決策，將會設定某些限制規範而產生成本，此是屬於何種成本？　(a) 監督成本　(b) 保證成本　(c) 交易成本　(d) 機會成本

10. 「理財彈性」係針對下列何種說法而言？　(a) 可作為衡量宏達電經營績效的指標　(b) 偉詮電子維持正常營運的能力　(c) 偉盟工業因應未預期事件與投資機會出現的調度資金能力　(d) 茂矽清償到期公司債的能力

三、簡答題

1. 張三豐身為某上市高科技公司執行長，試從他的角度說明公司可能面臨的代理問題為何？

2. 試說明倒閉下市的博達公司股東與管理階層間存在何種代理問題？試問當初可有紓解方法？

3. 張無忌從台大資訊工程系畢業後，創業成立遊戲軟體公司是其追求的夢想。試問創業初期面臨資金有限，將會選擇何種組織型態營運？隨著營運規模日益擴大，又將如何調整組織型態？

4. 聯電公司上市久遠且股權大量分散，造成所有權、經營權與管理權出現分離現象。試回答下列問題：

   (a) 聯電的擁有者是誰？理由為何？

   (b) 試說明聯電股東控制公司管理權的過程為何？

   (c) 試問聯電營運存在何種代理關係？產生的原因為何？可能會發生何種問題？

5. 某醫工系教授擁有穿戴式醫療器材專利權，考慮進行商業化生產推廣，試問可以選擇何種營利事業組織型態來營運？各自的優劣點為何？

6. 東元電機創立初期係採合夥型態，後來改組成為股份有限公司營運，試問此種轉變的目的為何？

7. 已經下市的力晶半導體股東與債權銀行團之間存在何種代理問題？當初銀行團可採哪些紓解方法來避免該公司違約造成的損失？

 財務管理

 網路練習題

1. 一群台大經濟所畢業校友想要創業，規劃成立醫療器材公司，請你連結經濟部全國工商服務網站 (http://gcis.nat.gov.tw/welcome.jsp)，查詢在實務上成立公司所需程序與必備條件。另外，也請上網查閱有關《公司法》對成立公司的相關規定。

2. 請連結 IC 通路上市公司文曄科技 (3036) 網站 (http://www.wtmec.com)，查閱該公司的大事紀，並回答下列問題：

(a) 該公司組織型態出現何種變化？可能原因為何？

(b) 公司在資本市場募集資金的方式為何？

公司營運與金融機構的關係

本章大綱

個案導讀

截至 2012 年底，台灣中小企業家數超過 130 萬家占全體企業家數 97.63％。另外，近年來國內大學積極開設創業學程，吸引年輕人投入創業，新創事業將近 10 萬家，資本額低於 5,000 萬元的公司高達 50 萬家。在 2014 年 1 月 3 日，櫃台買賣中心推出創櫃板，希望藉由多層次的資本市場結構活絡創業生態圈，並在台大國際會議中心二樓展出 20 個年輕新公司籌資攤位，吸引投資人群集參觀。

櫃台買賣中心建立募集股權平台「創櫃板」，募集專業投資人資金，加速小企業成長。另外，創櫃板希望藉由「公設聯合輔導機制」，協助微型創新企業成長。金管會預估 2014 年登錄創櫃板的微型創新企業達到 70 家，籌資金額達 2.1 億元新台幣。依據工研院產業經濟與趨勢研究中心 (IEK) 報告，股權型群眾募資平台透過新創公司未來上市櫃後的股權為誘因進行募資，近五年平均成長 114％，如美國 Founder Club、消費零售籌資平台 Circle Up。其中，全球第一個股權募資平台英國 Crowdcube 取得英國金融監理署授權，截至 2013 年 8 月止，向 4 萬人募集 1 千萬英鎊，協助近 60 家公司集資成功，每項標案吸引 73 名投資人，平均每筆投資金額 2,900 美元。

針對上述籌資平台提供的功能，本章首先探討公司融資策略與融通管道，探討銀行業與保險業的間接金融內容。其次，將探討票券業、證券業、創業投資業與投資銀行等直接金融扮演的角色。接著，將探討財富管理業對公司募集資金與效率運用資金的重要性。最後，將說明租賃業與期貨業提供的服務。

2.1 公司融通策略類型

2.1.1 公司成長與金融機構互動

圖 2-1 顯示：營利事業從創立營運後，在其成長歷程中，每一階段採取的融資方式，以及與金融機構互動的情形。

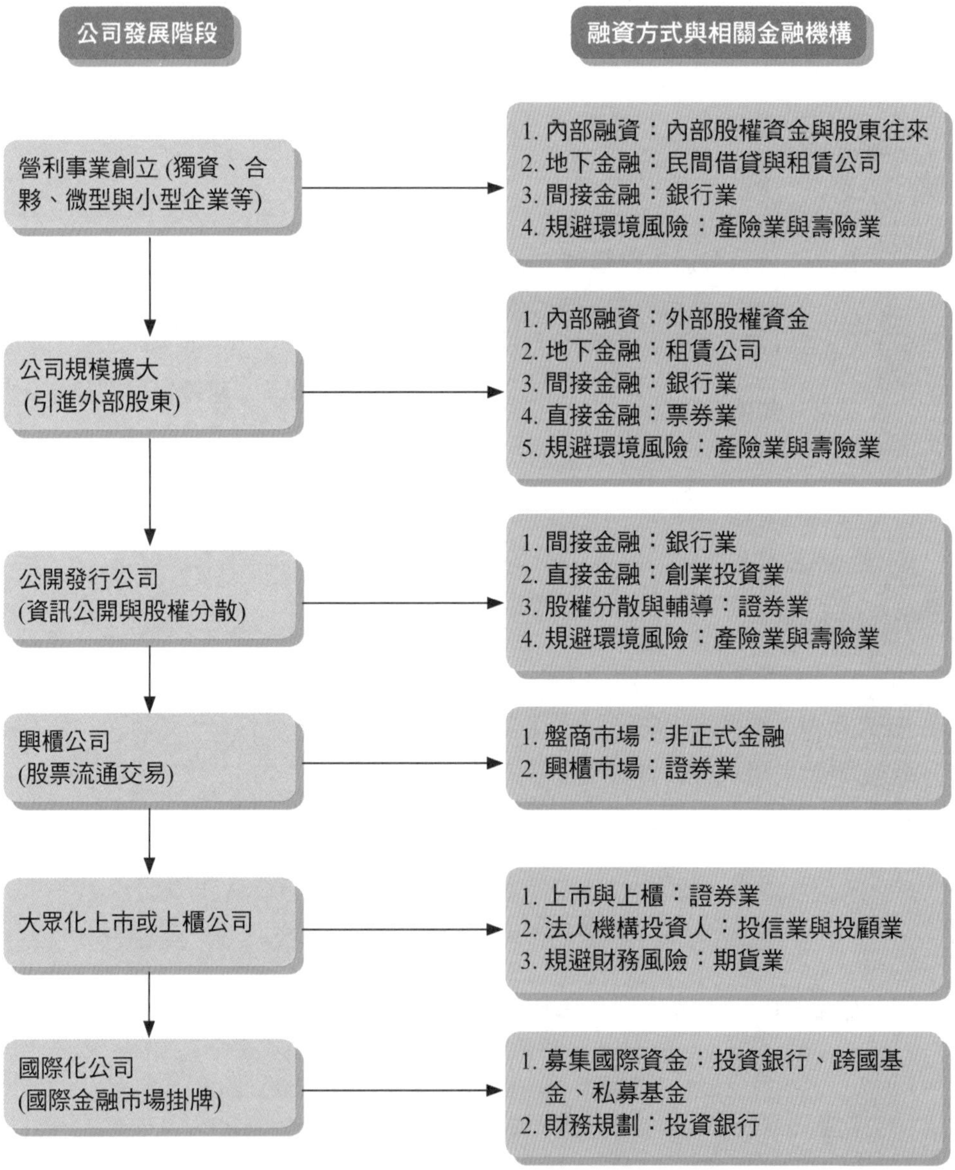

圖 2-1
公司發展與金融機構關聯性

公司發展階段	融資方式與相關金融機構

營利事業創立 (獨資、合夥、微型與小型企業等)
1. 內部融資：內部股權資金與股東往來
2. 地下金融：民間借貸與租賃公司
3. 間接金融：銀行業
4. 規避環境風險：產險業與壽險業

公司規模擴大 (引進外部股東)
1. 內部融資：外部股權資金
2. 地下金融：租賃公司
3. 間接金融：銀行業
4. 直接金融：票券業
5. 規避環境風險：產險業與壽險業

公開發行公司 (資訊公開與股權分散)
1. 間接金融：銀行業
2. 直接金融：創業投資業
3. 股權分散與輔導：證券業
4. 規避環境風險：產險業與壽險業

興櫃公司 (股票流通交易)
1. 盤商市場：非正式金融
2. 興櫃市場：證券業

大眾化上市或上櫃公司
1. 上市與上櫃：證券業
2. 法人機構投資人：投信業與投顧業
3. 規避財務風險：期貨業

國際化公司 (國際金融市場掛牌)
1. 募集國際資金：投資銀行、跨國基金、私募基金
2. 財務規劃：投資銀行

- 營利事業創立 (家族事業)

  1. **獨資或合夥**　營利事業 (商號) 初始可能由夫妻胼手胝足創立，或由親友集資而成，通常以負責人名義借款支應，不足缺口再向親友融通。由於資金週轉仰賴負責人建立的人脈，唯有維繫良好票信及債信，方能避免求貸無門。

  2. **微型或小型企業**　為因應獨資或合夥營業額成長與營運週轉金需求擴大，將轉型為微型企業 (micro-enterprises) (僱用員工在 20 人以下) 或小型企業 (僱用員工在 20~99 人) 的有限公司，向非正式金融 (informal finance) 的融資公司或租賃公司尋求分期付款或租賃融資。其中，營運較佳者可用個人資產向銀行融資，開始發展銀行關係。政府也透過銀行提供政策金融，如微型企業貸款、青年創業貸款、扎根貸款與中小企業信用保證基金等。

- **股份有限公司 (家族公司)**　中小企業營業額快速成長 (月營收突破 1 億元)，營運型態將轉為中型企業 (僱用員工在 100~199 人) 的股份有限公司，性質仍以家族公司居多，所有權與經營權由內部股東擁有，營運資金以內部股權資金與股東往來為主。一旦面臨資金缺口而需引進外援時，除以民間借貸市場與租賃業為主要往來對象外，也逐步與銀行建立融資關係，此即**間接金融** (indirect finance)。另外，為規避環境風險，公司也須接觸產險業 (公司營運將需投保火險、車險與各種保險) 與壽險業 (員工意外險與團體保險)。

- **公司規模擴大 (引進外部股東)**　中小企業營運規模擴大，帶動營運資金需求遞增，將逐步引進外部股權資金。公司除透過民間借貸市場與租賃業融通外，銀行業也將躍居主要互動對象。當公司資本額達到一定規模，財務報表經由會計師簽證，也可透過票券業發行票券取得短期資金，此即**直接金融** (direct finance)，而為規避環境風險也須積極接觸產險業與壽險業。

- **公開發行公司 (資訊公開與股權分散)**　公司邁入快速成長階段，營運資金需求激增，經營階層將分散股權而公開發行股票，吸收社會大眾的股權資金。此時，公司將以銀行業 (間接金融) 與票券業 (直接金融) 為主要融資對象，並尋求創業投資業提供股權資金，強化股東結構以提升公司信用評等。另一方面，公司將與證券業緊密聯繫，由其代理股務作業，並委託證券公司承銷部輔導調整公司體質，以便符合上市或上櫃條件。同樣的，公司須與產險業及壽險業密切互動，尋求規避環境風險。

- **興櫃公司 (股票流通交易)**　為吸引外部股東資金，公開發行公司財務長為提升股票流動性，通常透過非正式金融的盤商市場交易，或由兩家以上的證券商推薦在興櫃市場掛牌交易，是以須與證券業承銷部密切互動。

微型企業
僱用員工在 20 人以下的公司。

非正式金融
未依據金融法規成立與未受金融監理的融資方式。

間接金融
吸收資金並從事授信活動的融資方式。

直接金融
仲介資金供需雙方直接互通資金的融資方式。

- 上市或上櫃公司 (大眾化公司)　公開發行公司在興櫃市場交易一段期間，經審核通過上市或上櫃後，即可在證券交易所 (上市) 或櫃檯買賣中心 (上櫃) 掛牌交易，成為大眾化公司。爾後，公司尋求在證券市場發行股票與公司債募集資金 (直接金融)，與證券業互動關係日益密切。隨著公司股票獲得法人機構與基金青睞而納入投資組合，將須定期舉行法人說明會，揭露攸關營運訊息，並與投信業、投顧業互動，維持股價穩定性與合理性。同樣的，公司須密切接觸產險業與壽險業，以規避日益複雜的環境風險。由於公司部分改採直接金融募集資金，或積極從事金融操作，勢必面臨市場風險，故須與期貨業互動進行風險管理。

- 跨國集團　隨著金融國際化蔚為金融發展主流，本國公司邁向跨國集團發展，募集資金改以直接金融與海外籌資為主。為尋求跨國資金來源或從事跨國投資，甚至前往國際股市掛牌，投資銀行將扮演協助規劃角色。尤其是跨國併購也需投資銀行協助募資，或尋求國際私募基金奧援。至於在間接金融方面，跨國集團融資需求龐大，實務上要與多家銀行維持往來有所困難，通常改採聯合貸款 (syndicate loan) 為主、個別銀行往來為輔的趨勢。此外，跨國公司持有應收帳款、外幣資產與負債部位龐大，稍有閃失都可能釀成重大災難，為強化風險控管，更應謹慎從事衍生性商品交易避險。

聯合貸款
主辦銀行組成聯貸銀行團，依據承作條件與承貸比例提供借款公司資金。

知識補給站

　　經濟部中小企業白皮書揭露，有些上班族從大公司出走，自行創辦微型企業已經超過國內新創事業八成，聘僱勞工 (包括雇主及家庭成員工人在內，不包括專業人員及提供專業服務者) 少於 20 人，包括規模微型獨資、合夥與工商登記註冊的個體和家庭經濟組織等，但不包括高科技企業在內。

　　微型金融 (microfinance) 源自於 1970 年代的孟加拉與巴西，提供無抵押品與不穩定就業者小額貸款、儲蓄與保險等金融服務。其中，微型信貸 (microcredit) 是微型金融的主要金融服務，提供小額放款協助窮人脫離經濟窘境或自行創業。Muhammad Yunus 引進微型金融概念，透過商業借貸原則，提供弱勢社群小額借貸而能自創就業機會，就此脫貧而不再依賴政府與慈善機構接濟。

　　隨著微型企業數量劇增，融資需求逐年攀升。從 2003 年起，中租迪和將中小企業市場版圖中的微型企業劃歸新事業單位，耗時兩年調整經銷管道，建立獨特的微型企業風險控管模式，提供租賃設備融資、原物料融資、流動資金等服務。行政院也在 2003 年 1 月引進「微型信貸」概念，擴張成「微型企業創業貸款」的政策金融，鼓勵失業勞工擺攤、開麵攤店甚至飲食小吃、理髮店等，平均每人貸給 85 萬元以創造自僱機會。其中，勞委會針對新設立事業未滿兩年，信用狀況正常且無不良記錄的 45~65 歲男性、20~65 歲女性

(20~45 歲可申請青年創業貸款) 的負責人，推出微型創業信用貸款：額度最高 100 萬元，期限最長七年，機動利率約 1.87%，政府補貼兩年利息，每月償還本金約 11,905 元，此後五年每月需清償本息 12,471 元。不過曾經辦理微型企業創業貸款或創業鳳凰婦女小額貸款者不得申貸，已清償者不在此限。同時，規定承辦銀行可將貸款申請案送請中小企業信用保證基金，由其提供八成之信用保證。

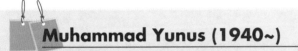

Muhammad Yunus (1940~)

　　1940 年出生於孟加拉 (Bangladesh) 的 Chittagong，曾經擔任孟加拉 Chittagong 大學經濟系主任，並創立 Grameen 銀行提供貧困者貸款。2006 年因開創微型貸款模式而成為「微型政策金融」的基礎，因「從社會底層推動經濟與社會發展」卓越貢獻而獲頒諾貝爾和平獎。

2.1.2　融通策略與銀行信用類型

　　財務長規劃營運資金來源，採取融通策略如圖 2-2 所示。

- **內部融資** (internal finance)　公司面臨資金需求，財務長先以折舊、公積金與保留盈餘等過去累積的**內部資金** (internal fund) 融通，此係安全性資金且成本低廉 (以安全資產報酬率設算資金成本)，不過資金有限難以滿足重大投資案的資金需求。

> **內部融資**
> 公司面臨資金需求，以折舊、公積金與保留盈餘等內部資金融通。

> **內部資金**
> 公司提存的折舊、公積金與保留盈餘。

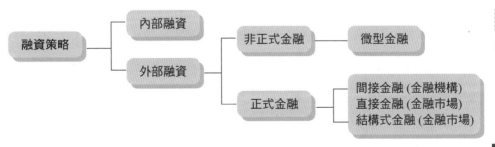

圖 2-2
公司融通策略

- **外部融資** (external finance)　當內部資金難以滿足龐大資金需求時，財務長再考慮尋求外援，來源有兩種：

  1. **非正式金融**　不受金融法律規範與金融監理的融資交易，包括民間借

> **外部融資**
> 內部資金難以滿足龐大資金需求，財務長再尋求外部資金援助。

貸市場與盤商市場，以及租賃業等，屬於**債務融通** (debt finance) 性質。

2. **正式金融** 依據金融法律成立的金融機構所提供的融資，又可分為三類：

   (a) **間接金融** 向銀行與人壽保險公司借款，屬於債務融通性質。

   (b) **直接金融** 上市或上櫃公司在資本市場發行股票 [**股權融通** (equity finance)] 或公司債 (債務融通) 募集資金。其中，若由綜合證券商或投資銀行包銷證券，再陸續轉售給投資人，即是**準直接金融** (semidirect finance)。

   (c) **結構式金融** (structured finance) 或資產證券化 (asset securitization)。創始機構 (資產擁有者) 以本身擁有的資產經過包裝與信用加強後，發行證券而由證券承銷商在金融市場銷售給投資人，進而取得資金。

接著，財務長評估公司營運所需資金期限長短，分別前往金融市場與金融機構尋求融資來源。

- **長期資金市場**

  1. **直接金融** 資產期限超過一年的資本市場，包括股票市場與債券市場，參與金融機構包括證券交易所 (上市) 與櫃檯買賣中心 (上櫃)、證券業與投信業等。

  2. **間接金融** 放款期限超過一年的銀行中長期信用市場，如銀行中長期抵押放款與大額聯貸等，參與金融機構包括商業銀行與壽險公司。

- **短期資金市場**

  1. **直接金融** 資產期限一年內的貨幣市場，參與金融機構包括票券業、銀行的票券金融部等。

  2. **間接金融** 放款期限一年內的銀行短期信用市場，如銀行透支、貼現與週轉金放款等，參與金融機構以商業銀行為主。

爾後，財務長評估營運資金需求性質與成本後，再分別接觸提供資金的金融機構，圖 2-3 顯示相關金融機構提供的銀行信用類型。

- **一般金融** 金融機構提供融資，基本上取決於銀行資金市場供需，而銀行信用類型有四種：

  1. **短期信用** 一年內的融資，如商業放款，提供者包括銀行業與票券業。

  2. **中期信用** 一至七年的融資，如房地產抵押放款，提供者以銀行業為主。

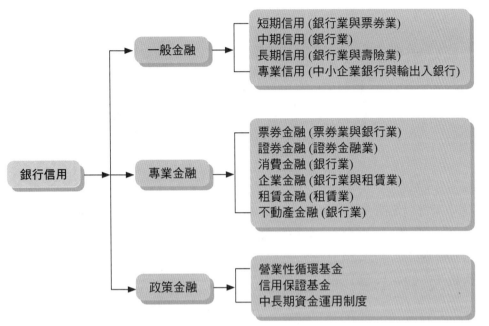

圖 **2-3**

銀行信用類型與
金融機構

3. **長期信用** 超過七年的融資,如資本放款,提供者包括銀行業與壽險業。

4. **專業信用** 提供特殊產業需求的融資,如輸出入信用、中小企業信用與不動產信用等,提供者包括中小企業銀行與輸出入銀行。

• **專業金融** 針對公司資金需求的特殊性,由專業金融公司提供套裝金融服務,屬於一般金融性質,包括票券、證券、消費、企業、租賃與不動產等專業金融。

• **政策金融** (policy finance) 基於政策目的,推動策略性產業 (如文創產業、太陽能產業) 發展、矯正金融市場不完全性,政府透過銀行對特定產業提供融資,包括中長期資金運用制度 (以中華郵政資金為主) 與國家發展基金 (過去的行政院開發基金),或透過中小企業、農業與華僑等三大信用保證基金提供保證而向銀行貸款。

政策金融
基於政策目的,政府
透過銀行對特定產業
提供融資。

政府為推動策略性產業發展或調整產業結構，以特殊融資機制將政府和社會資金導引至重點部門、產業與公司，藉以彌補一般金融運作的缺陷，此即政策金融。台灣提供政策金融的機構包括：

(1) 經濟開發政策金融提供長期投資或貸款，以「國家發展基金」與「中長期資金運用制度」為主。

(2) 農業政策金融提供農業中長期低利貸款或信用保證，以「全國農業金庫」與「農業信用保證基金」為代表。

(3) 進出口政策金融提供廠商進出口融資、保證與和保險，以「中國輸出入銀行」為主。

(4) 中小企業政策金融提供中小企業中長期放款與保證，以「中小企業銀行」、「中小企業信用保證基金」與「經建會扎根貸款」等為主。

2.2 間接金融

間接金融係以銀行與壽險公司為主，其中的銀行業包括商業銀行、專業銀行與外商銀行等，是間接金融的核心，也是財務長尋求間接金融資金來源的主要機構。

- **商業銀行** 提供各種期限的銀行信用。本國銀行除經營存放款業務外，也提供相關金融服務。
- **專業銀行** 提供特定產業所需的專業信用，包括中小企業銀行與輸出入銀行。

在專業銀行中，工業銀行配合未來產業發展趨勢、提供創業性投資與中長期開發性融資。交通銀行係國內最早成立的工業銀行，但已轉型為兆豐商銀。財政部於 1999 年 8 月核准中華開發信託投資公司改制為開發工業銀行，但於 2014 年合併萬泰銀行並改制為凱基商銀。此外，財政部開放台灣工銀成立，但於 2015 年 3 月由金管會核准改制為商業銀行，工業銀行自此消失。其次，中小企業銀行配合經濟發展需求，提供中小企業改善生產設備及財務結構所需資金，目前僅存台灣中小企業銀行一家。為協助中小企業紓困，經濟部中小企業處協調有關金融機構，提供中小企業專案及緊急融資貸款，包括行政院開發基金、經建會扎根貸款及中小企業信保基金等政策金融。中小企業也可在金融體系找到提供類似信用的組織：

1. **中小企業信用保證基金 (信保基金)**　經濟部中小企業處透過聯合輔導中心，評估向銀行申貸的中小企業，只要符合信用保證資格，卻無法提供足額擔保品，即可由信保基金提供保證而解決放款擔保問題。

2. **中小企業互助保證基金**　仿效民間互助會推出「中小企業互助圈貸款」，篩選 20 家中小企業組成互助圈，互助圈成員依營運需求及基金會審核的分級繳交保證金，由基金會匯集保證金額形成保證能力，提供成員貸款保證，並安排投保貸款保險。互助圈成員依其繳交的保證金，可獲最高 10 倍數額的貸款，貸款期限三年，風險由參與者共同分擔。

　　另外，輸出入銀行協助產業拓展外銷、輸入生產設備與原料所需之輸出入信用，提供中長期輸出入融資、保證及輸出保險業務，同時配合經貿政策提供金融支援，協助拓展國際貿易與海外投資活動。

- **外商銀行**　傳統上，外商銀行採取分行型態在台營運，不過外商銀行從 2006年起積極併購本國銀行，並改組為子銀行型態營運。

知識補給站

　　英商渣打銀行在 2006 年併購新竹商銀，將其在台分行資產與營業全部讓與新竹商銀，自 2007 年 7 月 2 日起更名渣打台灣商銀，成為台灣第一家外商子銀行。隨後在 2008 年 9 月 1 日，渣打台灣商銀併購美國運通銀行在台北及高雄分行，2008 年 10 月 7 日繼續標得亞洲信託，擁有分行由最初的 3 家成長至 95 家。

　　另外，美商花旗銀行過去是台灣規模最大、獲利最強的外商銀行，在 2007 年併購華僑銀行，並從 2009 年 8 月 1 日轉型為花旗台灣銀行，美商花旗台北分行資產全數移轉給 100% 持股的花旗台灣銀行，服務據點從原有的 11 家分行擴增為 65 家分行，此種整合明顯是「一個銀行通路平台上，放進外國和本地的最佳優勢」，提供本地客戶完整服務。繼花旗銀行之後，英商匯豐銀行在台灣原有 8 家分行，在收購中華銀行後擴張為 47 家分行，並於 2010 年 5 月轉型為匯豐台灣銀行。

　　荷蘭銀行在 2007 年標購台東企銀，並於 2010 年 3 月由澳紐銀行併購而成為澳盛銀行。在 2008 年，星展銀行標購寶華銀行，從原有的 1 家分行擴張至 43 家分行，並於 2011 年 5 月轉型為子銀行。

　　在營運過程中，公司為規避環境變化引發的環境風險，如 2011 年 3 月 11 日日本福島大地震衝擊產業鏈，尋求保險業來移轉風險。保險是廠商支付保險費，面臨未預期或無法抗力事故而受損時，可以獲得保險公司理賠。基本上，保險商品分為存款、人身與財產保險三類，保險業也包括三種類型：

過渡銀行
代為經營問題銀行直至體質改善，或直接清算並墊付保額外存款的資金，避免引發支付體系危機。

- **存款保險** 中央存款保險公司針對銀行帳戶餘額 300 萬元內進行定額保險，提供問題金融機構融資，甚至扮演**過渡銀行** (bridge bank) 角色，代為經營直至體質改善，或直接清算並墊付債權人保額外存款的資金 (依可回收資產負債的比率墊付款項)，避免引發支付體系危機。
- **人壽保險** 以人身為標的，可依保險功能及對象劃分：
  1. **保險功能** 兼具保障與儲蓄功能的保險，如退休金、年金與養老金。壽險業吸收長期資金。由於中長期授信，成為長期資金的重要來源，屬於間接金融的一環。
  2. **保險對象** 保障本人或被保險人家屬的保險，如意外保險、定期保險、終身保險、住院醫療保險、防癌保險及失能保險等，係以本人身故為給付條件或保障被保險人健康醫療的保險。公司營運將面對員工福利保障、意外事件補償與退休金規劃等問題，而壽險業是提供規避這些風險的機構。
- **產物保險** 提供規避環境風險商品，包括火災保險、海上保險、陸空保險、責任保險及其他財產保險等類型。

此外，財務長選擇向保險公司直接投保，可能面臨下列問題：

1. 保險契約規格化未必符合公司營運需求。
2. 保險市場具有壟斷性質，費率通常由保險公司單方面訂定，中小企業議價能力薄弱。
3. 公司發生意外事故，企盼以理賠資金來彌補損失。保險公司則基於本身利益，尋求保險契約與損失狀況中的拒賠線索，不僅造成雙方爭端，曠日費時更損及投保公司利益。

保險經紀人
基於企業利益代向保險業洽定保險契約。

基於上述原因，保險經紀人 (insurance broker) 基於企業利益代向保險業洽定保險契約，並由保險業支付佣金，而核保、發單、理賠作業仍由保險公司處理。隨著跨國集團營運規模成長，為整合集團資源，除採取公開招標策略規劃保險外，進而轉為委託國際保險經紀人公司規劃保單，取得保額評估、協助核保、再保險諮詢及理賠等服務，以全球運籌模式統一海內外子公司保單。

2.3 直接金融

貨幣市場係指 364 天以下短期資金的交易場所。財政部於 1975 年 12 月發布《短期票券交易商管理規則》，核准中興 (兆豐)、國際、中華等三家公司從事票券承銷、簽證、自營買賣與經紀業務，正式成立貨幣市場。直至 1992

年 5 月，財政部開放銀行業辦理票券次級市場的經紀與自營業務，又於 1994 年 10 月修正管理規則為《票券商管理辦法》，開放新票券公司成立，貨幣市場邁入競爭性經營環境。接著，財政部於 1995 年 12 月開放銀行辦理票券初級市場簽證與承銷業務。立法院接續在 2004 年 6 月通過《票券金融管理法》，允許票券業發行公司債募集長期資金，從事金融債券簽證、承銷、自營與經紀業務。在營運期間，公司符合發行票券條件，財務長可洽商票券業或銀行業保證，在初級市場發行**商業本票** (commercial paper) 募集短期資金。此外，為求效率運用短期閒置資金，也可向票券業或銀行業購入票券進行投資。

商業本票
基於實質交易行為或募集短期資金而發行的票券。

其次，證券業係仲介股票與債券交易，撮合中長期資金的直接金融業，依性質可分為五種類型：

- **撮合中心**　證券交易所 (集中市場) 與櫃檯買賣中心 (店頭市場) 為撮合中心。
- **證券公司**　從事證券經紀與承銷業務，可分為兩類：
  1. **專業證券經紀商**　僅能從事代客買賣證券的經紀業務，接受投資人買賣交易單，再轉到交易所或櫃檯買賣中心集中撮合交易。
  2. **綜合證券公司**　可以從事經紀、自營 (以自有資金或借入資金買賣股票賺取差價)、承銷與信用交易 (融資與融券) 等業務。
- **證券金融公司**　銀行與證券金融公司從事融資與融券業務，提供投資人擴張信用交易，提升股票交易活絡性或流動性。
- **證券投資信託公司**　發行受益憑證 (共同基金) 吸收資金代為從事金融操作，係屬間接投資的重要商品。財政部在 1983 年首先開放成立中華、光華、國際與建弘四家投信公司，並於 1994 年開放投信公司設立。
- **證券投資顧問公司**　提供投資人有關上市或上櫃公司的相關資訊，作為擬定投資決策參考。另外，證券投資顧問公司、私人銀行、資產管理公司與證券投資信託公司亦可從事全權委託業務 (代客操作)，量身訂作為投資人從事金融操作。

隨著公司規模擴大，**投資銀行** (investment bank) 在公司從事財務操作過程中扮演重要角色，為公司在金融市場募集長期資金與提供財務規劃服務，從事業務範圍如下：

投資銀行
為公司在資本市場募集長期資金與提供財務規劃服務。

- **承銷股權與債權**　為發行公司承銷股票與債券。
- **經紀與自營業務**　從事自營和經紀業務，自營係以自有資金從事證券及相關金融商品交易，經紀則係接受投資人委託買賣證券以賺取手續費。
- **公司併購**　公司併購是投資銀行的重要業務，主要分為兩類：

1. 中介併購活動，為併購者或標的公司提供策劃、顧問及相關的融資服務。

2. 扮演併購活動主體，將買賣公司視為投資活動，先買下公司再整體轉讓或分割出售，或從事經營待價而沽，或包裝上市再拋售股權，目的在於追求資本利得。

3. 管理階層規劃購回股票，可透過投資銀行規劃收購資金來源，包括發行債券、尋求私募基金 (private fund) 支持。

私募基金
針對少數投資人私下募集資金而成立運作的投資基金。

• **創業投資事業**　募集與管理創投基金賺取管理費用。

• **專案融資及聯合貸款評估**　公司透過投資銀行參與規劃大型投資計畫預算，研擬執行策略，有效控制風險與提高預期效益。

• **跨國交易與風險管理**　發行受益憑證募集資金並由專家管理，投資標的包括股票、債券、房地產、貴重金屬 (黃金)、貨幣市場、外匯市場以及衍生性金融商品。

• **其他業務**　提供財務金融諮詢與風險管理規劃服務，從事產業經濟研究及金融市場分析等工作。

另外，創業投資基金係指由具有科技或專業財務人士操作，提供具有發展潛力之新興快速成長公司股權資金。台灣創投基金採公司型態營運，募集資金來源為國內產業、財團、上市公司、銀行、保險業、證券業與國內外法人機構，以股權型態投資新興科技公司、協助其開發產品、提供技術支援及產品行銷管道，甚至實際參與經營決策提供具附加價值的協助。

知識補給站

歷經 2007 年次貸危機與 2008 年二房事件衝擊，美國五大投資銀行營運紛紛陷入困境。直迄 2008 年 9 月 21 日晚間，美國聯邦準備理事會 (Fed) 緊急批准高盛 (Goldman Sachspuorg Inc.) 與摩根史坦利 (Morgan Stanley) 轉型為銀行控股公司，長期採取高槓桿營運與受低法規限制的華爾街投資銀行業正式邁入終局。

投資銀行業採取高槓桿風險操作。在 2007 年，美林 (Merrill Lynch) 與高盛的槓桿倍數高達 28 倍，摩根史坦利攀升至 33 倍。直至瀕臨破產前，雷曼兄弟 (Lehman Brothers) 的財務槓桿也達 30 倍，以5元本金操作 150 元，報酬率 3% 即可賺取 4.5 元而逼近一個本金，然而損失 3% 也將瞬間破產。在 2000~2007 年間，金融市場資金泛濫，長期低利率與低通膨環境讓高槓桿操作順遂。然而次貸危機爆發後，美國房地產市場遇上「機率甚微」的全國性重挫，信用市場出現「百年罕見」的違約風潮，貨幣市場陷入「數十年僅見」的緊縮危機，所有極端情境全員到齊，完美風暴讓投資銀行瞬間鉅額虧損而滅絕。

破產或轉型的美國五大投資銀行資料分述於下：

1. 高盛創立於 1869 年，集投資銀行、證券交易和投資管理業務於一身，是全球歷史最悠久、經驗最豐富、實力最雄厚的投資銀行，1999 年 5 月在紐約證券交易所上市，總部設在紐約，在全球二十多國設有分部，並在香港、倫敦、法蘭克福及東京等地設立地區總部。

2. 摩根史坦利原本是 JP 摩根的投資部門，在 1930 年代大蕭條後，美國國會通過《Glass-Steagall 法案》(1933)，禁止同時承做商業銀行與投資銀行業務，促使該部門於 1935 年 9 月 5 日獨立為投資銀行，1986 年在紐約證券交易所上市，設立股票研究部、投資銀行部、私人財富管理部、外匯／債券部、商品交易部、固定收益研究部、投資管理部、直接投資部和機構股票部等 9 個部門。

3. 美林證券成立於 1914 年，提供個人理財計畫、證券經紀交易、公司顧問、外匯與商品交易、衍生性商品與研究等金融服務。美林是全球頂尖、跨多種資產類別之股票與衍生性商品交易商與承銷商，也擔任全球企業、政府、機構和個人的財務顧問與管理服務，係為全球規模最大的財富管理公司之一。

4. 雷曼兄弟成立於 1850 年，在全球 48 個城市設立辦事處，透過網路積極參與全球資本市場，是全球最具實力的股票和債券承銷和交易商，同時擔任多家跨國公司和政府的財務顧問，擁有業界公認的國際最佳分析師。

5. 貝爾斯登 (Bear Stearns) 成立於 1923 年，業務涵蓋企業融資和併購、股票和固定收益商品銷售和交易、證券研究、私人銀行服務、衍生性商品、外匯及期貨銷售和交易、資產管理和保管服務，同時還為對沖基金、經紀人和投資人提供融資、證券借貸、結算服務與技術解決方案。

最後，有關華爾街五大投資銀行的結果可列表如下：

投資銀行	創立時間	結果	變動時間
高盛	1896	轉型為銀行控股公司	2008,9,21
摩根史坦利	1935	轉型為銀行控股公司	2008,9,21
美林	1914	由美國銀行買進	2008,9,14
雷曼兄弟	1850	申請破產重整	2008,9,15
貝爾斯登	1923	由摩根大通銀行買進	2008,3,16

2.4 財富管理業

財富管理 (wealth management) 係指金融機構針對富裕客戶或企業，依據其需求，量身訂做適合個人或企業的金融商品，整合私人銀行 (private banking)、資產管理 (asset management) 與信託業務 (trust) 三大板塊，提供客戶收關現金管理、信用管理、投資組合管理、保險管理、退休規劃管理、稅務規劃及財產規劃等一系列金融服務，財富管理範疇如圖 2-4 所示。

1. **私人銀行** 針對富人或企業需求提供量身定做的投資理財商品，進行全方位投資與融資服務，往往結合信託、投資、銀行融資與稅務諮詢等多元化金融服務。公司透過私人銀行服務，可以接觸許多一般市場無法購買的股票與債券，並可獲得許多優先購買首次公開承銷 (initial public offering, IPO) 的機會。

2. **資產管理** 資產管理業從事類似投資銀行業務，通常以私募方式募集資金從事併購，透過提升公司績效，再以較高價格出售。近年來，國內許多公司為改善財務結構，也求助資產管理業代為引進私募資金。此外，公司擁有閒置資金，可將資產信託給金融機構 (保管銀行)，再與資產管理公司 (投信或投顧公司) 簽訂信託契約，委託其管理資產或代客操作，此即全權委託業務或**專戶管理** (managed account)。專戶管理是資產管理公司與財務長協商討論，或請其填寫公司財務狀況與投資預期，依承受風險與預期獲利為公司擬定投資計畫，進而量身訂做特定金融商品。

3. **信託** 人們基於自己或第三人利益，委託他人依特定目的代為管理、運用或處分財產之行為。財政部於 1971 年開放信託投資公司設立，由其以受

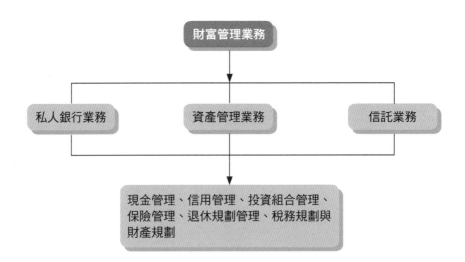

託人地位運用**信託** (trust) 資金與經營信託財產，或以中間投資人角色從事資本市場投資。一般而言，信託公司吸收信託資金類型有三：

(a) **共同信託基金**　發行共同信託性質的憑證募集資金，並由公司代為從事確定用途操作。

(b) **證券投資信託基金**　以投資證券為目的而發行的基金。

(c) **指定用途信託基金**　基於特定目的委託代為管理及運用的資金，此即純粹的信託業務。

此外，資產證券化或稱結構式融資是公司為提高持有資產流動性，以資產 (不動產) 及債權 (應收帳款) 為擔保品而發行證券，透過公開市場銷售而募集資金。此舉將可改善財務結構、紓緩資產與負債期限不一致現象、提供新融資來源，達到降低資金成本效果。在證券化過程中，信託業扮演「**特殊目的信託**」(special purpose trust, SPT) 或「**特殊目的公司**」(special purpose vehicle, SPV) 角色，由其重新組合與包裝公司資產，增強信用以提升信用評等，然後發行受益憑證，公開承銷達成募集資金目的。

最後，公司從事跨國營運與併購活動，將需倚賴財務顧問公司扮演紅娘角色，透過後者評估與規劃，尋找企業金融專才，同時也可由其代尋投資標的、評估營運狀況發展潛力、會計師與律師查帳、提出收購建議書，協助談判簽約，提供併購後的財務計畫，如提供貸款與接管後的人事管理等整套專業協助。在財務顧問市場，扮演類似角色的機構尚有投資顧問業、企管顧問業、資產管理業與私人銀行等。

2.5　租賃業與期貨業

租賃 (lease) 是基於「以融物代替融資」概念，強調機器設備的價值在於使用而非擁有。租賃公司預先購入設備再轉租企業，提供企業獲取設備資產的另一管道，此係**表外交易** (off-balance sheet transaction)，並不影響公司資產負債表。當公司處於創業初期或缺乏自有資金時，可用租賃方式取得營運所需設備，降低資本預算的冗長過程與資金壓力，也可藉此改善財務結構，提升信用評等。

為紓緩金融海嘯重創景氣，美國聯準會在 2009~2013 年接續連實施三次**量化寬鬆** (quantitative easing) 政策，促使國際油價與農產品價格出現狂飆，公司營運面臨原物料價格劇烈波動，故須操作商品期貨以規避成本波動風險。此外，公司從事跨國交易與金融操作，尋求跨國資金來源同時也需衍生性商品市場避險操作。總之，財務長需與期貨業緊密接觸，才能落實風險管理。

信託
基於自己或第三人利益，委託他人依特定目的代為管理、運用或處分財產之行為。

特殊目的信託
或稱特殊目的公司。重新組合與包裝公司資產，增強信用以提昇信用評等，然後發行受益憑證公開承銷募集資金。

租賃
基於「以融物代替融資」概念，租賃公司購入設備再轉租企業，提供取得設備資產的另一管道。

表外交易
公司從事資產交易而不影響資產負債表。

量化寬鬆
央行在公開市場買進公債，藉以擴大貨幣供給。

知識
補給站

　　在 1950 年代，家電製造業採取分期付款方式擴大銷售，合會公司（改制為中小企銀）、土地銀行、中國商銀（兆豐銀行）接續開辦物產合會及消費性分期償還放款業務，前者類似美國銷售金融公司，後者類似消費者貸款公司業務。國內專業分期付款公司以華財公司（1978 年成立）與誼信公司（1979 年成立）為始祖，目前則以提供汽車融資為主，如裕隆子公司裕融企業、福特子公司福灣公司、中租迪和子公司合迪公司等，對消費者與經銷商提供汽車分期付款、批售融資、營運資金融通等金融商品。另外，中租迪和成立中租安肯資融公司，從事個人消費分期業務。

👍 問題研討

👥 小組討論題

一、是非題

1. 國內 IC 通路大廠文曄科技財務長除可透過國際票券募集短期週轉金外，也可透過兆豐票券效率運用短期閒置資金。

2. 亞東證券屬於證券自營商，除自行買賣股票外，也可為上市公司發行股票與公司債募集短期營運資金。

3. 在台灣證券金融業中，台灣證券交易所與櫃檯買賣中心係屬股票與債券的初級市場的仲介者。

4. 中租迪和以本身持有的租賃資產為擔保品，透過土地銀行發行證券而於公開市場募集資金，此係屬於直接金融範圍。

5. 相對貨幣市場而言，資本市場商品的期限較長，但其產生的實際報酬率卻相對較高，是以投資人承擔風險反而較低。

6. 中租迪和是國內租賃業龍頭，購入設備再轉租給其他企業營運，對承租企業而言，此係屬於表外交易，不會影響承租企業的資產負債表。

7. 投資人與加百裕公司可以經由元大證券居中撮合，達到間接移轉資金效果，此即屬於間接金融。

8. 台灣高鐵財務長選擇政策金融來募集營運資金，此係該項融資具有低信用風險的特質。

二、選擇題

1. 遊戲軟體公司歐買尬在 2011 年將股票上櫃交易，攸關其可獲取的利益內容，何者錯誤？　(a) 公司形象大幅提升　(b) 難以隱匿關係人交易　(c) 提高股票流動性　(d) 容易籌措大量資金

2. 聚隆纖維董事會為擴大生產長纖纖維素 (Lyocll Filament) 產能，在 2010 年 11 月決議委託大華證券代為承銷現金增資股票，試問此時的金融市場為何？　(a) 初級市場　(b) 貨幣市場　(c) 債券市場　(d) 流通市場

3. 光寶科技財務部透過兆豐票券發行商業本票募集資金，何種認知係屬正確？　(a) 期限不得超過 1 年　(b) 必須透過票券公司發行　(c) 無須金融機構保證　(d) 商業本票利率必然高於向兆豐銀行申請的短期週轉金利率

4. 台灣高鐵為尋求資金來源，財務長可選擇政策金融與一般金融。有關兩者特質，何者正確？　(a) 兩者運作係取決於市場利率機能　(b) 兩者均屬長期放款　(c) 政策金融扮演矯正金融市場失靈的功能　(d) 一般金融的信用風險高於政策金融

5. 基於長榮航空利益代向富邦產險洽訂航空險契約，並向承保的富邦產險收取佣金，係指下列何者？　(a) 保險業務員　(b) 保險代理人　(c) 保險經紀人　(d) 要保人

6. 中租迪和財務長規劃在貨幣市場募集資金，必須掌握何種特質？　(a) 金融商品期限超過一年　(b) 採取公開競價完成交易活動　(c) 金融商品價值將因利率變動而發生波動　(d) 短期資金交易的櫃檯市場

7. 中華航空向中租迪和承租空中巴士機隊，此舉產生的效果，何者正確？　(a) 華航的資產與負債將會同時增加　(b) 此係屬於表外交易，不影響華航的資產與負債　(c) 華航的財務結構將趨於惡化　(d) 華航的財務風險將大幅提升

8. 在國際金融市場，Morgan-Stanley 投資銀行將無法從事何種業務？　(a) 直接投資一般企業股票　(b) 包銷上市公司發行的股票與債券　(c) 吸收存款與進行放款　(d) 代理買賣證券與衍生性商品

9. 某中型企業財務長尋求資金來源，對國內金融機構提供銀行信用的性質，何者看法係屬錯誤？　(a) 國際票券以供給中期信用為主　(b) 台灣工銀提供的工業信用係屬中長期信用　(c) 國泰人壽以供給中長期信用為主　(d) 中小企業信用保證基金以提供政策金融為主

10. 華南商銀與台灣工銀從事授信活動，何種性質差異係屬正確？　(a) 兩者均可向一般民眾吸收資金　(b) 兩者均可投資製造業，無須再經金管會核准　(c) 兩者均能發行金融債券募集資金　(d) 華南商銀提供一般信用，台灣工銀提供工業信用

三、問答題

1. 試說明公司處於不同成長階段，各種金融機構將分別扮演何種角色？

2. 上市面板大廠友達財務長為尋求營運資金來源，分別前往合庫商銀與台灣工銀洽談，試說明兩者提供的融資將有何差異？

3. 試說明國內中小企業在營運過程中，可以尋求哪些金融機構給予融資？

4. 試說明上市公司與一般未公開發行公司在尋求資金來源的差異性？

5. 試說明政策金融、專業金融與專業信用三者間的差異性？

6. 台大電機系校友成立中小企業研發遊戲軟體，為尋求營運資金而向台銀申請貸款，若因信用評等不佳或缺乏抵押品，可向哪些金融組織求援？

7. 某中小企業財務長選擇直接向富邦產險投保營運所需的產險，試問可能面臨何種問題？

8. 財務長執行資金運用計畫時，財富管理業將扮演何種角色？

網路練習題

1. 某位陳姓經理糾集兩位同事離開大型綜合券商自營部,決定自行成立工作室為投資人操作金融商品,請你代為連結微型企業專業網站 (http：//www.opens.com.tw/),協助其如何成立微型企業與尋求融資來源。

2. 上市液晶顯示器大廠勝華 (2384) 為規避營運過程中可能面臨的環境風險,請你為該公司財務長連結產物保險公會網站 (http://www.nlia.org.tw/),查閱該公司必須選擇的保險產品將包括哪些?

3. 德榮公司想要引進法人的股權資金,請你代為連結創業投資商業同業公會網站 (http://www.tvca.org.tw/),查閱國內創投公司的家數與相關運作模式。

4. 福光公司想要分散股權,同時提供股東交易股票的流動性,請你代為連結太陽神未上市股票交易網站 (http://www.fcwin.com.tw/secure),查閱國內未上市股票交易狀況。

財務報表分析

個案導讀

上市公司東隆五金生產的喇叭鎖暢銷全球，過去採取穩健經營策略，曾在美國市場占有率高居第三名。然而在范耀鑫董事長過世後，范芳源與范芳魁兄弟以所持東隆股票向銀行與金主質借資金，投入增加持有股權，再配合高價收購委託書，從而取得經營權。隨著兩人取得經營權後，改變往日保守經營作風，積極從事非本業的多角化擴張，卻又績效不彰而引發股價下跌。為避免股價下跌，遭致銀行與金主行使股票質權處分(俗稱斷頭)，范芳魁將東隆持有的債券向銀行質借、出售東隆長期投資股票、東隆現金增資股款與以東隆持有可轉讓定期存單向銀行質借，將取得資金用於償還本身債務。爾後，范芳魁於 1998 年 9 月底買進鉅額東隆股票，因資金調度困難而違約交割，引爆股價重挫連續跌停，經過證期會與證交所前往查帳，此一掏空事件終於曝光。

公司營運成果將會總結在損益表、資產負債表與現金流量表，而東隆五金掏空案件也可從三大財務報表內容的變化看出端倪。本章將分別說明三大財務報表內容，分析各種財務比率的涵義，進而用於評估公司營運體質。

3.1 公司財務報表類型

公司營運成果與資金動向將反映在公司的各種財務報表。台灣於 2013 年 1 月 1 日將過去使用的美國會計準則 GAAP，改採由國際會計準則理事會 (International Accounting Standards Bord) 發布的國際財務報導準則 (International Financial Reporting Standards, IFRS)。在 IFRS 會計準則下，公司的主要財務報表包括資產負債表、損益表、現金流量表與股東權益變動表。以下將就這些報表內容做一說明。

3.1.1 資產負債表

資產負債表

顯現特定時點公司資產與負債狀況的報表。

資產負債表 (balance sheet) 是顯現特定時點的公司資產 (資金運用方式) 與負債 (資金來源型態) 內容。表 3-1 是國內生產輪胎的上市大廠正新橡膠在 2011 年及 2010 年底的資產負債表。其中，資產配置取決於公司本質與管理階層偏好，如管理階層在持有現金資產或市場化證券、應收帳款、存貨或固定資產間取捨，選擇製造或購買商品、租賃或擁有設備、公司營運型態等。負債組合則是依清償期限排列，反映公司的融資策略，而股東權益則視管理階層對資本結構偏好而定。

財務長分析公司資產負債表結構，關注焦點包括**會計流動性**、負債對股東權益與公司價值對重置成本等議題。

會計流動性

會計報表上的資產變現速度。

- **會計流動性** (accounting liquidity)　資產變現速度。資產分為流動資產與固定資產兩大類，資產項目依據流動性排列如下：

流動資產

一年內可變現的流動性資產。

  1. **流動資產** (current assets)　一年內可變現的流動性資產，包括現金、存貨和應收帳款。其中，**應收帳款** (accounts receivable) 係指調整潛在壞帳後，銷售商品或提供勞務而尚未收取的帳款。存貨 (inventory) 是由投入生產的原物料、生產過程的在製品與未銷售之最終商品組成。

應收帳款

銷售商品或提供勞務而尚未收取的帳款。

  2. **固定資產** (fixed assets)　缺乏流動性的資產，有形固定資產包括房地產、土地及設備，需要較長時間支付高交易成本，才能透過一般交易活動轉換成現金。無形資產 (intangible assets) 包括商標權、智慧財產權或專利權。

- **負債對股東權益**　公司營運資金來源包括負債與股東權益，兩者組合即是公司的資本結構或財務結構，反映公司運用財務槓桿營運的程度。

財務風險

使用負債資金營運，必須承擔還本付息壓力。

  1. **負債** (debt)　在固定期間，負債是公司必須還本付息的餘額，一旦無法清償，債權人可透過訴訟而宣告公司破產。公司使用負債資金營運，必須承擔還本付息的**財務風險** (financial risk)，係屬風險性資金來源。

表 3-1

正新橡膠公司資產負債表 (僅列出資產部分)

	正新橡膠工業股份有限公司 資產負債表 2011 年及 2010 年 12 月 31 日			
			單位：新台幣仟元	
	2011 年 12 月 31 日		2010 年 12 月 31 日	
資產	金額	%	金額	%
流動資產				
現金及約當現金	$1,994,312	3	$2,549,865	4
備供出售金融資產－流動	38,901	-	21,459	-
應收票據淨額	103,286	-	88,864	-
應收帳款淨額	1,596,268	2	1,533,925	2
應收帳款－關係人淨額	1,289,641	2	1,006,436	2
其他金融資產－流動	976,953	1	880,939	1
存貨	2,714,111	3	2,594,466	4
遞延所得稅資產－流動	86,396	-	87,670	-
其他流動資產－其他	1,014,132	1	644,313	1
流動資產合計	9,814,000	12	9,407,937	14
基金及投資				
以成本衡量之金融資產－非流動	140,420	-	141,863	-
採權益法之長期股權投資	53,675,641	69	46,510,384	70
其他金融資產－非流動	3,147	-	847	-
基金及投資合計	53,819,208	69	46,653,094	70
固定資產				
成本				
土地	2,523,539	3	2,179,974	3
房屋及建築	3,073,043	4	2,951,536	4
機器設備	8,062,533	10	5,980,326	9
試驗設備	706,529	1	603,695	1
運輸設備	118,338	-	104,183	-
辦公設備	31,724	-	19,103	-
其他設備	1,346,974	2	1,153,875	2
重估增值	1,177,501	2	1,178,999	2
成本及重估增值	17,040,181	22	14,171,691	21
減：累計折舊	(6,352,591)	(8)	(5,695,801)	(8)
未完工程及預付設備款	3,592,697	4	1,631,054	2
固定資產淨額	14,280,287	18	10,106,944	15
其他資產				
出租資產	116,990	-	117,793	-
其他資產－其他	332,137	1	308,578	1
其他資產合計	449,127	1	426,371	1
資產總計	$78,362,622	100	$66,594,346	100

帳面價值
公司資產的會計價值是以原始成本計算。

市場價值
以市價衡量的公司資產價值。

損益表
反映固定期間公司經營績效的報表。

息前稅前盈餘
公司運用資產獲取的課稅前與支付融資成本前的盈餘。

2. **股東權益 (equity)**　公司資產扣除負債後的剩餘部分,屬於自有資金而為安全性資金。
- **公司價值對重置成本**　公司資產的會計價值是以原始成本計算的**帳面價值** (book value),相當於公司的重置成本 (replacement cost)。至於公司價值或**市場價值** (market value) 則是以市價衡量的公司資產價值。

3.1.2　損益表

損益表 (income statement) 是反映固定期間公司經營績效的報表,揭示盈餘計算與形成過程。損益表包括本期淨利與其他綜合損益兩部分,採取將所有收入、費用與損失全部揭露概念。盈餘是營業收入扣除營運成本的差額,是評價公司績效與獲利能力的重要指標。營業收入與成本是基於權責發生制,會計人員基於客觀事實、遵循會計準則,運用「收入認列原則」、「成本原則」、「配合原則」來確認與計算,但仍會涉及主觀判斷。營業收入與成本係依其歸屬來確認,不考慮是否實際收付現金,是以計算的盈餘經常無法讓公司獲利符合實際財務狀況。某些公司帳面盈餘很大,看似業績可觀,現金卻是入不敷出而舉步艱難;反觀有些公司虧損累累,卻現金充裕而能週轉自如。

表 3-2 是正新橡膠在 2010 與 2011 年的損益表,包含下列部分:

1. **營業部分**　公司銷售商品與勞務收入與相關營運成本,未實現財產增值並不認列為收入。其中,**息前稅前盈餘** (earnings before interest and tax, EBIT) 是公司運用資產獲取的課稅前與支付融資成本 (利息) 前的盈餘,反映公司營運獲取的收益。
2. **非營業部分**　包含融資的利息費用與支付所得稅的部分。
3. **淨利部分**　通常以每股盈餘 (earnings per share, EPS) 衡量。

接著,財務長分析損益表結構,必須注意下列事項:

- **一般公認會計原則**　銷售商品與勞務收益將認列於損益表,賒帳銷貨未收取現金,但仍需納入損益表,而未實現資產增值則不能認列收入。
- **非現金項目** (noncash items)　公司資產的經濟價值與未來現金流量有關,但現金流量不會顯現在損益表,且有兩種非現金項目不會影響現金流量:
  1. **折舊** (depreciation)　使用生產設備的成本,如正新橡膠耗資 10 億元購買設備,使用年限 10 年,年限屆滿將無殘值。會計師採取直線折舊法估計,設備在使用期間的成本為 10 億元,每年折舊費用 1 億元,總共 10 年。從財務角度來看,正新支付設備成本,將產生負現金流量。

表 3-2

正新橡膠公司損益表

正新橡膠工業股份有限公司
損益表
2011 年及 2010 年 1 月 1 日至 12 月 31 日

單位：新台幣仟元
(除每股盈餘為新台幣元外)

項目	2011 年度		2010 年度	
	金額	%	金額	%
營業收入				
銷貨收入	$24,480,393	100	$20,942,896	100
銷貨退回及折讓	(19,741)	-	(16,071)	-
銷貨收入淨額	24,460,652	100	20,926,825	100
營業成本				
銷貨成本	(20,567,652)	(84)	(16,900,338)	(81)
營業毛利	3,893,000	16	4,026,487	19
聯屬公司已(未)實現利益	62,874	-	(60,240)	-
營業毛利淨額	3,955,874	16	3,966,247	19
營業費用				
推銷費用	(1,754,323)	(7)	(1,723,991)	(8)
管理及總務費用	(502,092)	(2)	(521,757)	(2)
研究發展費用	(686,494)	(3)	(576,269)	(3)
營業費用合計	(2,942,909)	(12)	(1,822,017)	(13)
營業淨利	1,012,965	4	1,144,230	6
營業外收入及利益				
利息收入	5,734	-	5,466	-
採權益法認列之投資收益	7,290,043	30	8,966,371	43
處分固定資產利益	416,677	2	328,549	1
兌換利益	261,736	1	-	-
什項收入	733,085	3	597,897	3
營業外收入及利益合計	8,707,275	36	9,898,283	47
營業外費用及損失				
利息費用	(229,033)	(1)	(162,278)	(1)
兌換損失	-	-	(4,886)	-
金融商品評價損失	(35,755)	-	(4,876)	-
什項支出	(85,982)	(1)	(43,915)	-
營業外費用及損失合計	(350,770)	(2)	(215,955)	(1)
繼續營業單位稅前淨利	9,369,470	38	10,826,558	52
所得稅費用	(832,986)	(3)	(511,553)	(3)
本期淨利	$8,536,484	35	$10,315,005	49
	稅前	稅後	稅前	稅後
基本每股盈餘				
本期淨利	$3.79	$3.45	$4.38	$4.17
稀釋每股盈餘				
本期淨利	$3.78	$3.45	$4.37	$4.16

遞延所得稅

會計所得與應課稅所
得間的差額。

2. 遞延所得稅 (deferred taxes)　會計所得與應課稅所得間的差額。損益表列出的所得稅區分為應付所得稅 (實際繳給國稅局) 與遞延所得稅 (無須繳納)，當年應課稅盈餘若小於會計盈餘，未來總會超過會計盈餘。是以今日未繳的所得稅日後還是要繳，故屬公司負債。從現金流量觀點，列在負債項目的遞延所得稅並無現金流出。

- 時間與成本　公司營運期間可分為長期與短期。

  1. 短期　公司設備、資源與承擔義務在短期均屬固定，因而產生固定成本，如借款利息、間接成本與財產稅。至於變動成本則隨短期產量而變，如原料或生產線員工的薪資。

  2. 長期　所有成本均屬可變，會計成本只分為生產成本或期間成本。前者是在生產期間發生的成本，包括原物料、直接勞工、營業經常費用以及在損益表上看到的銷貨成本。後者則是分配在一段時間內的成本，包括銷售、總務與管理費用。

3.1.3　現金流量表

現金流量表

顯示固定期間公司現
金流入與流出的報
表。

約當現金

短期且具高度流動性
的資產，因其變現容
易且交易成本低。

現金流量表 (statement of cash flow) 是以現金和約當現金 (cash equivalent) 為編製基礎，顯示在固定期間攸關公司現金流入及流出的訊息，反映公司的營業、投資及融資活動，可用於評估公司流動性、財務彈性、獲利能力與風險。表 3-3 顯示正新橡膠公司現金流量波動來源可分為三種：

- 營業活動 (營運現金流量)　與營業活動相關的現金往來。

  1. 現金流入　包括 (a) 現銷商品及勞務、應收帳款或票據收現。(b) 收取利息及股利。(c) 其他非基於投資與理財活動產生之收現 (如訴訟受償款、存貨保險理賠款)。

  2. 現金流出　包括 (a) 現購商品及原料、償還供應商帳款及票據。(b) 薪資、利息費用、所得稅、罰款、營業成本及費用付現。(c) 非基於投資理財活動的付現 (如訴訟賠償、退還貨款、捐贈支出)。

- 投資活動 (資本支出)　公司支應固定資產及金融操作的現金流動。

  1. 現金流入　包括 (a) 處分權益證券與固定資產。(b) 收回貸 (放) 款及處分約當現金以外的債權憑證。

  2. 現金流出　包括 (a) 取得權益證券與固定資產。(b) 承作貸 (放) 款及取得約當現金以外債權憑證。

- 融資活動 (淨營運資本改變)　對債權人與股東的淨支付，包含權益與負債變動，但不包含利息費用。

  1. 現金流入包括現金增資與舉債。

表 3-3

正新橡膠公司現金流量表

正新橡膠工業股份有限公司
現金流量表
2011 年及 2010 年 1 月 1 日至 12 月 31 日

單位：新台幣仟元

	2011 年度	2010 年度
營業活動之現金流量	$8,536,484	$10,315,005
本期淨利		
調整項目		
折舊費用	978,358	892,790
出租資產折舊費用	803	964
各項攤提	56,929	50,028
（已）未實現銷貨毛利	(62,874)	60,240
金融商品評價損失	35,755	4,876
處分備供出售金融資產損失	(223)	(286)
存貨報廢損失	3,201	1,179
依權益法評價之現金股利收現數	3,716,774	2,942,533
採權益法認列長期股權投資利益	(7,290,043)	(8,966,371)
處分固定資產利益	(416,677)	(328,549)
匯率影響數	(34,186)	70,739
資產及負債科目之變動		
公平價值列入損益之金融商品淨變動數	456	(4,003)
應收票據淨額	(14,422)	(19,649)
應收帳款淨額	(62,343)	81,333
應收帳款 - 關係人淨額	(283,205)	(440,080)
其他金融資產 - 流動	(67,484)	(310,097)
存貨	(122,846)	(1,043,532)
其他流動資產 - 其他	(369,819)	(377,615)
應付帳款	7,758	192,383
應付所得稅	(551,178)	577,821
應付費用	(17,260)	121,534
其他應付款 - 其他	(13,464)	(74,971)
其他流動負債 - 其他	(37,052)	(6,511)
遞延所得稅負債 - 非流動	(59,986)	(650,171)
應計退休金負債	17,063	-
營業活動之淨現金流入	3,950,219	3,089,590
投資活動之現金流量		
備供出售金融資產 - 流動增加	($40,000)	($10,000)
處分備供出售金融資產 - 流動價款	20,223	10,286
質押定存增加	(28,530)	-
採權益法評價之長期股權投資增加數	(453,252)	(625,873)
以成本衡量之金融資產減資退回股款數	1,443	1,603
存出保證金（增加）減少	(2,300)	88
處分固定資產價款	857,945	907,572
購置固定資產	(5,664,087)	(3,995,608)
遞延資產增加	(80,488)	(83,486)
投資活動之淨現金流出	(5,389,046)	(3,795,418)
融資活動之現金流量		
短期借款增加數	150,994	75,120
長期借款舉借數	9,426,476	3,001,737
長期借款償還數	(4,607,595)	(3,691,262)
應付公司債舉借數	-	4,000,000
存入保證金（減少）增加	(294)	1,765
發放現金股利	(4,120,793)	(3,296,634)
融資活動之淨現金流入	848,788	90,726
匯率影響數	34,186	70,739
本期現金及約當現金減少	(555,553)	(685,841)
期初現金及約當現金餘額	2,549,865	3,235,706
期末現金及約當現金餘額	$1,994,312	$2,549,865
現金流量資訊之補充揭露		
本期支付利息（不含利息資本化）	$226,379	$144,054
本期支付所得稅	$1,444,149	$583,903
購置固定資產現金支付數		
固定資產本期增添數	$5,649,878	$4,152,767
期初應付設備款	260,712	103,553
期末應付設備款	(246,503)	(260,712)
購置固定資產現金支付數	$5,664,087	$3,995,608

2. 現金流出包括支付現金股利、購買庫藏股、減資、償還借款、清償延期價款之本金。

　　最後，股東權益變動表係連結資產負債表與損益表的橋樑。股東權益包括股本、保留盈餘與公積金，隨著企業開始營運，各期損益會從損益表結算至股東權益。企業營運出現盈餘，股東權益隨之增加；反之，公司營運陷入虧損，股東權益則會減少。

知識補給站

　　財務長擬定投資決策，必須具備看穿三大財報內涵的能力，掌握管理階層五鬼搬運手法，透過風險控管而達到趨吉避凶結果。

(1) 從財務結構健全性來看，簡單的觀察指標即是總負債對總資產比率，負債比率超過 50% 是評估公司負債是否偏高的門檻，反映公司自有資金是否足以清償負債。不過銀行業、壽險業與租賃業採取高財務槓桿操作，營建業與流通業基於業務性質，平均負債比率偏高則屬合理。

(2) 檢視資產負債表及損益表細項，相較去年同期數字表現，同一會計項目的兩年數字出現相當落差，就值得推敲。舉例而言，今年流動資產相較去年同期差異不大，但是存貨 (流動資產) 卻高出去年甚多，顯示流動資產品質遜於去年，可能陷入產品去化困境。至於存貨劇降也未必純屬樂觀，必須搭配損益表的營業利益變化才能判斷，營業利益劇減或許隱含流血傾銷存貨，透露公司產品競爭力不佳的問題。

(3) 檢視資產負債表的應收帳款、關係人應收帳款與損益表的營收變化，公司營收較去年成長、應收帳款增幅卻遠高於營收成長幅度，可能暗示客戶清償能力出現疑慮，若仍持續對其大量銷貨，應收帳款勢必回收困難，擴大本身資金週轉問題。尤其是營收與關係人應收帳款同步遞增，代表公司大量堆貨給子公司，產品能否去化仍在未定之天，形同虛灌營收數字。對「枝繁葉茂」的集團企業而言，透過子孫公司相互假銷貨真作帳極為容易，故需對財報附註說明的「應收帳款說明」、「關係人交易狀況」、「關係人進銷貨狀況」及「轉投資公司狀況」等進行詳細檢視。

(4) 未上市企業藉著買進股權而掌握上市公司經營權，達到「借殼上市」目的。然而有心人士掌握經營權後，卻操弄內線訊息炒作自家股票，甚至透過銷貨與資產交易而行五鬼搬運之實，將上市公司資產挪移至未上市母體企業。至於上市公司對母體企業的業務狀況，或與關係企業相互持股，都可從關係人交易與轉投資狀況等附註說明中獲得訊息。

　　投資大師 Warren Edward Buffett 指出：「絕不投資財報看不懂的公司！」投資人畢竟

不是專業會計人員，難以從有疑慮公司的財報發掘出掏空鐵證，不過只要掌握上述訣竅，由淺入深檢視財報，總能在問題公司財報中發現不自然之處。一旦感覺財報數字怪異、看不太懂或與當時產業、市場環境不相襯，則在高風險環境中就應敬而遠之。

Warren Edward Buffett (1930~)

出生於美國 Nebraska 州的 Omaha，是投資家、企業家與慈善家，眾人譽為「股神」，財經媒體尊稱為「Omaha 先知或聖人」(The oracle or sage of Omaha)。Buffett 藉由睿智投資而累積龐大財富，目前擔任 Berkshire Hathaway 公司董事長與執行長且是最大股東。依據《富比士雜誌》(Forbes) 公布的 2010 年全球富豪榜，Buffett 的淨資產為 470 億美元，僅次於 Carlos Slim Helu 與 Bill Gates 而為全球第三。2006 年 6 月，Buffett 承諾將其資產捐給慈善機構，其中 85% 交由 Bill Gates 基金會運用，此一捐贈創下美國有史以來紀錄。

3.2 財務報表分析

財務報表分析係指人們針對資產負債表、損益表與現金流量表，運用各種工具與技術解析，篩選有用資訊作為決策參考。常用的財務報表分析將有下列三種方法：

1. **垂直分析** (vertical analysis)　以特定金額或項目為基礎，進行評估財務報表各項目。舉例來說，大聯大控股與文曄科技在國內 IC 通路市場分居龍頭與老二地位，前者規模約為後者五倍，很難直接比較兩者財報的優劣。尤其是涉及不同國籍公司的比較，除規模外，還需考慮計價貨幣不同的問題。有鑑於此，一般係運用比率方式將財務報表標準化，產生共通規模財務報表 (common-size statement)。就損益表而言，通常選擇銷貨收入為 100%；就資產負債表而言，則是選擇資產總額為 100%，其餘各項目則與選定的基礎進行比較其比率，以觀察公司財務狀況和經營績效。

> **垂直分析**
> 以特定金額或項目為基礎進行評估財務報表各項目。

> **共通規模財務報表**
> 運用比率方式將財務報表標準化。

損益表	
	百分比
銷　　貨	100
銷貨折扣	007
銷貨淨額	093
銷貨成本	075
銷貨毛利	018
營業費用	010
淨　　利	008

資產負債表			
資　　產		負債及股東權益	
	百分比		百分比
流動資產	010	流動負債	040
長期投資	010	長期負債	020
固定資產	060	股東權益	040
其他資產	020		
資　　產	100	負債及股東權益	100

水平分析

針對選擇分析的財務報表與前一年財務報表進行比較。

2. **水平分析** (horizontal analysis)　針對選擇分析的財務報表與前一年財務報表進行比較，方法如下：

   (a) **絕對金額**　針對財務報表的絕對金額，分析公司財務狀況與經營績效。

   (b) **比率變動分析**　絕對金額只能觀察數字增減，無法觀察變動程度。若欲掌握其中變動狀況，則須採取比率分析，如 2011 年的流動資產為 20,000 元，2012 年變為 25,000 元，增加比率為 5,000/20,000 = 25%。

   (c) **比率增減變動**　觀察比率增減變動幅度，如上例 25,000/20,000 = 1.25，比率大於 1 顯示後期大於前期，小於 1 意味著後期小於前期，比率等於 1 則是持平未變。

比率分析法

藉由分析財務報表的個別成分組成比率，用以預測變化趨勢。

3. **比率分析法** (ratio analysis)　財務報表分析最常用的方法，藉由分析個別成分組成的比率，協助財務長發現難以預測的狀況及**趨勢**。

3.2.1　短期償債能力或流動性分析

在營運過程中，公司採取財務槓桿營運，承擔財務風險可用償債能力衡量。短期償債比率反映在無未到期債務壓力下，公司短期支付費用的能力，觀察焦點在流動資產與流動負債，亦即著重擁有流動性多寡。以下將以表 3-1 為例，說明**流動性分析** (liquidity analysis) 使用的比率。

流動性分析

評估廠商經營活動產生的現金流量與負債間的關係。

1. **流動比率 (liquidity ratio)**　流動資產與流動負債的比值，用於衡量公司短期償債能力。對短期債權人 (如供應商) 而言，流動比率愈高代表短期償債能力愈佳。除某些特別情況外，一般要求流動比率至少等於 1，比率小於 1 意味著淨營運資金 (流動資產減流動負債) 為負值，對大部分公司而言，顯然非比尋常。不過流動比率容易受各種交易影響，如生產鋁塑複合板上市大廠森鉅取得彰銀的長期融資，短期內現金與長期負債同時增加，並不影響流動負債，卻讓流動比率攀升。

> **流動比率**
> 流動資產與流動負債的比值，用於衡量公司短期償債能力。

$$流動比率 = \frac{流動資產}{流動負債} = \frac{9,814,000}{4,846,192} = 2.03$$

知識補給站

麗嬰房採取清償供應商與短期債權人的債務、囤積嬰兒用品、清倉拍賣兒童服裝等策略後，觀察流動比率將會如何變化？在一般情況，麗嬰房清償短期債務前的流動比率超過 1，清償短期債務後，流動比率將變大。反之，清償債務前的流動比率小於 1，清償後則會變小。以下舉例說明流動比率的變化。

(1) 麗嬰房的流動資產為40億元、流動負債為 20 億元，流動比率是2。一旦清償現金 10 億元以降低流動負債，新流動比率是 $(40 - 10)/(20 - 10) = 3$。

(2) 麗嬰房的流動資產為 20 億元、流動負債為40億元。一旦清償現金 10 億元，流動比率將從原本的 1/2 降為 1/3。

(3) 麗嬰房囤積嬰兒用品將使存貨累積，持有現金下降，流動比率維持不變。

(4) 麗嬰房清倉拍賣存貨，由於庫存兒童服裝係以成本入帳，清倉價格通常超過存貨成本，不論就現金或應收帳款來看，清倉金額都會超過存貨減少金額，促使流動資產增加而提高流動比率。

2. **速動比率 (quick ratio) 或酸性測試比率 (acid-test ratio)**　公司持有大量存貨，意味著業務部門高估市場情勢或生產過多，容易陷入存貨難以變現 (流動性匱乏) 的窘境。為嚴謹評估公司的極短期償債能力，一般係以速動比率取代流動比率，兩者相異之處就在剔除存貨與預付費用。速動比率不宜低於 1，小於 1 表示短期償債能力不佳。

> **酸性測試比率**
> 或稱速動比率，此即流動資產扣除存貨後對流對負債的比率。

$$速動比率 = \frac{流動資產 - 存貨}{流動負債} = \frac{9,814,000 - 2,714,111}{4,846,192}$$

$$= 1.47$$

3.2.2 長期償債能力分析

公司的長期償債能力反映其財務體質好壞，長期償債能力不佳代表未來倒閉可能性較高，獲利表現將不夠亮眼。評估公司長期償債能力指標有三種：

總負債比
全部負債占總資產比率。

1. 總負債比 (total debt ratio) 全部負債占總資產比率。以表 3-1 為例，正新 2011 年的每元資產係以 0.34 元負債融通 ($\frac{26,537,142}{78,362,622} = 0.34$)，使用權益資金比率 66%($\frac{51,825,480}{78,362,622} = 66\%$)。

負債權益比
總負債占股東權益比率。

2. 負債權益比 (debt-equity ratio) 總負債占股東權益比率。

$$負債權益比率 = \frac{負債}{股東權益} = \frac{26,537,142}{51,825,480} = 0.51$$

權益乘數
總資產占股東權益比率。

3. 權益乘數 (equity multiplier) 總資產占股東權益比率。權益乘數等於1表示所有資產全部以股東權益融通。

$$權益乘數 = \frac{資產}{股東權益} = \frac{78,362,622}{51,825,480} = 1.51$$

公司舉債經營，債權人為確知債權保障性，可用息前稅前盈餘清償利息的倍數為衡量指標，此即利息保障倍數 (times interest earned)。

利息保障倍數
稅前息前盈餘占利息的比率。

$$利息保障倍數 = \frac{稅前息前盈餘}{利息}$$

息前稅前盈餘已扣除非現金費用 (折舊)，但仍無法充分反映公司掌握支付利息的現金流量，而利息是對債權人的現金流出，故改採現金保障比率 (cash coverage ratio) 衡量公司償付利息能力。

現金保障比率
稅前息前折舊前盈餘占利息的比率。

$$現金保障比率 = \frac{稅前息前折舊前盈餘}{利息}$$

息前稅前折舊前盈餘
評估公司由營業活動產生現金的能力，以及可用於支付負債的現金流量。

息前稅前折舊前盈餘 (earnings before interest, taxes and depreciation, EBITD) 通常用來評估公司由營業活動產生現金的能力，以及可用於支付負債的現金流量。

3.2.3 經營績效評估

財務長為掌握公司資產是否效率運用，可用資產使用比率衡量公司銷貨速度，此係從營業收入收取現金的速度，評估焦點放在存貨與應收帳款兩項流動資產。實務上，績效不彰或因掏空而破產的公司，共同特徵均是反映在存貨突然消失或應收帳款全部淪為呆帳。

資產負債表是存量概念，而損益表是流量概念，計算財務比率需將資產負債表的存量轉化為平均流量，才可將損益表科目除以資產負債表科目，從而得出相關財務比率。以下將以表 3-1 與表 3-2 為例，來檢視正新的狀況。

1. **資產週轉率** (asset turnover) 　公司運用資產可獲取營業收入，將可衡量公司運用資產效率，亦即「投資成本一元可作多少生意」。

$$固定資產週轉率 = \frac{營業收入淨額}{平均固定資產} = \frac{24,460,652}{(14,280,287 + 10,106,944)/2} = 2$$

$$總資產週轉率 = \frac{營業收入淨額}{平均總資產} = \frac{24,460,652}{(78,362,622 + 66,594,345)/2} = 0.08$$

上述結果顯示，正新擁有每元固定資產與總資產將可產生營業收入 2 元與 0.08 元。

2. **存貨週轉率** (inventory turnover) 　衡量存貨銷售速度與持有存貨是否適當。

$$存貨週轉率 = \frac{銷貨成本}{平均存貨} = \frac{20,567,652}{(14,280,287 + 10,106,944)/2} = 7.75 \,(次)$$

$$平均存貨銷售天數 = \frac{365\,天}{存貨週轉率} = \frac{365}{7.75} = 47.10 \,(天)$$

上述結果顯示：只要正新持有存貨未因耗盡而中斷銷售，在 2011 年出售或週轉存貨約 7.75 次，而存貨出售前在公司平均停留 47.10 天，前者愈高或後者愈低，意味著管理存貨愈有效率。

3. **應收帳款週轉率** (receivables turnover) 　衡量應收帳款收現速度。週轉次數愈高表示經營效率愈佳，運用資產愈具效率。

$$應收帳款週轉率 = \frac{銷貨收入淨額}{平均應收帳款} = \frac{24,460,652}{(1,802,840 + 1,622,789)/2} = 7.14 \,(次)$$

$$應收帳款平均收現天數 = \frac{365\,天}{應收帳款週轉率} = \frac{365}{7.14} = 51.12 \,(天)$$

最後，公司營運面臨事業風險與財務風險，可用營運槓桿與財務槓桿衡量。

事業風險

$$營運槓桿 = \frac{(營業收入淨額 - 變動營業成本)}{營業利益}$$

財務風險

$$財務槓桿 = \frac{營業利益}{(營業利益 - 利息費用)} = \frac{普通股權益報酬率}{總資產報酬率}$$

3.2.4　公司獲利能力評估

純益率
稅後盈餘占營業收入淨額比率，衡量公司營運獲利能力。

1. **純益率** (profit margin)　公司稅後盈餘占營業收入淨額比率，衡量公司營運獲利能力，亦即「作一元生意可以淨賺多少錢」。

$$純益率 = \frac{公司稅後盈餘}{營業收入淨額} = \frac{8,536,484}{24,460,652} = 34.9\%$$

資產報酬率
每元資產賺取的稅後盈餘，衡量公司運用資產的獲利能力。

2. **資產報酬率** (return on asset equity, ROA)　每元資產賺取的稅後盈餘，用於衡量公司運用資產的獲利能力。

$$資產報酬率 = \frac{公司稅後盈餘}{平均總資產} = \frac{8,536,484}{(78,362,622 + 66,594,346)/2} = 11.78\%$$

上述結果顯示：正新的每元銷售額將產生淨利 0.349 元。在其他條件不變下，高純益率令人嚮往。然而在不同產業間，純益率也會出現巨幅落差，如筆記型電腦純益率低到 5%，IC 設計業純益率卻超過 50%。

3. **每股盈餘**(EPS)　公司稅後盈餘除以流通在外股數。

$$每股盈餘 (EPS) = \frac{公司稅後盈餘}{在外流通股數}$$

本益比
股價與每股盈餘的比率。

4. **本益比** (price-earnings ratio, PE ratio)　股價與每股盈餘的比率，顯示投資人針對每元盈餘所願意支付的價格。前景亮麗且低風險公司的本益比較高，成長緩慢且高風險公司的本益比較低。公司本益比若低於產業平均值，將是反映成長前景差或存在高風險，投資人心生疑慮只願低價投資。

$$本益比 = \frac{每股市場價格}{每股盈餘}$$

5. 股東權益報酬率 (return on net worth)　或稱淨值報酬率，公司運用股權資金的獲利能力。

$$股東權益報酬率 = \frac{公司稅後盈餘}{平均股東權益}$$

$$= (\frac{公司稅後盈餘}{平均總資產}) \times (\frac{平均總資產}{平均股東權益})$$

$$= (資產報酬率) \times (權益乘數)$$

$$= (資產報酬率) \times (1 + 負債權益比率)$$

權益報酬率與資產報酬率間的差距有時相當大，尤其對某些行業來說，如通路業與銀行業，其資產報酬率偏低，但因採取高槓桿營運，高負債比例隱含高權益乘數。以美國銀行為例，其權益報酬率為 16% 將隱含權益乘數為 13 倍。

最後，公司上市或上櫃後，透過公開市場交易而產生的股價，一般視為公司的合理市場價值。

1. 市價淨值比率 (market-to-book ratio)　每股帳面價值是股東權益除以在外流通股數，而帳面價值是會計數值，係反映歷史成本。一般而言，市價淨值比率是股價與帳面價值的比率，比率小於 1 意味著公司為股東創造價值不是很成功。

$$市價淨值比率 = \frac{每股市場價格}{每股帳面價值}$$

2. 投資報酬率　投資成本 (每股市場價格) 和投資報酬間的關係，事實上就是本益比的倒數。

$$投資報酬率 = \frac{每股盈餘}{每股市場價格}$$

3. 股利殖利率　投資人的現金報酬率亦可視為實際報酬。

$$股利殖利率 = \frac{每股股利}{每股市場價格}$$

3.2.5 杜邦分析

杜邦分析
顯示公司資產管理、負債管理與獲利能力間關係的比例分析。

杜邦分析 (DuPont analysis) 是國際知名企業杜邦公司財務部門發展的系統化程序,用來分析公司財務狀況及經營績效。杜邦分析主要是顯示資產管理、負債管理和獲利能力間的關係,用於檢視各會計項目是否異常,進而分析公司的主要獲利來源或績效欠佳原因。圖 3-1 為杜邦分析的結構圖。

$$普通股權益報酬率 (ROE) = 利潤率 \times 總資產週轉率 \times 權益乘數$$
$$= \frac{淨利}{銷貨收入} \times \frac{銷貨收入}{總資產} \times \frac{總資產}{普通股權益}$$

在杜邦方程式中,利潤率表示公司銷貨的獲利情況,利潤率增加將提升公司內部產生資金能力。總資產週轉率是一個乘數,反映公司每年利潤率被賺了幾次,總資產週轉率上升就是增加每元資產創造的銷貨收入。至於權益乘數則是運用每元自有資金可衍生的資產價值倍數,反映公司運用舉債的能力。最後,依據杜邦分析的結構圖,財務長將可找出引起股權報酬率變動的來源,針對這些來源加以改進。

圖 3-1
杜邦分析結構圖

　　從 1988 年下半年起，台灣爆發40餘家上市上櫃公司陷入財務危機的場景，並延續至 2003 年的久津與太電、2004 年的博達、訊碟與皇統，持續上演經營階層誠信崩盤戲碼。尤其是後三者曾以股王之姿驚豔股市，卻在投資人瘋狂追逐之際，經營階層誠信變質而讓公司崩毀。享盡掌聲光環的董事長們察覺公司績效難以支撐膨脹的股價，理應面對現實、承認失敗，力挽狂瀾，但卻捨此弗由，粉飾財務報表逆向掩蓋事實。

　　投資人不能光看財務報表揭露的營收、獲利與每股盈餘來擬定決策，畢竟「數字始終來自於人性」，景氣循環將讓造假的上市櫃公司曝光，也讓說謊的大股東原形畢露。顯然的，運用財務報表比率分析有其侷限之處：

1. 財務報表彙整過去財務結果，僅是反映歷史資料且存在時間落後。
2. 財務報表隱含虛偽不實風險。
3. 易受通膨與季節因素影響。
4. 與選擇的會計處理方式有關。

分析財務報表必須搭配下列作法，才能稍微掌握正確訊息：

1. 配合跨年度或跨公司比較，尤其是至少近五年比較。
2. 掌握財務報表附註說明。
3. 確定簽證數字已被允當表達。
4. 結合即時資訊 (如重大訊息) 進行判斷。

「羅馬非一日形成」，財報問題也是如此。投資人若能先行觀察相關的財務風險預警，配合交易所公開資訊觀測站發布的重大資訊相互稽察，潛在地雷公司自然無所遁形。

1. 營收逐年滑落且虧損頻繁出現 (損益表)：反映公司營業利潤率趨於下降，虧損頻繁削弱營業現金流入能力，負債持續累積勢必陷入財務困境。
2. 業外損益經常超越本業損益 (損益表)：顯示公司缺乏聚焦經營或多角化績效不彰，前景展望有限。
3. 營業利益經常低於營運淨現金流量 (損益表與現金流量表)：凸顯營運管理不佳，存貨與應收帳款積壓資金過多，財務狀況惡化與不良資產增加。
4. 應收帳款收現與銷售存貨天數異常拉長 (資產負債表)：嚴重積壓資金而隱含公司虧損與現金枯竭，不排除是管理階層利益輸送或惡性掏空結果。
5. 短期負債超過長期負債，負債總額超越股東權益 (資產負債表)：一年內到期的負債經常性超過長期負債，反映短期償債壓力沈重，嚴重衝擊流動資產安全性。尤其是

　　負債總額又高於股東權益,公司營運淨現金流入困窘,財務風險遽增。

　　上述情境在三大報表上顯而易見,環環相扣互為因果,均可連結至與「現金流量不足」有關。公司現金流量若陷入經常性匱乏,財務危機可能就迫在眉睫。一旦人們質疑公司財務有問題,不僅意味著債台高築而且現金流量瀕臨斷炊,公司掉落困境自在意料之中。

問題研討

一、是非題

1. 勤益會計師事務所計算偉盟的流動比率，係以流動資產除以總負債來表示。

2. 遠東銀行為評估遠東百貨短期償債能力，可採取負債比率做為衡量指標。

3. 張無忌想要瞭解統一企業獲利能力，可以觀察其資產週轉率大小。

4. 茂矽以現金清償積欠聯電貨款，將會降低流動比率，但卻提高速動比率。

5. 台塑收到關係企業南亞分配的現金股利，此係營業活動的現金流入，有助於提高台塑的流動比率。

6. 元大寶來投信可用 (每股股利/每股盈餘) 衡量華碩電腦的每年股利支付率。

7. 友訊目前股價為 50 元，每股盈餘 5 元，每股帳面價值 10 元，則本益比為 10。

8. 在其他條件不變下，本益比愈高是反映公司前景亮麗與獲利高度成長，投資人願意以高股價投資股票。

二、選擇題

1. 明碁持有筆記型電腦存貨過高，財務部卻未提列足額的存貨跌價損失。試問此舉對財務報表將造成何種影響？　(a) 流動比率高估，速動比率不受影響　(b) 流動比率與速動比率均高估　(c) 流動比率不受影響，速動比率高估　(d) 流動比率與速動比率均無影響

2. 上市 IC 通路大廠文曄科技將應收帳款賣斷給中租迪和，將對流動比率和速動比率造成何種影響？　(a) 流動比率不影響，速動比率增加　(b) 流動比率與速動比率均增加　(c) 流動比率增加，速動比率不影響　(d) 流動比率與速動比率均不影響

3. 超人分析師使用財務比率檢視國建公司體質，何種指標數值是愈低越好？
(a) 流動比率　(b) 負債比率　(c) 存貨週轉率　(d) 利息保障倍數

4. 佳邦在 2014 年的 *EBIT* 為 1,000,000 元，銷貨收入 5,000,000 元，利息費用 250,000 元。試問該公司的利息保障倍數為何？　(a) 1/4　(b) 20　(c) 4　(d) 1/20

5. 大立光學股價持續攀升超越 2,500 元，然而每股盈餘仍維持 150 元不變。此一現象將會產生何種結果？　(a)資產報酬率上升　(b)每股盈餘上升　(c)股東權益報酬率上升　(d)本益比下降

6. 上市食品公司黑松在 2014 年銷貨收入 90,000 萬元，銷貨成本 60,000 萬

元。試問銷貨毛利率為何？　(a) 20%　(b) 25%　(c) 30%　(d) 33%

7. 台塑董事會採取何種活動，將係屬於現金流量表的融資活動？　(a) 宣告發放現金股利　(b) 發放現金股利　(c) 宣告發放股票股利　(d) 發放股票股利

8. 上市紡織大廠聚陽從事生產或購買原料、出售商品給客戶，以及相關的行政支援支出，此係屬於何種活動？　(a) 融資活動　(b) 投資活動　(c) 營業活動　(d) 生產活動

9. 高僑董事會建議提撥保留盈餘來發放股票股利，此舉對股東權益報酬率的影響為何？　(a) 不確定　(b) 提高　(c) 降低　(d) 不變

10. 鴻海董事會決議擴大併購活動，並以發行公司債來融通併購資金。試問該項策略產生的影響，何者錯誤？　(a) 總負債比將會上升　(b) 財務槓桿將會上升　(c) 權益乘數將會下降　(d) 本益比將會上升

三、問答題

1. 下表是高僑與福光兩公司在 2013 年的相關績效比率，試回答下列問題：
   (a) 試計算兩家公司的權益乘數？
   (b) 哪家公司的經營績效較佳？理由為何？

	純益率	資產週轉率	股東權益報酬率
高僑公司	13.29%	0.43	8.52%
福光公司	7.30%	0.48	5.25%

2. 何謂流動比率與速動比率？試說明兩種比率高低對公司事業風險與報酬間關係的影響為何？

3. 試說明台塑公司的現金流量來源為何？

4. 試說明力晶半導體每月的利息支出為何不屬於營運現金流量的一環？

5. 中實投資財務長運用財務報表分析篩選投資標的。試回答下列問題：
   (a) 何謂共通規模的財務報表？其作用為何？
   (b) 運用財務報表來篩選優質公司的方法有哪些？
   (c) 進行跨公司比較，可採取何種方法評估？
   (d) 財務長進行水平分析的方法有哪些，各自的優劣點為何？

6. 聲寶財務長評估公司短期償債能力，通常選擇哪些財務比率作為指標？

7. 文曄科技財務長為評估公司的短期流動性，請代為回答下列問題？
   (a) 流動比率與速動比率的定義與差異性為何？
   (b) 試舉例說明文曄採取何種操作策略，將讓兩種比率同向或反向變動？

四、計算題

1. 南僑公司在 2013 年的銷貨收入 110,000 萬元，銷貨退回 10,000 萬元，銷貨成本 65,000 萬元，營業費用 16,000 萬元，利息費用 4,000 萬元，試編製南僑公司共同規模的損益表。

2. 順達公司在 2011 年與 2012 年的部分財務資料如下：(單位：新台幣元)

	2011 年	2012 年
銷貨收入	$4,880,000	$4,060,000
銷貨退回	(80,000)	(60,000)
銷貨收入淨額	$4,800,000	$4,000,000
銷貨成本	3,920,000	3,440,000
銷貨毛利	$880,000	$560,000
營業費用	(800,000)	(408,000)
營業淨利	$80,000	$152,000
營業外收入	10,000	10,000
營業外支出	(8,000)	(8,000)
稅前淨利	$82,000	$154,000
所得稅 (25%)	(20,500)	(38,500)
淨　利	$61,500	$115,500

依據上述資料，試回答下列問題：

(a) 順達的毛利率、銷貨成本率、營業利益率、營業費用率、稅前純益率與淨利率分別為何？

(b) 依據前題計算的比率，試對順達進行經營績效評估。

👍 網路練習題

1. 試前往公開資訊觀測站網站 (http://newmops.tse.com.tw/)，找出台化 (1326) 與台達電 (2308) 兩家不同產業的公司資產負債表與損益表，分別比較兩者的經營績效。

2. 試前往公開資訊觀測站網站 (http://newmops.tse.com.tw/)，找出亞聚 (1308) 與綠能 (3519) 兩家不同產業的公司資金流量表，比較兩者的資金來源與用途有何差異。

貨幣的時間價值

個案導讀

在《伊索寓言》中，貧窮農夫某日在其飼養的鵝窩發現一顆金蛋，此後每天早晨都可從鵝窩中等到一顆金蛋。隨著農夫富裕後，不再滿足每日只有一顆金蛋，為求一次取得更多金蛋，遂殺鵝取卵，然而卻一無所獲。這個寓言衍生的涵義是，下金蛋的鵝就是每人手上的「資本」，金蛋則是以資本賺取的報酬。多數人深信自己會受上天眷顧，自己的鵝絕不只一天僅下一顆金蛋，然而為了追求短期更多獲利，最後卻連本金都不見了。類似事件在資本市場不是也經常上演嗎？人們要如何避免成為追求金蛋 (報酬) 而殺鵝 (本金) 的農夫呢？

上述寓言點出一個問題，在不同收付資金時點的貨幣價值顯然不同。試想目前 1,000 元的價值會等於二十年前的 1,000 元嗎？或者今天以 1,000 元購買的商品與服務數量，會等於二十年前以 1,000 元購買的數量嗎？此種現象即是反映「購買力」問題，當中差異即是貨幣的時間價值。本章將說明現值與終值的關係，除探討現值法外，並說明如何運用在擬定各種年金與融資的清償。

4.1 貨幣的時間價值

4.1.1 單利與複利

貨幣的時間價值

目前持有的貨幣相對
未來等量貨幣具有更
高價值。

貨幣的時間價值 (time value of money) 是指人們目前持有的貨幣相對未來等量貨幣具有更高價值，此係目前貨幣與未來貨幣的購買力不同。若要人們放棄目前消費一單位貨幣而留待未來消費，則須在未來有超過一單位的貨幣可供消費，作為彌補延遲消費的貼水。

貨幣的時間價值是相當重要的概念，不論涉及個人或企業投資決策，都將發揮重大影響。尤其是財務管理的最基本概念就是貨幣的時間價值，企業從事營運，應將投資活動在每年產生的淨現金流量，依據資本成本(貼現率)折現，促使不同時點的資金具有可比較性，真實反映不同時期的現金流入對投資獲利的不同效果。

在營運過程中，企業將貨幣的時間價值概念運用在下列層面：

1. **存貨管理**　企業擴大銷售將引起存貨累積而占用營運資金，一旦存貨週轉速度緩慢而積壓資金，勢必影響資金調度而降低經濟效益。管理階層權衡處理存貨跌價得失，也須從貨幣的時間價值來考慮：(a) 估計滯銷存貨不能採單利計算，而需依複利計算；(b) 保管存貨的費用也應按複利計算其終值。
2. **分期付款銷貨**　企業採取分期付款銷售，同樣涉及貨幣的時間價值。
3. **固定設備投資**　企業從事固定資產更新決策，勢必面臨選擇繼續使用舊設備或購置新設備，而更換設備並未改變產能，無法增加現金流入。是以較佳評估方法是比較繼續使用與更新設備成本，選擇其中較低者，此時貨幣的時間價值將扮演關鍵因素。

除上述層面外，在企業營運過程中，委託代銷、應收應付、租賃寄售、股利分紅、企業併購、固定資產折舊與對外貿易等，都應考慮貨幣的時間價值，促使資金運用發揮最大效益。

接著，利率將用於衡量時間的價值，而計算利息則分為單利與複利兩種。不論時間長短，採取單利計算將是每期利息都以本金計算。

現值

未來現金在某一利率
下的目前價值。

$$FV_N = PV[1 + (i \times N)]$$

終值

在某一利率下，目前
現金流量在未來某個
時點的價值。

PV 是現值 (present value) 或期初投資額，FV 是終值 (future value) 或投資一段期間後的價值。i 是利率，N 是期數。

$$FV_1 = PV[1 + (i \times N)] = \$1,000[1 + 2\% \times 3] = \$1,060$$

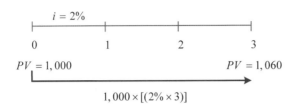

例題 1

張無忌將 1,000 元存入台灣銀行，三年期定存利率 2%，以單利計算的每期本利和如下：

一年後的利息 20 元，而本金 1,000 元，本利和是 1,020 元。

第二年利息為 20 元，加上第一年本金可得 1,040 元。

第三年利息為 20 元，加上前 2 年本利和共計 1,060 元。

至於採取複利 (compounding) 計算是以上期利息加本金為基數，來計算當期利息。簡單來說，將前期利息也併入計算本期利息，公式如下：

複利
以上期利息加本金為基數，計算當期利息。

$$FV_N = PV(1 + i)^N$$

例題 2

張無忌將 1,000 元存入華南銀行，三年期定存利率 2%，以複利計算的每年本利和如下：

第一年　$1,000 \times (1 + 2\%) = 1,020$

第二年　$1,000 \times (1 + 2\%)(1 + 2\%) = 1,000 \times (1 + 2\%)^2 = 1,040.4$

第三年　$1,000 \times (1 + 2\%)(1 + 2\%)(1 + 2\%) = 1,000 \times (1 + 2\%)^3 = 1,061.21$

在上例中：

$$FV_3 = PV(1 + i)^3 = \$1,000 \times (1 + 2\%)^3 = 1,061.21$$

以時間線表示：

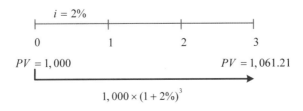

表 4-1 顯示,除第一年外,以複利計算終值在第二年與第三年均高於以單利計算的終值金額,此係在複利計算下,本金累積造成利息愈來愈多,終值成長速度將隨時間遞增。Benjamin Franklin 曾經說過:「錢會創造錢,被錢創造出來的錢,還會創造更多錢」,遂成為解釋「複利」的非常生動說法。在前述利率 2% 的案例中,存款金額若僅 1 元,採取單利或複利的結果是差異不大。一旦存款金額擴大為 1,000 萬元,張無忌在第三年可收回 1,061.21 萬元,其中的 1.21 萬元 (= 1,061.2 萬 − 1,060 萬) 係屬「利上滾利」(interest on interest) 部分,凸顯本金愈大,微薄利率也能創造巨大價值。

表 4-1

單利與複利終值 ▾

年	1	2	3
單利終值	1,020	1,040	1,060
複利終值	1,020	1,040.4	1,061.21

4.1.2 折現與終值

折現

計算未來現金流量的現值。

• 折現 (discounting)

折現是計算未來現金流量的現值。現值則是未來現金在某一利率下的目前價值。現值計算方法是利用折現率 (現值利率因子) 將未來某一時點的金額折現到現在。單筆金額計算現值的基本公式:

$$PV = \frac{FV}{(1+i)^N} = FV \times \frac{1}{(1+i)^N} = FV \times PVIF_{(N,i)}$$

FV 是 n 年底的終值,i 是折現率,N 是期數,如幾月、幾年等。PV 是現值,$PVIF_{(N,i)}$ 是現值利率因子。

例題 3

趙敏持有無息債券,預計 10 年後到期可收到 5,000 元,即 $FV_{10} = \$5,000$,折現率 $i = 2\%$,試問該債券的目前價值為何?

代入上述公式可得:

$$PV = \$5,000 \times \frac{1}{(1+2\%)^{10}} = \$5,000 \times 0.8203 = \$4,101.5$$

10 年後 $5,000 元的無息債券現值為 $4,101.5。

上述公式顯示：現值等於終值乘上 $\dfrac{1}{(1+i)^N}$，$\dfrac{1}{(1+i)^N}$ 稱為現值利率因子，

以 $PVIF_{(N,\,i)}$ 表示。該值表示 N 年後的 1 元以利率 i 折算到現在的價值，而現值利率因子可透過查表得知。上述問題可用時間線表示如下。

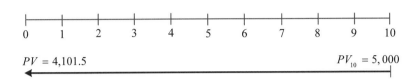

$$PV = 4{,}101.5 \qquad\qquad PV_{10} = 5{,}000$$

以上例而言，經由查表得知現值利率因子 $PVIF_{(10,\,2\%)} = 0.8203$。

在上述折現公式中，$\dfrac{1}{(1+i)^N}$ 為時間的遞減函數，可用於計算未來現金流

量的現值。在圖 4-1 中，當期數固定不變，折現率愈高，現值利率因子愈小；當折現率不變，期數愈長，現值利率因子也愈小。

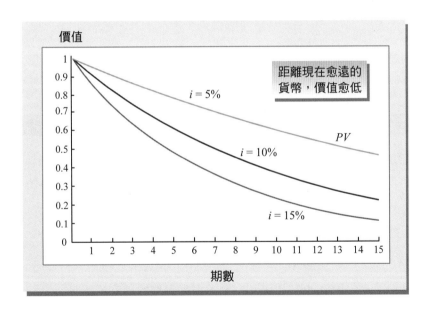

圖 4-1

現值利率因子、利率與時間關係

例題 4　折現概念的應用

　　台塑石化董事會評估將 $85,000 萬元投入煉油廠擴建案，將於三年後獲得 $95,000 萬元。試檢視此項投資案是否值得進行。(財務部建議的報酬率為 10%)

步驟一：

　　將 $95,000 萬元以 10% 折現率將其折現為目前價值：

$$PV = \frac{FV}{(1+i)^N} = \frac{95,000}{(1+10\%)^3}$$
$$= 95,000 \times PVIF_{(3,10\%)}$$
$$= 95,000 \times 0.751$$
$$= 71,345$$

步驟二：

將上述現值 $71,345 與投入金額 $85,000 比較：

$$71,345 - 85,000 = -13,655$$

此一擴建案將讓台塑石化損失 $13,655 萬元，故應放棄此項投資案。

• 終值

在某一利率下，目前現金流量在未來某個時點的價值，亦即目前 1 元較未來收到的 1 元有價值。此係人們可將目前的 1 元用於投資獲取收益，促使未來擁有資金超過 1 元。單筆金額求算終值 (未來值) 的公式如下：

$$FV = C_0 \times (1+r)^t = C_0 FVIF_{(N,i)}$$

$FVIF_{(N,i)}$ 是終值利率因子。

例題 5

趙敏於農曆春節領取年終獎金 5 萬元，規劃在三年後用於出國旅行。假設她將年終獎金存入土地銀行，三年期定存利率 2%，試問三年後所獲金額為何？

代入上述公式可得：

$$FV = 50,000(1+2\%)^3 = 50,000 \times FVIF_{(3,2\%)}$$
$$= 50,000 \times \boxed{1.061} \quad \rightarrow 經由表得知終值利率因子$$
$$= 53,050$$

終值等於目前現金流量乘上 $(1+i)^N$，$(1+i)^N$ 稱為終值利率因子，以 $FVIF_{(N,i)}$ 表示。該值表示目前的 1 元以利率 i 複利 N 期後的價值，終值利率因子可透過查表得知，三年後共計可獲本利和 53,050，可用時間線表示：

```
        |----|----|----|
        0    1    2    3
PV = 50,000      FV = 53,050
        |------------------->
```

以上例而言，經由查表得知終值利率因子為 1.061。

在上述計算終值公式中，*FVIF* 是時間的遞增函數，將隨時間延續而攀升，利率愈高將讓遞增速度愈快。另外，比較 *FVIF* 與 *PVIF* 兩者可知，終值利率因子與現值利率因子互為倒數關係。(參見圖 4-2)

$$PVIF = \frac{1}{FVIF}$$

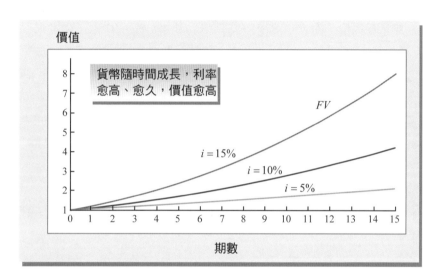

圖 4-2

終值利率因子、利率與時間的關係

知識
補給站

國際油價與原物料價格飆漲引來通膨烏雲罩頂，也讓市井小民產生房價與金價出現「只漲不跌」的幻覺。尤其是大台北都會區房價持續攀升，近年來更名列票選「十大民怨」的頭名，迫使央行與財政部同心協力打房。依據《住展雜誌》統計，2011 年第一季台北市預售屋每坪平均成交行情逼近74萬元，而在財政部祭出奢侈稅措施後，第二季房價可望修正至每坪 65-66 萬元。不僅預售案火紅，中古屋市場也熱鬧滾滾。在都市更新房價可望翻倍的期待聲中，台北大安區與中正區都出現老公寓每坪單價破 103 萬元的紀錄，而依據中信房屋公布台北市中古屋 2011 年 1 月平均成交行情，已經登上每坪 50 萬元大關。

上述現象或許是「個案」，卻部分凸顯「買房子可以保值、抗通膨」的根深柢固觀念。實務上，同一地區同一房地產的目前價格日後可能不復見，然而民眾卻忘記房價上漲部分是通膨發揮影響下的可能結果，「能否保值」還須視房價漲幅能否超越物價指數年增率而定。

依據信義房屋編製的「台北市房價指數」試算，台北市房價在 1998 年第一季指數為 128.50 (亞洲金融風暴前)，2010 年第四季已經達到 260.12。乍看之下，房價上漲一倍有

餘，但若以每年通膨率 (消費者物價指數年增率) 估算，在通膨率平均 4% 下 (此係政府部門計算年金現值與終值的依據)，2010 年第四季的房價指數也將接近該數值，故僅是「保值」而已，還稱不上是「抗通膨」。光是平均數字就無法「抗通膨」，何況是「房價指數漲幅落後平均數」(如台中、台南與高雄地區) 的房屋個案？

除了房屋外，閃亮的黃金也是全球熱衷追逐的保值與抗通膨商品。在憂心通膨來臨、美元貶值，以及各項利多因素加持下，國際金價持續創下新高。在 2011 年 9 月 6 日，金價飆漲至每盎斯 1,920.03 美元高價，雖然眾多分析師預言持續看好金價後市，但卻迅速重挫至低於 1,300 美元，而黃金真的是抗通膨的「專家」？恐怕也未必。《華爾街日報》專欄作家 Larry Light 就曾表示，做為對抗通膨的工具，黃金的記錄也不完美。金價在 1980 年 1 月曾達到一盎司 850 美元，其後的 2 個月卻崩跌近 44%，而在 2000 年時徘徊在 250 美元左右，直至 2008 年 1 月才回升至一盎司 850 美元，而在通膨高達 175% 的期間中，金價卻是長期不變。如果考慮通脹因素，今天的金價遠低於 1980 年的頂峰時期。當時一盎司金價為 850 美元，約等於目前的 2,206 美元。換言之，就算金價短時間內奔向 2,000 美元，還是無法滿足投資人「對抗通膨」目的。

總之，投資人配置資產，不論是運用現值法或終值法評估資產價值，選擇適用的報酬率 (通膨率) 估算，將是首要任務。

4.2 年金與融資

年金
在固定期間持續定期支付的金額。

年金 (annuity) 是指在固定期間持續定期支付的金額，此係日常生活常見的金融商品。舉例來說，公務員退休後領取月退俸就是一種年金，而房屋租金及抵押放款也具有類似性質。

一般年金
或稱普通年金，在每期期末獲取收入或支出。

一般年金 (ordinary annuity) 或稱普通年金，在每期期末獲取收入或支出，如退休基金須在每年底提存一筆相同金額，而年金終值即是個別年金終值的總和，可表示如下：

$$FVA_n = PMT \times [1 + (1+r) + (1+r)^2 + \cdots + (1+r)^{n-1}]$$
$$= PMT \times \sum_{t=1}^{n} (1+r)^{n-t}$$
$$= PMT \times \frac{(1+r)^{n-1}}{r}$$
$$= PMT \times FVIFA_{(r,n)}$$

PMT 是年金的每期支付值，$FVIFA_{(r,n)}$ 是年金終值利率因子。

例題 6

張無忌向中華郵政投保 5 年期簡易壽險，未來連續 5 年必須每年支付保費 $PMT = 100$，保單利率 $r = 10\%$，5 年後收回的年金終值可用圖 4-3 顯示的過程計算而得。

$$FVA_5 = 100 \times FVIFA_{(10,5)}$$
$$= 100 \times \boxed{6.1051} \quad \rightarrow \text{經查表得知年金終值利率因子}$$
$$= 610.51$$

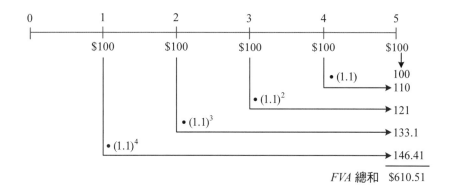

圖 4-3
一般年金的終值計算方式

例題 7

上市掃描器大廠虹光精密為員工在台銀人壽設立退休金帳戶，每年年底提存 50,000 元，該帳戶運用金的年報酬率設定為 6%。試問在第 10 年年底，每一員工的退休金帳戶累積餘額為何？

$$FVA_{10} = \$50,000 \times (FVIFA_{6\%,10})$$
$$= \$50,000 \times \boxed{13.181} \quad \rightarrow \text{經由查表得知年金終值利率因子}$$
$$= \$659,050$$

年金現值 PVA_n 的計算公式如下：

$$PVA_n = PMT \times [1 + (1+r)^{-1} + (1+r)^{-2} + \cdots + (1+r)^{-n}]$$
$$= PMT \times \sum_{t=1}^{n} (1+r)^{-t}$$
$$= PMT \times PVIFA_{r,\,n}$$
$$= PMT \times \left(\frac{1}{r} - \frac{1}{r(Hr)t} \right)$$

$PVIFA_{r,\,n}$ 是年金現值利率因子。張無忌獲得大樂透彩金的分期給付為 5 期，$PMT = 100$、市場利率 $r = 10\%$，一般年金現值即是各期現值的累加，樂透彩金現值可用圖 4-4 顯示的過程計算而得。

圖 4-4

一般年金的現值計算方式

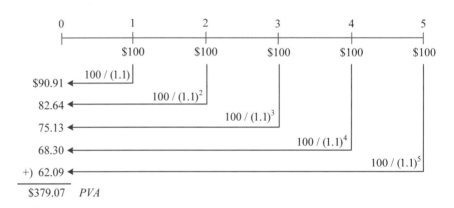

依據上式計算的年金現值，是收到年金前一年的現值。

例題 8

張無忌簽中樂透頭彩，依據該樂透規定可選擇持續 20 年每年收 50,000 元，而在 1 年後收到第一筆彩金 50,000 元，另外也可選擇一次領取 65 萬元。假設張無忌要求報酬率 8%，試問將會如何選擇？

依據上式，每年領取 50,000 元的樂透現值為：

樂透的現值 = 50,000 (每年定額支付) × 6.9902(*PVIFA*, 8%/20) = 349,510

張無忌選擇未來 20 年每年領取 5 萬元，該樂透現值 349,510 元遠低於一次領取 65 萬元，顯然極為吃虧。

期初年金

每期期初就有收入或支出。

• 期初年金 (annuity due)

期初年金係指每期期初就有收入或支出需求，較一般年金早了一期，故須少折現一期或多複利一期，期初年金的終值與現值的計算公式如下：

$$FVA_n = PMT \times \sum_{t=0}^{n-1} (1+r)^{n-t} = PMT \times (FVIFA_{n,r})(1+r)$$

$$PVA_n = PMT \times \sum_{t=0}^{n-1} (1+r)^{-t} = PMT \times (PVIFA_{n,r}) \times (1+r)$$

例題 9　期初年金終值

如前述範例，趙敏購買中華郵政簡易壽險為每年年初支付 \$100，在其他條件相同下，5 年後收回的終值為：

$$FVA_n = PMT \times (FVIFA_{n,r}) \times (1+r)$$
$$= 100 \times (FVIFA_{5,10\%}) \times (1+10\%)$$
$$= 100 \times \boxed{6.1051} \times 1.1$$
$$= 671.56 \quad \uparrow$$

經查表得知年金終值利率因子

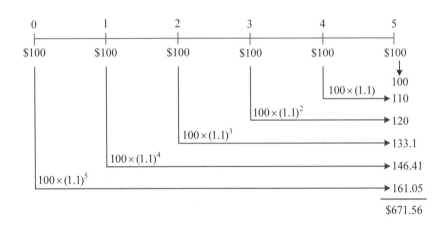

圖 **4-5**

期初年金的終值
計算方式

例題 10　期初年金現值

如前所述，張無忌獲得大樂透彩金為期初支付，則此樂透彩金現值為：

$$PVA_n = PMT \times (PVIFA_{n,r}) \times (1+r)$$
$$= 100 \times (PVIFA_{5,10\%}) \times (1+10\%)$$
$$= 100 \times \boxed{2.8816} \times 1.1$$
$$= 316.98 \quad \uparrow$$

經查表得知年金現值利率因子

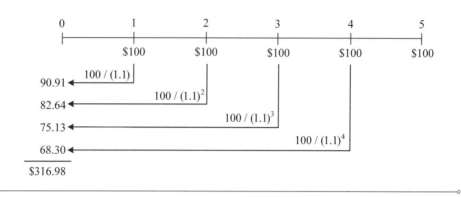

- 永續年金 (perpetuity)

1. 永續年金　永遠支付固定現金流量的無限期年金，英格蘭銀行曾在 18 世紀發行英國統一公債 (English consols)，保證永遠支付投資人固定利息。國民政府也在 1936 年發行「民國二十五年統一公債」，但於 1939 年 1 月宣布停止付息。這種統一公債每年支付利息 PMT 元直至永遠，可用現值公式計算其價值：

$$PV = \frac{PMT_1}{(1+r)} + \frac{PMT_2}{(1+r)^2} + \frac{PMT_3}{(1+r)^3} + \cdots + \frac{PMT_t}{(1+r)^t}$$
$$= \sum_{t=1}^{\infty} \frac{PMT_t}{(1+r)^t}$$

統一公債現值等於累加未來所有利息現值，而每年收到 PMT 元利息，故可簡化如下：

$$PV = \frac{PMT}{r}$$

上述公式顯示：永續年金價值與利率呈反向變動。

例題 11

　　中鋼公司在 1980 年代初期發行中鋼特別股 (無到期日)，每年支付固定股利 1.4 元，營運績效良好足以支付特別股股利。如果市場要求投資中鋼特別股的必要報酬率 5%，則其理論上的股價應為未來股利現值的總和：

$$股價 = PV = \frac{PMT}{r} = \frac{1.4}{5\%} = 28$$

- 成長型永續年金 (growing perpetuity)　預期每年收入以一定比率成長且持續到永遠。

$$PV = \frac{PMT_1}{(1+r)} + \frac{PMT_1(1+g)}{(1+r)^2} + \frac{PMT_1(1+g)^2}{(1+r)^3} + \cdots + \frac{PMT_1(1+g)^{n-1}}{(1+r)^n} + \cdots$$

$$= \sum_{i=1}^{\infty} \frac{PMT_1(1+g)^{i-1}}{(1+r)^i} = \frac{PMT_1}{r-g}$$

PMT_1 是第一期收到的現金流量，g 是每期成長率，r 是適當的貼現率。至於運用成長型永續年金公式，必須注意三個重點：

1. 公式的分子是第 1 期現金流量，不是第 0 期。
2. 利用上述公式估算時，貼現率一定要大於成長率。成長率若近似於貼現率，該公式的分母趨於極小，現值變成極大。尤其是在貼現率小於成長率，將無法定義實際上的現值。
3. 在實際營運過程中，公司現金流入與流出呈現隨機且近似連續，可用收到現金流量的確切日期表示，通常係將現金流量視為在年底發生 (或一段期間的期末)。在這種情況下，第 0 年的年底是指現在，第 1 年的年底則是指第 1 期。

例題 12

　　台北 101 金融大樓目前出租辦公樓層的租金收入 100,000 萬元，預期每年成長 5% 且可持續到永遠，此即成長型永續年金。該公司董事會設定貼現率 11%，此種現金流量現值可計算如下：

$$PV = \frac{100,000}{(1+r)} + \frac{100,000(1+5\%)}{(1+r)^2} + \frac{100,000(1+5\%)^2}{(1+r)^3} + \cdots + \frac{100,000(1+5\%)^{n-1}}{(1+r)^n} + \cdots$$

$$= \sum_{i=1}^{\infty} \frac{100,000(1+5\%)^{i-1}}{(1+11\%)^i} = 1,666,667$$

　　上述公式假設現金流入流出時點具有規則性且不間斷。以上述辦公大樓出租為例，假設台北 101 金融大樓一年只有一次淨現金流量 100,000 萬元。實務上，租屋契約是每月收取租金，整理環境與維修費用則是隨時會發生。只有在現金流量規則且不間斷時，才能使用上式計算成長型永續年金。

最後，公司舉債 (銀行貸款或公司債) 的本息清償方式基本上分為三種，可用現值方法來評估三種設計型態的價值。

1. 貼現放款 (discount loan) 與無息公司債 (zero-coupon bond)　貼現放款是以票據向銀行融資，銀行預扣利息買入借款者的票據，而於票據到期時清償票據面額，通常以一年內的票據貼現為主。另外，無息公司債即是公司以貼現方式發行無息公司債，到期清償公司債面額。

例題 13

財政部發行 5 年期無息公債 25,000 萬元，市場要求的報酬率為 2%，是以該無息公債的標售價格 (或目前現值) 將是：

$$PV = \frac{面值}{(1+r)^5} = \frac{25,000}{(1+2\%)^5} = 22,643.27$$

2. 付息放款 (interest-only loan) 與普通公司債 (straight bond)　付息放款是銀行要求借款者每期清償放款利息，到期一次清償本金。至於普通公司債則是固定票面利息，通常是每年付息一次，到期一次清償本金。

例題 14

仁寶電腦發行3年期普通公司債、票面利率 10%、面額 10 億元，約定在第 1 年及第 2 年年底支付 10 億元加上 1 億元利息，第 3 年到期將清償本金 10 億元與第 3 年利息 1 億元。

3. 分期攤還放款 (amortized loans) 與分期清償公司債　銀行要求借款者依協議時間分期清償本金，此即分期攤還放款。同樣的，公司債可採取每期付息，以及攤還固定比率的本金。耐久財市場經常採取分期付款方式交易，讓消費者每期清償相同的購物金額，大部分消費性放款 (如汽車貸款) 及房屋抵押放款都採取這種攤還方式。

例題 15

鴻海集團發行 5 年期公司債 50 億元、利率 2%，除須依年初的公司債餘額支付利息外，每年固定攤還本金 10 億元，本金餘額逐年遞減，當期支付利息也隨之遞減。

第 1 年應付利息 50 億元×2% = 1 億元，清償金額 10 億元＋1 億元

＝ 11 億元。

第 2 年的本金降為 40 億元，利息則是 40 億元 × 2% ＝ 0.8 億元，清償金額將降為 10 億元 ＋ 0.8 億元 ＝ 10.8 億元。

例題 16

張三豐購買帝寶豪宅，向土地銀行貸款 5,000 萬元、利率 9%，採取 5 年分期攤還，此即類似一般年金概念，可由下式計算每期固定的清償金額：

$$5,000 = PMT \times PVFIA_{(9\%, 5)} = PMT \times \boxed{3.8897}$$

$$PMT = 1,285.46 \qquad \uparrow$$

經查表得知年金現值利率因子

張三豐每年固定清償 1,285.46 萬元，包括當期應付利息並加上應還本金。是以先計算每期應付利息，再將每次固定清償金額扣除利息，即是必須攤還的本金。正如先前計算結果，第 1 年應付 450 萬元利息，而固定清償 1,285.46 萬元，是以第1年攤還本金為：

$$本金攤還 = 1,285.46 - 450 = 835.46$$

第 1 年期末的本金餘額是：

$$期末餘額 = 5,000 - 835.46 = 4,164.54$$

第 1 年期末本金餘額即是第 2 年期初餘額，由此計算可得：

第 2 年利息為 4,164.54 × 9% ＝ 374.8086 萬元
第 2 年攤還本金 1,285.46 － 374.8086 ＝ 910.6514 萬元。

值得注意者，每年利息均較前一年利息少，此係放款本金餘額逐年遞減所致。

4.3 有效年利率

前面各節分析的分期付款均屬每年複利一次或折現一次，實務上，有些分期付款是每季或每月還款一次，而非一年還款一次。另外，銀行活期儲蓄存款係採一年付息兩次，而銀行員工存款則是每月付息一次。在此，m 是原始放

款，r 是名義利率 (notional rate) 或年百分比利率 (annual percentage rate, APR)。

若要比較不同複利方式的資產收益率，就須調整成相同基礎，故需區分年名目利率與有效年利率 (effective annual rate, EAR)，而後者即是考慮複利次數後的實際放款利率。一般所說的名目利率即是放款契約上標明的利率，一旦年利率 r 分成 m 次支付，有效年利率將是：

$$EAR = \left(1+\frac{r}{m}\right)^m - 1$$

m 是一年內的計息次數，r 是名目利率。

例題 17

美國現金預付公司提供張三豐「先支付 100 美元而在 15 天後清償 120 美元的契約」，試問如何估算名目利率和有效年利率？我們可以運用終值方程式來找出利率：

$$FV = PV \times (1+r)^t$$
$$120 = 100 \times (1+r)$$
$$r = 20\%$$

如果張三豐記得融資期限僅有 15 天，在換算成放款的年百分比利率 (*APR*) 後，將發現此一利率多麼驚人！

$$APR = 20\% \times \left(\frac{365}{15}\right) = 486.67\%$$

放款的有效年利率 (*EAR*) 為：

$$EAR = \left(1+\frac{r}{m}\right)^m - 1 = \left(1+\frac{20\%}{(365/15)}\right)^{(365/15)} - 1 = 8,347.80\%$$

知識補給站

　　台北市長柯文哲針對大巨蛋 BOT 案，槓上遠雄董事長趙藤雄。然而觀察媒體與名嘴所提數據，無不忽略「貨幣的時間價值」的重要性。就該 BOT 案而言，遠雄原先評估興建大巨蛋將須先投入 80 億元，藉以換取營運 50 年的獲利。試問遠雄每年獲利多少方屬合理？

　　遠雄財務長首先預估大巨蛋 BOT 案的現金流量如下圖所示，負數代表現金流出，正數則是現金流入，隨後採取兩種方式評估該項 BOT 的可行性：

(1) 選擇報酬率計算每年合理獲利，此即未來獲利的淨現值 $NPV = 0$，代表無超額利潤。

(2) 確定未來每年獲利並計算 $NPV = 0$ 的報酬率，並評估是否過高。

　　舉例來說，財務長選擇報酬率 15%，計算未來收益現值等於期初投資 80 億元 ($NPV = 0$) 的每年獲利。運用 Excel 的 PMT 函數可得 $PMT(15\%, 50, -80) = 120$ 億元，計算公式如下：

未來每年收入 (投資報酬率, 年數, -投資金額)

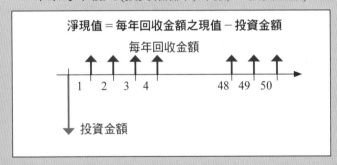

(1) 愈晚獲利，愈不值錢

　　該項 BOT 的每年回收合理金額 12 億元，累計 50 年就是 600 億元。普羅大眾一看投資 80 億元就回收 600 億元，想當然就認為超級暴利。然而試想 50 年後的 12 億元，你現在願意用多少錢去換？以現值來看僅剩下：

$$PV = \frac{1,200,000,000}{(1+15\%)^{50}} = 1,107,361$$

　　上述就是「貨幣的時間價值」，愈晚獲益愈不值錢。下表列出財務長選擇不同報酬率產生的每年合理獲利。透過該表也可反推未來每年實際獲利高達 20 億元，報酬率將高達 25%。一旦報酬率未如預期，每年實際獲利僅剩 4.4 億元，報酬率遽降為 5%。未來環境詭譎多變，報酬率隨機波動，此即遠雄承擔的風險。

(2) 合理獲利計算：報酬率低於 15% 將陷入虧損風險

　　承作 BOT 工程本身潛藏不少風險，如實際工程造價超乎預期，實際營運獲利也無人能夠充分把握。基於風險存在，唯有附加足夠風險溢酬，才會吸引企業承接一搏。不過只要雙方同意訂出認可的報酬率，就可依上述公式計算每年合理獲利，就可為市民接受。在各種報酬率下，遠雄投資 80 億元，有關每年合理獲利可透過 Excel 試算表計算如下。

投資報酬率	每年獲利 (億)
5%	4.4
10%	8.1
15%	12.0
20%	16.0
25%	20.0

　　面對風險壓頂，企業甚難在低於 15% 的報酬率承接 BOT 案，否則將陷入虧損狀態。尤其是遠雄聲稱當時估算建造成本 80 億元，現在卻調高至 166 億元，成本增加若屬真實，原本預估每年獲利 12 億元，在投資支出擴大下，實際報酬率將遽降為 $Rate$(50, 12, -166) = 7%，計算公式如下：

$$Rate = Rate(年數, 每年獲利, -投資金額)$$

　　未來獲利若滑落至僅剩 10 億元，投資支出又擴大至 166 億元，報酬率勢必僅剩 $Rate$ (50, 10, -166) = 5.6%。工程造價或許會降，實際獲利也未必低於預估值，然而財務長必須謹慎保守，這也是承擔風險愈高，要求報酬率 (風險溢酬) 必須增加。

(3) 鉅額投資未必隱含報酬率愈大

　　針對大巨蛋 BOT 案，遠雄與市府雙方認為單是經營大巨蛋勢必無法回收投資，尚須倚賴附屬設施獲利，方能彌補大巨蛋虧損，是以必須合併考量大巨蛋主體與附屬設施營運。假設大巨蛋造價 166 億元、附屬設施成本 200 億元，合計投入 366 億元。如果合理報酬率訂為 15%，遠雄可以拿走巨蛋與附屬設施的合理收益 (稅前淨利) 將是每年 PMT(15%, 50, -366) = 54.95 億元，累計 50 年拿回 2,747 億元。單就 2,747 億元來看或許龐大，然而報酬率也只有 15% 而已。在不同報酬率下，下表是投資 366 億元每年該有的獲利金額。

投資報酬率	每年獲利 (億)
5%	20.0
10%	36.9
15%	55.0
20%	73.2
25%	91.5

　　總之，評估任何 BOT 契約是否合理，「貨幣的時間價值」將扮演重要關鍵因素。有時看似龐大的投資金額，實際報酬率卻是微薄。唯有具備正確財務知識概念，才能釐清決策是否正確。

 問題研討

一、是非題

1. 趙敏目前持有定存餘額歷經數年後的價值，稱為終值。

2. 中華郵政發行每年 $100 的 5 年期簡易壽險、年利率 10%，在每年期末支付，該壽險的終值將是 $610.5。

3. 張無忌目前持有一元的價值顯然超過未來某時點的價值，此即稱為現值。

4. 三商行於 2011 年 1 月 2 日向第一銀行借款 $4,000,000，利率 8%、每年付息一次，同時必須回存 $400,000，存款利率為 3%，是以實際支付的有效利率是 8.56%。

5. 富邦人壽發行持續給付定額到永遠、也無到期日的年金，此即永續年金。

6. 張三豐將本金與利息持續再投資的過程，即稱為複利。

7. 兩種公司債規定的名目利率相同，則每年付息兩次的債券將較付息一次的債券更具有投資價值。

8. 終值利率因子與現值利率因子互為倒數關係，但會隨時間延長而遞增。

二、選擇題

1. 盟立董事會為擴大產能，向華南銀行借款，約定3年後清償 $10,000 萬元，借款利率為複利 8%。利率 8% 的 3 年複利現值因子為 0.7938，試問盟立目前可以取得資金為何？　(a) 10,000 萬元　(b) 12,400 萬元　(c) 7,938 萬元　(d) 7,600 萬元

2. 台南紡織向京城銀行借款 $100,000 萬元、年利率 5%，後者要求回存 20%、存款利率為 1%，南紡財務長估算該筆借款實際支付的有效利率為何？　(a) 4%　(b) 4.8%　(c) 5%　(d) 6%

3. 將未來發生的現金收支換算成發生前某一時點的價值，此即稱為：　(a) 永續年金　(b) 到期年金　(c) 貨幣的時間價值　(d) 折現

4. 張翠山向裕隆日產購買休旅車，分期付款為 36 期，每期支付 25,000 元，為瞭解此筆分期付款是否划算，可用何種方法計算？　(a) 現值　(b) 終值　(c) 到期年金　(d) 年金現值

5. 張無忌打算從文曄科技經理人退休，屬下為其規劃三個方案:(甲) 案：一次領取 200 萬退休金；(乙) 案：分二次領，現在領 100 萬，1 年後領 105 萬；(丙) 案：每年領 19 萬的終身俸，1 年後開始領取至過世為止。假設市場貼現率10%，張無忌應選擇何種方案？　(a) 甲案　(b) 乙案　(c) 丙案　(d) 每一方案都一樣

6. 台灣農林在苗栗山坡地投資 100,000 萬元種植樹苗，預期樹苗 10 年後長

大，並以 300,000 萬元出售此一森林所衍生的碳權，試問預期報酬率為何？　(a) 8.64%　(b) 9.28%　(c) 10.54%　(d) 11.64%

7. 東森得易購網的分期付款促銷廣告如下：「現金購買為 $7,000，分期付款 14 個月，每月付款 $500」。試問易購網要求的年利率為何？　(a) 30%　(b) 24%　(c) 18%　(d) 12%

8. 某上市公司發行票面利率相同的四種公司債，但是付息方式不同。試問何種付息方式的公司債價格將會最高？　(a) 每月付息一次　(b) 每季付息一次　(c) 每半年付息一次　(d) 每年付息一次

三、問答題

1. 試說明現值、淨現值與折現因子的概念？

2. 上櫃公司三豐建設從事台北市大同區的都市更新建案，僅需在期初支付一筆金額，但也僅能在都更案結束後獲取一筆現金收入。如果你是三豐財務長，可以推算該建案的投資報酬率嗎？

3. 試說明華碩電腦目前帳上持有1億元定存，與預期一年後必能收到1億元應收帳款，兩者價值有何不同？

4. 試說明年金的類型包括哪些？

5. 富邦金控財務長採取單利法與複利法來計算終值和現值，將會存在哪些差異？何種方法將是更為準確與合理？

四、計算題

1. 下列是張氏家族成員持有金融資產的資料，請你代為計算現值。

(a) 趙敏持有台灣人壽發行的 10 年期保單，到期可以取回 10,000 元，保單年利率 5%。

(b) 張無忌持有財政部發行的5年期無息公債，到期清償面額 25,000 元，目前市場年利率為 8%。

(c) 張三豐持有台銀人壽年金，每年年底可收取現金 1,200 元，年利率 6%，期限3年。

(d) 張翠山持有富邦人壽年金，每年年初可收取現金 1,500 元，年利率 10%，期限 8 年。

2. 下列是郭氏家族持有的金融資產資料，請代為計算終值：

(a) 郭靖投資國泰人壽的 Reits $1,000,000 元，預估年利率 6%，期限 10 年。

(b) 郭襄投資遠紡公司債 $500,000，年利率 10%，半年計息一次，期限 4 年。

(c) 郭芙購買國泰人壽年金，每年年底支付 3,000 元，年利率 10%，期限 2 年。

(d) 郭破虜購買新光人壽年金，每年年初支付 8,000 元，年利率 8%，期限 5 年。

3. 下列是上市公司舉債融通契約條件，請為各公司財務長計算有效年利率。

(a) 緯創向第一銀行借入 10,000 萬元，1 年後償還本息 10,800 萬元。

(b) 統一企業向中信銀行融通 10,000 萬元，5 年後償還本息 13,382 萬元。

(c) 偉盟工業向花旗台灣銀行借入 300,000 元，分 3 年償還，每半年償還 120,632 元。

(d) 匯豐台灣銀行對聯強放款的年利率 6%，但採取每季計息一次。

4. 奇美電子為擴建面板廠房，透過華南銀行聯貸取得 5,000,000 萬元資金，年利率 10%，期限 20 年，每年年底平均攤還本息。試計算下列問題？

(a) 奇美每年應攤還多少金額？

(b) 奇美在第 2 年與第 3 年的償還金額中，有多少是屬於利息部分？

5. 南山人壽積極推動普通年金商品，請你代張無忌計算下列兩種商品的價值：

(a) 在利率為 8%，每季複利一次下，連續 8 年每季支付 20,000 元的年金終值。

(b) 在利率為 12%，每年複利一次下，連續 5 年都支付 30,000 元的年金現值。

網路練習題

1. 試連結 Cubic 54 Power 網站 (http://www.cubicpower.idv.tw)，點選「線上計算：理財計算機」，瞭解有關年金現值與終值的計算。

2. 試連結富邦銀行網站 (http://www.fubon.com/bank)，點選信用卡帳單分期繳款，針對該銀行在指定分期手續費率的說明中，提出以年百分比利率換算的手續費率，請代為驗算該結果是否正確？

利率理論與預測

本章大綱

個案導讀

央行總裁彭淮南在 2014 年暗示民眾房貸利率不會長期落在低檔,而東森房屋不動產趨勢中心在 2014 房市大預測問卷調查顯示,66.4% 民眾認為影響房市最大的因素為利率走勢,其次為物價波動、房市供給量與股市表現。觀察銀行房貸利率變化發現,台灣企銀取消前 6 個月 1.845% 起的「菁優貸房屋貸款」,從 2014 年 2 月 7 日起改為「幸福家園專案」,調升年所得超過 50 萬元者適用的利率由 2.04% 起,升息趨勢正醞釀中。上海商銀也在 2014 年 2 月調整指數型房貸利率,調升幅度 0.03%。

許多銀行主管指出,銀行有資金成本限制,面對房市潛藏風險攀升、美國可能調高利率等不確定因素,勢必減少削價競爭承作房貸業務,人們談判房貸條件空間相對有限。土銀主管表示,從 2011 年 8 月迄今,該行房貸利率專案均未變動,未來是否調整利率則是「配合政府政策」。東森房屋不動產趨勢中心建議,2015 年規劃購屋者擁有自有資金比重愈高愈好,規避利率攀升或房價下修衍生的財務壓力。有屋族無需急於購入第二棟房屋,自住族則須在自備款充足與可支付每月房貸本息下,可以擇優進場。

人們購屋必然涉及房貸,利率變化將會影響房市交易與房價。利率是資金價格,利率走勢明顯干擾市場投資情緒與資金流向。本章將說明探討利率決定理論,剖析名目利率的組成結構。接著,將分別說明評估中長期利率與短期走勢的分析方法。最後,再探討利率期限結構理論。

5.1 利率理論

5.1.1 利率決定理論

利率是資金價格,可由供需雙方來看:

- 使用負債資金的成本,評估融資策略與安排財務結構首須考慮的因素。
- 提供資金要求的報酬率,安排投資組合與評價資產必須考慮的因素。

利息是使用資金必須支付的成本,相對使用資金的比例即是利率。金融市場計算利率波動與報價的基本單位稱為**基點** (basis point, $b_r = 0.01\%$),而計算方式有三種:

基點
計算利率波動與報價的基本單位。

1. **年息** 一般金融機構按年計算利率,年息 1 分 5 釐即是 15%。
2. **月息** 民間借貸通常按月計算利率,如遠期支票借款、信用拆借、存放廠商,月息 1 分 5 釐即是 1.5%×12 (月) = 18% (年息)。
3. **日息** 股市的丙種經紀人或非正式金融通常按日計算利率,如信用卡借款,日息 1 分 5 釐即是 0.15%×365 (日) = 54.75% (年息)。

實質可貸資金理論
或稱儲蓄投資理論,金融市場利率取決於儲蓄與投資。

圖 5-1 是金融市場利率的決定過程。古典學派的**實質可貸資金理論** (loanable fund theory) 或儲蓄投資理論 (saving-investment) 認為儲蓄(可貸資金供給)是當期放棄的消費,利率則是人們提供資金要求的報酬。另一方面,廠商募集資金 (可貸資金需求) 融通投資實體資本,必須支付資金成本。當儲蓄 (反映時間偏好) 和投資 (反映資本邊際生產力) 交互運作,將共同決定實質利率。

圖 5-1
利率決定過程

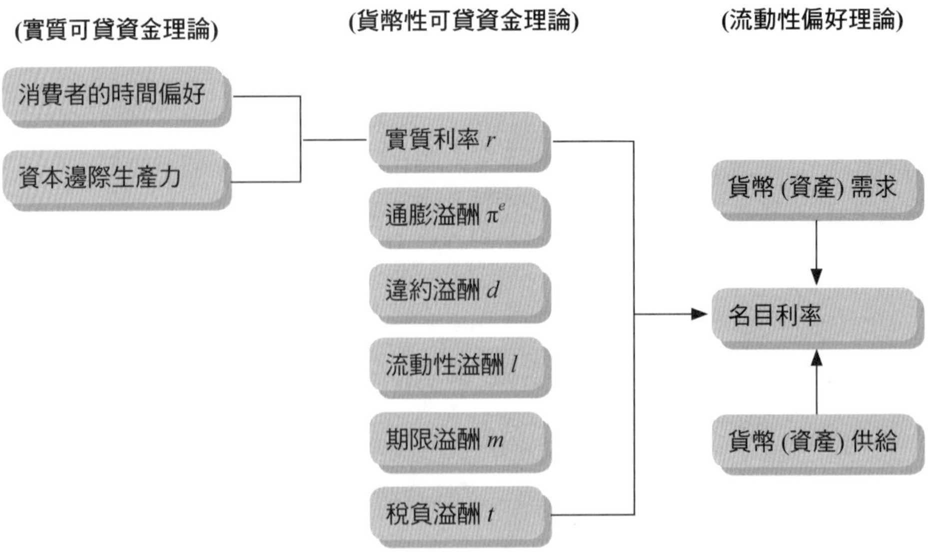

(實質可貸資金理論)   (貨幣性可貸資金理論)   (流動性偏好理論)

```
消費者的時間偏好 ┐
              ├── 實質利率 r ──┐
資本邊際生產力 ┘                │
                                │
              通膨溢酬 πᵉ        │        貨幣 (資產) 需求
                                │              │
              違約溢酬 d         ├── 名目利率 ←┤
                                │              │
              流動性溢酬 l       │        貨幣 (資產) 供給
                                │
              期限溢酬 m         │
                                │
              稅負溢酬 t ────────┘
```

基於上述看法，廠商發行公司債 ΔB_P^S 融通投資計劃，預擬投資 I 將反映新增債券供給。人們若以債券持有儲蓄，預擬儲蓄 S 相當於新增債券需求 ΔB^D。是以資本市場的債券 (或實質可貸資金) 供需將是實質利率 r 的遞增與遞減函數：

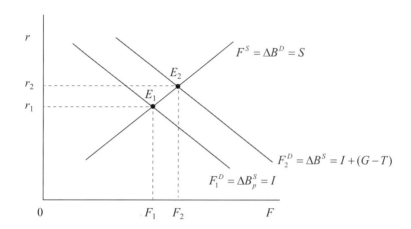

圖 **5-2**
古典實質可貸資金理論

在圖 5-2 中，當資本市場的債券供需相等，$\Delta B^D = S(r) = I(r) = \Delta B_P^S$，均衡實質利率是 r_1。接著，政府部門出現預算赤字，財政部採取發行公債 ΔB_P^S 融通，資金供給者(金主)若認為公債與公司債完全替代，則新增債券供給函數將變為：

$$\Delta B^S = \Delta B_p^S + \Delta B_g^S = I(r) + (G-T) = F^D(r)$$

債券供給或可貸資金需求曲線將因政府預算赤字增加而右移，利率攀昇至 r_2。實質可貸資金理論純粹由實質儲蓄與實質投資決定利率，兩者係體系內的長期流量變數，決定的利率則是長期實質利率。到了 1930 年代，Keynes 在《一般理論》(*General Theory*, 1936) 提出流動性偏好理論 (liquidity preference theory)，指出「利率是特定期間內放棄流動性而能獲取的報酬」，人們保有資產型態或安排投資組合行為稱為**流動性偏好** (liquidity preference)，而貨幣屬於流動資產，狹義的流動性偏好函數專指貨幣需求函數而言，可表示如下：

$$L = l(i, y)$$
$$-,+$$

流動性偏好理論
金融市場利率取決於流動性偏好與貨幣供給。

流動性偏好
人們保有資產型態或安排投資組合行為。

流動性偏好理論指出，流動性偏好(資產需求)與貨幣供給 (資產供給) 共同決定**貨幣利率** (money rate) 或名目利率 (nominal rate)。在圖 5-3 中，當物價 P_0 與所得 y_0 已知時，流動性偏好曲線是 $L(i, y_0)$，而貨幣供給 $M^s = M(i)$ 將與貨幣利率同步變動，兩者共同決定均衡貨幣利率 i_1。央行若採寬鬆貨幣政策，實質

貨幣利率
或稱名目利率，此係金融市場的資金借貸利率。

圖 5-3
流動性偏好理論

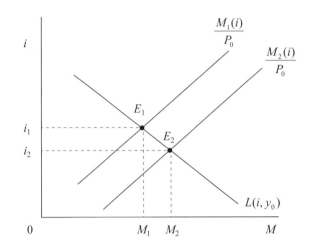

貨幣供給由 $\dfrac{M_1(i)}{P_0}$ 擴張至 $\dfrac{M_2(i)}{P_0}$，在貨幣需求 $L(i, y_0)$ 不變下，短期均衡利率將下跌至 i_2。

另外，瑞典學派的 Ohlin 與劍橋學派的 Robertson 綜合古典儲蓄投資理論和 Keynes 流動性偏好理論，嘗試結合貨幣因素與實質因素，提出**貨幣性可貸資金理論** (monetary loanable fund theory)。可貸資金供給或新增債券需求來源包括儲蓄與新增實質貨幣供給 $(\dfrac{\Delta M^S}{P})$：

貨幣性可貸資金理論
金融市場利率取決於可貸資金供需。

$$\Delta B^D(P_b) = F^S(i) = S(r) + (\frac{\Delta M^S}{P})$$
$$\qquad\qquad\quad - \qquad + \qquad +$$

可貸資金需求(或債券流量供給)來源包括廠商預擬保有的週轉金與消費者預擬保有的貨幣餘額 $\Delta L(i)$、廠商融通當期資本支出的需求以及政府預算赤字：

$$\Delta B^S(P_b) = F^D(i) = I(r) + (G-T) + \Delta L(i)$$
$$\qquad\qquad\quad + \qquad - \qquad -$$

經濟成員增加保有貨幣餘額 $\Delta L(i)$ 與貨幣利率呈反向關係，央行能夠控制貨幣餘額而與利率無關。在圖 5-4 中，在物價平穩之際，可貸資金供需 (或債券供需) 達成均衡，均衡貨幣利率 i_1 將與實質利率 r_1 一致。央行採取寬鬆貨幣政策，促使實質貨幣餘額由 $(\dfrac{\Delta M_0^S}{P_0})$ 遞增至 $(\dfrac{\Delta M_1^S}{P_0})$，帶動可貸資金供給曲線由 F_1^S 右移至 F_2^S，均衡貨幣利率由 i_1 滑落為 i_2。當貨幣利率為 $i_2 < i_1 = r_1$，商

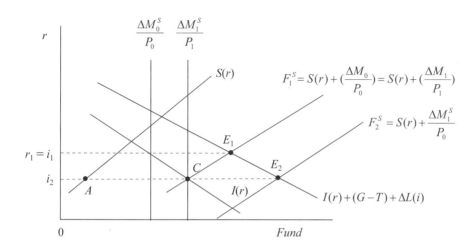

圖 **5-4**
新古典貨幣性可
貸資金理論

品市場存在超額需求或投資大於儲蓄 AC，帶動物價上漲，實質貨幣餘額自然逐步下降。一旦物價調整至 P_1，F_2^S 曲線重回 F_1^S 位置，貨幣利率又回歸原先水準 i_1。

知識補給站

2013 年 5 月，美國聯準會釋出縮減 QE 規模訊息，引發資金逃離債券市場，帶動 10 年期公債殖利率彈升。2013 年第二季，台灣核備銷售的整體債券基金報酬率平均下跌 3.55%，以原幣別計算的新興市場債券基金組別下跌 6.1%。不過令人意外的是，美國 10 年期公債殖利率於 2014 年初攀升至高點 3.04% 後，就轉向逐步回跌至 2014 年 8 月 12 日的 2.46%，資金再度回流新興市場，帶動新興市場債券基金組別自 2014 年以來平均漲幅 5.09% (原幣報酬率)。

《焦點一》全球利率呈現滑落趨勢嗎？

　　觀察美、英、法、德等主要國家的 10 年期公債殖利率過去走勢，無不呈現持續滑落，再看其他國家也有類似情景，而「全球儲蓄過剩」則是最常用於解釋過去 30 年全球利率持續下滑的原因。國際貨幣基金 (IMF) 在 2014 年 4 月發布《全球經濟展望報告》指出，新興國家經濟成長帶動儲蓄擴大，增加的儲蓄卻未迅速流向西方國家或為其吸收，全球資金氾濫導致資金價格 (利率) 走低。然而單是儲蓄仍難以主導利率走勢，事實上，投資不足才是利率滑落根源。麥肯錫全球研究院 (McKinsey Global Institute) 曾於 2010 年指出全球投資率在 1980~2008 年間若能持穩而未下滑，估計資本支出應高出實際金額 20 兆美元。不過儘管新興國家 (尤其是中國) 投資大幅成長，儲蓄率成長速度卻更快速。

　　引發全球投資支出下降的原因為何？美國前財政部部長 Lawrence H. Summers 指出 20 世紀新創企業，如福特、英國石油、空中巴士，投資金額動輒數百萬美元，現今新創企業往往僅需創業資本數千美元。資本財 (如電腦) 價格下降壓抑投資支出，企業無需花費

巨資來取得資本設備。除儲蓄過剩外，Alvin Hansen (1939) 也早已預期人口成長下滑不利經濟成長，而近年來市場安全性資產需求激增，聯準會在 2008 年後推出三輪量化寬鬆政策，這些因素均讓利率在低檔徘徊。

《焦點二》利率會回到歷史「正常」水準嗎？

利率下滑趨勢是否扭轉？以經常帳餘額衡量，中國在 2001~2013 年間「輸出」資金超越其他新興國家總和，發揮抑低利率效果。不過中國追求經濟結構轉型，減緩政府投資速度，推出刺激消費政策藉以降低民間儲蓄。整體來看，中國儲蓄過剩是否改善，將取決於投資與消費的變化。若能有效提升消費，讓儲蓄減幅超過投資，將能降低經常帳餘額。國際貨幣基金 (IMF) 預測，中國在未來 5 年恐難大幅拉抬內需消費，但又執行抑制投資成長，反而帶動儲蓄持續攀升。尤其是經常帳盈餘國家普遍認為儲蓄是美德，縮減經常帳盈餘意願薄弱。另外，IMF 預估 2013~2017 年間的新興國家 GDP 成長相較 2003~2012 年間低 1.25%，成長減緩意味著儲蓄可能下滑，則是有助於推升利率。

再者，已開發國家超過 60 歲人口數量預計在 2030 年臻於高峰，人口老化帶動退休金、醫療保健支出水漲船高，迫使家庭開始動用儲蓄而推動利率攀升。然而戰後嬰兒潮世代邁入退休階段，偏好持有收益型債券。主要經濟國家的決策官員，如西歐、美、日，面對政府債台高築，為防止利率攀升讓國家陷入財政窘境，要求政府退休基金或國有企業持有較多政府債券，甚至要求銀行、保險公司買進公債以滿足資本適足率要求。總結上述多空因素，利率持續落在低檔的可能性偏高。

《焦點三》短期利率趨於攀升，中期利率走勢卻難預測

在預測利率走勢方面，Ibbotson Associates 是晨星旗下專門提供銀行、保險、資產管理與退休機構資產配置策略諮詢的子公司，其經濟學者 Francisco Torralba 認為在下次全球景氣出現衰退前，利率較可能受各國央行政策影響而呈現回升趨勢，聯準會也將持續削減資產收購規模，並在 2015 年 3~6 月間就可能宣布升息，英格蘭銀行 (BOE) 近期也將結束量化寬鬆政策。儘管歐洲央行 (ECB) 與日本銀行 (BOJ) 的量化寬鬆政策則會持續較長期間，但最終亦會終止。

儘管短期內利率趨於攀升，Torralba 卻認為中長期利率走勢捉摸不定。如同上述分析，全球儲蓄過剩、成熟國家缺乏投資誘因、中國經常帳盈餘是否下滑、勞動力萎縮、安全性資產需求攀升等因素錯綜複雜，均將影響利率走勢。然而我們尚未掌握上述因素，何者將發揮較大影響來逆轉利率下滑趨勢，或哪些變數隨機出現，如印度是否會為未來全球投資成長增添動力？人民幣是否成為自由兌換的強勢貨幣，增多高流動性安全資產？是以投資人仍需注意觀察這些因素變化，才能掌握中長期利率走向，及其對自身持有投資標的所可能帶來的影響。

John Maynard Keynes (1883~1946)

出生於英國劍橋。曾經在印度事務部工作，擔任英國財政部顧問與代表財政部參與巴黎和會。1936 年出版《一般理論》奠定總體理論成為獨立學門的基礎，Keynes 主張政府應積極扮演經濟舵手角色，運用財政與貨幣政策來對抗景氣衰退，以紓緩 1930 年代的大蕭條困境。

Dennis H. Robertson (1890~1963)

出生於英國 Lowestoft。曾經擔任劍橋大學高級講師、倫敦經濟學院教授與銀行學系主任，也曾擔任平衡收支皇家委員會首席成員。Robertson 專注於貨幣理論、利率與通膨議題，詮釋貨幣最為傳神：「為人類創造幸福的貨幣，除非有效控制，否則將成為災禍與混亂的泉源」。

Bertil Gotthard Ohlin (1899~1979)

1899 年出生於瑞典。先後任教於 Copenhagen 與 Stockholm 大學經濟系，並曾擔任瑞典主要反對黨自由黨主席達 23 年之久，在聯合政府擔任貿易部長。1977 年以 Heckscher-Ohlin 模型在貿易理論的貢獻，探討利率與資本市場運作發揮重大影響，獲頒諾貝爾經濟學獎。

5.1.2　貨幣利率的內涵

　　貨幣利率或名目利率係指金融市場交易的利率，財務長必須分析貨幣利率的組成結構，才能評估發行債券與操作債券的策略，同時利用構成貨幣利率的各種成分，決定創新不同融資商品來募集資金：

$$i = r + \pi^e + d + l + m + t$$

π^e 是預期通膨溢酬，d 是違約或信用溢酬，l 是流動性溢酬，m 是期限溢酬，t

是稅負溢酬。各種成分將分別說明如下：

實質利率
將資金投入實體資產
所獲的報酬率，相當
於資本邊際生產力。

1. 實質利率 (real rate, r)　公司將資金投入實體資產所獲的報酬率，相當於資本邊際生產力，一般係以短期無風險資產(國庫券)報酬率衡量。

2. 預期通膨溢酬 (expected inflation premium, π^e)　評估長期投資計畫，必須先區分實質利率與名目利率。舉例來說，市場預期通膨率 5%，年初商品價格 50 元，年底價格上漲 5% 而成為 52.5 元。張無忌年初從事某項投資 1,000 元，直至年底可得 1,155 元，名目報酬率是 15.5%。但他在年初以 1,000 元可買到 20 單位商品，年底可買到 22 單位商品，以實質商品衡量的報酬率僅有 10%。

預期通膨溢酬
通膨發生造成購買力
下降，促使資金供給
者要求附加的溢酬。

在通膨過程中，公司借款一元到期須償還名目本息 $(1+i)$。另外，公司借款一元可購買 $(\frac{1}{P_0})$ 單位實體資本(投資)，經過生產可得實質報酬 $(1+r)$，並以 P_1 價格出售而獲取收益 $(\frac{P_1}{P_0})(1+r)$。當借貸市場達成均衡，兩者將趨於相等：

$$(1+i) = (\frac{P_1}{P_0})(1+r)$$
$$= (1+r)(1+\pi^e)$$
$$= 1 + r + \pi^e + r\pi^e$$

Fisher 方程式
貨幣利率等於實質利
率加上預期通膨率。

上式的 $r\pi^e$ 值趨於微小而可忽略，上式即是 **Fisher** 方程式 (Fisher equation)，貨幣利率等於實質利率加上預期通膨率：

$$i = r + \pi^e$$

舉例來說，光寶科技董事會要求實質報酬率 10%，而預期通膨率 8%，精確的名目利率可計算如下：

$$(1+i) = (1+r)(1+\pi^e)$$
$$= (1+10\%)(1+8\%) = 1.1880$$

名目利率是 18.80%。再觀察體系發生通膨時，實質利率、預期通膨率與名目利率三者互動關係將分成三種：

Fisher 效果
實質利率維持不變，
名目利率與預期通膨
率等幅變動。

(a) **Fisher** 效果 (Fisher effect)　實質利率維持不變，名目利率與預期通膨率等幅變動。在先前案例，名目利率 15.5%、預期通膨率 5%，實質利率是 10.5%。假設預期通膨率變為 6% (上漲 1%)，Fisher 效果指出實質

利率維持 10.5% 不變，名目利率上漲為 16.5%。

(b) **Harrod 效果** (Harrod effect)　在通膨過程中，名目利率維持不變，實質利率與預期通膨率等幅反向變動。在先前案例中，預期通膨率上漲 1%，Harrod 效果指出實質利率降為 9.5%，名目利率維持不變。

> **Harrod 效果**
> 名目利率不變，實質利率與預期通膨率等幅反向變動。

(c) **Mundell-Tobin 效果** (Mundell-Tobin effect)　在通膨過程中，實質利率下降，而名目利率上升。在先前案例中，預期通膨率上漲 1%，Mundell-Tobin 效果指出實質利率可能下降 0.5%，名目利率上漲 0.5%。

> **Mundell-Tobin 效果**
> 在通膨過程中，實質利率下降，而名目利率上升。

另外，當所得稅率 t 已知時，稅後報酬率是 $i_t = (1-t)i$，稅後實質利率 r_t 則是稅後名目利率扣除預期通膨率，$r_t = (1-t)i - \pi^e$，也是隨著通膨率上漲而滑落。

3. **違約或信用溢酬** (default or credit premium, d)　公司無法按時清償債務本息，投資人要求附加違約溢酬。一般而言，國庫券係由國家財政擔保而無違約風險疑慮，支付利率必然最低。至於公司發行債券，將依信評等級或有無擔保品，來決定附加違約溢酬幅度。

> **違約或信用溢酬**
> 公司無法按時清償債務本息，投資人要求附加溢酬。

4. **流動性溢酬** (liquidity premium, l)　資產能以趨近市場合理價格迅速變現，即具有高流動性，投資人要求附加流動性溢酬較低。舉例來說：未上市盤商市場或興櫃股票交易冷清，每天成交量很低 (缺乏流動性)，人們將附加較高流動性溢酬，僅願以較低價格投資。

> **流動性溢酬**
> 資產缺乏變現性，投資人要求附加溢酬。

5. **期限溢酬** (maturity premium, m)　金融資產期限愈長，投資人將須承擔利率波動、通膨變化等風險，要求附加期限溢酬，而反映債券殖利率 (yield rate) 與期限間的關係即是殖利率曲線 (yield curve)。

> **期限溢酬**
> 金融資產期限愈長而引發利率波動、通膨變化風險，投資人要求附加溢酬。

6. **稅負溢酬** (taxability premium)　實務上，金融市場不具完全性，金融操作必須支付交易稅與交易成本，投資人要求附加稅負溢酬。舉例來說，債券附條件交易免繳利息所得稅，殖利率較一般票券報酬率低 20% 的分離課稅，當中差額即是稅負溢酬。

> **稅負溢酬**
> 金融操作必須支付交易稅與交易成本，投資人要求附加溢酬。

Irving Fisher (1867~1947)

出生於美國紐約的 Saugerties，曾經擔任耶魯大學政治經濟學教授。Fisher 在《利率理論》(*The Theory of Interest*) 中，探討跨期分析、資本預算、金融市場與利率間的關係，奠定現代消費理論、投資理論與財務理論的基礎，並在建立評估股票與債券方法發揮重大貢獻。

從 2009 年底起，希臘深陷無法清償即將到期鉅額債務的困境，公債違約與債務重組傳言四起。影響所及，葡萄牙 (Portugal)、義大利 (Italy) 與愛爾蘭 (Ireland)、希臘 (Greece)、西班牙 (Spain) 合稱歐豬五國 (PIGS) 與美國政府債務龐大問題也如滾雪球般地陸續曝光，標準普爾 (Standard-Poor) 信評公司陸續調低這些國家的主權評等至略高於垃圾級水準，甚至於 2011 年 8 月將美國公債信評 AAA 調降為 AA+。如此一來，公債持有人競相購買信用違約交換 (credit default swap, CDS) 避險 (公債違約可獲全額清償)，投機客也不遑多讓進場，造成 CDS 價格竄升，加重股市和債券投資人焦慮，引發國際金融市劇烈震盪。

依據國際交換及衍生性商品協會 (ISDA) 資料顯示，近年來 CDS 市場蓬勃發展，2004 年在外流通的 CDS 契約不到 3 兆美元，到了 2011 年卻已超過 25 兆美元。CDS 買方無須提供抵押品即能放空。舉例來說，有些交易員允許投資人只要付出 200 萬美元即可購買 1,000 萬美元希臘公債 CDS，每季再支付 10.5 萬美元即可。反之，投資人轉進公債市場，打算擁有希臘公債短倉或賣空，可能須在經紀公司帳戶存入 1,000 萬美元。

希臘 2010 年預算赤字已經觸及該國 GDP 的 10.5% 而超乎預期，引發市場預期重組債務可能性與日俱增。投資人在 2011 年 4 月 26 日持續拋售希臘公債，推動 10 年期希臘公債殖利率攀升 51 個基點達到 15.57%，價格僅為面值的 56%，信用違約交換 (CDS) 上揚 42 個基點而為 1,345 個基點。舉例來說，1,000 萬歐元 (1,390 萬美元) 希臘公債的 5 年期 CDS，每年費用增加 2.6 萬歐元至 42.3 萬歐元。同一天，西班牙標售公債倍受注目，短期公債標售利率較3月上揚近 0.5%，10 年期公債殖利率上揚 0.2 個基點，報價為 5.51%。另外，葡萄牙和愛爾蘭公債也因清算所調高其公債交易準備金要求而受創，10 年期葡萄牙和愛爾蘭公債殖利率分別達到 10.14% 和 10.77%，各自上漲 19 和 13 個基點。

歐洲公債的魅力過去來自高債信評等兼具弱勢美元的匯率升值潛力，不過隨著 2009 年起持續引爆歐洲主權債務危機，暴露出歐元區成員國間經濟狀況落差顯著的缺陷，同時還涉及主權債務、評級機構、市場震盪的經濟危機困境，讓投資人要求增加風險溢酬，引爆歐洲公債市場與 CDS 市場劇烈震盪。

 5.2 利率走勢預測方法

金融市場交易的資產分為短期 (票券) 與中長期 (債券) 資金，交易價格因而分為短期與中長期利率兩類。表 5-1 是影響中長期利率變動的總體因素，以下分別說明其對債券市場供需變化的影響，提供預估中期利率走勢的訊息。

影響利率因素類型	總體指標
景氣循環	領先指標
	同時指標
	經濟成長率
	貿易帳餘額變化
	景氣對策訊號
通貨膨脹	消費者物價指數
	躉售物價指數
貨幣金融	M_{1A}、M_{1B}、M_2 成長率
	銀行放款成長率
	銀行逾放比率
匯率變動	經常帳與金融帳餘額
	國內外利差
央行政策	央行理監事會議結論
	重貼現率、存款準備率調整方向
	央行總裁的重要宣示
赤字預算	未來中央政府總預算發行公債金額
	未來到期公債還本付息金額

表 5-1
研判中長期利率變動趨勢的指標

1. 景氣循環　觀察景氣領先指標、同時指標與景氣對策訊號，判斷經濟活動處於何種循環階段，進而掌握對中長期資金供需變化的影響。
2. 通貨膨脹　觀察消費者物價指數與躉售物價指數膨脹率變化，掌握中長期利率 (預期通膨溢酬) 變動方向。
3. 貨幣金融　景氣衰退減弱貨幣需求，促使 M_{1B}、M_2 成長率平均值低於央行宣示貨幣成長目標區的中間值，意味著中長期利率趨於下跌。其次，銀行放款意願低落，信用擠壓 (credit crunch) 現象明顯，促使銀行放款成長率減弱甚至負成長，資金市場趨於寬鬆，帶動債券殖利率呈現下滑。另外，銀行獲利能力與逾放比例呈反向關係，逾放比率攀升影響銀行健全營運，必須緊縮放款，大舉打銷呆帳與出售不良債權。
4. 匯率變動　觀察經常帳 (current account) 與金融帳 (financial account) 餘額變化，掌握匯率變動趨勢。匯率長期變化趨勢將引導國際資金移動，進而影響中長期利率變動。
5. 貨幣政策　央行理監事會議結論與央行總裁宣示政策走向，將可反映貨幣政策趨勢。一般而言，央行長期重視刺激景氣復甦，貨幣政策偏向寬鬆，

信用擠壓
銀行資金緊縮現象。

經常帳
記錄本國與外國從事商品勞務，進出口、投資所得與勞務所得、單方面移轉等活動的會計帳。

金融帳
記錄本國與外國從事金融交易活動引起資金移動的會計帳。

將提高貨幣成長率目標區,債券殖利率傾向於下跌。

6. **預算赤字** 中央政府預算赤字通常係以公債融通,未來編列發行公債金額與到期公債還本付息金額,將會影響中長期資金供需。

接著,貨幣市場的票券報酬率代表短期利率,表 5-2 顯示影響短期資金市場供需因素變化,以下分別說明其對短期利率變動趨勢的影響。

1. **通貨發行餘額** 通貨發行餘額暴增引導隔日拆款利率水漲船高。每逢春節或長假期結束,通貨回籠導致發行餘額遞減,短期利率也隨之滑落。

2. **外匯買 (賣) 超** 央行為穩定匯率走勢,在外匯市場買超 (或賣超) 美元,引起資金市場出現寬鬆 (或緊縮),短期利率隨之下跌 (或上漲)。

3. **國庫收支** 銀行將代收稅款繳交國庫期間,勢必造成資金緊縮;反之,國庫撥款支應財政支出,勢必造成資金寬鬆。

4. **央行可轉讓定存單發行與到期** 在資金寬鬆之際,央行發行可轉讓定存單,到期日選在預估的資金緊縮期間 (如春節),故其發行與到期影響資金供需而引發利率波動。

5. **郵政儲金轉存款** 中華郵政是吸收存款最多的準金融機構,部分郵政儲金係轉存央行 (收縮),央行則視金融環境再決定是否釋出郵匯局轉存款利息 (寬鬆),從而影響短期資金供需。

6. **股市榮枯** 股市邁入多頭,投資人的融資需求擴張、銀行存款結構由定存轉為活存,將引起利率趨於上漲;反之,股市轉向空頭,投資人的融資需求下降、銀行存款結構由活存轉為定存,利率將趨於下跌。

表 5-2

影響短期利率波動的因素

利率下跌 (寬鬆) 因素	利率上漲 (緊縮) 因素
通貨回籠	領先指標
通貨發行	同時指標
國庫撥款:公共工程款、退休俸撥款	解繳國庫:所得稅款、公營事業盈餘繳庫
央行國票券、儲蓄券、央行可轉讓定存單到期	央行國庫券、儲蓄券、央行發行可轉讓定存單
央行融通或公開市場釋金	央行回收融通資金
央行買匯	央行賣匯
郵政儲金釋出	郵政儲金回收
空頭股市:銀行存款結構由活存轉為定存	多頭股市:銀行存款結構由定存轉為活存

知識
補給站

　　為解決 2008 年金融海嘯造成抵押擔保證券 (mortgage backed security, MBS) 市場幾近崩潰的問題，聯準會於2008年11月25日宣布購買機構債 1,000 億美元與機構保證之房貸擔保債券 5,000 億美元。隨著金融情勢惡化重創實質部門，聯準會再於 2009 年 3 月 18 日宣布提高購買機構債規模至 2,000 億美元、購買機構保證之房貸擔保債券規模至 1.25 兆美元與增加購買公債規模為 3,000 億美元。聯準會執行 QE1 促使資產規模由 9,000 億美元膨脹至 2.3 兆美元，並讓長期公債殖利率下降 0.5%。

　　接著，聯準會主席 Bernanke 於 2010 年 11 月 3 日宣布擴大資產購買規模，以每月 750 億美元速度，在 2011 年第二季結束前，增加購買 6,000 億美元公債，此即 QE2。此外，QE1 購買機構債與機構保證之房貸擔保債券的到期本金，也將投入購買公債，在 2011 年第二季結束前，再投入公債規模約為 2,500～3,000 億美元，每月約以 350 億美元速度投入購買公債。合計新增 QE2 的 6,000 億美元，以及 QE1 到期續投入的 2,500～3,000 億美元，聯準會購買公債總規模為 8,500～9,000 億美元，總買進速度為每月 1,100 億美元，激勵效果約等同調降聯邦資金利率 0.75%。

　　最後，聯準會於 2012 年 9 月 13 日宣布推出 QE3，每月購買 850 億美元住宅抵押貸款擔保證券 (MBS)，並延展低利率政策到 2015 年中，直到美國勞動市場情況好轉。隨後，聯準會公開市場委員會在 2013 年 6 月 19 日指出，美國經濟情勢若符合聯準會預期，在新增就業率支持下，將於2013年稍晚縮減 QE3 規模，並在達成「Bernanke 的失業率 7% 門檻」下，於 2014 年後結束 QE3。

5.3　利率期限結構

5.3.1　純粹預期理論與流動性貼水理論

　　在金融市場，不同金融資產面對通膨率、稅率、交易成本、流動性與違約風險的反應不同，其報酬率自然不同。同一種金融資產也會因期限不同，而出現報酬率不同的現象。利率期限結構 (terms structure of interest rate) 就是描述債券殖利率 r 與到期期限 N 的關係，可用殖利率曲線 $r = f(N)$ 表示。圖 5-5 是殖利率曲線型態，可有四種走勢：

利率期限結構
描述債券殖利率與期限間的關係。

- 脊型 (humped)　金融資產殖利率隨著期限攀升，而在某一期限後轉趨下跌。
- 下降型 (descending)　隨著期限延長，金融資產殖利率呈下降趨勢。
- 遞增型 (ascending)　隨著期限延長，金融資產殖利率呈攀升趨勢。

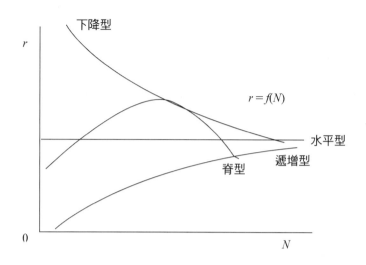

圖 **5-5**

殖利率曲線型態

- 水平型 (flat)　金融資產殖利率環繞某一水準小幅波動。

純粹預期理論

長期利率是預期短期
利率的平均值。

　　純粹預期理論 (pure expectation theory) 探討金融市場長短期利率間的關係，認為長期利率是預期短期利率的平均值，相關假設如下：

- 投資人追求持有債券期間收益最大。
- 投資人對期限無特殊偏好，各種期限債券互為完全替代。
- 買賣債券無交易成本，一旦投資人發現殖利率差異，即會調整期限。
- 投資人將對未來利率形成預期，並依預期進行操作。

風險中立者

投資人僅依預期報酬
率決策，忽略風險的
影響。

　　在無交易成本下，所有投資人係屬風險中立者 (risk neutral)，預期完全相同。投資人對期限並無偏好，不同期限債券將是完全替代，僅是在乎預期報酬率。經過金融市場參與者套利，將可得到下列均衡條件：

$$(1+_tR_n)^n = (1+_tR_1)(1+_{t+1}r_t^e).....(1+_{t+n+1}r_t^e)$$

$$_tR_n = \left[(1+_tR_1)(1+_{t+1}r_1^e)(...)\right]^{\frac{1}{n}} - 1$$

$_tR_n$ 是 t 點的 n 年期金融資產的實際殖利率，$_{t+1}r_1^e$ 是由 $t+1$ 點起算的一年期金融資產預期殖利率。上述均衡條件可簡化成下列長期與短期利率的關係：

$$_tR_n = \frac{_tR_1 + \sum_{t=1}^{n-1} {}_{t+n}r_1^e}{N}$$

　　純粹預期理論認為長期利率反映對未來短期利率的預期，而通膨率、貨幣成長率等變數是人們用於預測利率走勢的訊息指標。不過殖利率曲線形狀主要

取決於人們對未來通膨預期，市場預期未來利率下跌，長期殖利率將呈下跌走勢，殖利率曲線呈現負斜率。反之，人們預期未來利率上揚，短期殖利率將會較低，而長期殖利率相對較高，殖利率曲線呈現正斜率。

　　舉例來說，2008 年 9 月爆發金融海嘯，國內景氣瞬間進入「無薪休假」與「薪餉四成」的衰退景象。財務長預期央行將採寬鬆貨幣政策，市場利率趨於走低，此時基於投資短期債券到期須再投資，屆時利率勢必低於目前，故應選擇長期債券鎖定高報酬率，避免**再投資風險** (reinvestment risk)。相反地，在景氣趨於繁榮之際，市場預期利率上揚，財務長目前應該持有短期債券，隨著短期債券到期領回本金，即可投資高利率債券，避免套牢在長期債券。

> **再投資風險**
> 人們將取得的債券本息，用於再投資所獲得的報酬將低於原有債券的報酬率。

　　預期是決定利率期限結構的重要因素，但其他因素同樣也會發揮顯著影響。尤其是純粹預期理論無法解釋「殖利率曲線通常呈現正斜率」的事實，是以 Hicks 提出**流動性貼水理論** (liquidity premium theory, 1946)，指出投資期間拉長，人們承擔風險愈高。債券投資人多數是**風險怯避者** (risk averter)，面對長短期債券殖利率相同，必然偏好持有短期債券。若要其轉向投資長期債券，必須給予流動性貼水補償，此即意味著長期殖利率不再是債券殖利率的預期值，而是附加流動性貼水在內，期限越長要求附加流動性貼水愈高。是以前述的套利均衡條件將變為：

> **流動性貼水理論**
> 投資期間拉長，人們承擔風險愈高，投資長期債券將會要求流動性貼水補償。

> **風險怯避者**
> 若要投資人增加承擔風險，將需給予風險溢酬補償。

$$(1+_t R_n) = (1+_t R_1 + l_1)(1+_{t+1} r_1^e + l_2)......(1+_{t+n-1} r_1^e + l_n)$$

$$長期殖利率 = 短期殖利率預期值 + 流動性溢酬$$

　　短期利率預期與流動性貼水是影響殖利率曲線形狀的主因。正斜率殖利率曲線未必表示預期利率走高，甚至可能預期利率下跌，只是因為附加流動性貼水很大，促使長期殖利率仍然高於短期殖利率。

John Richard Hicks (1904~1989)

　　出生於英國的 Warwick。曾經任教於倫敦經濟學院、劍橋、Manchester 與牛津大學，同時也是英國科學院、瑞典皇家科學院、義大利林西科學院與美國科學院院士，牛津 Nuffield 學院與 All Souls 學院名譽委員、皇家經濟學會會長。1972 年獲頒諾貝爾經濟學獎。Hicks 率先建立 IS-LM 模型而成為 Kynesian 學派核心，探討景氣循環變動根源與通膨原因，提出利率期限結構理論而在財務理論發揮重要影響。

5.3.2 偏好棲息或市場區隔理論

偏好棲息理論

投資人偏好持有與其資金來源期限相同的債券。

偏好棲息理論 (preferred habitat theory) 認為投資人基於某種原因(資金來源)而設定投資期限,故將偏好與其資金來源期限相同的債券,以規避再投資風險。另外,資金需求者同樣也有特定資金需求期限偏好,除非提供令人滿意的風險溢酬,資金供需雙方不會輕易改變偏好。一般而言,各種期限債券均有資金供需雙方參與交易,然而供需未必能夠配合,如 5 年期公債需求大於供給、而 10 年期公債供給卻超過需求,則 5 年期公債殖利率將下降 (價格上漲),而 10 年期公債殖利率則會上升 (價格下跌),藉以吸引 5 年期公債需求者改變偏好,轉移到 10 年期債券市場,此一結果將讓殖利率曲線呈現正斜率。

市場區隔理論

基於制度因素限制,不同期限債券各有不同的資金供給者與需求者,從而形成相互區隔的市場。

接著,市場區隔理論 (market segmentation theory) 認為基於制度因素限制,金融市場參與者僅能在个同期限金融市場交易。不同期限債券各有不同的資金供給者與需求者,形成彼此區隔的債券市場,長短期利率間並無關聯。舉例來說:銀行資金來源以短期存款為主,自然偏好購買短期資產,藉以配合資金來源的期限。反觀壽險公司資金來源係以長期壽險保單為主,將會偏好持有長期資產。在短期債券市場中,若需求大於供給,短期殖利率趨於下跌,卻不致於影響長期債券供需;同樣地,長期債券供需發生變化,也不會影響短期債券市場。是以殖利率曲線存在各種型狀,端視各種期限債券各自供需力量而定。該理論假設長、短天期利率各自獨立,無法解釋殖利率曲線何以經常平行移動。僅能解釋利率變化現象的 15%~20%,應用較有限。

最後,依據上述解釋殖利率曲線型態的理論,殖利率曲線變動將如圖 5-6 所示呈現三種型態:

1. **平行移動** 長短期利率走勢一致而呈現平行移動,以同一天期、不同時間來看,其距離不變。預期理論可以解釋殖利率曲線平行移動,卻無法說明殖利率曲線斜率改變或扭曲現象。

2. **斜率改變** 長短期利率走勢相反,或長短期利率漲跌速度不同,將會改變殖利率曲線斜率,市場區隔理論可以解釋部份原因。

3. **扭曲或 S 形** 殖利率曲線斜率變化的一種。當長短期利率變動一致,但中期利率相反,殖利率曲線將呈「S 形」變化或波動改變。偏好棲息理論同時考慮投資人偏好及預期,長短期債券仍有替代性,但並非完全替代,人們除比較長短期利率差距外,也會考慮本身偏好,故可說明殖利率曲線為何平行移動,也可解釋斜率改變甚至呈 S 形波動的成因。

(a) 平行移動

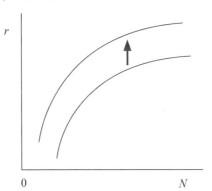

圖 5-6
殖利率曲線變動
方式

(b) 長短期移動方向一致，
    但是速度不同。

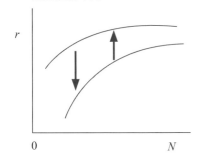

(c) 長短期移動方向與速度
    均不同。

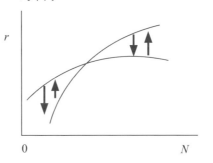

知識補給站

　　1960 年代初期，美國景氣邁入衰退，聯準會原本打算降低利率紓緩，然而當時歐洲金融市場卻處於高利率環境，兩地利差勢必引爆套利而促使資金外逃。是以 Tobin 於 1960 年設計扭曲操作或稱互換操作 (operation twist, OT)，名稱來自當時流行的扭扭舞 (twist)，而由聯準會於 1961 年首次實施 OT I，買進五年期美國公債 40 億美元，同時賣出短期公債，透過降低長期利率激勵銀行業擴大放款而來刺激景氣，同時也希望維持準備貨幣不變。

　　時隔半世紀，聯準會麾下的聯邦公開市場委員會 (FOMC) 在 2011 年 9 月 22 日宣布，在現行聯邦基金利率 (Federal fund rate) 0~0.25% 不變下，將推出 4,000 億美元的 OT II。換言之，聯邦準備銀行將賣出短期公債，買入長期公債，延長持有公債的整體期限，迫使殖利率曲線的較遠端向下彎曲，發揮壓低長期公債殖利率效果。

　　在許多層面上，OT 與 QE2 均以降低長期利率為目標，但不希望短期利率有所變化。不過 OT 的初衷是在防阻資金外流，QE2 則是基於聯邦基金利率已逼近於零。兩種計畫分別以出售短期公債或釋出銀行準備金，募集資金大量購買長期公債。在目的與規模類似

財 務 管 理

的前提下，聯準會執行 OT 猶如變相執行另一形式的 QE3，有助於壓低長期利率。以執行 4,000 億美元規模來估算，其壓低長期利率效果相當於降低聯邦基金利率兩碼半的幅度，對聯邦基金利率已經降無可降的美國，不啻是另外一種寬鬆資金方法。

市場對此次扭曲操作的具體預期為，聯準會將出售期限三年或更短的公債，買入 7~10 年期的長期公債，操作額度在 2,000~7,000 億美元之間。至於扭曲操作目的在壓低長期利率，透過降低借貸成本，提升抵押貸款持有人再融資意願，進而刺激經濟成長。

問題研討

小組討論題

一、是非題

1. 國際油價飆漲引發通膨預期，資金供給者為補償貨幣購買力損失，將在實質利率上要求附加預期通膨溢酬。

2. 統一企業發行公司債募集資金，隨著中華信評公司調升其信評等級，將讓其公司債交易價格趨於上漲。

3. 預期理論指出殖利率曲線形狀主要取決於市場對未來通膨預期。

4. 南亞科技因晶圓價格巨跌而陷入虧損，投資人勢必要求擴大附加流動性溢酬，從而促使票面利率及殖利率上升。

5. 中實投資購買7年期遠紡公司債，相對於購買 3 年期遠紡公司債，將會要求附加期限風險溢酬。

6. 黃蓉預期通膨率為 20%，而其適用所得稅率為 30%。假設大同公司債票面利率 10%，持有該債券的稅後實質報酬率將是 − 10%。

7. 依據流動性貼水理論的說法，當債券市場殖利率曲線走平時，將意謂著投資人預期未來利率不變。

8. 張無忌持有遠紡公司債至到期日，獲取的報酬率稱為到期殖利率。

二、選擇題

1. 在利率期限結構理論中，殖利率曲線型態主要取決於市場對未來通膨預期，此係屬於何種理論？ (a) 偏好棲息理論 (b) 市場區隔理論 (c) 流動性貼水理論 (d) 純粹預期理論

2. 台灣債券市場殖利率曲線呈現水平狀態，依據流動性貼現理論，小龍女預期短天期利率走勢為何？ (a) 上升 (b) 下跌 (c) 不變 (d) 無法判定變化趨勢

3. 陳醫師適用的綜合所得稅率為 20%，而慧友電子公司債票面利率為 5%，若預期通膨率為10%，則持有該債券的稅後實質報酬率為何？ (a) 5% (b) − 6% (c) − 5% (d) − 1%

4. 東和紡織經過金管會核准發行 10 年期公司債，票面利率 12%，而此時的市場利率為 11%，試問財務長將如何發行公司債？ (a) 重新訂定票面利率 (b) 折價發行 (c) 平價發行 (d) 溢價發行

5. 中華信評公司調降華泰電子信評等級，導致華泰公司債價格下跌，可能原因為何？ (a) 殖利率上漲，流動性溢酬減少 (b) 殖利率上升，違約溢酬增加 (c) 票面利率上漲，期限溢酬增加 (d) 票面利率及殖利率上升，預

期通膨溢酬增加

6. 寶來投信的債券基金經理人係依據預期理論操作債券,何種看法係屬錯誤? (a) 遠期利率是未來利率的不偏估計值 (b) 市場對未來利率變動預期將反映於殖利率曲線的斜率 (c) 殖利率曲線呈現正斜率時,將反映市場預期短期利率上升 (d) 人們預期未來利率下跌,而殖利率曲線仍有可能為正斜率

7. 在債券市場上,兩年期遠紡公司債殖利率為 10.5%,一年期遠紡公司債殖利率為 9%,則第二年的一年期遠紡公司債殖利率為何? (a) 11% (b) 12% (c) 10.5% (d) 11.5%

8. 國內股票興櫃市場交易冷清,理論上,何種現象不該出現? (a) 買價與賣價的差距擴大 (b) 興櫃股票價格偏高 (c) 流動性溢酬偏高 (d) 系統風險偏高

9. 高盛證券的研究人員分析歐洲債券市場發生變動的因素,何種看法係屬錯誤? (a) 歐洲央行指出歐元區可能陷入通縮環境,預期通縮率上漲將會推動債券價格上漲 (b) 標準普爾信評調低希臘的國家信用等級,將會引發希臘公債殖利率與價格同時下跌 (c) 歐洲某著名上市公司接單滿載,營運前景強烈看好,將讓投資人降低附加違約溢酬,促使其公司債價格上漲 (d) 德國財政部發行公債期限愈長,將附加愈多預期通膨溢酬,故將降低發行價格

10. 有關利率變化與債券價格關係的說法,何者正確? (a) 投資人預期未來利率下跌,長期債券價格將會下跌 (b) 投資人預期未來利率上升,短期債券價格將趨於上升 (c) 依據市場區隔理論,殖利率曲線係為水平線 (d) 根據流動性貼水理論,殖利率曲線呈現正斜率

三、簡答題

1. 試說明解釋債券市場殖利率曲線形狀的理論有哪些?

2. 試評論下列有關殖利率曲線的敘述:

   (a) 市場預期未來短期利率趨於攀升,純粹預期理論指出殖利率曲線將是水平線。

   (b) 純粹預期理論指出長期利率將等於預期長期利率。

   (c) 在其他條件不變下,流動性貼水理論指出期限較長債券的殖利率較低。

3. 試說明金融市場經常使用的計算利率方式為何?

4. 張無忌投資合庫銀行金融債,獲取的票面利率與實際收益率是否不同?

5. 試說明長期與短期債券具有相同票面金額與票面利率時,長期債券價格波動幅度為何會大於短期債券?

6. 下表是大華證券公布 2013 年三月初及六月初之國內債券殖利率曲線資料：

債券到期期限	三個月	一年	三年	五年	十年	十五年
三月初殖利率	5.25%	5.50%	5.90%	6.30%	6.50%	6.60%
六月初殖利率	6.50%	6.20%	6.20%	6.10%	6.10%	6.00%

(a) 試以預期理論、流動性貼水理論與市場區隔理論解釋殖利率曲線形狀？

(b) 試分析從三月初到六月初，債券市場可能發生何種變化？

(c) 債券基金經理人於三月初即已預期殖利率曲線發生變化，試問可採哪些投資交易策略因應？

四、計算題

1. 假設統一證券的債券櫃檯交易的三年期債券即期利率為 12%，二年期債券即期利率為 11.3%，試計算從現在起的二年期債券的遠期利率為何？

2. 體系內實質利率為 4%，目前一年期與兩年期名目利率分別為 8% 與 9%，試問殖利率曲線將呈現何種型態？依據 Fisher 效果與純粹預期理論，第二年的預期通膨率應該為何？

3. 央行經研處估計 2013 年的台灣消費函數為 $C = 400 + 0.8y_d - 1,000(i - \pi^e)$、投資函數為 $I = 300 + 0.18y - 2,000i$，政府支出 $G = 700$，租稅函數 $T = 100 + 0.1y$。試計算下列問題：(r 是實質利率，i 是貨幣利率，π^e 是預期通貨膨脹率)

(a) 台灣處於自然產出境界，$y^* = 12,000$，在物價穩定下，依據可貸資金理論，試問均衡利率為何？當政府擴大支出為 $G = 730$，均衡利率將變為何？

(b) 延續上題的政府支出未增加情況，國際油價上漲引起人們預期通膨率上升為 $\pi^e = 3\%$，試問均衡名目利率與實質利率分別為何？

4. 國內債券市場的一年期公債利率為 12%，市場預期未來二年的一年期債券利率分別為 10% 與 8%。試依據利率期限結構理論回答下列問題：

(a) 債券市場符合純粹預期理論說法，試問三年期與二年期債券利率分別為何？

(b) 依據純粹預期理論與流動性貼水理論，試說明債券殖利率曲線呈現何種型態？理由為何？

5. 台灣人壽編列 500 億元預算進行三年期投資，而元大寶來證券提供三種選擇：(a) 一組三張一年期債券；(b) 一張三年期債券；(c) 一張兩年期債券以

及一張一年期債券。目前殖利率曲線顯示一年、兩年、三年期的債券殖利率分別為 3.5%、4.0% 和 4.5%，財務部門預期下年的一年期利率是 4%，再隔年是 5%。假設每年都以複利計息，試分別計算三種投資方案的報酬，並討論財務部門將選擇何種投資策略？

 ## 網路練習題

1. 請連結票券金融商業同業公會網站 (http：//www.tbfa.org.tw)，找出國內金融重要指標，包括台灣金融業拆款利率、31-90 天期商業本票利率、央行重貼現率與十年期公債利率等，以及央行公布的 M_{1B} 與 M_2 成長率資料，進而分析這些變數間的關聯性。

2. 趙敏是大華證券的債券部門研究員，為提供聚隆纖維 (1466) 財務部發行公司債所需的國內利率走勢資料。請你代為連結大華證券超級財經網 (http：//www.toptrade.com.tw/)，找出近期內主要國家的公債利率走勢，以及影響台灣利率變化的多空因素，進而提出攸關台灣利率可能走向的建議報告。

風險與報酬率

個案導讀

1610 年代，荷蘭的富裕植物愛好者被美麗的鬱金香吸引，導致鬱金香球根初始就是高價商品。爾後，園藝家和愛好者嘗試改良而產生許多高級品種，如「里弗金提督」(Admiral Liefken)、「海軍上將艾克」(Admiral Von der Eyk)、「總督」(Viceroy)、「大元帥」(Generalissimo) 等，尤其因病變而產生紫白色條紋的「永遠皇帝」(Semper Augustus) 更讓愛好者讚不絕口。

1630 年代，喜好鬱金香風氣從 Leiden 蔓延至 Amsterdam、Haarlem，需求擴大吸引投機者目光，大肆哄抬價格。以稀有品種 Gouda 為例，1634 年底價格僅為每盎司 1.5 基爾德 (荷蘭盾)，1636 年底也僅漲升至每盎司 2 基爾德。隨著鬱金香投機市場形成，Gouda 價格在 1636 年 11 月飆漲至 7 基爾德，隨後重挫至 1.5 基爾德，12 月 12 日再強烈反彈至 11 基爾德，翌年則崩跌到 5.5 基爾德。隨著新投機者加入，價格再次劇升至 1 月 29 日突破 14 基爾德大關。三次大幅起落的震幅都超過 400%。以 12 月 9 日最低點 (1.5 基爾德) 與 12 月 12 日的最高點 (11 基爾德) 相比，3 天內價格飆升近 10 倍。雖然有人懷疑鬱金香價格已經背離作為花卉的常規，然而暴利讓投機者喪失理智。1637 年 1 月，普通品種的鬱金香價格被炒高 25 倍，Switsers 價格在 1637 年 1 月上旬低於 1 基爾德，月底就炒到 14 基爾德，2 月 5 日再飆漲至 30 基爾德，30 天漲幅超過 29 倍。

1637 年新年，鬱金香期貨契約在荷蘭小酒店炒得熱火朝天。1637 年 2 月，投機者逐漸意識到鬱

金香交貨時間逼近。一旦鬱金香球莖種到土地，顯然無法再轉手買賣。人們開始懷疑耗費鉅資買來的鬱金香球莖，就是開花到底能值多少錢？奇貨可居的鬱金香契約瞬間變成燙手山芋，投機者開始降價求售。人們信心動搖帶動鬱金香價格下降，引發進一步喪失對鬱金香市場的信心，惡性循環導致市場崩盤，鬱金香泡沫高峰期僅僅持續一個多月。

　　鬱金香狂熱 (tulip mania) 隱含風險與報酬形影不離。本章首先探討不確定環境下，影響金融操作決策的變數，包括預期效用函數的形成與報酬率的衡量。其次，將探討投資風險型態與風險的衡量，說明風險與報酬率間的關係。接著，將探討投資組合理論內涵，包括組合的風險來源與分散。最後，將探討資本資產定價模型與套利定價理論內涵。

6.1 不確定環境與投資決策

6.1.1 預期效用函數

　　在訊息不全環境，管理階層追求目標不同，從事金融操作未必追求期末績效 (財富) 極大，而是考慮本期編列的預算，追求期末績效 W 衍生的預期效用 $EU(W)$ 極大，此即預期效用極大化準則。

$$Max \quad EU(\widetilde{W})$$
$$S.t \quad \widetilde{W} = W_0(1 + \widetilde{R}_P)$$

將期末績效代入預期效用函數 (expected utility function)，選擇適當單位 $W_0 = 1$ 後，將可轉化為資產報酬率的函數：

$$EU(\widetilde{W}) = EU[W_0(1 + \widetilde{R}_p)] = EU[1 + \widetilde{R}_p] \approx EU(\widetilde{R}_p)$$

將效用函數運用 Taylor 數列展開，並取預期值可得預期效用函數：

$$EU(\widetilde{R}) = U\big[E(\widetilde{R})\big] + \frac{U''\big[E(\widetilde{R})\big]}{2!}\sigma^2 + \frac{U'''\big[E(\widetilde{R})\big]}{3!}m_3$$
$$\approx U\big[E(\widetilde{R}), \sigma^2, m_3\big]$$
$$(+)(?)(+)$$

$E(\widetilde{R})$ 是預期報酬率，$Var(\widetilde{R}) = \sigma^2 = E\big[\widetilde{R} - E(\widetilde{R})\big]^2$ 是報酬率的變異數 (variance)，m_3 是三級動差 (third moment)，$SK = \frac{m_3}{\sigma^3}$ 是偏態係數 (coefficient of skewness)。依據新的預期效用函數內容，財務長設定操作目標，考慮因素包括三者：

1. **預期報酬率** 人們從事金融操作預期獲取的報酬率：(π_j 是事後報酬率 R_j 出現的機率)

$$E(\widetilde{R}_i) = \sum_{j=1}^{m} \pi_j \widetilde{R}_{ij}$$

表 6-1 係張無忌投資宏碁股票 (i 種資產)，未來可能出現 A、B 與 C 三種情況的結果與機率。依據預期值 $E(\widetilde{R}_i)$ 的計算公式，預期報酬率計算如下：

$$E(\widetilde{R}_i) = \sum_{j=1}^{m} \pi_j \widetilde{R}_{ij}$$
$$= (-10\% \times 0.2 + 5\% \times 0.3 + 15\% \times 0.5) = 7\%$$

(1) 可能狀況	(2) 機率	(3) 報酬率
A	0.2	-10%
B	0.3	5%
C	0.5	15%
預期值	1.0	7%

表 6-1
投資宏碁的可能結果與發生機率

2. **變異性風險** (variability risk) 衡量實際與預期報酬率間的落差，可用變異數或標準差衡量。該風險對投資決策的衝擊，端視投資人屬於何種風險偏好型態而定，可能發揮正效用 (風險愛好者)、無影響 (風險中立者) 或負效用 (風險怯避者)。

3. **投機性風險** (speculative risk) 可用三級動差 (絕對偏態係數) m_3 衡量實際報酬率出現極端值與預期報酬率間的落差。該風險有益於人們的投資決策，將會發揮正面效果，屬於負風險 (negative risk) 性質。

針對上述預期效用函數，財務長的風險偏好將反映在圖 6-1 的平均數與變異數 $\mu - \sigma$ 無異曲線 (mean-variance indifference curve) 型態。

1. **風險愛好者** 財務長偏愛風險，$\mu - \sigma$ 無異曲線 u_a 呈現負斜率，反映寧願犧牲預期報酬率 (事前概念)，以換取增加風險負擔，謀取較大實際報酬率 (事後概念) 的機會。

2. **風險中立者** 財務長關心預期報酬率變化，不在乎風險的影響，$\mu - \sigma$ 無

變異性風險
衡量實際與預期報酬率間的落差，可用變異數或標準差衡量。

投機性風險
衡量實際報酬率出現極端值與預期報酬率間的落差，可用三級動差或偏態係數衡量。

$\mu - \sigma$ 無異曲線
平均數與變異數的各種組合而能產生相同預期效用的軌跡。

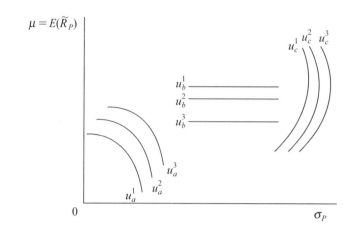

圖 6-1

$\mu - \sigma$ 無異曲線

異曲線 u_b 係為水平線，決策係在追求預期報酬率極大化。舉例來說，信昌化工的期報酬率為 15%、標準差 30%，味全的預期報酬率 25%、標準差 4%。依據預期報酬率極大化原則，風險中立者將選擇味全股票。

3. **風險袪避者** 財務長厭惡風險，$\mu - \sigma$ 無異曲線 u_c 呈現正斜率，若要增加風險負擔，必須擴大預期報酬率 (附加風險溢酬) 作為補償。

6.1.2 報酬率與風險的衡量

財務長從事金融操作，勢必承擔風險換取報酬，相關概念與衡量方式如下：

• **持有期間報酬率** (holding period yield, *HPY*) 金融操作收益來源包括金融資產孳息 D_t 與買賣金融資產利得 $(P_{t+1} - P_t)$，報酬率可計算如下：

$$r_t = \frac{D_t + (P_{t+1} - P_t)}{P_t}$$

舉例來說：德榮以每股 20 元 (P_{t-1}) 買進三豐建設股票，一年後以 25 元 (P_t) 賣出，並且收到每股股利 2 元 (D_t)，持有期間報酬率如下：

$$r_t = \frac{2}{20} + \frac{25 - 20}{20} = 0.1 + 0.25 = 35\%$$

「損害的機率」強調人們處於結果未知環境下的冒險。表 6-2 是延續表 6-1 的結果，可用於說明衡量風險的方法。

1. **絕對平均差** (average absolute deviation) 未來各種情況的實際與預期報酬率的平均差距，愈大顯示風險愈高，愈小表示風險愈低。

$$|離均差| = |報酬率 - 預期值|$$
$$絕對平均差 = \sum |離均差| \times 機率$$

在表 6-1 的案例中，三種狀況並非同時發生。A 情況出現，實際報酬率低於預期報酬率，離均差是 $-10\% - 7\% = -17\%$；在 B 情況，實際報酬率也是低於預期報酬率，離均差是 $5\% - 7\% = -2\%$；若是出現 C 情況，實際報酬率高於預期報酬率，離均差是 $15\% - 7\% = 8\%$。在表 6-2 中，第 (4) 欄即是三種狀況的離均差絕對值與其發生機率相乘結果的累加值。

2. **標準差** (standard deviation) 或變異數　各種可能結果與預期值差異平方的加權平均，用於衡量實際值與預期值間的落差。標準差愈大顯示兩者落差愈大，風險就愈高；標準差愈小顯示兩者落差變小，風險就愈低。由表 6-2 的第 (5) 欄計算未來可能狀況的平方差，乘上其機率就可求得變異數：

$$Var(x) = E\left[x - E(x)\right]^2$$

$$= \sum_{i=1}^{n}\left[x_i - E(x)\right]^2 \times f(x_i) = 63$$

$$\sigma_x = \sqrt{Var(x)} = \sqrt{63} = 7.9373$$

標準差

各種可能結果與預期值差異平方的加權平均，用於衡量實際值與預期值間的落差。

(1) 可能狀況	(2) 離均差 = 報酬率 - 預期值	(3) 離均差 × 機率	(4) 絕對差 × 機率	(5) (2) 平方差	(6) 平方差 × 機率
A	-17	-3.40%	3.40%	289	57.80
B	-2	-0.60%	0.60%	4	1.2
C	8	4.00%	4.00%	64	4.0
絕對平均差 $= \Sigma(4)$		0	8.00%		
變異數					63

表 6-2
衡量風險的計算過程

3. **變異係數** (coefficient of variation, CV_x)　以單位預期報酬率 $E(x)$ 承擔的風險 σ_x 來衡量相對風險。舉例來說：在台灣股市，投資虹光的風險是 0.6、預期報酬率 30%，投資森鉅的風險是 0.4、預期報酬率為 10%。表面上，後者風險低於前者，不過預期報酬率也遠低於前者，兩者相對風險可用下式求得虹光是 2、森鉅是 4，森鉅的風險高於虹光。

變異係數

以單位預期報酬率承擔的風險來衡量相對風險。

$$CV_x = \frac{\sigma_x}{E(x)}$$

4. **beta 係數**　衡量市場報酬率變動引起個別資產預期報酬率變動的幅度，亦即投資該資產所需承擔的系統風險。

5. ***VaR* 值** (Value at Risk)　在一定機率下，金融資產或投資組合價值在未來特定期間內出現最大可能損失，可表為：

$$prob(\Delta P \Delta t \leq VaR) = a$$

prob 是資產價值損失小於可能損失上限的機率，ΔP 是持有金融資產期間 Δt 的價值損失額。*VaR* 是在機率 a 與持有資產期間已知下，當市場正常波動，預期的風險值或可能的最大損失量。舉例來說，在股票市場正常波動下，張三豐持有投資組合在未來 24 小時的 *VaR* 值為 520 萬元的機率為 95%，意味著該投資組合因股市波動一天內衍生最大損失超過 520 萬元的機率為 5%，平均 20 個交易日才可能出現一次這種情況；或是 95% 機率認為張三豐在下一交易日損失在 520 萬元內，5% 機率反映張三豐怯避風險程度，可依其對風險怯避程度和承受能力來確定。

在訊息不全下，財務長擬定投資決策，將要求附加風險溢酬做為補償，怯避風險愈大，要求預期報酬率愈高，從而存在「高風險，高報酬；低風險，低報酬」之取捨關係。財務長操作股票，預期未來股價上漲及下跌可能性，其實也是隱含投資股票風險與報酬間的關係，實務上，也運用下列概念衡量兩者間的關係：

1. **股價上揚與下跌比例** (*U/D* ratio)　預期未來股價上揚和下跌空間的比值，反映報酬和損失機會的比較，比值愈高對投資愈有利，一般三倍以上才算是具有獲利潛力的股票。

$$\frac{U}{D} = \frac{未來股價上限目前股價}{目前股價未來股價下限}$$

2. **股價區間** (price zoning)　股價區間是前述概念的延伸，可與買賣股票時機結合。圖 6-2 顯示：將未來股價上限到下限之價格區間分為三段：最高區段為賣出、中間區段為持有觀望、最低區段為買進。價格區間可因財務長偏好風險型態與承受風險程度，各自訂定不同標準，如 33/33/33、25/50/25 三等份、或更嚴格標準，買進及賣出區間越窄代表標準愈嚴格。

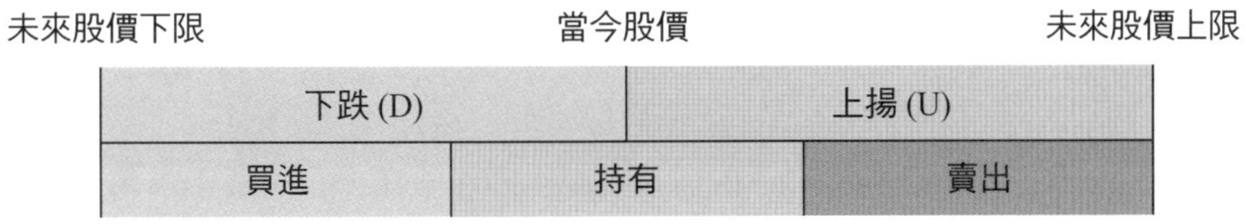

未來股價下限		當今股價		未來股價上限	
下跌 (D)			上揚 (U)		
買進		持有		賣出	

圖 6-2
交易股價區間

6.2　投資組合理論

　　Markowitz (1952) 提出平均數與變異數分析投資組合的形成，Tobin(1959) 接續推廣成為投資組合理論 (portfolio theory) 的基礎。財務長將推演出在 $\mu - \sigma$ 平面的效率前緣，然後擬定投資決策，落實預期效用最大。

6.2.1　投資組合的預期報酬率與風險

　　投資組合係指由多種資產構成的集合。為求簡化，財務長篩選兩種股票構成組合，預期報酬率是兩者預期報酬率的加權平均值。

$$E(\widetilde{R}_p) = x_a E(\widetilde{r}_a) + x_b E(\widetilde{r}_b)$$
$$x_a + x_b = 1$$

x_i 是投資 i 股票金額占組合的比率。舉例來說，德榮編列投資預算 1,000 萬元，投資台積電 600 萬元，投資比例 $x_a = 0.6$、預期報酬率 $E(\widetilde{r}_a) = 15\%$；投資加百裕 400 萬元，投資比例 $x_b = 0.4$、預期報酬率 $E(\widetilde{r}_b) = 10\%$。兩者構成組合的預期報酬是：

$$E(\widetilde{R}_p) = 0.6 \times 15\% + 0.4 \times 10\% = 13\%$$

投資組合風險可用變異數衡量，而上述組合的變異數是：

$$\sigma^2(\widetilde{R}_p) = x_a^2 \sigma^2(\widetilde{r}_a) + 2x_a x_b Cov(\widetilde{r}_a, \widetilde{r}_b) + x_b^2 \sigma^2(\widetilde{r}_b)$$

　　上式顯示，投資組合變異數係由個股變異數與彼此間的共變異數計算而得。單一股票變異數主要衡量個股報酬率波動性，共變異數則是衡量兩種股票報酬率間的關係。在個股變異數固定下，股票間的共變異數若為正值，組合變異數將會擴大；共變異數若為負值，組合變異數將會縮小。舉例來說，在德榮的投資組合中，若出現某股下跌、他股上漲 (股價走勢相反)，兩者風險相互抵銷，將可發揮財務避險 (hedge) 效果降低組合風險。反觀德榮持股存在齊漲齊跌性質，兩者組合勢必衍生更高風險。

　　假設台積電與加百裕報酬率的變異數分別是 $\sigma_a^2 = 0.0585$ 與 $\sigma_b^2 = 0.0110$，

兩者共變異數為 $Cov(\tilde{r}_a, \tilde{r}_b) = -0.001$。在前述案例中，德榮的投資組合變異數將是：

$$\sigma^2(\tilde{R}_p) = (0.6)^2 \times 0.0585 + 2 \times 0.6 \times 0.4 \times (-0.001) + (0.4)^2 \times 0.0110 = 0.0223$$

至於投資組合報酬率的標準差為：

$$\sigma_p = \sqrt{0.0223} = 14.95\%$$

在上述個案中，德榮持有組合的預期報酬率為 13%，低於預期報酬率一個標準差的報酬率為 $-1.95\%(13\% - 14.95\%)$，高於預期報酬率一個標準差的報酬率為 $27.95\%(13\% + 14.95\%)$。假設組合報酬率呈現常態分配，德榮持有該組合未來獲取報酬率落在 $(-1.95\%) \sim (+27.95\%)$ 間的機率約為 68%。

德榮將持股擴張至 n 種股票，預期報酬率與風險可表示如下：

$$E(\tilde{R}_p) = \sum_{i=1}^{n} x_i E(\tilde{r}_i)$$

$$\sigma^2(\tilde{R}_p) = \sum_{i=1}^{n} x_i^2 \sigma^2(\tilde{r}_i) + \sum_{i=1}^{n} \sum_{\substack{j=1 \\ i \neq j}}^{n} x_i x_j \sigma_{ij}$$

$$\sum x_i = 1$$

假設德榮投資各種股票比率相同 $x_i = \dfrac{1}{n}$，個股風險相同 $\sigma_i^2 = \sigma^2$，$\bar{\sigma}_{ij}$ 是平均共變異數，投資組合風險將變為：

$$\sigma^2(\tilde{R}_p) = (\frac{1}{n})^2 \sum_{i=1}^{n} \sigma^2 + (\frac{1}{n})(\frac{1}{n}) n(n-1) \bar{\sigma}_{ij}$$

$$= (\frac{1}{n})\sigma^2 + (1 - \frac{1}{n})\bar{\sigma}_{ij}$$

上式顯示，德榮持股種類趨於無窮 $(n \to \infty)$，個股變異數影響幾乎消失 $((\frac{1}{n})\sigma^2$ 趨近於零)，投資組合變異數近似於共變異數 $(1 - \frac{1}{n})\bar{\sigma}_{ij} = \bar{\sigma}_{ij}$，隱含個股風險 (非系統風險) 將能消除，僅剩下個股間的共同風險仍無法分散 (系統風險)。

Harry Markowitz (1927~)

　　出生於美國 Illinois 州的芝加哥。曾經擔任 RAND 公司副研究員、通用電器公司顧問、聯合分析中心公司 (Consolidated Analysis Centers Inc.) 與仲裁管理公司 (Arbitrage Management Co.) 董事長，任教於加州 California 大學、Pennsylvania 大學 Wharton 學院、Rutgers 大學 Marrin Speiser 講座經濟學教授、紐約市立大學 Baruch 學院，並獲選為 Yale 大學 Cowels 經濟研究基金會員，管理科學研究所董事長，美國金融學會主席等。1990 年基於在投資組合理論與財務金融理論的開創性貢獻而獲頒諾貝爾經濟學獎，被譽為「華爾街第一次革命」。

6.2.2　投資風險來源與分散

　　財務長買賣上市或上櫃股票，面對股價波動風險即是總風險，可拆解為圖 6-3 的系統風險和非系統風險。

$$
\begin{array}{ccc}
\text{總風險} & = & \text{系統風險} & + & \text{非系統風險} \\
& & \text{(市場風險)} & & \text{(個別公司風險)}
\end{array}
$$

- 系統風險 (systematic risk) (針對整體市場)　公司股票上市上櫃猶如「人在江湖、身不由己」，股價將受金融市場因素影響，如利率與匯率波動、國際關係、景氣循環、政治局勢、國際恐怖活動等，又稱市場風險。此種風險類似「覆巢之下無完卵」，投資人無從遁逃而為無法分散風險 (undiversifiable risk)。舉例來說，2000 年 921 大地震、2008 年 9 月金融海嘯、2011 年 311 日本福島海嘯引爆核能電廠問題，凡此均讓股票市場巨幅震盪，連帶波及個股股價。

股價指數期貨是規避系統風險的最佳商品，因其以整體股市為交易標的，

> **系統風險**
> 或稱市場風險，金融資產在公開市場交易，價格將受市場波動影響，此係無法分散的風險。

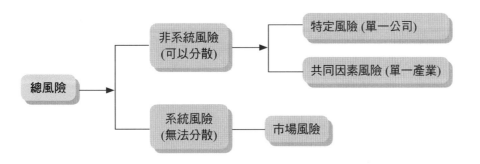

圖 6-3
投資風險的來源

財務長買進股票,可採取放空股價指數期貨移轉系統風險。不過從事避險活動必須支付成本,除須面臨保證金追繳 (margin call) 風險外,隨著避險標的改變,也需隨時調整投資組合避險比率,才能發揮避險效果。

- 非系統風險 (nonsystematic risk) (針對資產本身) 包括廠商特定風險 (firm specific risk) (針對單一公司) 與共同因素風險 (common factor risk) (針對單一產業)。個別公司面對產品生命週期、同業競爭、管理階層與員工素質、營運循環、環保抗爭、罷工威脅、原料取得難易度、技術變革、新產品開發成敗或訂單爭取失利等因素,造成股價下跌風險。非系統風險可運用分散持股來降低風險,此即 Tobin 所稱「不要將所有雞蛋全都放在一個籃子」的概念,屬於可分散風險 (diversifiable risk)。

舉例來說:2009 年精誠資訊的報酬率為 20%,聚隆纖維為 10%,中實投資若以等比率投資,則 2009 年的投資組合報酬率為 15%。在邁入 2010 年後,精誠報酬率躍升為 25%,聚隆下降為 5%,投資組合報酬率依然為 15%。如果中實押寶單一股票,報酬率勢必劇烈變化,但採取組合策略則是可降低非系統風險。

財務長從事金融操作,整個操作程序如下:

1. **確定市場效率性** 市場若是缺乏效率,則採積極管理策略 (active management),「所有雞蛋放在一個籃子,然後看好籃子」,配合市場變化主動調整組合。至於市場屬於效率型態,則採消極管理策略 (passive management),「所有雞蛋分散在不同籃子」,追求風險與預期報酬率平衡,透過資產組合多元化而「買進持有」。

2. **建立投資組合** 評估項目包括投資年限、資產預期報酬率與風險、承擔風險程度,採取組合操作分散風險,原則如下:

   (a) **制定雙 R** 雙 R 係指報酬 Return 及風險 Risk,財務長評估預期報酬率與可承擔風險後,比較不同資產的預期報酬率與風險。

   (b) **分配收益** 考慮投資組合報酬率與其機率分配型態,估算總投資收益。

   (c) **資產配置** 依據風險與報酬率評估結果,規劃不同資產族群占投資預算比例。

   (d) **細部規劃** 規劃個別投資組合內容,如股票占投資預算四成,接續規劃四成投資預算中的類股比重、個股比例、購買時點與投資金額。

   (e) **風險管理** 建立投資組合後,為降低系統風險衝擊,將需規劃以衍生性商品避險,將總風險控管在可承受範圍。

(f) **績效評估**　針對經濟金融環境與公司營運變化，隨時檢視投資組合績效，同時評估是否調整。

圖 6-4 顯示，隨著投資組合包括的股票類型增加，組合風險分散效果將會顯現，尤其是最初引進的股票對降低風險效果最大 (風險遞減最快，總風險曲線較陡)。當股票種類擴增至 10~15 種，風險降幅趨於遞減，一旦超過 15 種股票，風險幾無下降空間。基本上，財務長大概篩選 10 種股票就可消除大部分非系統風險。至於多元化投資仍無法消除組合全部風險，此係整體股市深受總體經濟或政治因素衝擊，連帶波及各股價格變動。實務上，財務長若將外國金融資產與實體資產(如貴金屬、房地產)納入組合，總風險曲線將再下移，繼續延伸風險分散極限，有助於再分散部分系統風險，一般稱為延伸性多角化。

舉例來說：在 2000 年之前，台股常因兩岸關係緊張而重挫，美股卻因景氣復甦而全面翻揚，跨國公司財務長若將台股及美股同時納入組合，美股利得將與台股虧損互抵，顯然能夠降低風險。是以當國內外股市相關性 (正向互動性) 微弱時，跨國投資對降低系統風險幫助很大。

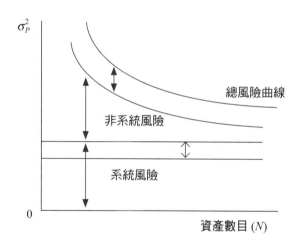

圖 6-4

多元化組合與風險分散極限微弱時，跨國投資將會導致總風險曲線向下移動，下移部分即是反映系統風險下降。

James Tobin (1918~2002)

　　出生於美國 Illinois 州。曾經任教於耶魯大學，並擔任 Cowels 基金會主席。1981 年基於在總體理論與投資組合理論發揮關鍵性貢獻而獲頒諾貝爾經濟學獎。尤其是以 Tobin 命名的經濟學名詞包括「Tobin q 比率」、「Tobin 稅」、「Mundell-Tobin 效果」與「Tobin 二分」(Tobin dichotomy) 四個，在經濟學門極為耀眼，放諸其他領域也屬罕見。

6.2.3 最適投資組合決定

財務長選擇債券與股票兩種資產為投資標的，股票風險 σ_a^2 與預期報酬率 $E(\tilde{r}_a)$ 大於債券的風險 σ_b^2 與預期報酬率 $E(\tilde{r}_b)$。前者投資比例為 x，後者為 $(1-x)$，投資組合報酬率將是：

$$\tilde{R}_p = x\tilde{r}_a + (1-x)\tilde{r}_b$$

投資組合預期報酬率與風險分別為：

$$E(\tilde{R}_p) = xE(\tilde{r}_a) + (1-x)E(\tilde{r}_b)$$
$$\sigma^2(\tilde{R}_p) = x^2\sigma_a^2 + 2x(1-x)Cov(r_a, r_b) + (1-x)^2\sigma_b^2$$

相關係數
衡量兩種資產報酬率變動關係的係數。

相關係數 (correlation coefficient) 是衡量兩種資產報酬率變動關係的係數：

$$\rho_{ab} = \frac{\sigma_{ab}}{\sigma_a \sigma_b}$$

舉例來說，晶華股票 A 與六福公司債 B 的預期報酬率與風險如下所示：

$$x_a = 0.8 \cdot x_b = 0.2 \cdot \sigma_a^2 = 0.02 \cdot E(\tilde{r}_a) = 0.1 \cdot \sigma_b^2 = 0.18 \cdot E(\tilde{r}_b) = 0.15 \cdot \sigma_{ab} = -0.06$$

由兩者構成組合的預期報酬率與風險分別如下：

$$E(\tilde{R}_P) = 0.8 \times 0.1 + 0.2 \times 0.15 = 11\%$$

$$\sigma_p = \sqrt{(0.8)^2 \times 0.02 + (0.2)^2 \times 0.18 + 2 \times 0.8 \times 0.2 \times (-0.06)} = 2.83\%$$

另外，追求組合風險最小的投資比例如下：

$$x_a^* = \frac{\sigma_b^2 - \rho_{ab}\sigma_a\sigma_b}{\sigma_a^2 + \sigma_b^2 - 2\rho_{ab}\sigma_a\sigma_b}$$

當兩種資產的相關係數呈現特殊狀況時，投資組合風險可說明如下：

1. $\rho_{ab} = -1$　由兩種資產構成的組合，風險將等於兩種資產風險加權的相減值，財務長經由適當安排兩種資產的比率，將可形成無風險組合：

$$\sigma_p^2 = x_a^2\sigma_a^2 + x_b^2\sigma_b^2 - 2x_a x_b Cov(r_a, r_b)$$
$$= (x_a\sigma_a - x_b\sigma_b)^2$$

$$a^* = \frac{\sigma_b^2 - \rho_{ab}\sigma_a\sigma_b}{\sigma_a^2 + \sigma_b^2 - 2\rho_{ab}\sigma_a\sigma_b} = \frac{\sigma_b}{\sigma_a + \sigma_b}$$

　　舉例來說，遠鼎投資挑選遠紡與遠傳電訊兩種股票，兩者報酬率變動呈現完全負相關，風險分別為 $\sigma_a = 0.1414$、$\sigma_b = 0.4243$，則安排無風險組合的比例將是：

$$a^* = \frac{\sigma_b}{\sigma_a + \sigma_b} = \frac{0.4243}{0.1414 + 0.4243} = 75\%$$

　　上述結果顯示：遠鼎將 75% 資金投入遠紡股票，25% 資金投入遠傳電訊，組合風險將為零。

2. $\rho_{ab} = 0$　由兩種資產組合的風險 (變異數)，將是個別資產變異數以其投資比率平方的加權平均值。

$$\sigma_p^2 = x_a^2\sigma_a^2 + x_b^2\sigma_b^2$$

3. $\rho_{ab} = +1$　由兩種資產構成的組合，風險將是個別資產風險的加權平均值，財務長無法採取多元化投資來降低風險。

$$\sigma_p^2 = x_a^2\sigma_a^2 + x_b^2\sigma_b^2 + 2x_ax_bCov(r_a,r_b)$$
$$= (x_a\sigma_a + x_b\sigma_b)^2$$

知識補給站

　　元大投信於 2010 年 12 月 17 日取得金管會證期局核准函，募集元大新興市場債券組合基金，上限為 200 億元新台幣，以新興市場債券為主要投資標的。該基金採取「資產配置」、「精選投資組合」與「風險管理」策略來安排債券組合，進而掌握投資新興市場債券成功的關鍵。

　　依據統計，從 2000 年迄今，投資人隨時買進持有新興市場債券一季，正報酬機率高達 79%，持有1年的平均報酬率最佳且正報酬機率高達 92%。元大新興市場債券基金經理人預期全球景氣將於 2011 年首季翻轉向上邁入擴張期，而新興市場經濟活動係以出口為主，經濟成長將讓內需市場逐漸成為推動持續成長的動能。若再配合歐美景氣回溫，新興市場經濟成長將更趨強勁，是以預估此時將是投資新興市場債券的最佳時機。再就投資策略而言，該基金追求長期資本利得與穩定利息收益，故將新興市場債券列為核心資產，並搭配投資級公司債與公債為衛星資產，運用全方位監控方式落實風險分散效果。由於信用風險、利率風險與流動性風險是投資債券的主要觀察指標，而運用利率交換與利率期貨落

實風險移轉效果,將可發揮「富貴穩中求」的效果。此外,該債券基金提供投資人選擇「每季配息」或「收益再投資」,提升投資人運用資金的彈性。

效率投資前緣

在風險固定下,預期報酬率最大組合;或在預期報酬率固定下,風險最低的組合。

接著,Markowitz 定義效率投資前緣 (efficient investment frontier) 為:在可行的投資組合中,挑選風險固定下,預期報酬率最大組合;或預期報酬率固定下,挑選風險最低組合而形成的軌跡。首先由 $E(\widetilde{R}_P)$ 式求出 x 值:

$$x = \frac{E(\widetilde{R}_P) - E(\widetilde{r}_b)}{E(\widetilde{r}_a) - E(\widetilde{r}_b)}$$

再將 x 值代入 σ_P^2,可得 Markowitz 效率投資前緣函數如下:

$$\sigma_p^2 = \left\{ \frac{\left[E(\widetilde{R}_P) - E(\widetilde{r}_b)\right]}{\left[E(\widetilde{r}_a) - E(\widetilde{r}_b)\right]} \right\}^2 \sigma_a^2 + \left\{ \frac{E(\widetilde{r}_a) - E(\widetilde{R}_P)}{E(\widetilde{r}_a) - E(\widetilde{r}_b)} \right\}^2 \sigma_b^2$$

$$+ 2 \left\{ \frac{\left[E(\widetilde{R}_P) - E(\widetilde{r}_b)\right]}{E(\widetilde{r}_a) - E(\widetilde{r}_b)} \right\} \times \left\{ \frac{\left[E(\widetilde{r}_a) - E(\widetilde{R}_P)\right]}{\left[E(\widetilde{r}_a) - E(\widetilde{r}_b)\right]} \right\} \rho \sigma_a \sigma_b$$

在圖 6-5 中,風險怯避財務長的預期效用曲線 $EU_1(\mu, \sigma)$ 呈現正斜率,若與效率投資前緣 BA 相切於 E_1 點,就可決定預期報酬率與風險的最適組合,此即 Tobin(1958) 所稱的「投資組合均衡」。在個別資產預期報酬率已知下,就

圖 6-5

投資組合均衡

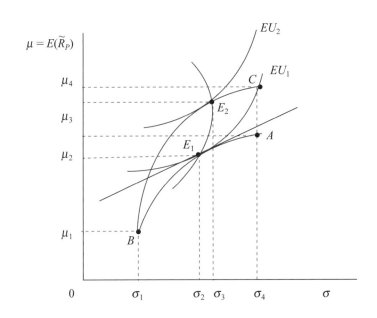

能決定各種資產的最適投資比例。假設 A 資產風險維持不變，預期報酬率上升
至 C 點，效率投資前緣 BA 將向上旋轉至 BC，再與新預期效用曲線 $EU_2(\mu, \sigma)$
切於 E_2 點，又可達成新投資組合均衡，重新調整投資組合比例。

**知識
補給站**

　　台灣新藥開發產業涵蓋新藥開發、學名藥與原料藥三類，過去上市櫃公司
專注發展學名藥或原料藥。爾後，不少公司積極投入開發新藥，德英、基
亞、健亞與合一陸續上櫃，迅速成為亮眼族群，更有智擎、中裕、台灣微脂體、醣聯、永
昕、泉盛也在興櫃掛牌。這些研發公司資金規模不大，本身專注研發，二、三期臨床則委
託專業臨床實驗機構 (CRO) 負責，最後再授權大藥廠，營運銷售都採外包。

　　在 2000~2010 年期間，納入美國證交所生技股價指數 (AMEX Biotech index) 計 18 家
公司，當中的 Amgem、Genzyme 大藥廠的平均本益比 55.4 倍，相較 S&P500 指數本益比
12.5 倍高出四倍多。同一期間，新藥研發公司多數仍處虧損狀態，無法以本益比評估其價
值。台灣工銀生技創投協理羅敏菁指出，市場通常從新藥的「特殊性」及「有效性」觀點
來評估，如愛滋抗體新藥 TMB-355、治療龐貝症孤兒藥極具特殊性，太景研發抗 C 型肝
炎病毒新藥 TG-2394 僅需一天口服一次，突破現有藥物須搭配干擾素使用的限制，降低使
用干擾素會產生痛苦與疲憊的副作用，從而獲得市場給予較高評價。

　　新藥臨床二、三期治癒率是非常重要指標，證明「藥效」優越，未來銷售或授權金額
勢必高漲。新藥若類似舊藥，則需參考同業案例調整，或將未來營收折算現值來衡量，而
市場規模則取決於同類型藥品多寡。舉例來說，德英研發治療皮膚癌的藥膏，該藥品全球
只有三種，研發成功則有機會競逐 4.7 億美元的市場。評估新藥價值涉及複雜專業知識，
國外生技製藥公司主要由專業法人機構投資，鮮有散戶參與，而國內綜合證券商目前也缺
乏專業生技分析師。

　　近年來國際出現兩個與抗 C 型肝炎病毒藥品有關的收購案。2011 年 11 月，美國上市
公司 Gilead 以 110 億美元買下 Pharmasset 公司，此係後者開發 C 肝新藥已進入臨床三期
且效果良好。2012 年 1 月，必治妥則以 25 億美元買下進行 C 肝新藥二期臨床的 Inhibitex
公司。兩家公司的員工數分別為 82 人與 30 人，每位員工各自創造新台幣 40 億元與 20 億
元的市值。兩個案例顯示，進入臨床二期並證明療效極佳的新藥將受市場認同，公司可
選擇掛牌上市或由大藥廠收購，創造驚人報酬讓高價出脫的員工身價並不亞於 google 或
facebook。

　　高報酬背後隱含高風險。國外統計開發新藥成功機率未及 0.01%，即使二期臨床也可
能失敗。是以新藥公司執行長投入研發前就需謹慎篩選，發現新藥效果不佳更須及時斷
腕，否則將陷入泥沼無法脫困。智擎是台灣目前對外授權金額最高公司，因其研發蘋果創
辦人賈伯斯罹患最難治療胰臟癌新藥 PEP02，二期臨床結果優於舊藥，病人在半年後的存

活率還有 42.5%，一年存活率也有 25%，明顯優於原來的 31% 及 4%。此一結果讓智擎取得 FDA 核准為治療胰臟癌之罕見疾病藥品，獲得為期七年的孤兒藥市場獨家銷售權。

新藥開發價值很難計算，不過國內已有多家新藥公司將成果授權國外藥廠，取得授權金而成為較具體評估公司價值的數據。授權金包括簽約頭期款、未來各階段的里程碑款，甚至包括銷售藥品權利金。是以新藥公司公布授權金，投資人必須區分不同階段數字，尤其盯緊授權金有無認列於財報。實務上，國內出現不少授權後生變案例，如由台大林榮華教授主導的台醫，2005 年授權德國百靈佳公司，最近已收回自行開發。基亞的肝癌 PI-88 新藥授權澳洲公司，結果不佳而將授權還給基亞；太景的奈諾沙星也有類似情況。取回新藥開發主導權未必是壞事，但是延誤專利時間，後續發展仍待觀察。

總之，開發新藥目標就在取得美國FDA或台灣衛生主管當局的藥證許可，此即意味著未來新藥銷售將有無限想像空間，反映公司股價出現巨大投資價值，此係新藥公司的最重要使命，也是投資人獲利的保證。

資料來源：林宏文，兩大原則教你判斷新藥投資價值：報酬率更高 風險也更大，2012

6.3　資本資產定價模式

6.3.1　資本資產定價理論

資本資產定價模型
在資本市場達成均衡下，證券報酬率將與市場風險存在線性關係。

Sharpe (1970) 提出資本資產定價模型 (capital asset pricing model, *CAPM*)，指出投資人操作股票，將面臨系統風險與非系統風險，投資組合多元化雖可消除非系統風險，但是縱使投資組合涵蓋市場所有股票，仍無從消除系統風險，而衡量投資績效時，系統風險則是最難估計。

CAPM 假設投資人透過多元化投資來分散公司特有風險 (非系統風險)，促使僅存的無法分散風險 (系統風險) 成為關注焦點，但也僅讓這些風險才能獲得風險溢酬補償。*CAPM* 顯示在資本市場達成均衡下，投資人要求的證券報酬率將與市場風險 (系統風險) 間存在線性關係，將可協助決定資本資產 (如股票與債券) 價格，而市場風險可用 β 值衡量。

在完全資本市場中，投資人對投資組合預期報酬率及風險預期相同，資產報酬率的機率分配為常態分配，投資期限僅有一期，並隨時可用無風險利率融資，而所有資產均具有流動性並完全分割。是以單一證券報酬率 $E(r_j)$ 的定價如下：

$$E(r_j) = r_f + \left[E(r_m - r_f)\right]\left[\frac{Cov(r_j, r_m)}{\sigma_m^2}\right]$$

$$= r_f + \left[E(r_m) - r_f\right]\beta_j$$

　　上式即是**證券市場線** (security market line, *SML*)，將證券價格分為無風險利率、風險價格 (price of risk) 和風險衡量單位三部分。

> **證券市場線**
> 描述資產報酬率與系統風險 (β 係數) 關係的軌跡。

- 風險性資產的預期報酬率係由無風險利率與資產風險溢酬兩部分構成。
- 資產風險溢酬＝風險的價格×風險的數量。
- *SML* 線斜率即是風險價格或市場超額報酬率 $[E(r_m) - r_f]$。
- 風險數量可用 β 值衡量，衡量個別資產相對全體市場的波動風險，顯示市場超額報酬率 (風險價格) $[E(r_m) - r_f]$ 影響 j 證券的程度。

　　證券市場線 *SML* 斜率即是市場風險溢酬，投資人怯避風險程度愈高，*SML* 線斜率愈大，證券風險溢酬就愈大，投資人要求的證券報酬率也愈高。依據投資組合理論，市場組合的 $\beta = 1$，而由 β 值將可顯示資產性質如下：

1. $\beta = 0$　屬於安全性資產，資產報酬率不受市場變動影響。
2. $\beta < 0$　資產與市場組合呈現負相關，持有該類資產可降低組合風險。
3. $\beta = 1$　相當於市場組合，資產預期報酬率與市場超額報酬率同比例變化。市場組合預期報酬率上漲 (下跌) 10%，該資產預期報酬率也將上漲 (下跌) 10%。
4. $\beta > 1$　資產預期報酬率高於市場超額報酬率，屬於**攻擊性證券** (aggressive security)。以 $\beta = 2$ 為例，當市場組合預期報酬率上漲(下跌)10%，資產預期報酬率將上漲　(下跌)　20%，風險及預期報酬率將隨市場預期組合報酬率呈現兩倍幅度變動。

> **攻擊性證券**
> 資產預期報酬率變化高於市場超額報酬率變化。

5. $0 < \beta < 1$　資產預期報酬率低於市場超額報酬率，屬於**防禦性證券** (defensive security)。以 $\beta = 0.5$ 為例，市場組合預期報酬率上漲 (下跌) 10%，資產預期報酬率將上漲 (下跌) 5%，風險及預期報酬率變動幅度僅為市場組合一半。

> **防禦性證券**
> 資產預期報酬率變化低於市場超額報酬率變化。

β 係數係以統計方法計算同一時期市場與個股的每日報酬率而得，由於是歷史資料而僅能反映過去個股相對市場波動程度，未必能夠反映未來狀況。在圖 6-6 中，證券市場線 *SML* 顯示 β 係數對 j 資產預期報酬率的關係，截距為安全性資產報酬率，斜率為市場超額報酬率(風險價格) $[E(r_m) - r_f]$，代表增加一單位 β 係數對 j 資產報酬率的影響程度。另外，*SML* 線斜率或截距將隨時間變動而調整，而引起變動的因素包括通膨、風險怯避態度與 beta 係數變化。就截距

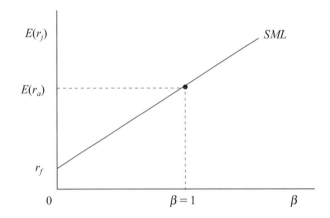

圖 6-6

證券市場線

而言，通膨因素將會提高名目利率與預期報酬率 (Fisher 效果)，*SML* 線將向左平行移動，顯示在相同 β_j 值下，預期名目報酬率上升。再就斜率而言，當財務長怯避風險程度上升，在相同 β_j 值下，勢必要求提高資產預期報酬率，*SML* 線的斜率因而改變。

舉例來說，懷特製藥的 $\beta = 2.0$，無風險報酬率 $r_f = 3\%$，市場組合預期報酬率 7%，市場超額報酬率就是 4%(7% − 3%)，股票風險溢酬為 8% (以 β 值乘上市場超額報酬率，2×4%)，是以懷特的預期報酬率將是 11% = 8% + 3%，亦即懷特的風險溢酬加上無風險報酬率。

CAPM 指出 *SML* 線代表證券均衡價格，係投資人要求的預期證券報酬率，將是反映效率組合無法分散的市場風險，如無風險利率 $r_f = 5\%$、市場風險溢酬 8%，$\beta = 0.8$，該股均衡股價應滿足預期報酬率11.4%。實務上，投資人獲取報酬的來源包括股價漲跌的資本利得或損失，加上公司發放的股息，亦即實際報酬率為：

$$r_{jt+1} = \frac{E(P_{jt+1}) - P_{jt} + E(D_{jt+1})}{P_{jt}}$$

當資本市場達成均衡，預期均衡報酬率將等於持有股票的預期報酬率：

$$r_f + \beta_j \left[E(r_m) - r_f \right] = \frac{E(P_{jt+1}) - P_{jt} + E(D_{jt+1})}{P_{jt}}$$

個股價格低於均衡價格，反映其預期報酬率高於 *SML* 線，投機者做多買進有利可圖，直至股價上漲至均衡水準才停止。反之，個股價格高於均衡價格，顯示其預期報酬率低於 *SML* 線，投機者放空賣出直到股價滑落至均衡水準才停止。是以資產超額報酬率 α_j 係數為 $\alpha_j = r_j - E(r_j)$，此係實際與均衡報酬率的差距。$\alpha_j < 0$ 顯示 $r_j < E(r_j)$，資產價格低估；$\alpha_j < 0$ 顯示 $r_j < E(r_j)$，資產價

α_j 係數

實際與均衡報酬率的差額，或稱超額報酬率。

格高估。在資本市場達成均衡 (落在 *SML* 線上) 時， $\alpha_j = 0$。

　　另外，當金融市場借貸利率相等，投資人對風險性資產報酬率的機率分配
預期相同，將具有線性效率集合，而由風險性資產和市場組合構成的投資機會
集合，稱為**資本市場線** (capital market line, *CML*)。

資本市場線
描述效率投資組合風
險與預期報酬率關係
的軌跡。

$$\mu = r_f + (\frac{E(r_m) - r_f}{\sigma_m})\sigma$$

r_f 是無風險利率，μ、σ 分別是投資組合的預期報酬率與風險，$E(r_m)$、σ_m 分別
是市場組合的預期報酬率與風險。在圖 6-7 中，資本市場線顯示效率組合的
風險與預期報酬率間的關係，m 點是市場組合的風險與預期報酬率達成平衡
的點。*CML* 線 $r_f mz$ 的截距 r_f 是無風險利率，斜率為正值代表風險的單位報酬
或稱風險價格。*CML* 線的斜率等於市場組合預期報酬率與無風險利率的差額
$[E(r_m) - r_f]$ 除以兩者風險的差額 ($\sigma_m - 0$)。

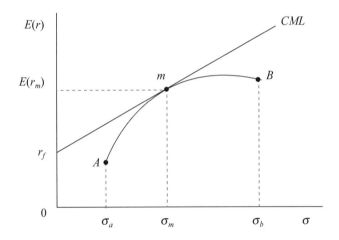

圖 6-7
資本市場線

　　在訊息完全下，市場失衡導致證券價格脫離 m 點，投資人將買進證券，
促使市場價格回升到 m 點。*CML* 線顯示效率組合報酬率等於無風險利率加上
風險溢酬，風險溢酬又等於風險價格乘上投資組合風險數量。

$$E(r_p) = r_f + \left[E(r_m) - r_f\right](\frac{\sigma_P}{\sigma_m})\sigma$$

　　財務長安排投資組合後，組合的 beta 係數 β_p 將是個股 beta 係數的加權
值：

$$\beta_P = \sum_{i=1}^{n} x_i \beta_i$$

　　舉例來說：富邦投信發行股票基金包括下列五種股票，各種股票的 β 值
與投資比例如下：

股票	β_i	價值 (億元)	x_i
統一超商	0.5	20	0.2
台積電	1.2	30	0.3
聯電	0.8	10	0.1
富邦金控	1.5	10	0.1
聯發科技	0.6	30	0.3

該基金的 beta 係數將是：

$$\beta_p = 0.5 \times 0.2 + 1.2 \times 0.3 + 0.8 \times 0.1 + 1.5 \times 0.1 + 0.6 \times 0.3 = 0.78$$

William Forsyth Sharpe (1934~)

出生於美國 Massachusetts 的 Boston，曾經任教於西雅圖 Washington 大學、加州 Irvine 大學、Stanford 大學，並擔任美國金融學會主席。1990 年基於建立「資本資產定價模型」，說明金融市場如何確立風險和預期報酬率的關係，成為金融財務理論的核心而獲頒諾貝爾經濟學獎。

6.3.2　套利定價理論

套利定價理論

股票均衡報酬率將與多元因素存在線性關係。

針對 *CAPM* 模型預測股票報酬率僅與唯一共同因素 (市場組合) 報酬率存在線性關係的說法，Stephen A. Ross (1976) 繼續推廣為**套利定價理論** (arbitrage pricing theory, *APT*)，認為投資人從事套利活動是決定股市均衡價格的因素，而股市失衡將帶來無風險套利機會。是以 Ross 運用多元因素來解釋股票報酬率，並依無風險套利原則，推演出股票均衡報酬率與多元因素間存在線性關係。

APT 理論與 *CAPM* 模型的基本假設相同，係以報酬率形成過程的多因素模型為基礎，用於詮釋股票報酬率與一組因素存在線性相關。實務上，當股票報酬率透過單一因素 (市場組合) 來形成時，我們發現 *APT* 理論形成與 *CAPM* 模型類似的關係，可視為廣義的資本資產定價模型，提供投資人更精確掌握股票風險與報酬率間的均衡關係。

多元因素模型

股票報酬率取決於未知數量的未知因素。

APT 理論認為股票報酬率係與未知數量的未知因素相聯繫，故以多元因素模型 (multi-factor models) 來描述決定股價的因素和形成均衡股價的關係，而 *i* 股票報酬率可表示如下：

$$r_i = a_i + \sum_{j=1}^{k} b_{ij}F_j + \varepsilon_i$$

$j = 1, 2, 3, ..., k$，b_{ij} 是 j 因素 F 對 i 股票報酬率的影響程度，可稱為敏感度 (sensitivity) 或因素負荷 (factor loading)。

以下舉例說明張無忌如何運用套利定價理論來調整投資組合，從而達成最適狀況。張無忌原先將投資預算 1,500 萬元，以 $P(\frac{1}{3}, \frac{1}{3}, \frac{1}{3})$ 比率 (每股 500 萬元) 投資於台塑、合庫與立錡三種股票，三者報酬率取決於單一因素，預期報酬率 r_i 與各自對因素 F 的敏感度 b_i 分別列於下表。

股票	r_i	b_i
台塑 (1)	15%	0.9
合庫 (2)	21%	3.0
立錡 (3)	12%	1.8

假設張無忌經過評估精算，調整投資組合如下：

$$P^{/} = (\frac{1}{3} + \Delta x_1, \frac{1}{3} + \Delta x_2, \frac{1}{3} + \Delta x_3)$$

Δx_i 是投資 i 股票比例的變動數。Δx_1、Δx_2 與 Δx_3 若滿足下列關係，張無忌將可運用套利組合 $(\Delta x_1, \Delta x_2, \Delta x_3)$ 進行套利。

(1) $\Delta x_1 + \Delta x_2 + \Delta x_3 = 0$ 顯示總投資不變。

(2) $b_1\Delta x_1 + b_2\Delta x_2 + b_3\Delta x_3 = 0$ 係指調整組合後的因素風險維持不變。

(3) $r_1\Delta x_1 + r_2\Delta x_2 + r_3\Delta x_3 > 0$ 係指調整組合後的預期報酬率上升。

將三種股票的因素敏感度代入 (2) 的條件，配合 (1) 的條件即可構成齊次方程組：

$$0.9\Delta x_1 + 3\Delta x_2 + 1.8\Delta x_3 = 0$$
$$\Delta x_1 + \Delta x_2 + \Delta x_3 = 0$$

將上述方程組的 Δx_1 移到右端：

$$\Delta x_2 + \Delta x_3 = -\Delta x_1$$
$$3\Delta x_2 + 1.8\Delta x_3 = -0.9\Delta x_1$$

將 Δx_1 視為參數，求解上述非齊次方程組可得：

$$\Delta x_2 = \frac{3}{4}\Delta x_1$$

$$\Delta x_3 = -\frac{7}{4}\Delta x_1$$

從上述結果可得下列結論：

(1) 選擇 $\Delta x_1 > 0$，是以 $\Delta x_2 > 0$、$\Delta x_3 < 0$，張無忌需減少投資立錡，增加投資台塑與合庫。

(2) 將各股報酬率代入 (3) 的條件，可得：

$$r_1\Delta x_1 + r_2\Delta x_2 + r_3\Delta x_3 = 15\%\Delta x_1 + 21\%\Delta x_2 + 12\%\Delta x_3$$
$$= (15 + \frac{63}{4} - \frac{84}{4})\Delta x_1 = 9.75\%\Delta x_1$$

顯然的，張無忌調整 $\Delta x_1 > 0$，將可提升組合預期報酬率 $9.75\%\Delta x_1$。由於張無忌未採融資與融券操作，減少投資立錡的極限即是完全不投資，其投資比例將是：

$$\frac{1}{3} + \Delta x_3 = \frac{1}{3} - \frac{7}{4}\Delta x_1 \geq 0$$

亦即：$\Delta x_1 \leq \frac{4}{21}$

綜合以上分析，張無忌增加投資台塑比例 $\Delta x_1 = \frac{4}{21}$，組合預期報酬率增加將達到最大，套利組合將是：

$$(\Delta x_1, \Delta x_2, \Delta x_3) = (\frac{4}{21}, \frac{3}{21}, -\frac{7}{21})$$

張無忌調整組合增加的預期報酬率為：

$$9.75\Delta x_1\% = 1.86\%$$

上述結果表示，張無忌將原先投資組合比率 $P = (\frac{1}{3}, \frac{1}{3}, \frac{1}{3})$，運用

$(\frac{4}{21}, \frac{3}{21}, -\frac{7}{21})$ 套利組合調整，新組合是 $P'(\frac{1}{3}+\frac{4}{21}, \frac{1}{3}+\frac{3}{21}, 0)$，而投資台塑與合庫金額是：

$$1,500 \times (\frac{1}{3}+\frac{4}{21}) = 785.71 \text{ (萬元)}$$

$$1,500 \times (\frac{1}{3}+\frac{3}{21}) = 714.29 \text{ (萬元)}$$

　　張無忌調整組合後，投資立錡比例為 0，提升組合預期報酬率 1.86%，承擔因素風險仍然不變。隨著股市達成均衡，市場不存在套利機會，套利組合是 (0, 0, 0)。縱使市場出現套利機會，也是稍縱即逝，個股將在股市中尋得適合自己的位置，個股預期報酬率將會符合套利定價方程式：

$$E(r_i) = r_f + b_i F$$

r_f 無風險利率，b_i 是因素 F 的單位風險溢酬。

知識補給站

　　Eugene Fama 與 Kenneth French (1992) 提出三因子模型 (three factor model)，認為除系統風險外，影響股票預期報酬率的風險因子還包含企業規模風險與價值風險等。依據實證結果顯示，規模風險因子將隨時間變化而不同，此係企業規模將是時間變化的參數，將因景氣循環、未來前景與公司發展等因素而變，相同規模層級公司的規模風險溢酬因子僅能存續兩年，即會出現不同幅度變動。至於對企業評價領域來說，採取已定值的規模風險因子將是不精確的估計值。

　　除企業本身發展變化外，未來景氣循環也是影響規模溢酬的主要因素。在金融海嘯期間，大公司每年的報酬幾乎都優於小公司的報酬。隨著景氣逐漸復甦，小公司的報酬將會勝過大公司的報酬，促使規模風險溢酬型態恢復正常。圖 6-8 是標準普爾信用評等公司驗證國際金融海嘯前後 (2006~2010)，S&P600 家小公司與 500 家大公司，以 39 周移動平均顯示的 12 個月相對績效變化。該研究顯示規模風險溢酬變化趨勢，超過 100 反映小公司優於大公司，低於 100 則是大公司優於小公司，顯示該因子並非定態參數而會隨時間變動。

圖 6-8

金融海嘯前後，大小公司規模風險溢酬變化趨勢

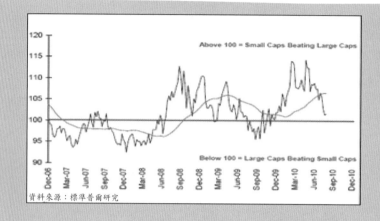

資料來源：標準普爾研究

 Stephen Ross (1944~)

　　出生於美國。曾經任教於賓州大學 Wharton 商學院、耶魯大學 Sterling 學院、麻省理工學院 Sloan 管理學院，並獲選為美國藝術與科學學院院士。此外，Ross 曾經擔任過許多投資銀行、美國財政部、商業部、國家稅務局和進出口銀行顧問，以及美國金融學會主席。Ross 在套利定價理論、期權定價理論、利率期限結構、代理理論等議題貢獻突出，對風險和套利的看法已成為許多公司的基本投資理念，是當今最具影響力的金融學家之一。

問題研討

小組討論題

一、是非題

1. 虹光精密與偉盟工業兩者報酬率的相關係數 $\sigma = -1$，此時不論趙敏如何安排兩者組合，仍然需要承擔風險。

2. 台泥與遠紡預期報酬率分別為 $E(r_a) = 7\%$ 與 $E(r_b) = 15\%$，$\beta_a = 0.5$ 與 $\beta_b = 1.5$，市場風險溢酬將是 8%。

3. 寶來股票基金經理人增加組合的股票種類，將有助於消除非系統風險。

4. 財政部發行國庫券的利率 $r_f = 5\%$，而台股市場組合報酬率 $r_m = 15\%$。假設中美晶股票的 $\beta = 1.2$，其預期報酬率為 17%。

5. 張無忌將 60% 資金投資聯電股票，40% 資金投資遠紡公司債，兩者預期報酬率分別為 20% 與 10%，該組合預期報酬率為 16%。

6. 日盛股票基金計算組合中每一股票權數，係以個股數量占基金組合總股數的比例來衡量。

7. 元大股票基金經理人為評估其基金的預期報酬率，必須掌握個股的預期報酬率。

8. 某種資產的 $\beta = 1$，表示該資產風險等於市場組合，其預期報酬率亦等於市場組合報酬率，該資產將可歸類為攻擊性資產。

9. 大華投顧預估聯發科技股票的預期報酬為 25%，變異數為 15%，則其變異係數為 1.55。

10. 台股市場組合報酬率 10%，無風險利率 5%，而綠能股票的 $\beta = 1.4$，故其預期報酬率是 12%。

二、選擇題

1. 有關風險概念的敘述，何者錯誤？ (a) 實際報酬率偏離預期報酬率的程度 (b) 變異數可用於衡量變異性風險 (c) 風險代表不確定性 (d) 變異係數愈小，風險愈大

2. 唐鋒屬於投機股，股性活潑而且經常大起大落，投資風險極高，不過長期平均報酬率卻異常偏低。何種敘述係屬正確？ (a) 此種現象明顯違反「高風險、高報酬」的投資概念 (b) 唐鋒的 beta 係數不大 (c) 唐鋒的非系統風險很大 (d) 唐鋒屬於低系統風險公司

3. 以下有關 APT 理論的敘述，何者正確？ I：在 APT 理論架構下，市場投資組合為效率組合 II：APT 理論清楚定義影響證券預期報酬率的影響因素為何 III：證券預期報酬率為其對於某些因子敏感度的非線性組合 IV：

APT 理論建立在市場無套利機會的環境。　(a) I、II、III、IV 均正確　(b) 僅 I、III、IV 正確　(c) 僅 IV 正確　(d) 僅 III、IV 正確

4. 有關投資人要求股票風險溢酬的敘述,何者錯誤?　(a) 不能為零,否則沒有投資人要投資股票　(b) 理論上應為正值　(c) 是負值,因股票是風險性資產　(d) 投資人僅願意以較低價格買股票,此即反映風險溢酬為正

5. 依據交易所統計,台灣股市每年經常出現強烈上漲的元月效果,是以張無忌在年底擬定次年元月的操作策略,選擇買進何種係數的股票較為有利?　(a) $\alpha < 0$　(b) $\alpha = 0$　(c) $\beta > 1$　(d) $\beta < 0$

6. 張無忌投資 $600 在 $\beta = 1.2$ 的晨鈺股票,以及 $400 在 $\beta = 0.9$ 的統一企業股票。試問兩種股票組成投資組合的 β 值為何?　(a) 1.4　(b) 1.0　(c) 0.36　(d) 1.08

7. 針對下列敘述:(I)股票總風險可用 β 值衡量、(II) 各股票報酬率間之相關係數愈大,投資組合風險分散效果愈佳、(III) *CAPM* 指出相同系統風險的資產,其預期報酬率亦應相同。何者正確?　(a) II　(b) III　(c) II、III　(d) I、III

8. 張無忌從事股票操作,如何降低投資組合的系統風險?　(a) 系統風險只要透過分散投資風險性資產就可降低　(b) 系統風險屬於不可分散風險,投資組合多元化無法降低系統風險　(c) 系統風險可透過持有高預期報酬率的風險性資產來降低　(d) 僅能透過衍生性商品來移轉系統風險

9. 胡鐵花以自有資金加上向彰化銀行貸款 $500,買進華孚 $1,000 與飛捷 $500 而形成投資組合,試問華孚在組合中的權數為何?　(a) 1.00　(b) 0.67　(c) 0.5　(d) 2.00

10. 台灣晶技與健鼎科技報酬率呈現完全負相關,兩者報酬率的變異數分別為 0.16 及 0.25,試問如何構成「最小風險組合」?　(a) 資金 50% 購買台灣晶技,50% 購買健鼎科技　(b) 資金 40% 購買台灣晶技,60% 購買健鼎科技　(c) 資金 4/9 購買台灣晶技,5/9 購買健鼎科技　(d) 資金 5/9 購買台灣晶技,4/9 購買健鼎科技

三、簡答題

1. 財務長如何安排投資組合?如何計算投資組合的預期報酬率及風險?投資組合的報酬率、風險指標與個別資產有何關聯?

2. 亞東證券自營部門曾經選擇「將雞蛋放在一個籃子,然後把籃子看好」或「將雞蛋分別放在不同籃子」的策略,兩者各在何種情況下成立?

3. 試評論:「只要不同資產間的報酬率不具完全正相關,財務長安排不同資產的組合,就有助於降低風險。同時,不同資產報酬率間的相關係數愈低,財務長安排投資組合的風險也就愈低。」

4. 友合公司規劃上市有關燒燙傷的新種藥膏，但決定推出後，卻發生一連串事件：

(a) 主計處發布上一季的經濟成長率 4.5%。

(b) 央行宣布上一季的通膨率為 3.9%。

(c) 央行宣布調高重貼現率 2 碼。

(d) 該藥廠研發團隊集體離職。

試說明上述事件對該公司股票預期報酬率的影響。哪些事件屬於系統風險？何者係屬於非系統風險？

5. 趙敏將資金投入台灣股市，挑選聯發科與統一兩種股票作為投資組合，進而追求 $U(r) = a + br + cr^2$ 效用極大，r 是股票組合的報酬率。試回答下列問題：

(a) 趙敏的 $\mu - \sigma$ 無異曲線的函數型態為何？

(b) 趙敏對投資組合的風險偏好為何？安排投資組合需要考慮何種風險?

(c) 當兩種股票報酬率的 $\sigma = -1$ 時，趙敏依據其效用函數型態，有可能安排無風險投資組合嗎？

四、計算題

1. 下表是投資華宇電腦與富邦產險股票的報酬與其出現的機率分配，試計算下列問題：

華宇電腦		富邦產險	
報酬	機率	報酬	機率
500	1/8	800	1/8
1,000	3/4	1,000	3/4
1,500	1/8	1,200	1/8

(a) 試計算兩種股票的預期報酬。

(b) 試計算兩種股票的變異數與標準差。

(c) 投資人若是利用平均數與變異數方法，將會偏好投資何種股票？

2. 假設聯發科技股價達成均衡時，預期報酬率為 16%，報酬率的標準差為 40%。假設台灣股票市場的風險溢酬為 9%，無風險利率為 6%，市場報酬率的標準差為 30%。假設 $CAPM$ 成立，聯發科技股票報酬率與市場報酬率的相關係數為何？

3. 下列是三種股票的相關訊息：

	台化	宏達電	佳能	國庫券	市場組合
預期報酬	0.19	0.15	0.09	0.07	0.18
變異數	0.02	0.1196	0.0205	0	0.0064
與市場組合的共變異數	0.007	0.0045	0.0013	0	0.0064

試基於 *CAPM* 計算三種股票的預期報酬率，並說明何種股票值得推薦購買？

4. 光寶電子在過去三年的報酬分別為 -6.0%、15% 與 15%，市場組合報酬率分別 10%、10% 與 16%。試回答下列問題：

(a) 試計算光寶電子的 beta 值？

(b) 假設無風險利率為 4%，試利用 *CAPM* 計算光寶電子的必要報酬率？

(c) 依據證券市場線 (*SML*)，光寶電子股價是低估或高估？

 網路練習題

1. 張無忌是中實控股經理人，負責為該公司操作香港股票，每日必須時時注意國際金融情勢變化。請你代張經理連結鉅亨網 (http：//www.cnyes.com)，查閱主要工業國當週的經濟金融走勢變化，並為其評估國際金融市場未來一週的可能變化。

風險管理策略與工具

個案導讀

國內企業與國外公司有業務往來，匯率風險勢不可免。尤其是公司外銷或進口業務比重大，匯率劇烈波動產生損失或利益相當可觀。製造羽絨與寢具大廠光隆實業與日商策略聯盟，帳上擁有鉅額日幣應收帳款，2000 年看貶日幣，遂放空日幣鎖定匯差，卻因日幣反而走強，造成帳面嚴重匯損而侵蝕本業獲利。工業電腦大廠研華在 2003 年操作外匯損失 2 億元，業外大虧讓當年獲利縮水 21%，股價重挫三成。凱美電機在 2003 年為降低與國外公司往來的匯損，投入遠匯交易設法彌平損失。此種額外避險卻逐漸變成常態，凱美進場部位愈來愈大，有損失就運用淨額交割手法，透過往來銀行再賣出外匯選擇權，以收取權利金「暫時」補平先前虧損，帳上因無資金流動而無須揭露虧損，最後卻因看錯歐元走勢而陷入鉅額虧損，隱藏至 2004 年才曝光。

另外，上櫃 IC 通路公司宇詮在 2004 年操作外幣選擇權失利，在預期美元走弱趨勢不變，陸續將持有外幣選擇權平倉，累計損失高達 9.21 億元，每股稅前損失 16.26 元，而未實現虧損則還有 1.87 億元，淨值淪為負數而下櫃。同年內，另一炒作外匯選擇權的飛宏電子股本僅有 131.03 三億，炒作外匯選擇權部位最高到達 420 億元，爾後降到 270 億卻是資本額九倍，只能用「誇張」來形容。

2008 年爆發金融海嘯，歐豬五國債務危機接踵而至，國際金融市場與商品市場劇烈震盪，許多公司為避險而操作相關衍生性金融商品，卻因操作失利而愈陷愈深，避險不成反而危及公司營運，甚至遭致滅頂。針對詭譎多變的營運環境，本章首先指出公司營運風險來源，說明財務長可採取何種策略紓解。接著，針對財務風險管理，探討財務長採取避險策略的類型。最後，將說明金融衍生性商品類型。

7.1 公司營運風險來源

7.1.1 環境風險管理

跨國集團財務長從事風險管理活動前，必須事先掌握風險來源，圖 7-1 顯示營運風險來源包括兩部分。

(一) 環境風險管理

面對內部與外部經營環境劇烈變化，公司營運勢必受到強烈衝擊：

- 外部風險
  1. **市場風險** 影響公司產銷因素極多，包括市場供需變化、競爭加劇、景氣循環、消費者購買力下降、原物料價格高漲導致生產成本波動、市場占有率遽降，或面臨反傾銷與侵犯專利權指控。
  2. **併購風險** 公司股權結構出現重大變化，可能引起善意或惡意併購。
  3. **形象風險** 產品品質不良、勞資糾紛、重大事故或事件，新聞媒體負面報導，釀成公司信用評等被急劇調降。
  4. **政治風險 (political risk)** 面對未預期的法規、政策或管理制度變動、稅率變化，雙邊或多邊貿易摩擦等衝擊形成的影響。
  5. **國家風險 (country risk)** 國際政治經濟環境遽變衝擊跨國公司營運。
  6. 其他風險，包括颱風、地震等自然災害風險。

- 內部風險
  1. **產品風險** 公司創新產品存在缺陷、產品過時或更新遲緩引發營運風險。

政治風險
面對未預期法規、政策或管理制度變動、稅率變化，雙邊或多邊貿易摩擦等衝擊形成的影響。

國家風險
國際政治經濟環境遽變衝擊跨國公司營運。

圖 7-1

公司營運風險來源

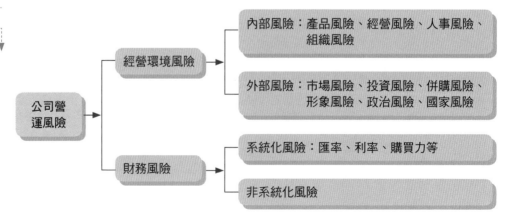

2. **營運風險**　內部管理紊亂、內部組織及設施運作不當、政策及標準作業程序無法落實，對公司營運釀成直接或潛在損失。

3. **人事風險**　公司組織調整、專業人才流失直接衝擊技術開發與公司營運。

4. **組織風險**　公司組織型態、治理結構與誘因制度無法順暢運作而衝擊營運。

(二) 財務風險

在營運過程中，財務長除尋求多元資金來源以降低資金成本外，也將評估從事實體與金融投資活動以增加營運收益，同時關注公司資產配置與負債結構引發的財務風險。

針對環境風險管理，管理階層需從五個面向評估：

1. **控制環境**　評估如何建立機制，確保內部控制及風險管理系統正常運作，並有完善的通報系統，面對事件即能迅速通報高層，掌握處理時機，降低未預期損失。

2. **控制的本質及範圍**　評估預擬保護的組織本質及範圍，是否設計適當內部組織架構，監控並處理可能風險。

3. **執行**　依業務資訊流程擬定風險控管原則，以控制書面文件傳達各部門，並由各部門主管確實執行及認證。

4. **確認**　確認控制系統已依內部稽核及外部稽核設計，能持續效率運作。內部稽核應獨立於營業部門，外部稽核應由獨立會計師為之。

5. **報告**　不同部門間建立機制，分享有關控制資訊，同時建立回報系統，一旦控制系統發生問題，能夠即時通報管理階層。

在掌握公司風險來源後，針對風險發生時點，管理階層採取策略如下：

- **事前預防策略**
1. **連結風險來源**　建立監控關係，降低風險發生機率。
2. **累積資源**　風險將隨環境而變，故應累積蒐集訊息的資源與處理能力。
3. **建立緩衝機制**　建立備份資源或平行路徑，如累積安全存貨部位，建立多家代理商，預防風險爆發時，能有緩衝機制以維持正常運作。
4. **隔離風險來源**　風險隔離機制的有效性與隔離能力有關。

- 事後反應策略
  1. **規避風險** 篩選合適經營環境，詳細評估高風險計畫以消除風險威脅。
  2. **分散風險** 面對無法規避的風險，透過降低個別風險來源所占比例，降低風險來源集中度，如尋求較佳替代方案、新產品上市前充分進行市場調查、金融操作需採取資產類型期限與幣別的多元化組合。
  3. **風險防阻** 納入風險防阻概念設計，有效控制損失發生頻率。
  4. **風險移轉** 將風險移轉由其他成員承擔，策略有三種：
     (a) 衍生性商品交易 運用衍生性商品市場交易，沖銷重要原料價格、匯率與利率波動帶來的損失。
     (b) 轉移 利用合作或策略聯盟關係，移轉風險由其他公司承擔，包括委外加工與銷售、轉包、委外設計與研發等。
     (c) 保險 透過投保產物保險將意外事件造成的損失，轉由產險公司承擔。

接著，經營環境遽變將讓公司營運可能面臨下列損失：

1. **人身損失** 員工因疾病或意外傷害而釀成損失。
2. **財產損失** 意外事故發生釀成公司財產損失。
3. **責任損失** 公司對員工或第三人財產或身體造成傷害，承擔賠償責任。
4. **盈餘下降** 公司遭遇財產損失，導致營業收入降低或營運成本增加，造成盈餘下降損失。

為降低上述風險來源釀成的衝擊，除運用各種策略控制外，管理階層也可採取保險策略規避某些風險，包括下列三種類型：

1. **自行保險** 提存各種準備金自行吸收損失。
2. **內部轉移** 透過現金流程操作，達成損失發生後恢復原有的資金來源。
3. **外部轉移** 運用保險將損失轉移由保險公司承擔。

管理階層採取外部移轉風險策略，不論選擇何種保險商品，在預算限制下，須在保險費用與承擔風險間取得平衡，不可過度保險或保險不足，評估因素如下：

1. 評估公司資金運用狀況與承擔風險程度，權衡應投保的險種和繳納保費預算，在保費支出與預期受益金額間取得平衡。
2. 掌握保險產品內容，再進行評估選擇。由於投保主體不同，多數由公司支付保費，少數由公司與員工共同繳付保費。

3. 在營運績效較佳時，公司考慮租稅負擔後，可為員工投保家庭財產保險和補充性養老保險。

4. 較具規模公司可運用定量化風險決策分析精算保險計畫。

最後，管理階層選擇的企業保險商品包括：

1. **企業財產險** 為確保資產營運安全性，必須投保企業財產險、汽車險與火災保險，並且投保運輸險以確保運送原材料與成品的安全性。

2. **企業人身險** 規劃團體保險以保障員工的醫療補助、傷亡撫恤、職災補償以促進勞資和諧，並可抵充《勞基法》第 57 條所定雇主補償責任，以期發生職業災害時能夠降低公司損失。

3. **企業責任險** 公司的法律與道義責任可分為對內與對外兩種，前者如職災法律責任，後者包括員工侵權、產品缺陷、公害污染、火災法律等責任，故須投保各種意外責任險進行規避。

4. **盈餘損失險** 公司執行某些風險計劃失敗，可能造成人員或財產損失，甚至須額外承擔法律責任，從而降低盈餘。為求規避該類風險，將可投保營業中斷險、額外費用險等。

7.1.2 財務風險管理

財務長擬定避險操作策略，首先考慮**內生避險** (internal hedge)，此係公司面臨風險來源不一，不同資產價格間可能相關，可先以彼此互沖來發揮避險效果。一旦公司無法自行消彌營運風險，再改採衍生性商品避險，此即**外部避險** (external hedge)。財務長擬定避險操作策略，可依下列標準分類：

- 避險目標
  1. **單一避險** (micro hedge) 針對個別部位的價格風險避險。
  2. **整合避險** (macro hedge) 考量整體部位狀況，針對內生避險互沖後的剩餘風險避險。

概念上，財務長採取整合避險較為合理，避險效果也較佳，負擔成本較低，避險焦點應放在殘餘風險，而非個別部位的價格風險。舉例來說，鴻海集團同時擁有外幣的營業收入與外幣負債，透過調配現金流量而發揮部分避險效果。國泰人壽面對利率上升推動資金成本上升，收益也相對增加，具有部分沖銷風險效果。

- 避險時間
  1. **連續性避險** (continuous hedge) 追求將資產價格控制在某一範圍。

內生避險
公司面臨風險來源不一，不同資產價格間可能相關，可用彼此互沖來避險。

外部避險
公司運用衍生性商品避險。

單一避險
針對個別部位的價格風險避險。

整合避險
考量整體部位狀況，針對內生避險互沖後的剩餘風險避險。

連續性避險
將資產價格控制在某一範圍而進行的避險操作。

選擇性避險

當資產價格波動擴大不利可能性，從事避險享有資產價格波動對其有利的好處。

直接避險

利用與現貨相同的期貨避險，追求現貨與期貨損益互抵。

交叉避險

避險所需期貨未上市，另尋與現貨相關的其他期貨避險。

過度避險

以期貨避險數量超過現貨部位。

避險不足

利用期貨避險數量少於現貨數量。

靜態避險

依據選擇避險比例及投資變動組合 (beta 值) 避險。

動態避險

以衍生性商品與現貨組成組合保險，依市場價格變動隨時調整衍生性商品部位。

多頭避險

針對持有股票空頭部位，建立指數期貨多頭部位。

空頭避險

針對持有股票多頭部位，建立指數期貨空頭部位。

2. 選擇性避險 (selective hedge)　當資產價格波動對其不利可能性增加，財務長才從事避險，享有資產價格波動對其有利的好處。

舉例來說：面對股市邁入空頭走勢，財務長不願出清持股，只好改採放空台灣股價指數期貨避險，運用期貨空頭部位來規避股票多頭部位的風險。

- 避險商品
  1. 直接避險 (direct hedge)　利用與現貨相同的期貨避險，追求現貨與期貨部位間損益互抵。
  2. 交叉避險 (cross hedge)　避險績效良窳關鍵在於期貨與現貨的相關性，一旦避險所需運用的期貨未上市交易，則另尋與現貨相關的其他期貨，也可發揮避險效果，此即交叉避險。

- 避險數量
  1. 過度避險 (over-hedge)　以期貨避險數量超過現貨部位。舉例來說，台灣股價加權指數在 8,000 點 (每點 200 元)，每口期貨契約值是 160 萬元，公司持有 1,000 萬元股票，放空七口股價指數指貨將屬過度避險。
  2. 避險不足 (under-hedge)　利用期貨避險數量少於現貨數量。

- 避險狀態
  1. 靜態避險 (static hedge)　依據避險期間選擇避險比例 (h) 及投資變動組合 (beta 值)，除非避險原因消失，否則無須調整。
  2. 動態避險 (dynamic hedge)　利用衍生性商品與現貨組成組合保險 (portfolio insurance)，依據市場價格變動隨時調整衍生性商品部位，以改變組合 beta 值。動態避險策略在執行組合保險，面對風險性資產價格上升，必須增加持有風險性資產部位；反之，則降低其持有比例。

- 持有避險部位
  1. 多頭避險　為預防股價上漲，針對持有股票空頭部位，建立股價指數期貨多頭部位。
  2. 空頭避險　為預防股價下跌，針對持有股票多頭部位，建立股價指數期貨空頭部位。

知識
補給站

企業風險管理 (enterprise risk management) 係指管理階層為落實營運目標與提升績效，尋求控制事業風險在預期範圍內的方法和過程。

(1) 評估風險承受度：評估承受風險度，設定目標、篩選策略和建立風險管理機制。

(2) 選擇因應策略：掌握風險來源，在風險「迴避、降低、分擔和承受」間選擇因應策略，減輕非預期事件釀成的損失。

(3) 管理風險：以整合式管理影響各部門多元風險的交互影響效果。

(4) 提升資本適足性：蒐集攸關風險訊息，精確評估公司資本適足性。

在公司目標已知下，管理階層擬定營運目標、篩選策略，並「由上而下」設定因應方式，而風險管理架構係由下列因素構成：

(1) 目標設定：管理階層的風險偏好是決定處理意外事件方式的關鍵，而風險管理則在連結公司目標與營運預期，確保預擬目標與公司風險偏好一致。

(2) 風險評估：掌握衝擊公司營運的負面因素，將可能風險與環境進行對比。擁有足夠訊息可採定量方法評估風險，訊息不足則改採定性方法評估。

(3) 風險因應與控制：管理階層評估每一狀況的風險與預期報酬後，將追求風險與預期報酬的平衡，採取審核、批准、授權、確認，以及績效考核、資產安全管理、不相容職務分離等方式來控制特定風險。

(4) 訊息溝通：管理階層將各種數據和訊息整合成攸關公司風險組合的一致性觀點，採取「由上而下」、「平行」和「從下至上」與員工交流溝通。

在營運過程中，管理階層應就各類風險，擬定相關因應策略：

(1) 投資風險：擬定投資決策需由各部門和評估小組配合縝密評估。

(2) 契約風險：簽訂契約必須關注履約及賠償責任問題，並盯緊執行情況，隨時處理市場變化。

(3) 存貨風險：提升掌握投入、按時產出與控制採購能力，適時處理存貨以規避存貨貶值或過時而衝擊盈餘。

(4) 財務風險：公司過度舉債經營，承擔還本付息的財務風險大增，甚至擔保相關公司借款，承擔可能代為清償的或有風險，故須維持適當負債比率。

(5) 匯率風險：從事跨國交易將因匯率變動而蒙受匯兌損失，故應隨時關注外幣債務與注意匯率變化而及時因應。

7.2 金融衍生性商品類型

7.2.1 遠期契約與期貨

基本上，金融衍生性商品的分類如下：

1. **產品型態** 包括期貨、遠期契約、選擇權和金融交換四種基本型態，特質分別列於表 7-1。

比較	項目	期貨	遠期契約	選擇權	金融交換
相異點	履約與否	必須履行	必須履行	可選擇不履約	必須履行
	風險分攤	交易雙方風險對稱	交易雙方風險對稱	依買方或賣方界定權利與義務	交易雙方風險對稱
	交易單位	標準化	交易雙方自由議定	標準化	交易雙方自由議定
	文件需求	不需文件	需文件	不需文件	需文件
	交割方式	價差或實質	實質	價差或實質	實質
相同點	交易日期全在二個營業日以上				

2. **標的資產型態** 主要包括股票、債券、外匯和商品四類。

3. **交易方式** 包括集中競價和櫃檯議價交易。前者係指供需雙方在交易所競價交易，屬於流動性較高的市場，期貨和部分選擇權採取集中交易方式。後者係指交易雙方直接交易，係屬依據買方需求量身訂做的商品，並由交易雙方相互負責清算，金融交換和遠期交易是具有代表性的櫃檯交易商品。

遠期契約 (forward contract) 係指交易雙方同意在未來時點，以特定價格議定買賣標的物，內容包括標的物定義、品質、數量、交割日、交割地點、交割方式，可依交易雙方需求設定而無一定標準，多數在店頭市場交易。財務長最常使用的遠期契約係以遠期利率協定與遠期外匯兩種為主。

遠期契約
交易雙方同意在未來時點，以特定價格議定買賣標的物，內容包括標的物定義、品質、數量、交割日、交割地點與方式。

遠期利率協定
就一定金額，在未來某段期間，當市場利率超過約定利率，賣方支付買方利率差價。如前者小於後者，則由買方支付利率差額給賣方，無須交換契約本金。

1. **遠期利率協定 (forward rate agreement)** 財務長未能精確掌握未來資金成本或資產收益變化，將無從效率管理現金流量。是以財務長可與銀行協議就一定金額，約定在未來某段期間，當市場利率超過約定利率，賣方支付買方利率差價。如前者小於後者，則由買方支付差額給賣方，雙方無須交換契約本金，僅於交割日就利息差價收付。透過該類契約，浮動利率負債

或資產將轉換為固定利率負債或資產，以確定未來利息支出或收益。

2. 遠期外匯 (forward exchange)　財務長與外匯指定銀行協議，在未來特定日期依據議定匯率互換不同貨幣，藉以規避匯率風險。另外，**無本金交割遠期外匯 (Non Principal Delivery Forward Contract, NDF)** 特點在於到期時無須收付本金，僅就到期日的市場匯率與議定匯率的差價交割清算。無本金交割遠期匯率和遠期匯率相同，是經由即期匯率和利率差價計算而得，是即期匯率加上契約期間天期之**換匯點** (swap point)。

遠期外匯
在未來特定日期依據議定匯率互換不同貨幣，藉以規避匯率風險。

無本金交割遠期外匯
到期無須收付本金，僅就到期日的市場匯率與議定匯率的差價交割清算。

換匯點
遠期匯率與即期匯率的差額。

遠期契約係屬量身訂做，不利於撮合成交而缺乏流動性，交易雙方須自行承擔違約風險，到期前也無法反向沖銷解除契約義務。為使交易雙方對同一商品競價能有一致的比較基礎，期貨交易所遂將遠期契約標準化為期貨，針對特定商品交割方式、商品品質、數量、契約到期日及交貨地點制定標準化規格，提供場地讓交易者公開競價交易。一旦期貨成交後，期貨結算機構負責擔保到期時的契約履行，交易雙方可在到期前反向沖銷交易解除契約義務。

一般而言，期貨契約標準化的要素包括四種：

1. 標的物　期貨需有標的資產，基本上分為**商品期貨 (commodity futures)** 與**金融期貨 (financial futures)** 兩類。標的物品質與規格均須明確定義清楚，否則市場將無從報價。

商品期貨
交易雙方約定在未來特定日期以約定價格買賣某一數量實物商品的標準化契約。

2. 數量　期貨需固定契約規格，如日圓期貨固定為 12,500,000 萬日圓、黃金期貨為 100 盎司、台股指數每點價值新台幣 200 元等。

金融期貨
以金融商品為標的物的期貨契約。

3. 交易月份　期貨皆有存續期間、特定到期月份，其設計主要配合現貨產銷、供需與交易特性；金融期貨則以四個季月搭配 2~3 個近月契約為主。

4. 交割方式　採取實物交割與現金交割。實物交割即多頭支付現金、空頭交付商品，傳統的大宗物資期貨採實物交割，交易所對可交割商品等級均有規定。至於許多金融衍生性商品並無實體可供交割，故採現金結算交割，如股價指數係採取指數差額以現金交付完成交割。

期貨與遠期契約的性質類似，其差異性將列於表 7-2。

財務長運用期貨避險，應該掌握期貨價格 F 與現貨價格 S 的變動趨勢，兩者差距稱為**基差** (basis)。

基差
期貨價格與現貨價格的差距。

$$basis = S - F$$

在期貨到期時，期貨與現貨價格將趨於一致，現貨價格高於期貨價格，可採「賣空現貨，買進期貨」交割而套利；現貨價格低於期貨，改採「賣空期貨，買入現貨」交割而套利，兩者價格的關係透過套利操作而趨於平衡。在期

差異	遠期契約	期貨
交易方式	交易雙方私下交易或透過櫃檯完成	期貨交易所集中公開競價
契約規格	由交易雙方議定標的物交割方式、數量、品質、時間、地點	交易所決定標準化標的物交割方式、數量、品質、時間、地點
價格議定	交易雙方自行議價，無須繳交保證金，除非訂約時另外要求	在交易所公開競價，交易雙方依結算所規定繳交保證金
履約方式 (流動性)	不易找到適合轉讓對象，多數採取現貨交割	隨時逕行反向沖銷平倉
結算方式	由交易雙方直接結算	由結算所或結算公司負責結算
交易之 信用風險	訂約個人之信用保證，由交易雙方自行承擔違約風險	由結算所擔保契約的覆行。結算所介入，擔任買方的賣方、賣方的買方，並承擔違約風險，保證契約的履行

持有成本理論

期貨價格將等於現貨價格加上持有期貨期間的總收入減去總成本。

貨到期前，期貨與現貨除受供需影響外，也受持有成本左右。一般而言，持有成本理論 (theory of carrying cost) 指出基差不應超過持有期貨期間的總收入 R 減去總成本 C，否則將引發無風險套利。

$$F = S + (C - R)$$

依據現貨與期貨的價差，期貨市場劃分為：

正常市場

期貨價格高於現貨價格，而遠期期貨價格高於近期期貨價格。

1. **正常市場** (normal market)　期貨價格高於現貨價格，而遠期期貨價格高於近期期貨價格。

逆價市場

期貨價格低於現貨價格，而遠期期貨價格低於近期期貨價格。

2. **逆價市場** (inverted market)　期貨價格低於現貨價格，而遠期期貨價格低於近期期貨價格。

最後，期貨採取高槓桿操作的保證金交易方式，具有「以小博大」特性，是以財務長操作期貨避險，資金控管問題就顯得相當重要。若非基於避險動機操作期貨，應採取順勢加碼、逆勢減碼避險的操作策略，將風險控制在可忍受範圍。尤其是面臨操作失敗時，必須善設停損點。

選擇權

買方有權在未來特定日期 (歐式選擇權) 或之前的任一時間 (美式選擇權)，以履約價格購買或出售一定數量的標的物。

7.2.2　選擇權與認購權證

選擇權 (option) 係指買方有權在未來特定日期 (歐式選擇權) 或之前的任一時間 (美式選擇權)，以履約價格購買或出售一定數量的標的物。選擇權提供投資人避險彈性，此種彈性是利用期貨或遠期契約避險所無法達成的。

買權

投資人支付權利金，有權以執行價格向發行者買進標的資產。

1. **買權** (call)　投資人支付權利金，有權以執行價格向發行者買進標的資

產。當標的資產價格上升，投資人的潛在利益上升，發行者潛在損失趨於無窮大。反之，一旦標的資產價格下跌，投資人放棄執行權利，僅損失權利金，發行者所獲最大利益亦為權利金。

2. **賣權** (put)　投資人支付權利金，有權以執行價格出售標的資產給發行者，而發行者收取權利金後，須履行買進標的資產義務。當標的資產價格上漲，投資人放棄執行賣出權利，僅是損失權利金而已。

賣權
投資人支付權利金，有權以執行價格出售標的資產給發行者。

在國際金融市場交易的選擇權型態分為三種：

1. **歐式選擇權** (European option)　到期才能履約的選擇權。
2. **美式選擇權** (American option)　到期前任何時間都能履約的選擇權。
3. **亞式選擇權** (Asian option)　到期才能履約的選擇權，執行價格係依履約前某段期間的平均價格來計算。

歐式選擇權
到期才能履約的選擇權。

美式選擇權
到期前任何時間都能履約的選擇權。

亞式選擇權
到期才能履約的選擇權，執行價格係依履約前某段期間的平均價格來計算。

依據 Black 與 Scholes (1973) 的選擇權訂價模型，影響選擇權價格變動的因素如下：

1. **標的資產價格變動**　標的資產價格上漲，買權價格隨之上漲，賣權價格則會下跌。
2. **履約價格**　低履約價格買權的權利金必然高，買方以較低價格執行買權的機率較高；反之，高履約價格賣權的權利金將會較為昂貴。
3. **無風險利率**　利率愈高將促使履約價格折現後的價值愈低，對買權價格的影響是正向 (價格變高)，但對賣權價格影響則屬負向。
4. **存續期間**　存續期間愈長，買權和賣權可執行期限加長，權利金自然上漲，此係反映選擇權的**時間價值** (time value)。
5. **標的資產價格波動性**　標的資產格波動性愈大，選擇權價格愈高。

時間價值
存續期間愈長，選擇權可執行期限加長，權利金將會上漲。

為因應國際金融市場動盪對跨國集團營運的衝擊，財務長須評估以通貨與利率選擇權避險的策略：

- **通貨選擇權** (currency option)　買方支付權利金，有權於一定期間依約定匯率向發行者購買或出售一定金額的貨幣。當匯率在交割若有不利變動，買方可放棄執行權利，僅是損失權利金。匯率於交割時若呈現有利變動，則可獲取匯率有利變動的利益。

通貨選擇權
買方有權於一定期間依約定匯率向發行者購買或出售一定金額的貨幣。

- **利率選擇權** (interest rate option)　為規避利率波動造成資產收益縮水或負債利息支出擴大，可選擇操作下列利率選擇權：
  1. **利率上限** (cap)　買方支付權利金，履約日的利率指標若高於約定利率上限，發行者須補償兩者間的差價予買方。財務長預期市場利率攀

利率選擇權
以利率為標的選擇權。

利率上限
買方支付權利金，履約日的利率指標若高於約定利率上限，發行者須補償兩者間的差價予買方。

財務管理

利率下限

買方支付權利金，履約日的利率指標低於約定利率下限，發行者須補償買方兩者間的差價。

利率區間

買方支付權利金，約定上限與下限利率區間。履約日的利率指標上漲超過上限，賣方須補償買方兩者間的差價，利率指標下跌超過下限，買方須支付賣方兩者間的差額。

權證

類似選擇權。投資人支付權利金，有權在特定期間或特定時點，按履約價格向發行者買進或出售特定數量之標的資產。

歐式認購權證

只能在到期日提出履約的權證。

美式認購權證

到期日前任何期間均可要求履約的權證。

認購權證

在權證有效期間內或到期日，持有人有權以約定價格買入約定數量的標的股票。

認售權證

在權證有效期間內或到期日，持有人有權以約定價格賣出約定數量的標的股票。

備兌認股權證

投資銀行或綜合證券公司發行認股權證，須從市場買進股票避險，持有者執行認購權，對公司資本額將無影響。

升，而公司債務屬於浮動利率性質，則可評估購買利率上限契約，控制支付浮動利率不會超出利率上限。

2. **利率下限 (floor)** 買方支付權利金，履約日的利率指標若低於約定利率下限，發行者須補償買方兩者間的差價。財務長預期市場利率滑落，可評估購買利率下限契約，確保浮動利率資產收益的最低報酬率。

3. **利率區間 (collar)** 買方支付權利金，約定上限與下限利率區間。履約日的利率指標上漲若超過上限，賣方須補償買方兩者間的差價，若利率指標下跌超過下限，買方須支付賣方兩者間的差額。財務長預期利率上漲，支付權利金買入利率上限避險，意味著賣出利率下限收取權利金將無風險，可組合「買進」利率區間，大幅降低避險成本。反之，財務長預期利率下跌，支付權利金買入利率下限避險，意味著賣出利率上限收取權利金將無風險，可組合「賣出」利率區間，達到降低避險成本目的。

接著，權證 (warrant) 類似選擇權，係由發行者發行一定數量、特定條件之證券，投資人支付權利金 (權證價格)，有權在特定期間或特定時點，按履約價格向發行者買進 (認購權證) 或出售 (認售權證) 特定數量之標的資產。認購權證類型可依下列標準劃分：

- 到期日
  1. **歐式認購權證 (European style warrant)** 只能在到期日提出履約要求。
  2. **美式認股權證 (American style warrant)** 到期日前任何期間均可要求履約，目前台灣發行的認股權證屬於美式認股權證。

- 預期股價走勢
  1. **認購權證 (call warrant)** 預期股價上漲，屬於作多之買權認購權證。
  2. **認售權證 (put warrant)** 預期股價下跌，屬於作空之賣權認股權證。

- 交易市場類型
  1. **在集中市場交易** 發行後在集中市場交易並自由轉讓，台灣發行的認購權證是在集中市場交易。
  2. **在店頭市場交易** 由交易雙方議定成交。

- 發行機構
  1. **備兌認股權證 (cover warrant)** 投資銀行或綜合證券公司發行認股權證，須從市場買進股票避險，持有者執行認購權，對公司資本額將無影響。

2. 公司認股權證 (company warrant)　為提升員工努力誘因，公司發行員工認股權證無償給員工，但不得在市場轉讓。員工在規定期間內執行認股權，依據認購價格繳納認股金額，公司須發行新股給員工，促使資本額增加。

公司認股權證

公司發行認股權證無償送給員工，但不得在市場轉讓。員工執行認股權，依據認購價格繳納認股金額，公司須發行新股給員工。

• 投資標的

1. 個股型　以單一股票為標的之權證，如京華 02 的台積電、國際 03 的台塑、大華 07 的聯電等，權證價格變動取決於此一個股價格。

2. 組合型或類股型　以數種股票為標的之權證，標的證券可為同一行業或類股票組合，如國際 01 的聯電、世華；寶來 07 的日月光、中信銀；富邦 01 的台塑、南亞、台化、福懋等，權證價格變動取決於標的股票籃價格的變動。

3. 指數型認股權證　以指數為標的之認股權證。

• 權證的投資風險

1. 價內認購權證　標的股價格高於履約價格的權證。

2. 價外認購權證　標的股價格低於履約價格的權證。

3. 價平認購權證　標的股價格等於履約價格的權證。

Myron S. Scholes (1941~)

　　出生於加拿大。曾經任教於麻省理工學院、芝加哥與 Stanford 大學。1977 年基於建立選擇權定價模型而對財務金融領域發展發揮革命性影響，而獲頒諾貝爾經濟學獎。

Fischer Black (1938~1995)

　　Black 是充滿傳奇色彩人物，畢生奮戰於華爾街，從未受過正式金融和經濟學訓練，卻是創立現代金融學基礎，曾經獲得芝加哥和麻省理工學院的終身教授頭銜，並與 Scholes 提出 Black-Scholes 選擇權定價模型，成為迄今為止最正確、最經典、應用最廣、成就最高的模型。Black 去世一年後，諾貝爾經濟學獎頒給 Scholes 與 Merton，終究未獲此畢生殊榮。

7.2.3 金融交換

金融交換係指交易雙方簽訂在未來互換某種資產的契約,財務長經常運用的交換商品以利率交換與通貨交換為主。

1. **利率交換** (interest rate swap)　交易雙方在固定期間互換付息方式的契約,本金僅作為淨額交割的計算基礎並不交換,如將固定利率交換浮動利率、浮動利率交換固定利率、或不同浮動利率互換。財務長從事利率交換,將可規避利率風險、降低資金成本或增加資產收益以及靈活資產負債管理。

　　舉例來說:台塑是信評 AAA 級公司,長期固定利率舉債成本 8%,短期浮動利率舉債成本為 LIBOR 加上 0.2%。南亞科技為信評 BBB 級公司,固定利率舉債成本 7.5%,浮動利率舉債成本為 LIBOR 加 0.5%。兩家公司為配合各自資產負債管理,台塑需以浮動利率支付融資利息,而南亞科技需以固定利率支付融資利息。在此,台塑以長期固定利率舉債,而南亞科技以短期浮動利率舉債,將各自具有比較利益。

　　從台塑立場來看,以固定利率舉債成本較南亞科技節省 1.5% (7.5% 減8%),以浮動利率舉債成本僅較南亞科技節省 0.3% (LIBOR + 0.5% 減 LIBOR + 0.2%)。再由南亞科技立場來看,以浮動利率舉債僅較台塑高出 0.3%,以固定利率融資將較台塑高出 1.5%。兩者透過利率交換,台塑融資成本降為 LIBOR − 0.5%,先以固定利率 8% 減去利率交換時收到南亞科技之 8%,再加上交換時的 LIBOR − 0.5%。反觀南亞科技融資成本降為 7%,即以浮動利率融資成本 LIBOR + 0.5%,減去利率交換時收到台塑的浮動利率 LIBOR − 0.5%,再加上支付台塑固定利率 8%。

　　綜合上述交換結果,台塑取得以浮動利率支付利息,較直接以浮動利率融資節省資金成本 0.7% = (LIBOR + 0.2%) − (LIBOR − 0.5%)。至於南亞科技以固定利率付息,較直接以固定利率融資降低資金成本 0.5% = 7.5% − 7%。

2. **通貨交換** (currency swap, CS)　交易雙方就兩種貨幣在期初與期末互換一定金額,如台銀與匯豐台灣銀行簽訂一個月期新台幣美元換匯交易。台銀在期初將等值新台幣資金交給匯豐銀行,後者亦將等值美元交給台銀,並依議定匯率於到期後 (期初與期末匯率不同) 再互換回來。通貨交換無須膨脹公司資產或負債,有助於提升資金運用效率。

3. **換匯換利** (cross currency swap, CCS)　交易雙方在期初以即期匯率交換兩種貨幣的本金,在契約期間再就利息部分交換兩種不同貨幣的利息流量。隨著契約到期,交易雙方以交易起始日約定的匯率,就本金再進行一次期

末交換。財務長從事換匯換利活動,追求降低資金成本與改變資產負債結構的幣別。

舉例來說:在第一銀行借貸新台幣資金,台塑支付台幣資金成本低於美商 IBM。同樣地,在美國花旗銀行借貸美元資金,台塑借貸美元資金成本必然高於美商 IBM。當台塑需要美元資金、美商 IBM 需要新台幣資金時,雙方透過投資銀行中介換匯換利交易,有助於同時降低雙方的資金成本而互蒙其利。

4. 信用違約交換 (credit default swap, CDS) 信用保護買方 (protection buyer) 定期支付信用保護賣方 (protection seller) 固定費用,一旦標的資產發生違約,買方有權要求賣方依契約給予補償。信用違約交換除可移轉風險外,銀行也可用於降低債權信用風險。

信用違約交換
買方定期支付賣方固定費率,而在標的資產發生違約時,賣方須依契約補償買方的損失。

知識補給站

美國第三大賀卡製造商 Gibson 公司從 1971 年 5 月起發行利率 7.33%、而於 1975~2001 年間陸續到期的公司債 5,000 萬美元。為規避利率下跌風險,Gibson 與信孚銀行 (Bankers Trust) 簽訂兩筆本金 3,000 萬美元的利率交換,第一筆為期 2 年,每隔 6 個月,Gibson 支付信孚銀行 5.71% 固定利息,後者支付 Gibson6 個月期 LIBOR 浮動利息。第二筆為期 5 年,每隔 6 個月,Gibson 支付信孚銀行 6 個月期 LIBOR 浮動利息,後者支付 Gibson 7.12% 固定利息。兩筆契約讓 Gibson 在前兩年淨賺利率差額 1.21%(7.12% − 5.91% = 1.21%),後三年則需承擔利率上漲風險。

直迄 1972 年,Gibson 從上述契約累計獲利26萬美元,遂同意與信孚銀行重簽一連串交換契約,先簽定本金 3,000 萬美元的5年期比例型交換契約 (ratio swap),每隔 6 個月,信孚銀行支付 Gibson 5.50% 固定利息,後者支付信孚銀行 6 個月期 LIBOR 的平方再除以 6% 計算的利息,此舉讓 Gibson 承擔利率上漲風險大幅躍升。爾後,雙方修訂此筆交換契約 3 次,並於 1973 年 3 月取消該筆交易。

1974 年初,Gibson 與信孚銀行續簽兩筆交換契約,其中一筆規定 LIBOR 若超過 3.7%,每超過一個基本點,Gibson 將損失 72,000 美元。另一契約規定 2005 年到期的國庫券和類似期限交換契約間的利差若縮小到 33.5 個基本點內,則以 20 個基本點利差為上限,每個基本點將讓 Gibson 損失 746,000 美元。從 1971 年 11 月至 1974 年 3 月,雙方簽訂 27 項交換契約而讓 Gibson 虧損 2,700 萬美元,對年平均淨利 5,000 萬美元的 Gibson 而言,虧損相當慘重。

Gibson 虧損源自於預期未來利率走勢錯誤,而為力挽狂瀾加碼再訂新約,更讓自己

深陷另一風險,惡性循環導致虧損擴大。類似情景也出現在許多金融保險業,在難以拒絕高報酬誘惑下,忽略商品暴險額,即競相貿然加碼,促使各國央行與監理機關官員組成的金融穩定論壇 (Financial Stability Forum) 呼籲應建立信用風險衡量制度、明瞭衍生性商品的本質與估算公司資本適足性。衍生性商品係屬零和遊戲,有贏家必有輸家,唯有加強風險管理功能,具備充分風險管理機制、功能與人才,方是市場最後贏家。

 問題研討

小組討論題

一、是非題

1. 張無忌買進美式選擇權，只能在約定到期日當天，方能執行權利。

2. 黃藥師購買 3 個月期的台灣股價指數期貨，到期日來臨，將無法採取實物交割解決。

3. 當台灣股價指數大於台灣股價指數期貨價格，基差將會大於 0。

4. 張無忌本身並無棉花現貨部位，只是預期未來棉花期貨價格走勢而進行交易，故係屬於投機者。

5. 不論是買權或賣權，到期期間越長，兩者價格將會越高，此係反映其時間價值上升。

6. 張三豐持有玉晶光電買權，面對履約價格與實際價格出現差距，此即稱為時間價值。

7. 台積電發行買權的市價是 $5，執行價格是 $45，目前股價是 $43，則其買權隱含的時間溢酬是 5 元。

8. 當趙敏評估基差風險超過價格風險時，則不應避險。

9. 黃蓉預期近日台股可能趨於大跌，為追求利潤極大，可採取放空股價指數期貨策略。

10. 為降低人為疏失對公司營運造成的衝擊，大陸工程可向富邦產險投保工程意外險，將損失轉移由保險公司承擔。

二、選擇題

1. 在某年的 11 月 7 日時，台股十一月期貨指數為 8,750，現貨指數為 8,870，針對下列有關該市場的描述：(甲)正常市場、(乙)多頭市場、(丙)基差為負值，何者正確？　(a) 甲　(b) 甲、丙　(c) 乙、丙　(d) 甲、乙、丙

2. 管理階層決定採取外部移轉風險策略後，何種操作方式係屬正確？　(a) 在預算限制下，投保決策將是追求預期受益金額極大　(b) 評估公司承擔風險程度，選擇最適投保險種與繳納保費金額　(c) 投保決策將是追求承擔風險最低　(d) 投保決策將是選擇繳納保費最低的保險商品

3. 經濟成員從事下列交易活動，何者並非追求避險？　(a) 美國棉農在收割期三個月前，預期棉花價格下跌，賣出棉花期貨　(b) 統一企業買進玉米現貨，同時賣出玉米期貨　(c) 張翠山投資美股，由於害怕美元貶值，遂賣出美元期貨　(d) 趙敏預期台股下跌，賣出台股指數期貨

4. 當期貨價格低於現貨價格，遠期契約價格低於近期契約價格時，此種市場係屬於何種型態？　(a) 多頭市場　(b) 空頭市場　(c) 逆價市場　(d) 正常市場

5. 張三豐持有台積電股票選擇權，何種因素變動對選擇權價格的影響係屬正確？　(a) 標的物價格下降，買權價格上漲　(b) 履約價格上升，賣權價格下降　(c) 無風險利率增加，買權價格下降　(d) 標的資產價格攀昇，將會推動買權價格上漲

6. 隨著台股指數期貨到期，台股指數期貨價格與台股指數間的關係為何？
(a) 前者大於後者　(b) 前者小於後者　(c) 兩者將趨於相等　(d) 各種可能性均存在

7. 投資組合管理者若欲規避系統風險，可採取何種方法？　I：增加投資組合內證券數以分散風險　II：交易個股認購權證　III：交易股價指數期貨　IV：交易可轉換公司債　V：交易股價指數選擇權　(a) 僅 I、II 正確
(b) 僅 I、II、III 正確　(c) 僅 III、V 正確　(d) 僅 II、III、IV、V 正確

8. 台灣期貨市場某日成交 50 萬口，其中多單買進 40 萬口，空單回補 10 萬口，新倉賣出 20 萬口，多單賣出 30 萬口，試問未平倉契約餘額為何？
(a) 增加 60 萬口　(b) 增加 40 萬口　(c) 增加 20 萬口　(d) 減少 10 萬口

9. 張三豐日前買入權利金 15 元的台塑股票買權，履約價格 70 元，在履約時，台塑股價為 75 元。在不考慮交易手續費及稅負下，張三豐的投資損益為何？　(a) 獲利 5 元　(b) 獲利 10 元　(c) 虧損 5 元　(d) 虧損 10 元

10. 有關遠期契約與期貨契約的描述，何者正確？　(a) 兩種商品均透過交易所撮合交易　(b) 遠期契約透過交易所交易，而期貨沒有　(c) 期貨契約透過交易所交易，而遠期契約沒有　(d) 兩者均未透過交易所交易

三、簡答題

1. 鴻海集團財務長規劃發行混血證券以募集龐大併購資金，試問採取特別股、可轉換或可交換公司債與附認股權證公司債等方式的利弊分別為何？

2. 面對國際金融市場利率劇烈波動，富邦金控財務長將如何評估採取利率選擇權、利率交換或遠期利率協定避險的優劣點。

3. 台塑石化財務長面對環保意識興起與公司頻傳工安事件，試問應如何規劃相關的企業保險？

4. 試評論：「財務長利用期貨避險，僅是將價格風險轉換為基差風險而已」。

5. 日本進口商為規避美元升值風險，如您為財務長，須如何操作 CME 之日幣期貨？

6. 台灣中油公司與國外供應商簽訂長期固定價格購油合約，以穩定採購原油成本，此一策略是屬於何種避險？

7. 台灣發行量加權指數期貨的規格為大台指每點 200 元，小台指每點 50 元， 100 年 4 月 14 日期貨指數為 8,777 點，現貨為 8,802 點，張翠山持有相當分散的台股投資組合市價 2 億元，他該如何操作避險？

網路練習題

1. 趙敏是虹光精密財務長，必須尋求產險公司協助以移轉公司營運面對的環境風險。請你連結富邦產險網站 (http：//111.fubon.com/insurance/home)，代為查詢攸關虹光營運可能需要投保的產險類型，以及這些險種的內容為何。

2. 歷經 2008 年金融海嘯與美國聯準會積極執行量化寬鬆政策衝擊，你身為鴻海集團財務長，更應關心國際金融市場劇烈震盪造成的影響。是以你將要求屬下連結元大證券的風險管理 e 學苑網站 (http：//riskmgmt.yunta.com.tw)，瞭解公司從事財務操作將會面臨哪些風險來源，以及如何進行信用風險管理與評估信用風險。

資金成本與公司資本結構

個案導讀

台灣生技產業包括製藥產業、醫療器材產業及新興生技產業，由於該產業對經濟發展具有重要性，政府早期將其列入《促進產業升級條例》的獎勵產業範圍。行政院從 1997 年起由國發基金列為重要投資對象，2003 年列為「兩兆雙星」產業，同年創設「運用行政院國發基金積極投資生物技術產業及生技創業種子基金」，直接參與生技公司股權投資。2007 年國發基金特別撥款設立生技發展基金，大力發展生技產業。截至 2010 年 3 月，核准投資國內外 33 件生技投資案，累計核准投資111.74 億元新台幣，直接投資台灣神隆、聯亞生技、太景、藥華製藥、永昕等 13 家生技公司。

生技產業潛藏高風險特性，政府要求信保基金透過信保制度由銀行提供營運週轉金或資本支出資金。此外，為扶植生技產業發展，政府對「中堅企業」也提供信用保證，經由投融資管道提供中長期股權資金與負債資金，以及中短期營運週轉金。台灣生技醫療產業發展超過 20 年，在政府與民間積極推動下，近年來對生技醫療產業投資已由過去每年數 10 億元新台幣，增加到近 5 年每年約200 億元新台幣。

針對上述生技產業營運所需資金來源，本章將說明加權平均資金成本與資本結構理論內涵，說明 Modigliani-Miller 理論與其相關的修正理論。其次，將說明影響公司營運資金結構的因素。接著，將探討風險與槓桿的關係，包括事業風險與營運槓桿、財務風險與財務槓桿等。最後，將說明金融市場效率性。

8.1 公司資金成本與資本結構

8.1.1 Modigliani-Miller 理論

在營運過程中，財務長運用內部融資與外部融資來籌措資金，除需考慮經濟金融環境變化、金融市場條件、公司內部經營和融資狀況、專案融資規模等因素外，並需依資金來源評估個別要素的成本與風險、節稅效果及發行成本。

上市公司虹光精密同時採取股權與債務資金融通，公司價值 V 可定義為股權 S 與負債 B 兩者的市場價值之和：

$$V = S + B$$

為求簡化，債券市場價值等於面值，而股權的市場價值可表為：

$$S = \frac{(EBIT - r_b B)(1 - t)}{r_s}$$

$EBIT$ 是虹光的息前稅前盈餘，$r_b B$ 是利息費用，t 是虹光適用的所得稅率，r_s 是股權資金成本。虹光使用股權與債務資金營運，支付**加權平均資本成本** (weighted average cost of capital, $WACC$) r_W 可表為：

加權平均資本成本
公司使用不同資金來源，依其占目標資本結構比例加權的成本。

$$r_W = r_b (\frac{B}{V})(1 - t) + r_s (\frac{S}{V})$$

r_b 是債務資金成本。實務上，財務長為提升預期報酬率，將會尋求資金來源多元化，營運資金結構包含負債、普通股、特別股及可轉換公司債等，而不同來源的資金成本稱為**要素成本** (component cost)，依個別資金來源占目標資本結構比例加權，可得加權平均資金成本 $WACC$：

要素成本
不同來源資金的成本。

$$WACC = (1 - t)r_b (\frac{B}{V}) + r_s (\frac{S}{V}) + r_p (\frac{P}{V}) + r_c (\frac{C}{V})$$

t 為邊際稅率、$(1 - t)r_b$ 為稅後負債成本、r_s 為股票必要報酬率 (股權資金成本)、r_p 為特別股成本、r_c 為轉換公司債成本，$(\frac{B}{V})$、$(\frac{S}{V})$、$(\frac{P}{V})$、$(\frac{C}{V})$ 分別代表負債、普通股、特別股、可轉換公司債的權數。舉例來說：聚隆纖維財務長規劃目標資本結構，包括負債權數 $w_b = 40\%$ 與成本 $r_b = 12\%$、特別股權數

$w_p = 10\%$ 與成本 $r_p = 15\%$、普通股權數 $w_s = 50\%$ 與成本 $r_s = 20\%$、所得稅率 $t = 25\%$，是以聚隆的加權平均資金成本 $WACC$ 為：

$$WACC = (1-t)w_b r_b + w_p r_p + w_s r_s$$
$$= 0.4 \times 12\% \times (1-0.25) + 0.1 \times 15\% + 0.5 \times 20\% = 15.1\%$$

$WACC$ 係公司提供資金供給者的預期報酬率。財務長使用 $WACC$ 評價新投資計畫，須假設其與原有資產處於相同風險，使用相同的負債比率。只有當公司的新投資計畫與現有業務性質類似，$WACC$ 才是合適的折現率。

接著，宏達電採取全部股權融通，現金流量將歸股東所有。董事會若決議同時採取股權與債務融通，現金流量將分成兩部分：相對安全部分流向債權人、較具風險部分則流向股東。設想以目前市場價值表示的宏達電簡化資產負債表如下：

資產	負債與股東權益
公司運用所有資產產生的自由現金流量現值	負債的市場價值 權益的市場價值
公司價值	公司價值

宏達電的價值是公司運用資產營運產生自由現金流量的現值，將等於流通在外的負債與權益證券價值的總和。Modigliani 與 Miller (1958) 共同提出董事會調整資本結構 (負債與股權融資比率) 不會改變宏達電價值，此即著名的 MM 理論。

(一) 命題 I　在無租稅且完全資本市場運作下，當資本市場達成均衡，公司價值與 WACC 不因資本結構而有差異，管理階層無法藉由改變融資組合來提升公司價值，此即**資本結構無關論** (capital structure irrelevance theory)。

> **資本結構無關論**
> 在無租稅且完全資本市場運作下，當資本市場達成均衡，公司價值與 WACC 不因資本結構而有差異，管理階層無法藉由改變融資組合來提升公司價值。

Franco Modigliani (1918~2003)

出生於義大利羅馬。曾經任教於 Illinois、Carnegie Mellon、Harvard 與 MIT 大學擔任訪問教授，擔任經濟研究委員會顧問。1985 年基於提出生命循環消費理論與 MM 定理，對消費理論與財務管理理論發揮卓越貢獻，從而獲頒諾貝爾經濟學獎。

MM 理論命題 I 指出，槓桿公司股價過高，理性投資人將可自製槓桿，融資購買無負債公司股票。只要個人融資條件與公司相同，投資人將可複製出公司槓桿的效果。是以 MM 命題 I 成立的關鍵，在於個人與公司同樣可取得相同融資條件，一旦個人僅能以較差條件取得融資，意味著公司可藉由舉債提升公司價值。

(二) 命題 II (無稅狀況)　股東的必要報酬率將隨槓桿程度增加而遞增。

在無稅狀況下，公司使用股權資金與債務資金營運，加權平均資金成本 r_W 是負債資金成本 r_b 與股權資金成本 r_s 的加權平均，公司價值 V 等於負債價值 B 與權益價值 S 之和。

$$r_W = r_b \left(\frac{B}{V}\right) + r_s \left(\frac{S}{V}\right)$$

由上式可推演出：槓桿公司的股權資金成本 r_s^l 等於無負債公司的資金成本 r_s^u 加上風險溢酬，而風險溢酬取決於負債融資程度。

$$r_s^l = r_s^u + (r_s^u - r_b)\left(\frac{B}{S}\right)$$

Modigliani 與 Miller 理論在 1958 年問世後，被譽為財務管理的革命性創作，顯示負債資金成本雖然明顯低於股權資金，管理階層卻無法以負債資金取代股權資金，謀取降低整體資金成本利益，此係擴大負債將讓股東承受風險遞增，勢必要求較高股權報酬率，從而抵消舉債成本較低的利益。實際上，MM 理論證明兩種資金成本會互相抵消，公司價值及加權平均資金成本都與槓桿程度無關。

雖然學者經常提出看似不切實際的理論，不過人們更關心這些理論是否適用實際環境。實務上，管理階層是否相信 MM 理論說法，認為公司價值與資本結構無關？某些產業 (如銀行業、通路業) 選擇較高負債比率，也有產業 (如製藥業) 偏好較低負債比率，亦即管理階層傾向依循產業標準的債務比率，不會任意改變槓桿程度。一般認為影響 MM 理論適用性的實務因素包括：

1. 個人借款利率遠高於公司借款利率，自製槓桿效果遠遜於公司財務槓桿效果。
2. 未曾考慮所得稅效果。
3. 未曾考慮公司舉債經營的破產成本及其他代理成本。

債務槓桿
公司舉債經營以提高報酬率，可用負債比率衡量。

債務槓桿 (debt leverage) 係指公司舉債經營以提高報酬率，可用負債比率

衡量。一般而言，債權人偏愛低負債比率，提高在公司清算過程中的保障程度；股東較偏好高槓桿而不喜歡發行新股，此係債務槓桿可能增加盈餘，發行新股卻會降低部份控制權。由於公司採取槓桿營運，舉債利息支出可做為費用而抵稅，是以 Modigliani-Miller 考慮公司所得稅的影響後，公司價值會隨負債擴大而增加。

(一)命題 I (存在公司所得稅)　槓桿公司價值等於相同風險等級的無負債公司價值，加上舉債營運的節稅利益，而節稅利益等於所得稅稅率 t 乘上負債總值。槓桿公司價值等於：

$$V_L = V_U + tB = \frac{EBIT \times (1-t)}{r_s^u} + \frac{t\,r_b B}{r_s^l}$$

舉例來說，德榮適用營利事業所得稅率 35%，每年預期息前稅前盈餘 100 萬元，稅後盈餘全部發放現金股利。管理階層規劃兩種資本結構：計畫 I 是採取無負債經營、計畫 II 是舉債 400 萬元，負債資金成本 10%。財務長針對這兩種情況進行相關計算如下：

	計畫 I	計畫 II
息前稅前盈餘 (*EBIT*)	1,000,000	1,000,000
利息 ($r_b B$) (債權人)	0	400,000
稅前盈餘 $EBT = EBIT - r_b B$	1,000,000	600,000
所得稅 ($t = 0.35$)	350,000	210,000
稅後盈餘 (股東)	650,000	390,000
$EAT = (EBIT - r_b B) \times (1-t)$ 流向股東及債權人的現金流量		
$EBIT \times (1-t) + t r_b B$	650,000	790,000

在該案例中，公司稅後盈餘以股利型態流向股東，利息支出則流向債權人。其中，德榮在計畫 II (舉債) 支付所得稅 210,000 元小於計畫 I (無負債)，差異為 140,000 = 350,000 − 210,000，此係利息屬於費用，公司享有節稅的稅盾利益，而股權資金則無此利益。是以計畫 II 將有較多現金流向股東與債權人，兩者差異140,000 = 790,000 − 650,000。至於稅盾價值可計算如下：

$$利息 = \underbrace{r_b}_{利率} \times \underbrace{B}_{融資金額}$$

德榮舉債經營 (計畫 II)，支付利息 400,000(10%×4,000,000)是費用而全部抵稅，應稅所得減少 400,000 元，在所得稅率 $t = 35\%$ 下，減免所得稅 $t \times r_b \times B$，獲取所得稅抵減或負債的稅盾 140,000(35%×400,000)。反觀德榮採

取無負債經營，400,000 元屬於應稅所得，而其現金流量與負債利息的風險相同，稅盾現金流量具有永續性，故現值為：

$$tB = \frac{tr_b B}{r_b}$$

無負債公司的每年稅後現金流量為 $EBIT \times (1 - t)$，其價值 V_U 將是：

$$V_U = \frac{(1-t)EBIT}{r_s^u}$$

公司舉債程度遞增，公司價值將隨稅盾利益而增加，永續負債價值等於 tB，而稅盾價值加上無負債公司價值即是槓桿公司價值 V_L。舉例來說，三豐目前是無負債公司，預計每年會有息前稅前盈餘 $EBIT = 153.85$ 萬元，實際營利事業所得稅率 35%，稅後盈餘 100 萬元全部支付股利。三豐董事會日前決議舉債200萬元、負債資金成本 $r_b = 10\%$，而產業中類似無負債公司的權益資金成本為 $r_s^u = 20\%$，則三豐價值如下：

$$V_L = V_U + tB = \frac{EBIT \times (1 - t)}{r_s^u} + tB$$
$$= \frac{100}{20\%} + (35\% \times 200) = 500 + 70 = 570$$

公司舉債經營降低所得稅負擔，公司價值將與負債呈正向關係。上述案例中，槓桿公司價值 570 萬元超過無負債公司價值 500 萬元，股權價值是 570 − 200 = 370 萬元。

(二) 命題 II (存在公司所得稅) 槓桿公司的權益資金成本等於無負債公司的權益資金成本加上風險溢酬，而溢酬則取決於負債融資程度與公司所得稅率。

$$r_s^l = r_s^u + (r_s^u - r_b)(1-t)(\frac{B}{S})$$

利用上述公式，三豐的權益資金成本將計算如下：

$$r_s^l = 20\% + (20\% - 10\%)(1 - 35\%)(\frac{200}{570 - 200}) = 23.51\%$$

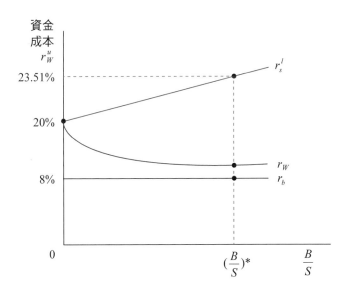

圖 **8-1**

財務槓桿對權益
及負債資金成本
的影響

上述狀況可用圖 8-1 說明。公司採取財務槓桿營運，將增加權益資金的風險。為補償公司承受的財務風險，權益資金成本將隨財務風險擴大而遞增。圖中的 r_s^u 是無負債公司的權益資金成本，r_b 是固定負債資金成本，而槓桿公司的加權平均成本 r_W 呈現遞減狀況。只要 $r_s^u > r_b$，槓桿公司的權益資金成本 r_s^l 將隨財務槓桿 $(\frac{B}{S})$ 擴大而遞增。

接著，公司是否採取財務槓桿營運，破產成本將是主要考量。理論上，公司資產等於負債，股東權益為零，公司所有權將由股東轉為債權人。實務上，公司破產衍生的成本相當可觀。隨著公司負債槓桿程度擴大，債權人為降低或避免代理問題發生，將須從事監督公司營運活動，從而支付負債代理成本。隨著公司擴大負債比例，無法清償或財務惡化可能性變大，從而產生槓桿困境成本 (leverage distress cost)：

1. **直接破產成本** (direct bankruptcy cost)　公司破產清算必須支付律師、會計師費用，以及管理人員處理破產事務所耗費的時間與成本。

2. **間接破產成本** (indirect bankruptcy cost)　客戶與供應商對公司產生信任危機，引發公司銷售額下降的損失。同時，財務長為因應財務危機，緊急出售資產籌措資金而釀成的損失。

3. **代理成本**　公司舉債融通將引爆股東與債權人間的利益衝突，爆發財務危機將讓股東採取自利策略，代理成本與無效率將降低公司市值。

槓桿困境成本

公司擴大負債比例，無法清償或財務惡化可能性變大。

直接破產成本

公司破產清算必須支付律師、會計師費用，以及管理人員處理破產事務所耗費的時間與成本。

間接破產成本

財務長為因應財務危機，緊急出售資產籌措資金而釀成的損失。

Merton Miller (1923~)

生於美國 Massachusetts 的 Boston。曾經任職於美國財政部稅務研究處，以及聯準會研究和統計處，任教於 Carnegie Mellon、芝加哥大學，擔任美國金融學會會長和《商業雜誌》副主編與芝加哥商業交易所董事。1990 年基於在公司財務結構理論的卓越貢獻而獲頒諾貝爾經濟學獎。

實務上，槓桿公司雖可獲取租稅利益，卻被承擔預期財務危機成本而部分抵消，導致價值將如圖 8-2 所示。

$$V_t = V_u + tB - PV_l$$

舉債公司價值＝無負債公司價值＋舉債節稅利益－槓桿關聯成本現值

圖中的水平線代表無負債公司價值，倒U字型曲線係槓桿公司價值，該曲線從無負債公司價值開始攀升，初期債務遞增不大，財務危機成本的現值很低。隨著經營階層擴大財務槓桿 ($\frac{B}{S}$)，財務危機成本現值將迅速攀升，而在 ($\frac{B}{S}$)* 時，增加負債所增加的財務危機成本現值，將等於稅盾現值增加，此時的財務結構將讓公司價值極大化。一旦財務槓桿擴大超過 ($\frac{B}{S}$)*，財務危機成本增加高於稅盾現值增加，公司價值隨之遞減。

圖 8-2

財務槓桿對公司價值的影響

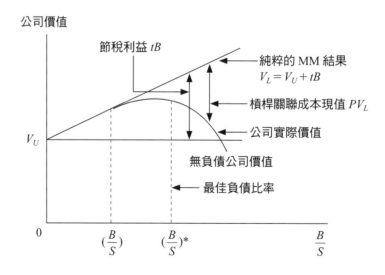

8.1.2 融資順位理論

前節所述的 MM 理論與修正看法係屬資本結構的靜態取捨理論，經營階層考慮稅盾利益、財務危機成本和代理成本後，將會選擇最適融資策略。Stewart C.Myers 與 Nicolas Majluf (1984) 則從資訊不對稱觀點，提出融資順位理論 (pecking order theory)，相關論點如下：

融資順位理論
公司向外融資，將優先發行負債，其次是可轉換證券，最後才是現金增資。

1. 經營階層偏好內部融資。
2. 經營階層設定目標股利支付率，避免股利隨機波動。
3. 強調固定股利政策，而未預期獲利與投資機會隨機波動，將讓內部現金流量可能超過或不足以因應資本支出，出現超過現象則用於清償負債或投資證券，有所不足則降低持有現金餘額或出售證券。
4. 若需向外融資，將優先發行負債融資，其次發行可轉換證券，最後才是現金增資。

就管理策略觀點而言，公司重視內部融資是所有權與經營權分離的副產品。經營階層追求公司持續發展，將創造穩定的內部融資環境，順利取得維持成長所需資金，降低依賴外部資金而維持財務獨立。此外，管理階層為增加自主權，避免公司運作受外部團體干擾，也偏好以內部資金為主要融資來源，一旦需要外部資金，則因舉債釀成的不利影響小於發行新股，故將優先舉債而發行新股。再就發行成本 (issue cost) 考量，使用內部資金並無發行成本，而在外部融資中，舉債融資成本低於發行新股成本。是以無論從資訊不對稱、發行成本或管理者策略觀點，均支持公司融資行為應符合融資順位。

公司面臨長期資金需求，經營階層可選擇舉債或現金增資策略。不過投資人認同的增資價格若低於財務長估算的公司價值，為維護原有股東權益，經營階層可能放棄現金增資，而改採舉債融資。實務上，極少公司會在空頭市場發行新股，顯示「時機」是經營階層評估現金增資與否的關鍵因素，此係增資價格低估的損失立即可見，而引爆財務危機成本和代理成本所需時間較長。

融資順位理論可用於解釋高獲利公司通常較少借款的現象，此係該類公司有足夠能力創造內部資金，無須依賴外部融資，故負債比率較低。低獲利公司則因無法創造足夠的內部資金來滿足資金需求，才需尋求外部資金援助，同時向外融資係以負債為主，促使該類公司的負債比例自然較高。

當經營階層和投資人獲取訊息相同時，將無高估或低估公司價值的問題，自然也無須考慮募集資金時機。實務上，資訊不對稱充斥經濟體系，一般投資人無法比管理階層更瞭解公司內情。在資訊不全下，投資人可能認為採取現增公司的價值就是高估，除非股價下跌，否則將缺乏認股意願。相對的，公司發

行新債，投資人則會猜測公司股價低估。由於管理階層和投資人間互相猜測，勢必導致公司寧可全部倚賴舉債融資，而無發行新股意願，此種現象的極至將類似 MM 理論推論結果，一旦不存在所得稅利益，公司採取何種資本結構皆無差異。然而在考慮租稅利益後，管理階層偏好全部舉債融資。實務上，管理階層除衡量募資時機外，也將評估財務危機成本和代理成本，一旦舉債達到某一高峰，引爆財務危機成本過大時，勢必改以股權融通取得資金。

綜合以上說明，融資順位理論可引申出兩個實際規則：

- **使用內部融資**　實務上，資訊不對稱讓投資人感覺公司前景看好，將公司債視為無風險資產，而管理階層卻知道公司前景堪虞，看到公司債違約的可能性。是以公司可能因為市場高估股價而發行股票，也可能因為營運前景高估而發行債券。就像質疑公司發行股票一樣，投資人也對發行公司債另眼相看。有鑑於此，不論發行債券或股票融通，公司都難逃投資人質疑眼光，而逃離此一窘境的方法，就是以內部資金來執行投資計畫，無須顧慮外界觀感。是以融資順位理論的第一規則就是：使用內部融資。
- **優先發行無風險債券**　在無財務風險下，債權人擁有固定報酬保障，而股東必須承擔事業風險，是以融資順位理論建議公司採取外部融通，應先選擇舉債融資，直迄舉債能力臻於極限，再考慮發行股票。至於債券型態多元化，如可轉換債券和普通債券，前者風險超過普通債券，是以融資順位理論的第二個規則就是：優先發行較無風險的普通公司債。

最後，融資順位理論與取捨理論的差異如下：

1. **無最適財務結構**　取捨理論認為當邊際成本等於邊際利益，將會產生最適財務結構。反觀融資順位理論卻指出公司先以內部資金融通投資計畫，提升股東權益價值，降低公司負債比例。一旦內部資金不足以支應投資計畫，公司將轉向對外舉債融資，直到舉債能力攀登高峰，若仍有持續的資金需求，才會考慮發行股票籌資。是以公司負債取決於投資計畫的資金需求，並無最適財務結構。
2. **盈餘公司較少舉債**　融資順位理論認為，盈餘公司擁有充裕的內部資金，較無須向外融資；然而取捨理論卻認為盈餘公司具有較強的舉債能力，通常偏好舉債融資以謀取稅盾利益。
3. **管理階層偏好資金寬裕**　融資順位理論基於不易取得合理的融資成本，公司將儲存資金以備未來投資之用，然而資金過剩則授與管理階層浪費的機會。

知識
補給站

董事會尋求中長期營運資金來源，將在內部資金與外部資金、債務資金與權益資金間取捨，而討論現金增資對股價影響的相關理論如下：

(1) 代理成本理論：Michael C. Jensen 與 William H.Meckling (1976) 認為經營權與所有權分離將引發兩種代理成本：(a) 股權代理成本：股東監督經營階層決策、特權消費及融資買下所支付的成本。(b) 債權代理成本：債權人監督經營階層決策，包括限制股利支付、債權稀釋、資產替代及投資方案等而付出的成本。當管理階層擁有多數股權，將會減少謀求自身效用極大化與外部股東要求股價極大化的潛在利益衝突，有助於降低股權代理成本。是以公司採取現金增資，若經營階層未認股或認股後的持股比例下降，勢必擴大其與外部股東的潛在利益衝突，對公司價值及股價造成負面效果。

(2) 訊息傳遞模型 (signaling model)：Leland 與 Pyle (1977) 認為經營階層除擁有多數股權外，也擁有較多攸關預期現金流量訊息，故在規劃獲利豐厚專案時，較少採取現金增資策略，避免影響股東財富。尤其是經營階層預期公司未來現金流量現值高於目前價值，將會持有較多股票。理性投資人認為經營階層握有股權比例將是反映公司價值的訊號，現金增資降低其持股比例，則是傳遞負面效果訊息，促使股價與公司價值下降。

(3) 逆選擇模型 (adverse selection model)：Myers 與 Majluf (1984) 認為，在訊息不全下，經營階層相對投資人更能正確瞭解公司內在價值。在雙方資訊不對稱、訊息傳遞成本與強調原股東利益下，經營階層不願意以低價現金增資來融通有利投資機會，此係低價現增成本可能遠高於投資所獲的淨現值。基於上述前提，當經營階層確認股價高於內在價值，將會採取現金增資；反之，股價若低於內在價值，則會改採舉債融資。是以逆選擇模型指出，在資訊不對稱下，現金增資宣告將隱含股價超過內在價值的訊息，將導致股價與公司價值下降，反觀發行債券宣告則將發揮正面股價效果。至於當外部股東確知投資計劃與公司內部現金流量時，資金運用計劃、投資計劃的預期利潤以及發行額度等對股價下跌均無影響。

(4) 融資順位理論：Myers 與 Majluf (1984) 主張公司資本結構將受新投資專案的融資需求影響，並以內部融資為先，低風險負債資金次之，最後才是權益資金。

Stewart C. Myers (1940~)

　　MIT 大學 Sloan 斯隆管理學院財務金融學教授，曾任美國金融協會主席、美國國家經濟研究局研究協會主席。主要專研財務決策、評估公司投資方法、資本成本以及政府對商業經營活動的財務監理問題研究。現任 Brattle Group 董事，積極從事財務諮詢活動。

Michael C. Jensen (1939~)

　　出生於美國 Minnesota 州的 Rochester。他曾經任教於 Rochester、Harvard 大學商學院，退休後加入 Monitor Group 顧問公司。Jensen 在資本資產定價模型、股票選擇權政策公司間裡扮演重要角色，同時發展出衡量基金經理人績效的方法而稱為 Jensen's alpha。

8.2 　風險與槓桿

8.2.1 　事業風險與營運槓桿

　　公司以自有資金營運所面臨的風險即為事業風險，風險高低和營運槓桿有關。一般而言，公司資產報酬率的變異性越大，承擔事業風險愈高。不同產業的事業風險自然不同，即使同一產業不同公司的事業風險也各異，且隨時間而變。影響公司事業風險的因素包括：公司成本的固定程度、產品需求變異性、產品售價變異性、因素價格變異性、隨著因素價格變動而調整售價的能力等。

　　在財務管理中，槓桿原理係指公司營運存在固定費用 (包括生產銷售和財務操作的固定費用)，當業務量出現較小變化時，盈餘將會發生較大變化。依據公司支付固定費用的性質不同，槓桿原理將分為營運槓桿和財務槓桿，前者將會影響 *EBIT*，後者則會影響稅後盈餘。

　　營運槓桿 (operating leverage) 係指營運過程中，公司使用固定生產因素的程度，支付固定成本 *F* 占總成本比例愈高，使用營運槓桿程度愈大，事業風險愈高。營運槓桿高低除取決於公司所處產業的技術性外，公司對使用營運槓

營運槓桿
係指營運過程中，公司使用固定生產因素的程度，支付固定成本 *F* 占總成本比例愈高，使用營運槓桿程度愈大，事業風險愈高。

桿亦存有若干控制權。營運槓桿將反映公司面臨事業風險程度，可用經營槓桿係數 (degree of operating leverage, DOL) 衡量，此即在營運成本固定下，公司產銷量 Q 變動比例引起息前稅前盈餘變動 ($EBIT$) 比例變動的比值：

$$DOL = \frac{EBIT\ 變動比例}{銷售量變動比例}$$

$$= \frac{\Delta EBIT/EBIT}{\Delta Q/Q}$$

我們也可將營運槓桿用於衡量公司營運狀況或生產的單一產品，重新定義如下：

$$DPL = \frac{Q(P-V)}{Q(P-V)-F} \ (衡量單一產品)$$

$$= \frac{S-VC}{S-VC-F} \ (衡量整家公司)$$

P 與 V 分別是產品價格與單位變動成本，$S = PQ$ 與 $VC = VQ$ 分別是營業額與變動成本，F 是總固定成本。

接著，損益平衡分析係描述固定成本、變動成本以及盈餘三者關係的分析技術。**損益平衡點** (breakeven point, BEP) 係指公司處於盈虧兩平狀態，反映公司營運總成本等於總收入的銷售量或銷售額。公司使用的營運槓桿係數愈高，營業彈性越大，銷售水準改變將對營業利益發生擴大效果，損益平衡點出現在較高銷貨水準；反之，營運槓桿係數愈小，將會發生縮小效果，損益平衡點出現在較低銷貨水準。計算公司損益平衡銷貨量的方式為：

$$損益平衡銷貨量 = \frac{固定成本}{單位邊際貢獻}$$

單位邊際貢獻係指單位售價扣除變動成本間的差額，邊際貢獻率則是單位售價與變動成本間的差額除以銷貨金額。舉例來說：聯電財務長評估下列兩種建立12吋晶圓廠的投資計畫。

A 計畫

　單位售價 $P = 240$

　單位變動成本 $V = 180$

　固定成本 $= 240$ 億元

　損益平衡產量

　　$QBE = 2,400,000/(240 - 180) = 40,000$ 單位

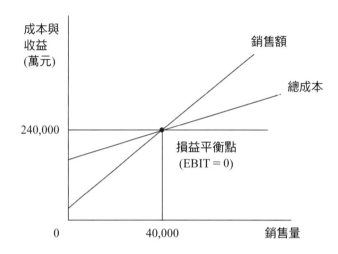

B 計畫

　單位售價 $P = 240$

　單位變動成本 $V = 120$

　固定成本 $= 720$ 億元

　損益平衡產量

　　$QBE = 7,200,000/(240 - 120) = 60,000$ 單位

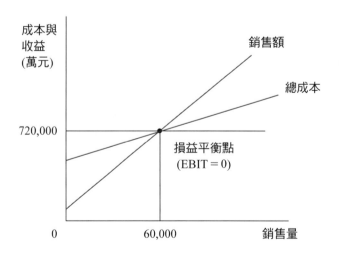

假設財務長建議董事會採用 B 計畫，當銷售額為 2,400 億元時，$DOL = 2.5$：

$$DOL = \frac{2,400\ \text{億} - (120)(100,000)}{2,400\ \text{億} - (120)(100,000) - 720\ \text{億}} = 2.5$$

若財務長建議董事會執行 A 計畫，當銷售額為 2,400 億元時，$DOL = 1.67$：

$$DOL = \frac{2,400\ \text{億} - (180)(100,000)}{2,400\ \text{億} - (180)(100,000) - 2400\ \text{億}} = 1.67$$

在相同生產計畫下，銷售額不同，DOL 也不一樣。若聯電銷售額高達 3,840 億元，B 計畫的 DOL 只有 1.6：

$$DOL = \frac{3,840\ \text{億} - (120)(1060,000)}{3,840\ \text{億} - (120)(160,000) - 720\ \text{億}} = 1.6$$

假設聯電目前銷售額與損益平衡銷售額相去不遠，將擁有相當高的 DOL，但實際銷售額超過損益平衡銷售額後，DOL 將隨兩者差距擴大而下降。

8.2.2 財務槓桿與聯合槓桿

財務槓桿係指公司舉債融通程度，公司必須支付固定財務費用，促使普通股盈餘 (EPS) 變動率通常大於 $EBIT$ (息前稅前盈餘) 變動率。公司雖可擴大負債獲取財務槓桿利益，卻會提升公司破產或擴大普通股盈餘變動機率。一旦公司的息前稅前盈餘下降，不足以補償固定利息支出時，每股盈餘將遞減更快，促使財務風險擴大而陷入破產困境。在此，**財務槓桿係數** (degree of financial leverage, DFL) 是 $EBIT$ 變動百分比引起 EPS 變動的百分比，係數越高代表財務風險愈大，I 是利息支出。

財務槓桿係數
$EBIT$ 變動百分比引起 EPS 變動的百分比。

$$DFL = \frac{\Delta EPS / EPS}{\Delta EBIT / EBIT}$$

$$= \frac{EBIT}{EBIT - I}$$

舉例來說，愛之味擁有 200 億元資產，採取舉債融資比率 50%、負債利率為 12%。當銷售額為 240 億元時，　為 48 億元，財務槓桿為：

$$DOL = \frac{48 \text{ 億}}{48 \text{ 億} - 200 \text{ 億} (0.5)(0.12)} = 1.33$$

接著,公司營運不僅存在固定生產成本,也存在固定財務成本。兩種槓桿促使每股盈餘變動率遠大於業務量變動率,此即稱為**聯合槓桿** (degree of total leverage, *DTL*) 或總槓桿,係指 *EPS* 隨著銷售額變動而變的幅度,將等於經營槓桿係數與財務槓桿係數的乘積。在其他因素不變下,聯合槓桿係數越大,總風險越大,聯合槓桿係數越小,總風險越小。

聯合槓桿

公司營運存在固定生產成本與固定財務成本,兩種槓桿促使每股盈餘變動率遠大於業務量變動率,係指 EPS 隨著銷售額變動而變的幅度,將等於經營槓桿係數與財務槓桿係數的乘積。

$$DTL = (DOL)(DFL)$$

$$= \frac{Q(P-V)}{Q(P-V)-F-I}$$

$$= \frac{S-VC}{S-VC-F-I}$$

延續前例,愛之味使用 50% 的負債融通資產,當銷售額為 240 億元時,變動成本為 120 億元,固定成本為 72 億元,差額為 12 億元,是以 *DTL* 等於:

$$DTL = \frac{240-120}{240-120-72-12} = 3.33$$

或 $$DTL = 2.5 \times 1.33 = 3.33$$

8.3 金融市場效率性

技術分析

運用金融資產價格與數量的過去變化分析金融資產價格未來走勢。

在評估金融操作方法中,**技術分析** (technical analysis) 假設所有投資活動均受經濟、政治與社會因素影響,且類似歷史現象循環重演,促使金融資產價格走勢存在分析價值。就短線交易層面而言,影響金融資產價值變化的規律均與上述因素有關,投資人若能預測影響價格變化的因素,即可預知未來走勢。尤其是就股票交易而言,股價與成交量變動趨勢反映投資人心態趨向,依據這些趨勢將可預知未來股價走勢。

隨機漫步理論

投資人無法憑藉某些規則預測股價變動,今日股價既非昨日股價變動的結果,也無法用於預知明天股價漲跌。

相對的,**隨機漫步理論** (random walk theory) 強調投資人無法憑藉某些規則預測股價變動,今日股價既非昨日股價變動的結果,也無法用以預知明天股價漲跌,股價變動有如酒徒醉步搖擺不定。同時,該理論批評技術分析說法,指出多數理性投資人不僅擅長各種分析工具,而且市場訊息公開並無私密可

言，股價已經反映市場供需關係或距離內在價值不遠。至於股票內在價值其實就取決於每股資產價值、每股盈餘率、股息分配率等基本因素，投資人從報章雜誌都可找到相關資料。另外，新訊息流入市場將讓基本分析人士重新評估股票價值，調整決策而引起股價變化。假設公司資產價值僅是每股 8 元，投資人斷然不會以 80 元買入或以 1 元賣出，顯示股價將會反映市場投資人看法，透過交易而形成合理價位。實際上，股價將圍繞著內在價值上下波動，隨意而行無軌跡可尋。

爾後，Fama (1965) 提出效率市場臆說 (efficient market hypothesis, EMH)，認為任何時刻的股價都是投資人利用現有訊息和預期公開新訊息，對股票內在價值作出評估的結果。投資人對新訊息的預期未必相同，甚至因預期差異而有相反決策，從而引起股價波動。金融資產價格預期 形成可表為：

$$P_t^e = E(P_t|I_{t-1})$$

I_{t-1} 是人們掌握的 $t-1$ 期訊息。Fama (1969) 將市場流通的訊息分為圖 8-3 所示的三種類型，包括過去 (已經公開)、目前 (正在公開) 與未來 (尚未公開) 三種，過去訊息的集合為所有公開可得訊息集合的子集合，而公開可得訊息集合又是所有訊息的子集合。目前股價如果僅反映過去訊息則稱為**弱式** (weak form) 效率市場，若已反映所有公開可得訊息則是**半強式** (semi-strong form) 效率市場。一旦目前股價充分反映所有訊息則屬於**強式** (strong form) 效率市場。強式效率隱含半強式效率，而半強式效率隱含弱式效率。

1. **弱式型態**　現行股價充分反映公司過去股價走勢及相關訊息。歷史價格資訊隨手可得，投資人剖析股價行為模式而獲取暴利，但在每人競相謀利下，任何超額利益都將在競爭中消失，歷史價格訊息對金融操作毫無用處，利用技術分析基本上無法預測股價未來走勢。

效率市場臆說

任何時刻的股價都是投資人利用現有訊息和預期公開新訊息，對股票內在價值作出評估的結果。

弱式效率市場

股價完全反映過去訊息。

半強式效率市場

股價反映目前所有公開可得訊息。

強式效率市場

股價充分反映所有訊息。

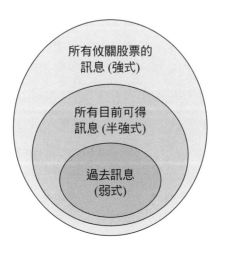

圖 8-3

訊息集合與效率市場

2. **半強式型態** 股價除充分反映市場變動趨勢及市場訊息，連公司財務報表、業績及管理品質等公開資訊也被市場消化，想要運用基本分析 (fundamental analysis) 謀利的成功機率不高，此係市場價格早已迅速反應廣泛流傳訊息。

3. **強式型態** 股價充分反映公開資訊與內線消息，利用內線訊息投資無法獲得暴利，財務長在該類金融市場操作，僅能取得正常利潤，獲取暴利純屬意外。

效率市場臆說認為在半強式與強式市場，股價變動的歷史軌跡雖然無法用於預測未來股價變動，但卻是圍繞在理論價值上下波動，亦即股價醉步型運動軌跡係反映股價向公司內在價值調整的過程。是以隨機漫步理論對投資人從事金融操作的涵義是：當股價偏離內在價值過大時，可以進行買賣決策，股價高於內在價值，可適時賣出；反之，則買入。

最後，金融市場效率性對管理階層具有四層啟示。

· 會計選擇、財務選擇與市場效率

管理階層追求股價亮麗表現，經常透過選擇會計方法的彈性空間，設法擴大當期盈餘。實務上，相關會計處理方式包括，在存貨方面，可以選擇「後進先出法」或「先進先出法」；在營造方面，可以選擇「完工百分比法」或「全部完工法」；在折舊方面，可以選擇「加速折舊法」或「直線折舊法」。然而在下列條件成立時，選擇何種會計處理方法均無法影響股價。

1. 公司年報提供足夠資訊協助財務分析師以不同會計方法算出公司盈餘。
2. 資本市場具有半強式效率，投資人會運用所有會計資訊來決定合適股價。

多數實證文獻指出，沒有證據支持管理階層能夠利用選擇會計方法來提升股價，此即隱含資本市場具有效率性。不過上述討論是基於「財務分析師能以不同會計方法計算出公司盈餘」，然而近年來，安隆、世界通訊、環球電訊及全錄公司出現報表不實的弊案，分析師在無從獲知確切的財報數字下，無法以不同會計方法計算盈餘，促使這些股價超出真實價格甚多，也就不讓人意外。管理階層若不擔心因偽造報表而坐牢，就可用此種方式來拉抬股價！

• 時機決策

管理階層評估發行股票日期，此即時機決策 (timing decision)。如果管理階層認為公司股價高估，可能選擇發行股票融資；一旦股價低估，則將等到股價回升至合理價格以上才會增資。在效率資本市場上，股票係以內在價值交易而無偏誤現象，時機決策也就不具重要性了。實務上，管理階層可在股價高估

時採取現金增資動作，是否代表市場並非半強式或強式效率？事實上，管理階層可能掌握投資人未知的訊息，市場至多屬於半強式效率型態而已。一旦市場確實符合半強式效率，股價應該會在公布現金增資訊息當天下跌，而許多實證研究也證明這種現象。

• 投機及效率市場

　　在效率金融市場，管理階層無須耗費時間預測利率及匯率走勢，預測結果未必優於運氣，而應將時間放在行政工作上。但這不意味著管理階層就可隨機決定採取何種貨幣發行債券及其到期時間，仍應考慮各種因素與評估，而非以擊敗市場為目標。同樣概念也可適用於併購活動。許多公司從事併購係認為被併公司價值低估，實證結果指出，該類型併購活動具有市場效率性，主併公司難以獲取物超所值的利益，尤其是併購金額除包括標的公司價值外，還須附加標的公司經營權移轉溢酬，才能誘使其釋出股權。凡此種只是強調公司應在具有綜效下才可考慮併購，行銷的改善、生產的規模經濟、更換劣質管理階層及稅負減少都是典型的綜效，這些綜效與認為被併公司價值低估是不同的。

• 市場價格資訊

　　想要預測未來股價並不容易，然而過去以及目前股價則是經常用做預測的參考。換言之，市場效率隱含股價會反映所有可得的資訊，管理階層應該盡可能將此訊息運用在公司決策上。

知識補給站

　　1930 年代，Benjamin Graham 率先將「基本分析」引入評估證券價值，迅速成為股票分析師和基金經理人的評估基礎。基本分析基於公司提供的訊息，考慮產業營運特質，針對不同發展階段運用「成長型」、「價值型」投資模型推估其合理價值，作為擬定投資決策參考。不過基本分析多數係以公司或產業的現有資訊來預測未來，也同時反映多數投資人想法，是以透過市場交易的績效顯然不會與加權股價指數有明顯落差。依據實際資料顯示，投資人依據股票分析師建議買賣股票，績效還不如投資股價指數基金，而因基金收取管理費，其整體績效也是低於標準普爾 500 股價指數 1%~2%。

　　1970 年代出現隨機漫步理論，認為股價呈現隨機型態，過去股價和公司績效難以用來預測未來，以基本分析或技術分析來擬定投資決策，績效未必會超過加權股價指數。隨機漫步理論的基礎即是效率市場臆說，主要論點有二：

(1) 攸關公司新訊息將在市場迅速反應，無人能夠長期享有訊息優勢。

(2) 市場對訊息反應是理性的。

實務上，市場訊息傳遞未必迅速，公司內部人和專業投資人擁有訊息優勢，尤其是投資人對訊息反應未必理性，過度自信 (over confidence)、動能效應 (momentum effect)、損失厭惡 (loss aversion) 與後悔厭惡 (regret aversion)、定錨 (anchoring) 與從眾行為 (herding behaviors) 的非理性操作比比皆是，這些僅能由心理學解釋，也讓效率市場臆說常常失準。實務經驗指出基本分析勝過綜合股價指數的條件有二：(1) 市場存在資訊不對稱，故須享有訊息優勢、(2) 須以長期投資為目標，在確定合理股價後敢於逆向操作，充分利用他人非理性行為創造的機會。

另一方面，技術分析利用股價過去行為來預測往後趨勢，指出決定股價的基本因素是股票市場供需關係，而非內在價值。技術分析的優勢是透過分析股價變動，發現少數訊息優先者的行為，相對其他投資人迅速反應。不過技術分析師大談支撐和抵抗線、頭肩圖、季線與年線、波浪論或周期論等技術名詞和理論，評論市場總給人「紙上談兵」和「事後諸葛」的感覺。尤其是學術界早就否定技術分析效力，隨機漫步理論和效率市場臆說更從理論與實證來驗證技術分析無法產生優於綜合股價指數的長期績效。至於專業投資人也是以基本分析為基礎，關注影響公司營運和發展的任何因素，但對股價行為往往不屑一顧。

對短線投資人而言，技術分析是交易決策的基礎。實務上，股票市場存在某些可利用的規律，其成功率和穩定性遠超過隨機漫步理論所能解釋的範圍。由於市場資訊不對稱與非理性投資決策存在，技術分析的優勢在於分析股價變動以掌握多數投資人慣性，洞燭先機而逆向操作獲取超額報酬。不過使用市場熟悉的技術指標和交易策略顯然無效，投資人必須自行摸索一套以統計學為基礎的交易技術，針對每個買賣信號同時估計正確機率，正確時的平均利潤和錯誤時的平均虧損，以及信號出現頻率和相應的報酬率。在找到成功的交易模式後，投資人還需建立合理的資金管理方法，確定投入每筆交易資金的最適比例。

由於技術分析難以確認合理股價，故須對每筆交易設定停損 (stop loss) 點，股價跌至停損點或其技術狀態遭致破壞，即應毫不猶豫出場。「勝敗乃兵家常事」，使用技術分析長期獲利的關鍵就在「勝時多賺、敗時少虧」，決策錯誤卻不願停損，虧損套房勢必越住越大。為能充分利用交易策略在統計意義的優勢，投資人必須頻繁交易，而交易成本則是獲利與否的關鍵因素。一般而言，操作靈活的散戶適合使用技術分析交易，大型基金則很難效率運用該技術。尤其是在低流動性 (買賣報價差距極大或成交量低)或高交易成本市場，如台灣股市存在漲跌幅 7% 限制，買賣一次的交易成本 (手續費和證券交易稅) 為交易金額的 0.6%，將會影響有效執行關鍵性停損操作。

事實上，短期交易係屬零和遊戲，使用技術分析獲取的超額利潤正是來自於無訊息優勢和有非理性投資人。不過投資人運用技術分析進行短期操作，將會加快訊息傳遞速度，抑止非理性行為發生，最終有助於提升市場效率性。

Benjamin Graham (1894~1976)

　　出生於英國倫敦。Graham 發表劃時代著作《證券分析》(1934)、《財務報表解讀》(1936) 與《聰明的投資人》(1942)，在投資領域產生巨大震撼，影響幾乎三代的重要投資人，現今活躍在華爾街的基金管理人都自稱為 Graham 的信徒，被譽為「證券分析之父」、「華爾街教父」。

Eugene Fama (1939~)

　　生於美國 Massachusetts 的 Boston。任教於 Chicago 大學商學院，並獲當選為美國財務學會院士，計量經濟學會和藝術與科學學院、美國科學院院士。2013 年基於在資本市場和資產定價等金融財務領域的傑出貢獻而獲頒諾貝爾經濟學獎，並被譽為「現代金融之父」。

問題研討

小組討論題

一、是非題

1. 台積電符合《產業升級條例》的免繳營利事業所得稅優惠，是以 MM 理論認為台積電的市場價值將等於其預期報酬除以權益資金成本。

2. 精誠資訊安排能使資金成本達到最低的長期負債、特別股與普通股的組成比率，此即稱為最適資本結構。

3. 張無忌運用股價歷史趨勢的相關資訊來篩選股票，卻是無法賺取超額報酬，則此市場即屬於弱式效率型態。

4. 國內股票報酬率在每年元月的績效往往優於其他各月，此種元月效應即是屬於規模效應。

5. 佳邦經營權面臨市場派人士挑戰，董事會為避免喪失公司經營權，將傾向以長期借款來融資。

6. 大宇紡織必須繳納營利事業所得稅，是以 MM 理論認為由於稅盾效果存在，舉債增加將會降低大宇的價值。

7. 在其他條件不變下，力晶的營業槓桿愈低，董事會向外負債的誘因將會愈強。

8. 隨著聚隆纖維的低成本融資來源逐漸用盡，必須向外尋求成本遞增的融資來源，促使邊際資金成本曲線呈現遞增現象。

9. 傳統資本結構理論認為，隨著勁永科技提高負債比率，公司價值隨之遞減，此係節稅利益大於權益資金成本所致。

10. 富邦投信基金評估開發金控股價走勢僅能滿足弱式效率，是以經理人採取技術分析預測股價走勢將無效果，但使用基本分析來預測股價走勢卻是收穫匪淺。

二、選擇題

1. 晨星半導體財務部評估公司的加權平均資金成本，何者並非構成要素？
   (a) 負債成本　(b) 特別股成本　(c) 信用成本　(d) 保留盈餘成本

2. 下列敘述，何者錯誤？　(a) 台新金控發行特別股的資金成本必然高於普通股　(b) 文曄發行普通股的資金成本將會高於負債　(c) 宏達電保留盈餘愈多，財務風險愈低　(d) 相對短期負債而言，佳能使用長期負債資金的成本較高

3. 鴻海董事會宣布下年發行票面利率 11% 的公司債，並以某價格賣給投資人，而在此價格下，投資人可獲收益率 12%，假設營利事業所得稅率為

20%，試問鴻海的稅後負債成本為何？　(a) 12%　(b) 11 %　(c) 9.6%　(d) 8.8%

4. 隨著迅杰適用的營利事業所得稅率愈高，舉債營運所能產生的稅盾利益將如何變化？　(a) 愈多　(b) 愈少　(c) 無影響　(d) 無從確定

5. 聯發科技董事會決議全部採取權益資金營運，其 *EBIT* 為 $500,000，權益資金的必要報酬率為 8%，試問公司市場價值為何？　(a) $500,000　(b) $1,000,000　(c) $50,000　(d) $5,000,000

6. 矽品董事會採取融資順位理論來募集資金，何者將是優先選擇？　(a) 普通股　(b) 公司債　(c) 銀行借款　(d) 自有資金

7. 觸控面板大廠宸鴻淨值發生變動的原因包括：(I) 盈餘轉增資、(II) 發放現金股利、(III) 資本公積轉增資、(IV) 現金增資。何者正確？　(a) I、II　(b) I、III　(c) II、III　(d) II、IV

8. 金融市場若無交易成本且資訊可無償取得，無人可操弄股價，此即屬於何種市場型態？　(a) 強式效率市場　(b) 半強式效率市場　(c) 弱式效率市場　(d) 缺乏效率市場

9. 統一投信評估台灣證券市場僅符合弱式效率市場，試問何種說法係屬正確？　(a) 內線訊息無效　(b) 基本分析無效　(c) 技術分析無效　(d) 充分反映所有已公開資訊

10. 金融電子化已是金融交易的主要模式，試問對市場效率性將發揮何種影響？　(a) 網路無國界，故不影響市場效率性　(b) 資訊便宜且容易取得，故將提升市場效率性　(c) 網路交易將會擴大證券價格變異性，故將降低市場效率性　(d) 網路交易將提升經紀商間的競爭性，故將提升市場效率性

三、簡答題

1. 媒體經常報導幾位著名投資大師與選股專家的投資報酬創下近二十年來的記錄，此種現象是否違背效率市場臆說？

2. 效率市場臆說基於 (1) 市場不是弱式效率市場、(2) 市場符合弱式效率，但非半強式效率、(3) 市場為半強式效率，但非強式效率、(4) 市場為強式效率。試問在下列情境下，投資人是否可經由股票交易而獲利。

   (a) 過去 30 天股價穩定上升。

   (b) 公司的財務報表在三天前公布，且你相信自己從報表中發現一些公司存貨與成本控制的異常現象，這會使公司真正的流動性被低估。

   (c) 你發現公司資深經理在前一週透過公開市場買進龐大的公司股票。

3. 試剖析和碩財務長規劃委外代工策略時，對營運槓桿、財務槓桿與聯合槓桿將發生何種影響？

4. 台灣股票市場屬於半強式效率市場型態，試問在下列交易情況下，你可以賺取超額報酬嗎？

(a) 你的投資顧問記錄有關股票盈餘的訊息。

(b) 有關鴻海公司準備合併某家手機公司的謠言。

(c) 永信公司在昨天公布新製藥產品測試成功。

5. 何謂公司的資本結構？試說明決定宏達電公司資本結構的主要因素包括哪些？

6. 試說明財務槓桿與和經營槓桿有何不同？如何運用經營槓桿與財務槓桿來提升收益或降低風險？

7. 試評論：「隨著國內資本市場欣欣向榮與規模擴大，台灣與美、日本、德等先進國家一樣，在 1970~2000 年鑑，甚至直至 2009 年，公司籌措資金仰賴直接金融較多，仰賴間接金融較少。」。試問公司融資可否採全部用借款，而無需使用自有資金？

8. 試說明在無公司所得稅與考慮公司所得稅的條件下，MM 定理的內容有何不同？

9. 公司陷入財務困境所需負擔的成本包括哪些？在考慮財務困境成本下，如何確定槓桿公司的價值？

10. 試說明下列題目的意義：

(a) 一般常用翹翹板的概念解釋利率風險。試問利率風險要如何用翹翹板的概念來解釋？翹翹板概念用於解釋短期債券與利率間關係及長期債券與利率間關係時有何不同？

(b) 若投資人預期面板大廠友達科技本年每股將虧損 $10，而公告的實際每股僅虧損 $8，卻是創下該公司有史以來最大虧損。依據效率市場臆說，當友達宣告每股虧損 $8 時，市場股價將應呈現何種反應？

(c) 張無忌閱讀華爾街日報的 Smart Money 專欄，其分析師預期美股將趨於下跌，試問張無忌應跟進其說法，賣出美股嗎？原因為何？

四、計算題

1. 海天企業管理階層正在評估兩種不同的資本結構：A 計畫屬於無負債經營，發行有 150,000 股流通；B 計畫則是採取槓桿營運，包括發行 60,000 股流通與 150 萬元的負債。假設負債的利率為 8% 且無須繳納公司所得稅，試計算下列問題：

(a) 若息前稅前盈餘為 220,000 元，何種計畫的每股盈餘較高？

(b) 若息前稅前盈餘為 650,000 元，何種計畫的每股盈餘較高？

(c) 海天企業達成損益兩平的息前稅前盈餘為何？

(d) 試使用 MM 命題 I，計算在 A 與 B 計畫下每股股價及公司價值。

2. 國泰建設的債益比為 1.5，其加權平均資金成本為 12%，負債成本為 12%，公司的稅率為 35%。

(a) 試問國建的權益資金成本為何？

(b) 試問國建採取無負債營運時，其權益資金成本為何？

(c) 試計算國建採取的債益比為 3、1 和 0 時，各自的權益資金成本？

3. 德榮與海天兩家公司除資本結構不同外，其餘條件皆相同。德榮屬於無負債公司，價值為 600,000 元。海天則使用權益及永續負債營運，權益價值 300,000 元，負債利率為 8%。兩家公司預期未來每年的息前稅前盈餘為 73,000 元，且均無所得稅問題。

(a) 張無忌擁有 30,000 元海天的股票，試問其預期的報酬率為何？

(b) 試證明張無忌如何利用投資德榮所產生的報酬率與現金流量去自製槓桿？

(c) 試問兩家公司的權益資金成本分別為何？

(d) 試問兩家公司的加權平均資金成本分別為何？

4. 高僑公司發行公司債 5,000 萬元與股票 15,000 萬元（依據市場價值發行）募集營運資金，並於當年獲取營運所得 580 萬元，而支付公司債利率為 。試為李董事長計算高僑公司財務資料：(a) 高僑使用全部資金營運所獲報酬率？(b) 高僑董事會決定將盈餘全部分配，並享有產業升級條例的免繳所得稅優惠，張無忌投資高僑的報酬率為何？(c) 依據 MM 理論，高僑發行股票必須支付股東財務風險溢酬為何？(d) 假設高僑當年適用 17% 的營利事業所得稅率，張無忌投資高僑的報酬率為何？

5. 華碩電腦若採全部股權資金營運，預期權益報酬率為 12%。如果董事會改採負債20%，權益 80% 的資本結構，而預期負債報酬率為 6%。試問：

(a) 若營利事業所得稅率為零，則改採負債 20%，權益 80% 的資本結構下，預期權益報酬率為何？

(b) 採取全部股權融資的股價為 $50，預估每股盈餘為 $6，則改採負債 20%、權益 80% 的資本結構下，預估每股盈餘為何？

6. 南方公司轉投資創立北方公司，投入 $300 百萬 (擁有全部股權)，估計北方公司的 beta 值約 1.4 (無風險利率 2%，市場預期報酬率 12%)，所得稅率為 20%。另外，北方公司經母公司保證，發行 5 年期總額 $100 百萬的債券 (面額 $1,000，票面利率為 4.2%，半年付息一次)，發行價格 $1,008.8。試計算下列問題：

(a) 負債成本(債券殖利率，不考慮承銷費用)。

(b) 權益成本 (以 CAPM 計算)。

(c) 加權平均資本成本 (WACC)。

(d) 北方公司設立數年後股票上市，上市前一年發放現金股利 $2，權益成本變為 12%，假設該公司發放現金股利將以成長率 2% 增加，則其理論股價為何？(以 Gordon 模型計算)

7. 試回答下列有關資本結構與股利的問題：

(a) 永冠的產品銷售量每增加 1%，其所得稅與利息前純益 (EBIT) 將變動 1.8%。假設永冠的所得稅與利息前純益為 45 千萬元，利息費用 15 千萬元，試問其總槓桿程度 (DTL) 為何？

(b) 太子建設的營利事業所得稅率為 20%，所得稅與利息前淨利 (EBIT) 為 20 百萬元，未舉債之權益成本為 10%；負債金額為 60 百萬元，負債成本為 10%，負債比率為 (負債／資產) 0.5。依據 MM 理論命題一 (Proposition I, $V_U + tD$)，太子建設的價值為何？

👍 網路練習題

1. 試連結公開資訊觀測站網站 (http://newmops.tse.com.tw/)，找出華碩電腦與文曄科技兩家公司的資產負債表與損益表，分別計算這兩家公司前兩年的負債對權益比率，嘗試說明兩家公司為何使用不同的資本結構？

2. 試連結公開資訊觀測站網站 (http://newmops.tse.com.tw/)，尋找電子通路產業中，哪些上市公司的負債對權益比率相對較高，而其每股盈餘是否會與該比率呈現某種關係？

CHAPTER

9

股票與股票評價

個案導讀

國內借殼上市案例頻傳，基因國際董事長徐洵平以醫美整形起家，在 2010 年買進經營生技醫療及 IC 的達鈺半導體，更名為基因國際借殼上櫃，將旗下的韓風整形外科診所、薇閣坐月子中心、戴爾牙醫聯盟、醫美品牌「dr.DNA」等業績注入，迅速躍居生技醫美概念的大飆股。爾後，基因國際於 2012 年再以 120 萬元向麵包達人 (更名生技達人) 公司取得「胖達人」商標權，並投資生技達人 1,500 萬元。胖達人在諸多名人加持與業績大增下，推動基因國際股價飆漲至 2013 年 3 月的 212 元高峰。

在基因國際股價大漲過程中，胖達人業績挹注扮演關鍵角色。依據徐洵平說法，胖達人年營收 7 億餘元，以基因國際 2013 年前 7 月營收達 7.2 億元，較前一年同期成長 135% 來看，胖達人挹注麵包業務與原本的醫美整形事業是撐起基因公司業績的兩大支柱。再從獲利來看，基因國際從 2010 年轉虧為盈，2011 年的 EPS 衝到 5.54 元，2012 年降至 3.78 元，2013 年第一季及第二季的 EPS 分別為 0.88 元及 1.19 元。在生技股高本益比推升下，基因國際因有實質獲利表現，再加上名人加持與市場追捧效應，股價一路炒高至 212 元。爾後，胖達人公司在 2013 年爆發「標榜天然食材卻使用人工香精」廣告不實事件，引發消費者不滿與批判，股價出現崩跌，相關人士因炒股而被移送法辦。

從上述炒股案例，本章首先將探討普通股的內涵，包括普通股的權利、資本大眾化的利益與過程。其次，將說明普通股評價模式。第三，先將探討庫藏股制度與發揮的功能。接著，將探討交叉持股型態與發揮的功能，說明關係企業類型與產生的弊病。最後，將說明股票相關的金融產品。

9.1 普通股的內涵

9.1.1 普通股的權利

股份有限公司發行股票募集資金，趙敏持有股票而成為股東，將擁有固定比例的公司所有權，享有權利如下：

- **盈餘分配權**　董事會每年召開股東常會，決議盈餘分配案。其中，現金股利係以現金發放，如趙敏擁有偉詮電子 2,000 股，2010 年每股分配現金股利 2 元，可得現金 2,000×2＝4,000 元。股票股利又稱無償配股，是以面值 10 元發放股票，如偉詮在 2010 年每股分配股票股利 1 元，趙敏可取得折合面值的股票股利 2,000×1＝2,000 元，亦即無償取得偉詮 200 股。

- **表決權與選舉權**　董事會在每年股東常會提出年度報告，股東對議案擁有表決權。此外，公司每 3 年改選董事與監察人，普通股股東擁有選舉與被選舉權，透過爭取董事席次而掌握經營權。一般而言，一股就是一個股權，不過有些公司設有股票分級制度，持有股權超過某一比例，超過部分的投票權將以 99% 或 97%，甚至是 90% 計算。

公司董監事係由股東票選出來，但與政治選舉的差異性很大，規則有兩種：

累積投票制

每一股權享有與預定董監事名額相同的投票權，股東可將股權集中投給一人。

1. **累積投票制 (cumulative voting)**　每一股權享有與預定董監事名額相同的投票權，股東可將股權集中投給一人，讓少數股東支持人選有機會進入董事會。舉例來說，德榮董事名額四位，張無忌擁有 20 股而趙敏有 80 股，分屬兩大陣營。在累積投票制下，張無忌將 20×4＝80 股權投給自己，將可確定當選董事，趙敏雖然擁有 80×4＝320 股權，卻無法有效分配於四席董事而超過 80 股權，至多僅能獲選三席董事。

直接投票制

每一股權僅能投票給一人。

2. **直接投票制 (straight voting)**　每一股權僅能投票給一人，若要選出 n 位董事，保證當選股權為 $1/(n+1)$ 比例的股票加 1。德榮有三席董事名額，發行股數為 10,000 股，試問確保當選票數為何？答案是 2,501 股權，剩餘股權數 7,499 股權勢必無法分配於三席董事，而能超過 2,501 股權。假設有兩人係以 2,502 股權當選，第三人僅有 10,000－2,502－2,502－2,501 ＝2,495，則第三席董事將屬於獲得 2,501 股權的候選人。

直接投票制將可阻止少數股東支持者進入董事會，成為許多公司屬意採取的理由，反觀累積投票制則可排除投票選舉中的不公平手段。另外，分散董

事選舉則是股東會每次僅選出部分董事，僅選兩席董事就需獲得 $1/(2+1) =$ 33.3% 比率的股權再加 1 個股權才可保證當選，而分散董事選舉時間將可發揮下列效果：

1. 每次僅選出部分董事，縱使採取累積投票制，仍可排除少數股東選上董事。
2. 少數股東不易當選董事，降低公司被接管的命運。
3. 提供制度上的記憶 (institutional memory)，由原來團隊持續組成董事會，對擁有長期營運計畫的公司將具有重要性。

另外，委託書 (proxy) 是股東擁有投票權的證明。上市大公司股東眾多，如聯電與台積電股東超過百萬人，可選擇親自參與股東大會，或將此權利轉讓他人，由他人代為出席執行權利。顯然地，經營階層 (董事會) 為順利召開股東常會，常常採取徵求委託書策略，以求達到法定出席人數。再者，管理階層為掌控經營權，或股東不滿意公司經營績效，也會蒐集委託書累積投票數以選出適合人選，此即稱為**委託書爭奪戰** (proxy fight)。

委託書爭奪戰
股東蒐集委託書累積投票數參與董事選舉。

- **剩餘資產分配權**　股東承擔公司事業風險，但僅對持有股權比例負責。公司破產清算的所得須依債權人、特別股股東的順序清償，若有剩餘再依普通股股東持股比例分配。
- **優先認股權** (preemptive right)　公司現金增資發行新股，原股東擁有按持股比例優先認購權利，避免原有股權因發行新股而稀釋。假設公司有意引進策略性或外部法人股東，須由股東會決議原股東放棄認股權，再採圈購或私募方式由非股東認購。

優先認股權
公司現金增資發行新股，原股東擁有按持股比例認購權利。

知識補給站　下表是全體董事與監察人的最低持股比率與公司資本額關係的規範。依據《證券交易法》第 26 條第 2 項規定，公開發行公司選任獨立董事的持股不計入全體董事持股總額。另外，上市或上櫃公司選任獨立董事二人以上者，除獨立董事外，其餘全體董事與監察人可就下表規定比率計算的持股比率再降為 80%。

級距	實收資本額	全體董事持股占已發行股權的最低比率	全體監察人持股占已發行股權的最低比率
1	新台幣 3 億元以下	15%	15%
2	新台幣 3~10 億元以下	10%	10%
3	新台幣 10~20 億元以下	9.5%	9.5%
4	新台幣 20~40 億元以下	5%	5%
5	新台幣 40~100 億元以下	4%	4%
6	新台幣 100~500 億元以下	3%	3%
9	新台幣 500~1,000 億元以下	2%	2%
8	超過新台幣 1,000 億元	1%	1%

9.1.2　資本大眾化的利益與過程

資本大眾化

公司分散股權，公開揭露營運與財務資訊，透過上市或上櫃向大眾募集資金。

資本大眾化 (going public) 係指公司分散股權，公開揭露營運與財務資訊，透過上市或上櫃向大眾募集股權資金，此舉將可為公司帶來下列利益：

1. 股票在公開市場掛牌交易後，募集資金來源趨於多元化。

2. 股票掛牌交易提供股東公開交易股票場所，大幅提升流動性，有助於刺激投資意願與持有誘因。

3. 公司營運及財務資訊須定期公開揭露與透明化，降低取得訊息成本。同時，證券交易所透過媒體迅速傳遞股票行情，投資人即時掌握市場變動趨勢，作為操作決策參考。

4. 上市上櫃股票採取公開競價交易，流動性上升降低投資人要求附加的流動性溢酬，促使股價反映內在價值。

接著，再說明發行公司邁向資本大眾化的過程如下：

(一) 股票上市流程

表 9-1 顯示：公司首先分散股權，並向金管會證期局申請公開發行，再與綜合券商簽約輔導調整內部體質，透過後者推薦在興櫃市場掛牌交易，所需時間 2 年。隨著上市輔導期滿，輔導券商代為向交易所申請上市案備查，約 1~2 月即可取得備查函，再正式向證交所遞件申請上市，經過交易所審查、送交上市審議委員會審查通過、轉送交易所董事會通過 (2~2.5 月)，再轉交證期局核

備通過 (1~2 週)。一旦所有上市審議過程全部結束後，發行公司需在證期局通過後 3 個月內掛牌，若有特別原因得申請延後掛牌一次，則可由興櫃市場轉向集中市場上市交易。

表 9-1
股票上市流程

程序	所需時間
股票公開發行	
向交易所申報輔導契約與計劃	
上市輔導及評估報告	
向交易所申請備查函	依規定至少輔導滿 22 個月
取得備查函	申請備查函後 1~2 個月
向交易所申請上市	2 個月內，且輔導滿 2 月
意見徵詢	申請後1個月內
交易所審查、審議會及董事會通過	申請後約 2~2.5 個月
證期會核備上市契約	1~2 週
向證期會報備承銷	
業績發表會	
證券商承銷作業	約 2.5 個月
股票上市買賣	

知識補給站

　　為提升發行市場品質與保障投資人權益，金管會自 2005 年 3 月 1 日實施「初次上市普通股首五個交易日無漲跌幅限制」，新掛牌股票從開盤至收盤維持集合競價，收盤前五分鐘暫停撮合，在接受買賣委託後以集合競價決定收盤價。此外，交易過程同樣揭露未成交的最高五檔買進及最低五檔賣出申報價格及張數，但在該期間內不實施盤中瞬間價格穩定措施。

　　在新股掛牌的首五日交易期間，面對無漲跌幅限制與無瞬間價格穩定措施下，證券商將需加強控管錯帳，防範高買或低賣股票而拒絕交割的違約風險：

(1) 預收款券：針對委託超過一定金額，或委託價格與承銷價、市價差距過大時，證券商應評估投資人信用，自行決定是否預收款券。

(2) 設立控管點：檢討網路、語音等電子下單及當面委託等，針對下單數量與價格設立管控點。

(3) 檢討相關內稽內控作業。

接著，國內股市缺乏穩定新上市公司股價機制，而原始股東持股成本低廉，可能於掛牌後旋即拋售持股，是以金管會引進「過額配售機制」來穩定股價，此係主辦承銷商與發行公司簽訂協議，要求原股東提出 15% 新上市股數辦理過額配售。主辦承銷商將視採取詢價圈購或競價拍賣結果，決定是否過額配售及實際過額配售數量。在新掛牌公司首五個交易日，出現跌破承銷價狀況，主辦承銷商得運用過額配售資金，買進股票回補過額配售部位 (發揮價格支撐功能)，而於穩定股價操作期間屆滿後，將股票返還公司。反之，股價上漲超過承銷價，主辦承銷商則將過額配售資金交付公司。

最後，承銷團針對新掛牌公司採穩定價格操作，相關原則與作業規範如下：

(1) 專戶申報：主辦承銷商在別家券商開立穩定價格操作專戶，以及主協辦承銷商自營帳戶或「承銷商取得有價證券出售專戶」，應於初次上市買賣日至少三個營業日以前，向台灣證券交易所與證券商公會申報，以利控管。

(2) 委託限制：新上市股票首五個交易日，主辦承銷商的穩定價格操作專戶，僅能以低於承銷價委託買進股票，主協辦承銷商的自營商帳戶或「承銷商取得有價證券出售專戶」不得以低於承銷價委託賣出。

(3) 資訊公開：新上市股票首五個交易日收盤後，需透過台灣證券交易所網站，揭露主辦承銷商穩定價格操作專戶，及主協辦承銷商的自營帳戶或「承銷商取得有價證券出售專戶」買賣該股票的成交價量資訊，供投資人參考。

(二) 股票上櫃流程

表 9-2 所示：公司首先分散股權，然後辦理公開發行，並與綜合券商簽約輔導調整內部體質，所需時間約 1 年。上櫃輔導期滿，輔導券商代為向櫃檯買賣中心申請上櫃案備查，約 1 個月即可取得備查函，並推薦在興櫃市場掛牌交易，再正式向櫃檯買賣中心送件申請上櫃，經過後者審查通過、轉送櫃檯買賣中心董事會通過 (2~2.5 月)，再轉交證期局核備通過 (1~2 週)。一旦所有上櫃審議過程全部結束後，發行公司需在證期局通過後 3 個月內掛牌，正式由興櫃市場轉向店頭市場上櫃交易。當上櫃公司在櫃檯買賣中心交易 1 年，若符合上市交易條件，經過申請核准後，即可轉往集中市場掛牌上市交易。

接著，公司取得上市或上櫃核准函後，發行證券將分成兩階段：

• 第一階段決策
  1. 證券發行金額
  2. 發行證券類型

程序	所需時間
股票公開發行	
向櫃買中心申報輔導契約與計劃	
上櫃輔導及評估報告	
向櫃檯買賣中心申請備查函	依規定至少輔導滿 22 個月
取得上櫃備查函	依規定至少輔導滿 10 個月
申請備查函後 1 個月	2 個月內，且輔導滿 2 月
向櫃檯買賣中心申請上櫃	2 個月內，且輔導滿 12 個月
意見徵詢	申請後 1 個月內
櫃檯買賣中心審查、審議會及董事會通過	
證期會核准上櫃	
向證期會報備承銷	約 1.5~2.5 個月
業績發表會	
證券商承銷作業	
股票上櫃買賣	

表 9-2
股票上櫃流程

3. 定價方式：競標或議價交易
4. 選擇承銷商

- 第二階段決策
  1. 重新評估第一階段決策
  2. 決定銷售方式：代銷或包銷
  3. 決定發行成本
  4. 決定承銷價格

　　發行公司募集資金龐大，股價波動風險也高，是以承銷商將聯合組成承銷團共同承銷股票，以分散個別承銷商的風險。出面組團的承銷商稱為主辦券商，其他參與承銷業務的券商則是協辦證券商，承銷股票方式包括：

- **代銷** (best effort)　承銷期間屆滿，承銷商將退還未出售的股票給發行公司。
- **包銷** (full underwriting)　依買入承銷股票方式分為：
  1. **餘額包銷**　承銷期間屆滿，承銷商將買下未出售的股票。
  2. **全額包銷**　承銷商先買下全部包銷股票，爾後再於市場分別出售。
  3. **部分包銷**　承銷商先買下部分包銷股票，剩餘部分再公開銷售。

代銷
承銷期間屆滿，承銷商將退還未出售的股票給發行公司。

包銷
承銷商買下公司預擬發行的證券，爾後再於市場分別出售。

財 務 管 理

在台灣證券市場，上市或上櫃公司發行股票方式包括：

競價拍賣
由投資人投標，依投標價格高低順序得標。

- 競價拍賣 (competitive building)　由投資人投標，依投標價格高低順序得標。隨後再將得標價格未超過議定最低承銷價 1.5 倍部分，以其得標數量加權平均，所得價格作為公開申購配售價格。競價拍賣僅適用新上市或上櫃股票的公開承銷，並以承銷股票總數的 50% 競價拍賣，其餘 50% 則是辦理公開申購配售。

詢價圈購
承銷商藉由投資人圈購，探求市場需求情形，以訂定承銷價格及投資人認購數量。

- 詢價圈購 (book building)　公司以現金增資方式初次掛牌，應以銷售總數 50% 辦理詢價圈購，剩餘 50% 辦理公開申購配售。承銷商藉由投資人圈購，探求市場需求情形，以訂定承銷價格及投資人認購數量。

- 公開申購配售　申購股票數量超過承銷數量時，採取公開抽籤分配。

知識補給站

台灣證券交易所在 2010 年爆發上市部專員涉及類比 IC 設計公司通嘉上市收賄案。該公司於 2010 年 8 月 14 日以 88 元掛牌上市，首日股價飆漲至 218 元，最高觸及 268 元。從承銷價與上市最高成交價間的差距隱含下列問題：首次公開承銷 (IPO) 的折價發行利益到底給了誰？發行公司與承銷商如何分食價差暴利？

在 2010 年，國內新上市櫃 29 家公司，除上櫃轉上市、改制控股或更名公司股價仍受漲跌幅限制外，剩下 23 家公司承銷價和首日收盤價間的價差平均高達 43%。尤其是液晶螢幕訊號線供應商鴻碩上櫃在當年 5 月 11 日掛牌瞬間飆出 60 元高價，係承銷價 23 元的近 2.5 倍，往後五個交易日一度奔向 90 元，相當於五日內賺進三倍。一般投資人面對如此可觀的超額利潤，卻僅能望而興嘆無從問津。

上述現象的關鍵就在「詢價圈購」，是國內新股承銷制度的長期黑洞。承銷商針對初次掛牌股票或上市公司辦理現金增資，向投資人探尋購買意願，而在完成訂價後，逕行將股票賣給詢價圈購對象，既無須抽籤，也未必「價高者得」，此種「合法黑箱」讓詢價圈購成為國內公開發行新股 (抽籤、競標與詢價圈購) 方式中爭議最大者，卻是承銷商的最愛。尤其是從 2005 年 3 月起，金管會將「新股上市有一半要公開抽籤，證券商僅能分配一半」的規定，修正為「不用抽籤」，超過 85% 的新股因而改洽特定人。此一修正誘使某些承銷券商透過詢價圈購以人頭來中飽私囊，如 2006 年華南永昌證券董事長許博偉利用人頭戶詢價圈購益通光電，不法獲利八億元而遭檢方起訴。

在證券業，詢價圈購是「不能說的必要之惡」。公司希望股票上市能「開紅盤」造勢、打開知名度，維持一定時間漲幅，因而願意讓承銷商「做主」，配售高比例股票給「有默契」(護盤) 的投資機構或股市大戶，以吸引法人們青睞。至於承銷券商也希望透過詢價圈購，「讓利」給經紀業務的大客戶，藉以維繫彼此關係。由於「首日行情」動輒獲利 20%，圈購股票自然絕大多數落入股市大戶手中。

最後，詢價圈購要能「有利可讓」，承銷價與上市首日股價間的價差將是重點，而部分證券商和上市公司採取兩種方法製造價差：(1) 壓低承銷價：《證券交易法》嚴格限制原始大股東和策略投資人的持股閉鎖期，但未規範詢價圈購取得的股票。此舉讓大股東或策略投資人串聯證券商壓低承銷價，成立投資公司透過圈購取得股票，並於股票掛牌後發布利多消息拉高股價出脫獲利。(2) 製造興櫃行情：預擬上市上櫃公司須先登錄興櫃交易，因係未上市股票交易而無漲跌幅限制，且因市場流通股數少，投資機構不會參與交易，從而提供有心人「作價」空間。舉例來說，益通光電在上櫃交易前，興櫃股價短時間內飆漲至 900 元，超過上櫃承銷價四倍，促使在比價效應下，掛牌首日就飆漲逾三倍而突破 800 元。

9.2 普通股評價模式

9.2.1 股利折現模型

評估證券價值主要係以預期現金流量現值為基礎。債券的現金流量包括定期發放定額利息與在特定日期償還本金，故以現值法評估債券價值，實務上並不困難。反觀普通股存在現金流量不確定性，投資人取得的現金流量有二：

- 公司獲利分配股利。
- 出售股票獲取的價值。

趙敏評估台塑股票價值，勢必面臨一個問題：台塑價值等於下期股利加上下期預期股價的折現值，還是所有未來股利現值的累加呢？答案為兩者皆是。為了求證該項答案，趙敏持有台塑股票 D 一年，目前價值 P_0 可表為：

$$P_0 = \frac{D_1}{1+r} + \frac{P_1}{1+r} \tag{9.1}$$

D_1 是台塑在期末發放的股利，P_1 是台塑的期末股價，r 是趙敏投資台塑要求的報酬率。上述方法看似簡單，卻須思考期末股價 P_1 從何而來，P_1 並非憑空捏造，而是趙敏在第一年期末願意購買台塑股票的金額：

$$P_1 = \frac{D_2}{1+r} + \frac{P_2}{1+r} \tag{9.2}$$

將 (9.2) 式代入 (9.1) 式，可得：

$$P_0 = \frac{D_1}{1+r} + \frac{\dfrac{D_2 + P_2}{1+r}}{1+r}$$

$$= \frac{D_1}{1+r} + \frac{D_2}{(1+r)^2} + \frac{P_2}{(1+r)^2}$$

(9.3)

接著，我們又要續問 (9.3) 式中的 P_2 從何而來？此係趙敏為了第三期台塑股價和股利，願意支付 P_2 購買台塑股票。隨著該過程不斷重複上演，最終可得普通股的一般化評價模式：

$$P = \sum_{t=1}^{n} \frac{D_t}{(1+r)^t} + \frac{P_n}{(1+r)^n}$$

$$= \sum_{t=1}^{\infty} \frac{D_t}{(1+r)^t}$$

(9.4)

一般來說，當上市公司成長至成熟階段，董事會通常偏好每年發放固定股利政策，預期股利恆為固定值 $D_t = D_0$，(9.4) 式將變為：

$$P = D_0 \times (\sum_{t=1}^{\infty} \frac{1}{(1+r)^t}) = \frac{D_0}{r}$$

(9.5)

舉例來說：投資人預期仁寶電腦每年固定發放現金股利 2.4 元，市場要求的報酬率 10％，元大投信評估其理論的股價將是：

$$P_0 = \sum_{t=1}^{\infty} \frac{D_t}{(1+r)^t}$$

$$= \frac{2.4}{(1+0.1)} + \frac{2.4}{(1+0.1)^2} + \cdots + \frac{2.4}{(1+0.1)^{\infty}}$$

$$= \frac{2.4}{0.1} = 24$$

在上述案例中，仁寶股價應該是 24 元。理論上，普通股價值係未來一系列現金流量現值的累加，是預期未來每年獲取股利與預期出售股票價值兩種現金流量現值的累加，或預期未來股利現值的累加。實務上，人們多數偏好短線操作，不太在意長時期的股利分配，故以短線投資人為主的股市，股價往往僅是反映近期的股利分配。儘管投資人多數喜好短線進出股票，但也須找到另一位願意配合者，是以上述股利貼現模型仍可適用分析合理的股票價格。

　　評估公司股價勢必涉及公司前景，而衡量公司前景的因素包括產品競爭性、技術創新、政府管制、影響該產業的景氣循環變化、外國競爭者造成的影響、產業面臨的資源與勞工是否充裕。尤其是公司前景變化與產業生命循環息息相關，在不同階段面臨的情況可說明如下：

1. **創始階段**　公司創立初期面對高事業風險，現金流量不高、財務結構良窳將形成重大財務風險。

2. **擴張成長階段**　公司產品逐漸被接受，未來發展將可預期，總體經濟因素對產業整體表現影響逐漸遞減。

3. **成熟階段**　公司擴張主要倚賴經濟成長帶動，整體成長較第二階段緩慢。

4. **衰退階段**　公司產品需求下降，有些公司將因盈餘衰退甚至淪於虧損而逐漸退出產業。實務上，多數公司均會從事產品創新，或發展新產品以延長成熟階段時間，避免達到此階段。

　　相對上市公司而言，上櫃公司規模通常較小，且處於快速成長階段。振曜董事會日前宣告未來發放股利將依固定比例 g 成長，D_0 是第一期發放的股利金額，往後發放股利分別是 $D_0(1+g)$、$D_0(1+g)^2$、$D_0(1+g)^3$ ……等，是以 **Myron J. Gordon (1959)** 提出固定股利成長模式 (dividend constant growth model)，將 (9.4) 式修正如下：

固定股利成長模式
公司發放現金股利以固定比率成長，而股價則取決於未來股利的現值。

$$P_0 = \sum_{t=1}^{\infty} \frac{D_0(1+g)^t}{(1+r)^t}$$

$$= D_0 \times \left(\sum_{t=1}^{\infty} \frac{(1+g)^t}{(1+r)^t}\right) = \frac{D_0(1+g)}{r-g} = \frac{D_1}{r-g} \tag{9.6}$$

$$r - g = \left(\frac{D_1}{P_0}\right) \tag{9.7}$$

$$r = \left(\frac{D_1}{P_0}\right) + g \tag{9.8}$$

$$\text{(股利殖利率)} \quad \text{(資本利得率)}$$

　　值得注意者：使用上述公式評估成長公司價值，必須假設 $r > g$ 的狀況，而零成長股利模型則是該模型的特例 ($g = 0$)。此外，縱使 $r > g$，股價也不可能無窮大，此係投資人多數屬於風險怯避者，不會以無窮大的價格購買股票。接著，市場要求的報酬率 r 將是由兩種因素組成：

- **股利殖利率**　現金股利除以目前股價 $(\frac{D_1}{P_0})$。

- **股利成長率**　相當於股價成長率或資本利得率，此即投資成長公司的價值。

　　舉例來說，上櫃公司三豐建設股價為 20 元，下一期股利為每股 1 元，股利成長率為 10%，投資人要求的報酬率將是 15%。

$$r = (1/20) + 10\% = 15\%$$

　　再利用上述報酬率推算第一年的三豐股價：

$$P_1 = \frac{D_0(1+g)}{r-g}$$

$$= \frac{1 \times (1+10\%)}{0.15 - 0.10} = 22 \ 元$$

　　公司發展將隨生命循環而歷經不同成長階段，早期創始階段，公司成長率經常超越產業成長率，甚至總體經濟成長率，此即非固定成長或超常態成長階段。隨著公司達到一定規模，超常成長期結束後，將由非固定成長股轉為穩定成長股，是以普通股價格可由下列步驟算出：

- 計算超常成長期間的股利現值。
- 找出超常成長期結束時的股價，再計算其現值。
- 累加上述步驟求得的現值。

　　舉例來說：美林證券分析師對和碩電腦要求的報酬率為 $r_s = 20\%$，而董事會宣示超常成長期將持續 3 年、成長率 $g_s = 30\%$。隨著該期間結束，成長率將降為 $g_s = 10\%$。此外，和碩最近剛發放現金股利 2.4 元，試問美林分析師評估的合理股價為何？

步驟 1

$$D_1：2.4 \times 1.3 \times 0.8333 = 2.60 \ 元$$
$$D_2：2.4 \times 1.69 \times 0.69444 = 2.82 \ 元$$
$$D_3：2.4 \times 2.197 \times 0.5787 = 3.05 \ 元$$

超常成長期間股利的現值總和 = 8.47 元

步驟 2

$$P_3 = \frac{D_4}{r_s - g} = \frac{D_0(1+g)^3(1+g_n)}{r_s - g} = \frac{D_3(1+g_n)}{0.2 - 0.1} = \frac{5.273(1.1)}{0.1} = 58 \text{ 元}$$

$$PV = P_3 \times PVOF(20\%,3) = 58 \times 0.5787 = 33.56 \text{ 元}$$

步驟 3

$$P_0 = 8.47 + 33.56 = 42.03 \text{ 元}$$

　　投資人對股票評價南轅北轍，原因就在預期股票未來現金流量不確定，而且難以選擇適當折現率來折現。股價取決於投資人對公司未來營運的預期，任何可能改變預期結果的事件或訊息都會影響股價。常見的狀況為：大聯大控股公布盈餘成長訊息低於眾人預期，投資人將調低未來現金流量預期，同時賣出股票而促使股價下跌。反之，國巨宣布調降財測，降幅未如預期悲觀，投資人因而提高未來現金流量預期，同時買進股票而推動股價上漲。

Myron J. Gordon (1920 ~2010)

　　曾經任教於 Carnegie Mellon、MIT 與加拿大 Toronto 大學 Rotman 管理學院。曾經擔任美國金融協會主席，專研會計、財務和管理，提出 Gordon 固定股利成長模型而聞名於世。

9.2.2 公司的成長機會

　　針對股利折現模型，我們將如何估計成長率 g？國內上市光電族群的勝華毛投資若等於折舊 (淨投資為零)，固定資產將維持不變。勝華明年盈餘若等於今年盈餘，盈餘成長率為零，唯有將保留盈餘用於投資，淨投資才可能為正值，是以盈餘增加將是今年保留盈餘與保留盈餘報酬率相乘的結果。

$$\begin{array}{ccccc} \text{明年} \\ \text{盈餘} \end{array} = \begin{array}{c} \text{今年} \\ \text{盈餘} \end{array} + \begin{array}{c} \text{今年保留盈餘} \\ \text{(盈餘增加數)} \end{array} \times \text{保留盈餘報酬率}$$

將上式兩邊同時除以今年盈餘 E：

$$\frac{明年盈餘}{今年盈餘} = \frac{今年盈餘}{今年盈餘} + (\frac{今年保留盈餘}{今年盈餘}) \times 保留盈餘報酬率$$

$$1 + g = 1 + a \times e$$

$$g = ae$$

$$= 保留盈餘比率 \times 保留盈餘報酬率\ (e)$$

g 是盈餘成長率。a 是保留盈餘比率 (retention ratio)，股利是 $D = (1-a)E$，而保留盈餘是 aE。權益報酬率 (ROE) 是公司運用權益資金獲取的報酬率 e，也是反映過去執行投資計畫所累積的報酬率，可用於衡量保留盈餘報酬率。公司以保留盈餘融通新投資計畫，將讓盈餘增加 $\Delta E = aeE$、股利增加為 $\Delta D = ae(1-a)E$，下期股利由 $(1-a)E$ 成長至 $(1-a)E + ae(1-a)E$。

將 $D = (1-a)E$ 與 g 代入 (9.6) 式：

$$P = \frac{E(1-a)}{r - ae}$$

$$\frac{P}{E} = \frac{1-a}{r - ae}$$

舉例來說：光寶科技董事會決議每年保留盈餘比例 $a = 30\%$，投資人要求的報酬率 $r = 15\%$，而光寶的權益報酬率 $e = 15\%$，其價格盈餘比率為：

$$\frac{P}{E} = \frac{1-a}{r-ae} = \frac{1-0.3}{0.15 - 0.3 \times 0.15} = 6.67$$

上式意味著投資人為獲取下期的每元盈餘，願意支付每股 6.67 元購買光寶股票。光寶董事會若預估下期每股盈餘 5.25 元，預期股價將是 $6.67 \times 5.25 = 35$ 元。

實務上，上述方法無法精確估計 g 值，此係我們假設公司保留盈餘用於再投資的報酬率，係等於過去的股東權益報酬率，未來保留盈餘比率也等於過去保留盈餘比率。隨著這些前提發生變化，估計結果勢必出現落差，合理的修正方式係以產業的平均必要報酬率來取代。不過估計個別公司的必要報酬率，將有兩個極端狀況值得探討。

1. 有些公司從未發放股利，投資人卻預期未來公司將發放股利或被併購，是以股價仍為正值。一旦公司某年開始發放股利，(9.8) 式卻指出股利成長率是趨於無窮大，凸顯此一公式並非恰當的計算方法。

2. 當成長率等於必要報酬率，股價將趨於無窮大，凸顯 (9.8) 式的估計方法存在荒謬性。

再換個角度思考，公司保留盈餘用於獲利性計畫，必然帶動成長而提升公司價值，此一現象讓「將盈餘全部發放股利」的思維變得有待商榷。一般而言，公司擁有一系列成長機會，不過我們僅考慮投資單一計畫，公司在第一期保留所有盈餘融通投資，第 0 期每股淨現值為成長機會的淨現值 [net present value (per share) of the growth opportunity, *NPVGO*]，是以公司執行新計畫後的股價可表為：

$$\frac{EPS}{r} + NPVGO$$

上式顯示：公司股價係由兩部分構成：

1. 將全部盈餘分配股利之公司價值 $\dfrac{EPS}{r}$。

2. 保留盈餘融通投資新計畫所產生的額外價值。

舉例來說，巧新工業預期在無新投資計畫狀況下，每年獲利 100 萬元，流通在外股權 10 萬股，每股盈餘 10 元。巧新董事會規劃執行新投資計畫，將於第 1 期支出 100 萬元，預期往後每年產生盈餘 21 萬元 (或每股 2.10 元)，亦即該計畫的每年報酬率為 21%。如果股東要求的報酬率是 10%，在執行計畫前的每股價值為：

$$\frac{EPS}{r} = \frac{10}{0.1} = 100$$

隨著巧新執行新計畫，第 1 期的計畫價值是：

$$-100 + \frac{21}{0.1} = 110$$

巧新從第 1 期執行投資計畫，第 2 期開始產生現金流入，上式代表第 1 期的計畫價值，將該數值折現至第 0 期：

$$\frac{110}{1.1} = 100$$

NPVGO 的每股價值為 10 元 (= 1,000,000/100,000)，是以巧新股價等於：

$$P = \frac{EPS}{r} + NPVGO \text{ (成長機會現值)} = 100 + 10 = 110$$

將上式兩邊同時除以每股盈餘，可得本益比：

$$\text{本益比} = \frac{P}{EPS} = \frac{1}{r} + \frac{NPVGO}{EPS}$$

上述關係顯示：本益比與公司成長機會有關，亦即「有夢最美，希望相隨」。兩家公司的每股盈餘同為 1 元，擁有高成長機會者 (具想像空間) 將因吸引投資人搶進持有股票，股價高升至 16 元；反觀缺乏投資機會者 (平凡無奇) 則不受投資人青睞，股價低落至僅有 8 元。此一結果讓前者本益比高達 16，後者本益比低至 8。實務上，電子及高科技產業類股普遍享有較高本益比，甚至未曾獲利或虧損，卻因投資人預期該類產業擁有較高成長機會，爭相追逐願意給予較高評價而使股價偏高。至於傳統產業則因缺乏成長機會而無想像空間，乏人問津而導致股價偏低。

股市交易僅是反映對未來的預期價格，並非實際結果。1990 年代末期，美國 Nasdaq 市場交易的網路科技類股盈餘不多甚至虧損累累，然而 Nasdaq 股價指數卻從 1999 年 9 月 11 日的 1,500 點一路狂飆至 2000 年 3 月 10 日最高記錄 5,048.62 點，而下一交易日內指數下跌 141.38 點、跌幅 2.8%，爾後逐步崩跌至 2001 年 9 月 21 日的低點，較歷史高點下跌 3,625.43 點，跌幅 91.8%。總之，投資人估計股利成長率與公司投資機會必須實事求是，成長預期符合實際，則高本益比也沒什麼錯。

最後，股票本益比變動將取決於兩個因素：

金牛事業
將盈餘全部發放股利的公司。

1. **必要報酬率** 隨股票風險遞增 (附加風險溢酬) 而擴大，並與本益比呈反向關係。A 與 B 公司同屬將盈餘全部發放股利的金牛事業 (cash cow)，不過 A 公司維持穩定盈餘，B 公司盈餘卻波動劇烈。基於風險考量，投資人偏好 A 股票，在預期兩家公司的每股盈餘相同下，A 股價格較高而享有較高本益比。

2. **公司採取的會計方法** 財務長選擇入帳時機，如處理存貨可採先進先出法 (first in-first out, FIFO) 或後進先出法 (last in-first out, LIFO)，建造成本可採全部完工法或完工比例法，以及提存折舊可採加速折舊法或直線折舊法。在通膨環境下，先進先出法會低估存貨的實際成本，高估帳面盈餘；採取後進先出法計算的存貨成本較高，隱含保留盈餘將低於以先進先出法計算的價值，係屬保守估計法。舉例來說，C 與 D 公司的屬性類似，C 採後進先出法，每股盈餘 2 元；D 則使用先進先出法，每股盈餘 3 元，兩

者股價均為 18 元，則 C 的本益比為 9(= 18/2)、D 為 6(= 18/3)，採取保守估計方法的 C 公司擁有較高本益比。此種現象成立係基於效率市場臆說，投資人察覺會計方法造成的差異，讓採保守會計方法的公司享有較高本益比。

9.3　庫藏股與交叉持股

9.3.1　庫藏股制度

股票購回 (stock repurchase) 是指公司從股票市場買回流通在外股票，買回的股票即是庫藏股 (treasury stock)。傳統上，為防止公司收回股票違反資本充實原則，《公司法》規定除特殊狀況外，禁止公司買回自家股票。不過台灣上市或上櫃公司利用子公司交叉持股護盤的情況相當普遍，遇到空頭股市而需提列股票跌價損失，更影響投資人信心而讓股價滑落，引爆業外損失擴大的惡性循環。尤其是經營階層利用子公司護盤容易產生內線交易、操縱股價的弊端。是以台灣訂定《上市上櫃公司買回本公司股份辦法》，自 2000 年 8 月 9 日起實施庫藏股制度。表 9-3 是規定買回庫藏股的用途與限制。

> **股票購回**
> 公司從股票市場買回流通在外股票。

> **庫藏股**
> 公司買回已發行股票而存放在公司，並未註銷或重新賣出。

庫藏股用途	庫藏股買回限制
1. 轉讓員工或提供員工執行認股權證權利所需股票的來源。 2. 提供發行附認股權公司債與特別股、可轉換公司債與特別股轉換時所需股票的來源。 3. 公司非因財務或業務因素致發生對股東權益或證券價格有重大影響時，為維護公司信用及股東權益所必要者。 4. 除面臨公司發行股數增加，得依增加比率調整而低於實際買回股票之平均價格轉讓員工外，價格不得低於實際買回股票之平均價格。	1. 買回總數不得超過發行股數 10%。 2. 買回金額不得超過保留盈餘加發行股票溢價及資本公積的總額。 3.「每日得買回股票上限」，不得超過申報日前 30 個營業日市場該股票平均每日成交量之 20%，或計畫買回總數量之 1/4（兩者取其高者）。 4. 庫藏股應於買回之日起 3 年內轉讓，逾期未轉讓者，辦理消除資本登記。

表 9-3

庫藏股的用途與限制

一般而言，董事會評估庫藏股買回策略時，考慮因素如下：

1. 作為股票選擇權、紅利、員工認股權之用途，也可將庫藏股轉讓給員工以激勵工作誘因。

2. 作為執行可轉換特別股或可轉換公司債轉換權利所需之股票。

3. 公司股價暴跌或非理性低估，執行庫藏股買回有助於穩定股價。

4. 利用庫藏股與預擬併購公司交換股權，降低併購成本。

5. 降低在外流通股數以提升每股盈餘。

6. 降低外部投資人持股數，維護經營權以避免發生惡意併購情況。

公司執行庫藏股買回策略，將可發揮下列效益：

- 對股東而言
  1. 庫藏股無表決權與盈餘分派權，買回庫藏股將降低流通在外股數，有助於提升每股盈餘。
  2. 為維護股東權益，執行庫藏股買回即是「護盤式的庫藏股制度」。

- 對公司而言
  1. 轉讓給員工　國內公司發行員工認股權證激勵員工，在員工執行認股權時，除發行新股因應外，也可買回庫藏股來配合運作。另外，公司將庫藏股轉讓給員工，可考慮員工職等、服務年資及對公司特殊貢獻等標準，並由董事會另訂員工認購股數。
  2. 配合衍生性金融商品發行　配合公司發行附認股權公司債、附認股權特別股、可轉換公司債、可轉換特別股或認股權憑證，作為股權轉換之用。

面對公司股價嚴重低估，在有限資金及操作規範下，董事會可結合員工分紅、獎金制度與員工認股計畫搭配實施變相庫藏股買回(員工持股信託制度)，提升員工努力誘因，讓員工成為股東，兼具達成護盤目的。尤其是在擬定股利政策上，董事會面對股價跌破面額，更應評估是否買回庫藏股以取代分配股利。

知識補給站

2011 年歐債危機橫掃全球股市，政府除要求官股銀行進場外，也啟動國安基金與勞退基金逢低護盤，並呼籲上市公司執行庫藏股加入捍衛股價。依據台灣證券交易所統計，從 2011 年 6 月 1 日至 8 月 19 日，上市上櫃公司實施庫藏股 96 件，預訂買回 10 億股、預定買回金額高達 450 億元，凸顯在這波股災中，庫藏股儼然躍居第一線救火員。

歐美國家施行庫藏股制度多年，實施動機與效果相當明確。老牌績優公司累積大量現金部位，苦於缺乏創造成長機會，長期業績停滯而讓股價低估，遂採買回庫藏股來調整資本結構，藉以增加股東權益、提高每股盈餘，達到拉升股價效果。此外，現金充裕卻缺乏成長潛力的績優公司，經常成為惡意併購對象，庫藏股也成為防禦惡意併購的工具。尤其遭遇罕見的黑天鵝事件，股價重挫遠低於長期合理價值，董事會選在低點買進庫藏股，讓

其返回合理水準，也可保障股東權益。

　　上市公司親上火線護盤，短期或可紓緩投資人要求政府護盤壓力，然而唯有在「市場股價」低於「公司內在價值」(每股淨值)，買回庫藏股才稍具正面意義。反之，公司以高於每股淨值買回庫藏股，勢必降低每股淨值與損及股東權益。政府鼓勵買回庫藏股以因應股災並非壞事，不過歐債危機讓台股重挫近 2,000 點，卻也無從證實所有公司股價超跌低於內在價值。此即意味著公司貿然配合政府的「買回庫藏股救股市」政策，或能挽救股價短期不再崩跌，但卻犧牲長期股東權益。

　　尤其是 2011 年施行庫藏股的絕大多數公司並非擁有「超額過剩現金」，不少公司獲利波動劇烈，股價遽跌與當年虧損有關；不少高負債公司的帳上現金理應用於改善財務體質，卻被投入買進降低股本的庫藏股；也有大型公司 2010 年股價大漲4倍，過去三個月重挫4成，卻在股價剛回檔就執行庫藏股。更有大股東質押股票過頭，卻讓公司執行庫藏股以避免其質押股票斷頭。再從護盤功能來看，2000 年迄今曾有 8 次執行庫藏股高峰，然而高峰後三個月內，股價上漲機率只有 5 成，漲幅最高只有 9.9%，跌幅最大卻達 30.9%，庫藏股護盤效果確實有待商榷。

　　針對上述問題，政府知之甚詳，但因庫藏股扮演護盤角色日益加重，要求政府護盤頻率幾乎每年都有，是以政府對執行庫藏股亂象只能視而不見，犧牲維護長期價值的堅持。前行政院副院長陳冲因而指出「庫藏股是滅火器，最好備而不用，而且不是股價一跌就要執行庫藏股」。

9.3.2　交叉持股與關係企業

　　交叉持股 (cross shareholdings) 係指基於特定目的，公司相互持有對方股票，而其比例超過資本總額三分之一，依據《公司法》(1999) 的關係企業專章，則將列為關係企業：

交叉持股
公司基於特定目的，相互持有對方股票。

1. **具有控制與從屬關係**　持有對方公司股權超過 50%、直接或間接控制他公司的人事、財務或業務經營、本公司與其他公司之執行業務股東或董事超過半數相同、公司與其他公司已發行股權總額有超過半數係為相同股東持有。舉例來說，華新麗華成立金澄投資、晶華酒店成立鑫淼投資、東元電機成立東安投資、中華汽車成立群元投資等，再由子公司從市場買回母公司股權。

2. **具有相互投資關係**　基於策略聯盟考量，多家公司相互持有對方股權，確定雙方合作誠意，此係集團企業中常見的交叉持股型態，對創造集團營收與盈餘發揮重大影響。

經營階層基於穩定經營權、策略聯盟或財務操作等需求，而與其他公司交叉持股，雖對經營層面發揮正面效果，但也可能伴隨引發弊端的負面效果。

(一) 正面效果

1. **營運多角化** 公司持有其他公司股權達到相當比率，將擁有部分經營決策權，有助於擴大經營層面，達成多角化經營。

2. **策略聯盟** 公司為確保物料來源、擴大銷售通路與從事研發合作，追求降低成本與提升競爭力，透過交叉持股來維繫雙方合作關係，如宅急便業者分別與統一超商、福客多 (現已併入全家超商) 等連鎖超商交叉持股，此係因後者據點遍布台灣各角落，有利於宅急便業者將客戶物品配送至距離客戶較近之超商門市，以利客戶取貨，或客戶將預擬寄送物品就近託由連鎖超商交寄宅急便，從而達成策略聯盟綜效。

3. **穩定股價** 股市遭到重大事件衝擊，如 311 日本福島核電廠出問題引發股市暴跌，管理階層為維護公司信用及股東權益，經董事會決議於股市買回股票。由於相關規定嚴格且需辦理買回公告並向證期局申報，是以公司經常透過子公司或關係企業購買母公司股票以穩定股價。

4. **金融擔保品** 財務長可用交叉持股公司股票向銀行質押借款，發行商業本票或公司債提供作為擔保品，可以降低融資成本。

5. **提升獲利能力** 依據《台灣證券交易所的上市規定》，公開發行公司需有合格證券商輔導二年，經上市審議委員會審查通過才准許上市。有些公司從公開市場買進股票以取得經營權，將業績轉入掛牌公司並協助轉型，提升其獲利性，此種借殼上市現象在 1996~1998 年間達到最高峰。

6. **鞏固經營權** 為防止他人收購股權取得董事席位，公司藉由交叉持股，互相支持對方的管理階層以穩定經營權，成為重要的經營權防衛戰策略。

(二) 負面效果

1. **虛增資本** 公司間彼此交叉持股，僅在帳面上相互投資而取得對方股權，實際是虛增資本而無實際資金挹注，形成資本空洞化效果。舉例來說，A、B 兩家公司各增資二億元，並由雙方互相投資二億元，結果是各自帳面增資二億元，卻無實際資金流入，違反資本充實原則，影響債權人及股東權益。

2. **擴大財務風險** 集團企業採取交叉持股策略，透過轉投資公司炒作股價，甚至透過母公司保證向銀行融資，擴張信用操作。一旦股市陷入空頭走勢導致股價崩跌，為取得資金投入股市護盤，甚至可能挪用公司資產，而讓公司陷入財務危機，如國陽建設、東隆五金均是屬於此種案例。

3. **美化財務報表**　公司運用交叉持股策略，相互購買對方股票，直迄股價達到相對高點，再行處分持股獲利，藉以美化財務報表。舉例來說，統一企業出售統一超商股票，製造業外盈餘，遠東集團旗下的亞泥、遠紡、遠百與裕民航運交互處理交叉持股獲利，華新則是處理華邦電子、華新科技股票獲利等。

4. **隱匿虧損**　公司運用交叉持股炒作股票，失利則將其改列長期投資，僅會降低長期股東權益，隱匿虧損於資產負債表，對當期盈餘並無立即影響。此種操作模式僅是暫時欺瞞債權人與股東，公司體質卻愈趨不健全，日後若無法填補虧損，勢將引發財務危機。

知識補給站

在台灣資本市場，家族或關係企業交叉持股而組成「集團股」，長期扮演關鍵角色。集團股是旗下上市或上櫃公司的組合 (也包括未上市公司)，可能是上下游產業垂直整合，如台塑集團的台塑、南亞、台化與台塑石化分屬石化業上、中、下游；或是跨領域橫向發展，如遠東集團以遠東紡織為母體，跨及百貨、電訊、水泥與金融業。

企業集團以交叉持股連結各家公司，除有利營運布局外，也提供作帳方便性，若想將盈餘灌入哪家關係企業，就透過認列投資收益粉飾報表，此即「集團股」的股價連動性高，母公司股價上漲經常帶動子公司股價跟進。尤其是在集團股中，子公司除有富爸爸背書加持外，「母以子貴」屢見不鮮，如洋華在 2009 年掛牌，挾著觸控面板獲利王，股價在半年內由 41.5 元直奔 500 元，而母公司合機股價也從 3.88 元的雞蛋水餃股一路飆到 31.95 元，漲幅高達八倍。集團企業可能良性互動，有時也會遭致牽連。萬一集團企業出現業績衰退、財報惡化的拖油瓶，勢必帶衰關係企業股價。尤其是集團經營階層五鬼搬運掏空資產，如力霸集團董事長王又曾藉著設立子公司、發行公司債、超貸、關係人交易、承包工程與採購等方式，掏空旗下中華商銀、亞太固網、力霸與嘉食化資產超逾 3,000 億元，導致集團土崩瓦解。

隨著台股市場結構改變，產業發展、投資人偏好以及新集團股持續出現，「集團股」對台股市場影響逐漸式微。不過在每月或每季結帳時期，尤其是年底更是集團股發威時刻，如亞東集團每年都不缺席，年平均漲幅達 9.86%，旗下公司亞泥、裕民、遠東銀更高達 10～18%。一般而言，國內集團作帳行情的領航員多屬傳統產業，集中在年底則與大老闆心態以及第 4 季是台股最有表現有關，目的是拉高股價美化財報。

最後，投資集團股除需考慮產業趨勢外，還要考慮下列因素：

(1) 集團領導人的操守。
(2) 集團產業發展前景。
(3) 集團財務結構良窳。
(4) 集團專注本業營運狀況。
(5) 集團的投資策略是否謹慎。

9.4 股票相關的金融商品

9.4.1 特別股

特別股
公司發行股票募集資金，讓股東在某些權利相對普通股股東享有優先權。

特別股 (preferred stock) 係指公司發行股票募集資金，讓股東在某些權利相對普通股股東享有優先權，但須受限制。其中，公司破產清算後，特別股受償順序優於普通股。公司營運出現足夠盈餘，特別股享有優先發放保證股利的權利，此即類似債券可獲固定利息支付。然而不論公司是否獲利，均需支付債券利息，係屬費用支出。特別股係屬股東權益，公司盈餘不足以支付股利，則無法支付且非公司費用。一般而言，特別股的特殊性主要反映在下列權利條款：

• 盈餘分配權利

公司結算獲利，特別股享有優先分配股息權利，剩下盈餘才用於分配普通股股息，而分配方式則有累積 (cumulative) 與參加 (participated) 的問題。

累積特別股
公司盈餘不足以支付特別股股息，可累積至有足夠盈餘分配時再一併發放。

1. 累積特別股係指公司盈餘不足以支付特別股息，可累積股息至有足夠盈餘分配時再一併發放。非累積特別股就是股東無追索股息權利，當年盈餘不足以發放股息，將無法累積至下一年度。

參加特別股
特別股除享有保證股息外，可再參加普通股分配盈餘。

2. 參加特別股係指可再參加普通股分配盈餘，又分為全部或部分參加二種。非參加特別股則只能取領保證股息。國內上市公司發行特別股多屬非參加特別股，僅少數 (如華隆特、國喬特) 為全部參加特別股。此外，特別股參與資本公積分配權還可分為：
①不得參與資本公積分配 (如中鋼特、愛甲特)。
②僅得參與特別股溢價發行公積分配。
③轉換為普通股前無參與資本公積分配權，且特別股溢價發行公積須待轉換為普通股後始得分配

- **剩餘財產分配權**　通常享有優於普通股股東之剩餘財產分配權，並以不超過發行面額為限。
- **現金增資認購權**　公司現金增資發行新股，特別股股東也有認購權利。
- **表決權、選舉權與被選舉權**　特別股股東在股東會無表決權與選舉權，但擁有被選舉權。
- **轉換權**　特別股發行一段期間後，股東依約以一定方式轉換成普通股，此係可轉換特別股，屬於「權益型」特別股；若無法轉換為普通股，則是不可轉換特別股，屬於「債務型」特別股。
- **股票贖回權**　特別股發行一段期間後，公司可依約定價格贖回股票，此即可贖回特別股；若無此規定，則是不可贖回特別股。

接著，董事會決議發行特別股募集資金，將能發揮下列優點：

1. 發行特別股將可固定資金成本，將未來潛在盈餘保留給普通股，尤其是公司盈餘不足以支付特別股股利時，也不會因此而破產。
2. 多數特別股並未規定期限和贖回基金條款，相對負債而言，不會釀成公司資金週轉不靈問題。
3. 公司發行特別股可由特定對象認購，無須由股東依據持股比率認購。一旦該特別股係屬可轉換普通股，轉換後勢必影響股權結構與經營權，從而成為管理階層偏好採取的融資工具。

知識補給站

台灣高鐵 2003 年 1 月辦理私募發行「甲種記名式可轉換特別股」，並從 2003 年 1 月 27 日至 2007 年 1 月 4 日依約支付法人股東股息，但此後卻未再付息。是以持有高鐵特別股的凱基證券、大陸工程與台新銀行分別對台灣高鐵提起訴訟，要求清償特別股股息 1 億 2,198 萬元及利息。其中，凱基證券上訴高院另依《民法》規定，追加請求給付特別股股本在 2010 年 2 月 27 日起至 2012 年 12 月 31 日間的遲延利息。不過在 2015 年 1 月 20 日，台灣高等法院指出台灣高鐵從 2007 年 1 月 5 日開始營業，迄今仍為虧損狀態並無盈餘，凱基證等 3 家公司不得依《公司法》第 234、第 232 條等規定，請求高鐵發放特別股股息，從而駁回三家公司的上訴。該案例顯示特別股性質異於公司債，前者屬公司權益資金，每年獲取盈餘必須足以支付特別股股息，才可分配保證股息。至於公司債係屬公司債務，不論公司獲利與否，均需支付持有者票面利息。

9.4.2 海外存託憑證

存託憑證 (depository receipt) 係由存託銀行發行作為表彰外國證券之憑證。當外國公司或股東將一定數額證券寄存於外國保管機構，並由存託銀行發行可轉讓之存託憑證，而在本國市場銷售，屬於本國證券的一種。本國投資人購買存託憑證，相當於購買外國證券。

從 1990 年代起，金融國際化迅速躍居金融發展主流，各國資本市場除歡迎外國公司前來募集資金外，也鼓勵國內公司從事跨國募集資金。國際金融市場雙向或多向交流，已成為跨國集團募集資金的重要來源，存託憑證則是各國追求資本市場國際化之主要商品。就公司而言，在國際資本市場發行存託憑證募集外國資金，除融通跨國營運或併購外，並可提升發行公司在國際金融市場知名度，有利於未來發展業務或募集資金。存託憑證類型可劃分如下：

1. **依據發行地**　依據發行或交易地點冠以不同名稱，在紐約證券交易所發行者為美國存託憑證 (American Depositary Receipts, ADR)、於歐洲發行者為歐洲存託憑證 (European Depositary Receipts, EDR)、在超過兩國以上發行者為全球存託憑證 (Global Depositary Receipts, GDR)、在台灣發行者為台灣存託憑證 (Taiwan Depositary Receipts, TDR)。此外，歐元在 1999 年 1 月 4 日誕生後，歐元存託憑證 (euro Depositary Receipts, euroDR) 係以歐元計價於歐洲發行，表彰歐洲聯盟 (European Union) 以外之外國股票，並於巴黎交易所上市。

2. **依據公司是否參與發行**　包括參與型 (sponsored) 與非參與型 (unsponsored) 存託憑證。前者係由外國公司將股票存入保管銀行，並由存託銀行發行存託憑證，外國公司承諾定期提供相關財務及業務資訊予存託銀行等權利。後者係指投資銀行或證券商將其由境外購得之外國證券存入保管銀行，再委託存託銀行發行存託憑證。

董事會發行海外存託憑證募集資金，可採出售老股、現增新股以及混合老股與新股發行三種。公司發行新股募集資金從事投資或其他運用，有機會創造高業績，缺點則是每股權益被稀釋。老股是大股東拿出持股發行，公司無現金注入，股東權益則維持不變。投資人選擇存託憑證的優點如下：

1. 跨國投資面臨時差、語言與交易制度障礙，購買存託憑證相當於投資國內股票，係依國內交易程序及制度，可保障交易安全及便利交易。
2. 存託憑證以國幣計價，無須承擔匯率風險及轉換成本。
3. 存託憑證係依本國法律發行與交易，證交稅與漲跌幅限制與國內股票相同，並可規避本國法律對直接投資國外股票的限制。

4. 投資存託憑證成本低於直接投資國外股票，免除跨國投資股票的保管風險與費用。

　　台灣存託憑證 (TDR) 係發行公司已經在他國股市掛牌，再選擇於台灣交易所進行第二上市，先將股票交付國外存託機構 (保管銀行)，由其發行證明擁有該股票的憑證，然後申請在台灣股市交易流通。國內法律過去限制企業赴大陸投資不得超過淨值四成，導致台灣投資人無法分享大陸經濟成長果實，促使台灣股市從 2001 年出現 TDR 商品後，長期以來僅有東亞科、美德向邦、萬宇科技與泰金寶等四家公司。然而從 2008 年以來，兩岸關係日益正常化，長期滯留海外資金陸續匯回台灣，帶動台灣股市出現「和平紅利」。2009 年 6 月，金管會增列香港、首爾為核准發行 TDR 的交易所，9 月取消外國公司募集資金不得匯出台灣或匯至大陸運用的限制。一連串放鬆政策帶動 TDR 掛牌家數急速增加至 30 餘家，高居亞洲各國股市之冠。然而 TDR 的資訊透明度不大 (所有資訊與會計制度係依第一上市交易所的要求)，國內投資人在缺乏訊息下，興趣缺缺而導致成交量偏低，淪落為冷凍庫。是以證交所改推外國公司直接來台第一上市，此即 F 股。F 股與本國股票要求的條件完全一致，由於訊息透明與多數 F 股均獲利豐碩，從而吸引本國投資人積極介入，迅速躍居國內股市不可忽視的族群。

Robert Shiller (1946~)

　　出生於美國 Michigan 州 Detroit 市。任教於耶魯大學 Cowles Foundation 研究員，擔任美國經濟學會副主席與東部經濟學會主席，2011 年成為彭博社調查在全球金融最具影響力的 50 人。2013 年基於在探討金融市場波動和動態資產價格而發揮開創性貢獻，對理論發展、實際操作與政策制定產生重大影響，從而獲頒諾貝爾經濟學獎。

問題研討

小組討論題

一、是非題

1. 威達電發行轉換特別股，投資人可在特定期間，以約定價格要求轉換成普通公司債。

2. 中鋼特別股屬於累積特別股，一旦某年盈餘不足以發放股利，積欠股利將可累積於往後年度補發。

3. 遠傳電訊與遠東百貨相互現金增資 20 億元，結果僅在帳面上改善彼此的財務結構，虛增股東權益而無實際資金挹注。

4. 仁寶董事會於 2011 年 4 月 8 日宣布買回自家股票 10 萬張，而買回庫藏股可用於發放股票股利。

5. 國內眾多官股銀行在 2003 年投資台灣高鐵非累積特別股，保證股息為 5%。由於高鐵公司均未發放特別股息，導致這些銀行向法院提起訴訟，要求高鐵支付數年未付的特別股保證股利，法官將會判定銀行勝訴。

6. 宏泰剛發放現金股利每股 2 元，董事會承諾未來兩年均可成長 10%，爾後則維持不變。市場投資人要求報酬率為 10%，宏泰合理股價為 24 元。

7. 中鋼特別股股東可以參加股東大會並行使表決權與選舉權，此即屬於參加特別股。

8. 在 1990 年代末期，上櫃建設公司三豐股價一度跌至 2.1 元，而每股淨值為 11 元。該公司董事會決議發放現金股息，而非買回庫藏股，此一決策將是有利於股東權益的決策。

9. 永冠公布 2014 年每股盈餘 10 元創下歷年新高，訊息一出卻讓股價出現重挫走勢，此係市場預期該公司每股盈餘應為 12 元所致。

10. 合晶發行面值 $10,000 的特別股、保證股利 9%，同時承諾未來每年盈餘均足以發放特別股息，則在折現率 10% 下，合晶特別股市價應該為 $9,000。

二、選擇題

1. 有關台灣股票市場狀況的敘述，何者錯誤？ (a) 公司申請上市條件較上櫃嚴格 (b) 牛市是指股市行情看跌，投資人應採偏空操作才會獲利 (c) 台灣上櫃公司家數較上市公司家數多 (d) 台灣存託憑證是指台灣企業前往境外掛牌上市

2. 有關台灣高鐵發行特別股性質的敘述，何者正確？ (a) 可轉換特別股可將特別股轉換成公司債 (b) 特別股的資金成本高於普通股資金成本 (c)

不可贖回特別股是公司不得要求收回特別股　(d) 不可轉換特別股屬於負債

3. 證期局於 2005 年 3 月實施「初次上市 (櫃) 股票承銷」新制度，何者正確？ I. 此制度適用上櫃轉上市者；II. 開盤至收盤仍採集合競價方式；III. 承銷商不得採行「過額配售機制」；IV. 該期間不實施盤中瞬間價格穩定措施　(a) 僅 I.、II.　(b) 僅 II.、III.、IV.　(c) 僅 III.、IV.　(d) 僅 II.、IV.

4. 台塑、南亞與台化同屬台塑集團，事業風險相同，投資人要求的報酬率同為 20%，但盈餘成長率依序為 15%、12%、10%；股利發放率依序是 40%、50%、60%，本益比最高的公司為何？　(a) 台塑　(b) 南亞　(c) 台化　(d) 不分軒輊

5. 在台灣上櫃市場，高僑公司發行股份 5,000 萬股，2011 年股東會規劃改選董事 5 席。若採累積選舉法而且股東全體出席，理論上，至少應得到多少選舉權數，才可保證當選一席董事？　(a) 1,001　(b) 4,169　(c) 5,001　(d) 6,251

6. 華碩係屬於固定股利成長股，何種特性係屬錯誤？　(a) 華碩股利預期將以固定速率成長　(b) 華碩股價也以相同速率成長　(c) 預期股利收益率也以相同速率成長　(d) 預期資本利得率將是一個常數

7. 華寶董事會預估未來每年股利固定成長 5%，股利支付率 20%。假設投資人對華寶要求的報酬率為 10%，而其最近剛發放股利 $D_0 = 2$。依據股利折現模式，在資本市場達成均衡時，華寶目前的本益比為何？　(a) 4　(b) 4.2　(c) 5　(d) 6

8. 宏碁於 2011 年 4 月 6 日宣布已經買回 583 萬股公司股票，這些庫藏股將無法做為何種用途？　(a) 買回後作為員工認股　(b) 增加未來現金流量以提高股價　(c) 作為可轉換債券持有人轉換之股票　(d) 買回後進行減資

9. 台新金控發行普通股、特別股與公司債募集資金，試問三種證券分配台新金控剩餘財產權利的優先順序，何者正確？　(a) 普通股 > 公司債 > 特別股　(b) 特別股 > 公司債 > 普通股　(c) 公司債 > 特別股 > 普通股　(d) 公司債 > 普通股 > 特別股

10. 張無忌買進東貝光電而成為該公司股東，將無從享有何種權益？　(a) 被選為董事或監察人　(b) 優先認購公司增資發行新股　(c) 享有盈餘分派權利　(d) 對公司清算剩餘資產的請求權將優於特別股股東

11. 偉盟向華南銀行貸款買回庫藏股 4,000 張。試問下列敘述，何者正確？ I. 偉盟負債權益比率將上升，財務風險上升；II. 偉盟事業風險會因而增加；III. 偉盟的股東權益報酬率必會上升；IV. 偉盟買回庫藏股必需經過股東會同意。　(a) 僅 I.　(b) 僅 I.、III.　(c) 僅 I.、II.、III.　(d) 僅 I.、IV.

12. 在其他條件不變下，晶華酒店董事會決議採取現金減資，此舉將導致何種結果？ (a) 股東權益報酬率增加 (b) 股東權益報酬率減少 (c) 股東權益帳面價值增加 (d) 股東權益帳面價值減少

三、簡答題

1. 依據財務理論，上市公司的合理股價可由下列公式衡量：

$$P = \frac{EPS}{r} + NPVGO$$

試利用上述公式評論下列敘述：

(a) 黑松面臨的系統風險愈高，本益比將愈低。

(b) 味全使用的資金成本愈低，本益比將愈低。

(c) 正新採用較保守會計方法來計算公司盈餘，其本益比會較低。

(d) 信昌化工的成長前景良好，其本益比相較低於成長前景黯淡的秋雨。

2. 試說明國揚建設財務長為公司募集中長期營運資金時，為何認為採取發行普通股籌資的成本會高於發行普通公司債？

3. 科風董事會決議發行新股募集擴廠資金，試問財務長評估透過元大證券包銷或承銷新股，兩者有何差異？

4. 國內財團盛行將旗下子公司進行交叉持股，試問其中利弊得失為何？

5. 台灣股票市場經常出現本益比 (P/E ratio) 非常高的公司，尤其是一些醫療生技公司，試回答下列問題：

(a) 如何解釋這些每股低盈餘甚至虧損公司，卻可以受市場給予如此高的評價？

(b) 這些公司的價值如何以股利折現模型來解釋？

(c) 有哪些可能因素是影響市場投資人對這些公司的評價？

6. 試回答下列問題：

(a) 台積電 (TSMC) 在美國掛牌 ADR 價格在美國股市台灣時間 6 月 15 日清晨收盤是 $8.9，而台灣股市在 6 月 15 日在地台積電收盤價是 NT$56.8，當日台幣對美元匯率是 1 美元兌 NT$32.5，美國一單位 TSMC ADR 可轉換台灣的台積電 5 股，台灣或美國投資人是否存在套利機會？若無，試說明為什麼？若有，如何套利？風險在哪裡？

(b) 台幣對美元大幅升值，若台積電股價在台灣股市並無變動，美國 TSMC ADR 股價會變動嗎？投資美國 TSMC ADR 的人需要面對新台幣的匯率風險嗎？

四、計算題

1. 張三豐以 100 元買進矽創股票，該公司日前發放每股現金股利 4 元。大華投顧估計矽創每年的股利成長率為 2%，而市場無風險利率是 3.5%。試問由股票價格隱含的風險溢酬為何？張三豐會認為是太高或太低呢？如果股價不是 100 元而是 150 元，你的答案是否改變？

2. 台視預估每年股利成長率為 5%，而市場要求的報酬率為 10%。台視每年僅分配現金股利，預期一年後每股將分配現金股利 1.05 元。假設台視董事會訂定明天是股票除息日，則今天股價應該為何？

3. 新普董事長宣示每股股利確定會每年成長 5%，並預期明年將分配現金股利每股 10 元，市場要求報酬率為 8%，則新普股價應該為何？假設新普將全部盈餘分配股利，維持每股現金股利 15 元，則市場實際支付每股成長機會價值為何？

4. 寶成去年的每股股利 2 元，市場預期寶成今年與明年股利成長率分別為 15% 與 20%。同時，從後年起，寶成股利成長率將穩定維持在 10%。假設張無忌投資寶成的必要報酬率為 15%，則其投資寶成今年可獲取的資本利得率為何？

5. 大成長城董事會宣布該公司未來的的股利年成長率為 10%，上年每股支付現金股利 3 元，投資人要求的必要報酬率為 12%，試問大成長城的合理股價為何？

6. 三豐建設目前發放現金股利 1 元，董事會預期未來 5 年的每年現金股利成長率 12%，而在 5 年後預期每年固定成長率調高至 6%，市場投資人要求報酬率 10%。試問三豐目前的合理股價應該為何？

7. 某上市紡織公司董事會決議每年稅後盈餘全部發放股利 (pay-out ratio = 100%)，而維持零成長，股東要求的必要報酬率 k = 13%。假設今年公司的 EPS = \$5，試問該公司合理股價為何？

   (a) 著名股東張三豐建議董事長不應將稅後盈餘都發放股利，而應保留 40% 盈餘追求成長。公司董事會決議接受張三豐建議，讓公司的淨資產報酬率 (ROE) 維持 13%，而每年稅後盈餘均可維持成長，試計算該公司追求成長後的每年盈餘成長率與合理股價為何？

   (b) 公司接受張三豐建議改為追求成長，試問對股東有好處嗎？在何種條件下，公司追求成長才對股東有利？試舉例說明。

   (c) 依據上述分析，影響公司合理價值的原因是高現金股利政策或好的投資計畫？

8. 上市紡織大廠聚隆纖維今年剛發放股利為每股 \$1，同時保證未來 3 年股利將每年成長 25%，此後即降為每年成長 5% 直到永遠。假設市場投資人要

求的報酬率為 20%，試回答下列問題：

(a) 試問聚隆纖維的內在價值 (intrinsic value) 為何？

(b) 若市場價格等於內在價值，試問聚隆的預期股利殖利率為何？

(c) 試問一年後的聚隆股價為何？其隱含的資本利得為何？

 網路練習題

1. 電源供應器上市公司立德董事會決議自 2011 年 5 月 13 日到 9 月 12 日實施庫藏股，預計買回股票 3,000 張，買回區間價格為 10.95 元到 24.62 元。請你連結金管會網站 (http：//www.sfb.gov.tw) 查閱有關執行庫藏股買回的相關規定，以及買回後的處理方式須受哪些規範，進而提供該公司董事會暫執行層面的參考。

2. 國內租賃業龍頭中租迪和在 2011 年 4 月從新加坡股市下市，規劃於 2012 年在台灣證券交易所掛牌交易。請你連結證券暨期貨法令判解查詢系統網站 (http：//www.selaw.com.tw)，代為尋找證券交易所審查公司申請上市所需的條件。

股利政策

個案導讀

回台第一上市的觸控大廠宸鴻 (TPK) 在 2011 年 4 月 18 日公布 2010 年 EPS 為 23.85 元，卻僅發放股票股利 0.5 元。消息見報引發媒體極大回應，財務長為平息各方批評，還特別解釋係因公司業務正值高速擴張期，2011 年預期資本支出 6 億美元，2010 年雖然賺進 47 億新台幣但仍不足支應，須再搭配海內外募資，是以無法分配高額股息。依據台股掛牌高獲利公司的慣例，宸鴻的股利政策出乎市場意料，但要說不合理卻過於牽強。股利政策是董事會擬議而由股東會決議的內部大事，身為大股東的董監事不願享受豐碩獲利後的回饋，外部人不容易翻盤。

宸鴻的股利政策應該深受美國 Apple 與 Google 公司影響，兩者掛牌後也未分配股利，而 IBM 與微軟的股利分配率也很低，西風東漸，宸鴻有樣學樣，很難質疑好壞。股利未必會激勵股價 (短線可能有)，但只要公司獲利成長佳、財務狀況好，縱使未分配股息，股價中長期必然會將股息反映出來。美國投資大師 Buffett 管理的 Berkshire Hathaway 就是經年累月不配股息的公司，然而公司籌碼流通有限、獲利有增無減、公司治理機能好而漲到每股高逾 10 萬美元。

針對宸鴻發放股利引發的爭議，本章首先說明董事會分配股利產生的衝擊。其次，將說明董事會擬定股利政策的內涵，剖析訂定股利政策的原因、股息結構與發放程序，以及分配盈餘的決策過程。第三，將討論員工分紅配股問題及其影響。接著，將探討股利政策理論的內涵。最後，將說明股票分割的內涵。

10.1 股利政策內涵

10.1.1 股利政策類型

公司銷貨收入扣除營業費用、推銷費用、管理費用與研發費用等營運成本後，即是營業淨利。另外，公司運用資產獲取資本利得，扣除營業外費用及損失後，即是營業外淨利，加總兩者可得稅前盈餘。就經濟觀點而言，實現與未實現資本利得均應納入公司稅前盈餘，不過《所得稅法》僅將淨實現資本利得(扣除資產跌價損失後的資本利得) 視為公司稅前盈餘，而扣除公司所得稅即是當期稅後盈餘。

傳統理論認為公司屬於獨立法人而與股東分離，從課稅觀點來看，包括1998 年以前的台灣在內，許多國家視公司為獨立個體，盈餘須繳納營利事業所得稅，而公司將稅後盈餘分配股利後，股東需再繳納個人綜合所得稅，此即法人與個人所得稅分離制。兩稅分離制引起眾多爭議，許多國家 (包括 1998 年以後的台灣) 改採兩稅合一，公司繳納的所得稅於分配股利後，一併成為股東的抵稅權。

隨著會計年度結束，公司結算獲利後，財務長接續規劃盈餘分配建議案，並送交董事會擬訂股利政策，考慮層面如下：

1. 公司生命循環週期
   (a) 成長公司　管理階層追求累積權益資金以提升公司淨值，偏好保留盈餘或發放股票股利，將當期盈餘保留在公司運用。
   (b) 成熟公司　管理階層面臨如何運用閒置資金的困擾，傾向發放現金股利，將資金交由股東自行運用。
   (c) 多角化經營　管理階層追求跨業經營以分散事業風險，為股東創造更高利潤，傾向發放股票股利。
2. 投資人偏好　一般而言，投資人約可分為兩類：
   (a) 現金收入型　退休人員或保守投資人偏好現金股利，避免承擔風險。
   (b) 資本利得型　投信或風險愛好者偏好股票股利，追求獲取資本利得。
3. 股利政策穩定性　事先宣告股利政策並維持穩定性，避免因投資人疑慮而造成股價劇烈波動，從而有助於吸引長期投資人，而相關策略包括：
   (a) 盈餘預估　面對盈餘波動劇烈年度，應採保守方式預估盈餘，降低股利分配變異性過大的現象。
   (b) 分配部分現金股利　維持適當的現金與股票股利比例，吸引不同風險偏好的投資人。

4. **資本市場環境**　在多頭市場，投資人偏好股票股利，此係股票除權後的填權行情將能產生可觀的資本利得；反觀在空頭市場，投資人偏好現金股利，避免除權後反而貼權的資本損失。

5. **稅法差異**　《所得稅法》規定現金股利與以每股面額十元計算的盈餘配股將是課稅所得，資本公積轉增資則無股利所得稅問題。台灣自 1998 年起實施兩稅合一制度，公司繳納營利事業所得稅屬於股利毛額的一部分，可用於抵繳股東的應繳個人綜合所得稅。不過自 2015 年起，股東申報綜合所得稅，股利涵蓋的抵稅權將僅剩下公司繳納所得稅的一半。另外，公司保留盈餘須於第二年補繳營利事業所得稅 10%，董事會規劃分配股利或保留盈餘必須考慮賦稅效果。

6. **健全股利政策限制**　基於保障股東權益，避免股本過度膨脹稀釋未來每股獲利，金管會證期局要求發行公司考量產業特性，於公司章程規定發放現金及股票股利的比率區間，高額無償配股須在年報及公開說明書中揭露，同時將嚴審其募集資金申請案。另外，證期局調降土地及資產重估增值公積撥充資本比例，要求平衡分配股票與現金股利，減少無償配股比例。

實務上，董事會討論股利政策時，也會考慮額外因素：

1. **債權人約束**　公司發行公司債或向銀行融資，債權人為確保其債權的清償能力不受發放股利影響，通常附加限制發放現金股利條款。

2. **現金部位多寡**　公司發放現金股利將促使現金外流，是以現金部位不足或未來有償債需求時，也會減少發放現金股利。

影響股利政策的因素非常複雜，董事會往往以主觀判斷來擬定股利政策。實務上，常見的股利政策類型如下：

1. **固定股利支付率政策 (constant payout ratio policy)**　成熟期公司偏好以盈餘的某一比率發放股利，藉以維持股價穩定。

2. **穩定股利政策 (stability dividend policy)**　長期維持特定股利水準，僅在未來盈餘呈現顯著成長而不可逆轉時，才會加發股利。

3. **低正常股利附加額外股利政策 (low regular and extra dividend policy)**　每年支付一定的低現金股利，盈餘較高年度再視情況加發股利。

4. **剩餘股利政策 (residual dividend policy)**　依據公司資本預算規劃評估資金需求，並以保留盈餘融通，唯有資本預算所需權益資金獲得滿足後，再將剩餘盈餘發放現金股利。舉例來說，明碁、宏碁、廣達、開發金控、國泰金控等在公開說明書揭露股利政策，宣告採取剩餘股利政策。

固定股利支付率政策
成熟期公司以盈餘的某一比率發放股利。

穩定股利政策
長期維持特定股利水準，僅在未來盈餘呈現顯著成長而不可逆轉時，才會加發股利。

低正常股利附加額外股利政策
每年支付一定的低現金股利，盈餘較高年度再視狀況加發股利。

剩餘股利政策
依據公司資本預算規劃評估資金需求，並以保留盈餘融通，唯有資本預算所需權益資金獲得滿足後，再將剩餘盈餘發放現金股利。

股利政策如同商品，將會吸引不同類型顧客。董事會應該建立獨特的股利政策，吸引偏好該股利政策的投資人投資。偏好股利收入者可能喜歡購買高股利支付率股票，而無需依靠股利收入者可能偏好資本利得，從而喜歡購買低股利支付率股票，此即稱為**顧客效果** (clientele effect)。

10.1.2 股利結構與盈餘分配決策

在會計年度結束後，公司結算獲利，接續將進行盈餘分配決策。財務長提交董事會的盈餘分配建議案，將依下列程序進行：

1. **稅後盈餘的決定**　依據過去的《產業升級條例》，公司將因投資抵減、機器設備抵減、加速折舊、租稅優惠、研發費用抵減等因素，實際適用的營利事業所得稅率將會不同，甚至因會計帳處理方式而出現所得稅利益沖回，導致稅後盈餘大於稅前盈餘現象。值得注意者：台灣實施兩稅合一制度後，公司繳納營利事業所得稅的一半成為股東的抵稅權，股東實際取得股利毛額包括公司發放的股利淨額與抵稅權。對股東來說，公司繳納所得稅愈少，可分配股利較高，抵稅權卻是較少；反之，公司繳納較多所得稅，可分配股利將會縮水，但卻相對提高抵稅權。就公司而言，公司繳納所得稅多寡直接影響現金流量，繳稅愈多代表現金流出愈多。

2. **保留盈餘比例**　上市或上櫃公司通常以當年稅後盈餘，加計前期未分配盈餘 (或未累積虧損) 而成為當年可分配盈餘總額。不過近 10 餘年來，許多高科技電子業僅以當年稅後盈餘 (需扣除彌補過去累積虧損) 作為分配股利基礎。在確定可分配盈餘總額後，財務長依公司章程規定提列法定與特別公積金、員工紅利、董監事酬勞，評估公司需求資金狀況、投資計畫執行情形、相對其他公司分配股利狀況、公司章程規定的股東紅利水準等，再決定可分配盈餘總數中的保留盈餘比例，剩下餘額即是預擬支付股利部分。

3. **股利結構**　財務長規劃盈餘分配建議案，除需決定現金與股票股利的比例外，有時也會考慮是否另外分配非盈餘來源的股利，以及是否配合提出現金增資案或減資案，股利結構如圖 10-1 所示。其中，**現金股利** (cash dividend) 降低資產負債表中的現金及保留盈餘 (現金外流)；**股票股利** (stock dividend) 僅是調整股東權益結構，增加在外流通股數，降低每股淨值，並未改變公司現金流量。至於公司股本變動來源有四種可能性：

(a) **盈餘配股**　提撥當年稅後盈餘 (或加計過去累積盈餘) 發放股票股利。

(b) **公積配股**　提撥帳上公積金轉為股票股利，而公積金來源分為盈餘公積金與其他公積金 (溢價發行與資產重估)，前者係由過去保留盈餘累

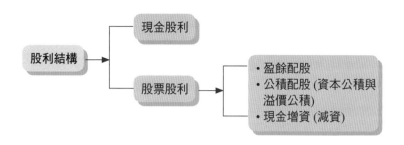

圖 10-1
公司盈餘分配的
結構

積而成，包括法定盈餘和特別盈餘公積金。

(c) **現金增資或減資**　財務長規劃股利分配案，經常搭配現金增資 (俗稱有償配股) 或減資案 (股本退回)，兩者與盈餘分配無關，但會改變公司股本。

(d) 投資人持有可轉換公司債要求執行轉換權，持有員工認股權證與附認股權證公司債者要求執行認股權，公司發行新股因應將引起股本增加。

　　接著，財務長規劃盈餘分配建議案，考慮因素包括：

1. 發放股票股利意味著股本等比例成長，未來獲利能力若未等比例成長，股價勢必趨於下跌。是以財務長除需掌握未來獲利成長狀況外，目前股價將因股利結構不同而產生變化。

2. 發放股票股利將降低公司保留盈餘，但讓股東取得抵稅權，不過股本成長卻會稀釋每股獲利與降低每股淨值，容易造成股價滑落，甚至降低公司信用評等。為解決上述困擾，財務長通常建議發放現金股利，規避繳納保留盈餘稅 10%，並搭配高溢價現金增資 (收回資金) 提升每股淨值，避免發放股票股利的稀釋效果。

3. 公司對未來成長持保守態度而無重大資金需求，可考慮配發現金股利搭配減資策略，退還股款以降低股本。舉例來說，晶華酒店以發放現金股利為主，並自 2003 年起持續減資，幅度高達原先資本額的 72%。東貿國際在 2007 年發放現金股息 2.8 元並減資 20%，云辰則在 2007 年保留 2006年盈餘，但減資 7% 退還股款。另外，友訊在 2007 年分配現金股利 2.3元、股票股利 0.2 元，並減資 2 成退還股東每股 2 元。

　　值得注意者：聯電在 2007 年通過減資 30%、金額高達 573.93 億元，每股退還 3 元是國內有史以來最大減資金額。

4. 依公司章程，公司分配股利，可發行新股或以現金給付員工紅利。站在公司角度，「員工分紅配股」(stock grant) 是台灣高科技上市公司的獨特制度，藉由發放股票吸引人才與公司同進退，屬於激勵員工的誘因機制。公

員工分紅配股
高科技上市公司藉由
發放股票吸引人才與
公司同進退，屬於激
勵員工的誘因機制。

司以分配股票激勵員工提升績效，過去係以面值給付，屬於公司盈餘分配範圍，不得認列費用。由於分配股票股利需對市價除權，由股東分擔員工配股的權值，必然損害股東權益。金管會證期局為提升台灣資本市場資訊透明度，將會計準則與國際接軌，自 2008 年 1 月 1 日起實施員工分紅費用化，公開發行公司從 2008 年第 1 季編製財務報告起適用。

5. 財務長建議股利分配案時，尚需考慮股利支付限制：

(a) 發行公司債的限制，如賺得利息倍數與其他財務比率。

(b) 支付股利不得超過資產負債表中保留盈餘之餘額。

(c) 《所得稅法》對保留盈餘的限制。

(d) 以資本公積撥充資本每年不得超過實收資本額 10%。

6. 不同資金來源之可用性：

(a) 評估現金增資成本若是較低，股利政策將較不重要。

(b) 若是現金增資成本較高，考慮採取保留盈餘較有利。

(c) 以負債資金代替權益資金的可行性。

(d) 公司控制權的維持。

　　在 2000 年之前，國內公司偏好分配股票股利，縱使搭配現金股利，比率也是偏低。尤其是電子類股的股票股利比率高於現金股利，造成資本額大幅成長，嚴重稀釋每股盈餘，促使資本市場的籌碼供給過於浮濫。有鑑於此，財政部證期會在 2000 年訂定「健全股利政策」，要求上市上櫃公司分配盈餘必須搭配現金與股票股利，避免資本額膨脹過於迅速。此後，各公司的股利政策出現顯著改變，股票股利比率持續下滑，現金股利則呈攀升趨勢。

　　最後，董事會公布分配股利時程後，股票將是含息或含權，股東享有分紅派息權利。舉例來說，趙敏在 2009 年初買進永大電機股票，董事會發布分配 2008 年股利的流程與相關日期如下：

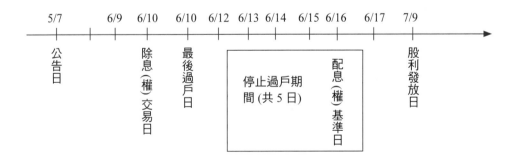

1. 宣布股息日期 (declaration date)　永大股東常會於 5 月 7 日通過盈餘分配案，決議發放現金股利每股 1.5 元，董事會將決議送交證期局核備後，決

定配發股息日期。

2. **除息 (權) 日期 (ex-dividend date)**　趙敏須在 6 月 10 日除息 (權) 日前一個營業日 (6 月 9 日) 買進永大股票，才享有分配股息權利；而於除股息 (權) 當天或以後賣出股票，仍享有分配股息。在效率市場中，若無其他事件發生，股價在除息 (權) 日將因扣除現金股息或股票權值而下跌。

3. **最後過戶日 (final day transfer stock)**　趙敏買入永大股票，其交割與過戶要在成交後的第二個營業日才會完成。趙敏在領取股利的最後一天 (6 月 9 日) 買進永大，最後過戶日就是 6 月 9 日之後的第二個營業日 (6 月 10 日)，當天之後過戶的股東無法獲得股利。

4. **除息 (權) 基準日 (record date)**　董事會決定增資配股或分派股息，由於股東名冊隨時變動，故須訂定除權、除息基準日，以該日的實際股東名冊作為分派股利、股息的基準，投資人須在基準日前買進股票才享有分配股息權利，而停止過戶期間 (stop transferring period) 即是在最後過戶日後的 5 日內。

5. **行使日 (exercise day, E day)**　股價真正變更的日期。如果趙敏希望取得股利，名字須在這天之前登錄在公司名冊，永大的配息基準日為 6 月 1 日。

6. **股息發放日期 (dividend payable date)**　股息正式發放給股東之日期。

表 10-1 顯示：公司獎勵員工可採取員工認購增資股權、員工分紅配股、員工庫藏股、以及員工認股選擇權四種方式。

制度名稱	內容	課稅問題
員工認購增資股權	公司採取現金增資發行新股，除經主管機關專案核定者外，應保留發行新股總數 10%～15% 由員工承購。	員工認購價格與股票市價間差額無須課稅。
員工分紅配股	公司決議以紅利轉作資本，依章程規定員工應分配之紅利，得發給新股或以現金支付。	• 以現金支付，須全數做為員工所得課稅。 • 以股票支付員工紅利，將依股票分紅價格作為員工所得課稅。
員工庫藏股	公司董事會決議，在總股份 5% 範圍內收回股權，收回金額不得超過保留盈餘加已實現資本公積，並應於三年內轉讓員工。	員工出售公司轉讓的庫藏股，需就其出售價格與公司轉讓價格的差額繳納所得稅。
員工認股權證	董事會決議發行認股權證給員工，可依約定價格在一定期間認購特定數量股票。	就員工出售價格與認購價格間的差額繳納所得稅。

表 10-1

公司獎勵員工制度比較

另外，考慮員工分紅配股後，公司除權參考價格的計算公式如下：

$$\text{公司除權參考價格} = \frac{\text{前一日收盤價} - \text{每股現金股利} + 10 \text{元} \times \text{員工分紅配股率}}{1 + \text{盈餘配股率} + \text{員工分紅配股率}}$$

盈餘配股率＝每股股票股利／每股面額
員工分紅配股率＝員工分紅轉增資股數／已發行股份總數

在此，以 2006 年 8 月 2 日的除權除息交易日為例，聯發科技 2006 年 8 月 1 日收盤價為 295 元，每股發放現金股息 10 元、盈餘配股率是 10% (每股配發 1 元股票股利)，至於員工分紅配股率是 17,857,045/864,050,580＝2%，是以該公司的除權參考價＝(295 − 10 ＋ 10 × 0.02)/(1 ＋ 0.1 ＋ 0.02)＝254.64 元

知識補給站

員工分紅配股是台灣高科技業的特色。在 2009 年之前，公司發放員工紅利配股，係以面額 10 元計算配股數量，並以面額 10 元計算課稅所得 (2006 年起市價與面額的差額須課最低稅負)。員工取得分紅配股僅以股票面額課稅，讓外界普遍認為高股價公司員工猶如處在天堂，卻鮮少人關注員工分紅配股乃是由股東補貼分紅配股成本與市價間的差距，以及稀釋股東權益程度。

台灣會計制度過去將員工紅利和董監酬勞視為公司盈餘分配，將公司費用轉由股東買單，除讓財報盈餘失真造成重複課稅現象外，更影響財報透明度而誤導投資人決策。若將員工分紅配股依市價計算為公司費用，公司獲利將遠遜於帳面盈餘，甚至陷入虧損。有鑑於此，金管會證期局從 2010 年實施員工分紅費用化，當董事會決定員工分紅比率後，費用化總金額就此確定，分紅股數則以股東會停止過戶前的收盤價經過除息除權後的價格為準。舉例來說，某上市 IC 設計公司在 2010 年盈餘 1 億元，公司章程規定員工分紅比率 10%＝(1,000 萬元)，過去係以面額 10 元計算可分配 1,000 張股票 (100 萬股)。但在實施員工分紅費用化後，2010 年股東會停止過戶前的收盤價經過除權除息後若為 100 元，分紅配股僅有 100 張股票 (10 萬股)；股價如果降為 50 元，分紅配股則是 200 張股票 (20 萬股)。不論員工分紅係為股票或現金，公司費用化金額就是 1,000 萬元。由於員工配股係以股東會停止過戶前的收盤價經過除權除息的價格為準，但因員工實際取得股票可以出售，兩者間將存在時間落後，故須承擔在此期間的股價波動風險。

金管會實施員工分紅費用化係屬短空長多，此舉降低公司當期的每股盈餘 (卻是消除重複課稅現象)，然而員工配股數量減少 (高科技員工有如從天堂掉落凡間)，將有助於降低稀釋股東權益程度 (對股東有利)。

10.2 股利政策理論

1960年代初期，財務理論針對股利政策對股價的影響展開激烈爭論，並形成股利無關論和股利相關論兩大學派。前者認為股利政策不影響公司價值，後者則確認股利分配方式將對公司價值發揮影響效果。Modigliani-Miller 率先提出**股利無關論** (irrelevant dividend theory)，係立基於完全資本市場：

1. 無營利事業所得稅與個人綜合所得稅。

2. 無股票發行成本或交易成本。

3. 財務槓桿若能影響資金成本，影響效果亦屬有限。

4. 股利政策不會影響權益資金成本。

5. 公司投資政策與股利政策彼此獨立。

> **股利無關論**
> 股利分配方式對公司價值並無影響。

基於上述假設，Modigliani-Miller (1961) 認為公司保留盈餘融通再投資，儘管股利較低，但將推動股價上升，需要現金的股東可以出售股票換取現金。反之，公司發放較多股利，股東也可用股息再買入股票來擴大投資，亦即股東對股利和資本利得並無特殊偏好。既然股東不關心股利分配，公司價值將取決於投資的獲利能力，公司盈餘在股利與保留盈餘間的分配方式，並不影響公司價值。

在無租稅因素下，公司支付股利與保留盈餘對公司價值影響並無差異。不過政府對股利和資本利得課徵不同稅率，不同股利分配方式不僅對公司價值發揮不同影響，也讓公司 (及個人) 租稅負擔出現差異，此即**所得稅差異論** (tax differential theory)。從各國稅法來看，資本利得稅率 (台灣停徵證券交易所得稅) 普遍低於股利所得稅率 (綜合所得稅率)。投資人對股利分配屬於被動，何時取得股利就何時繳稅。反觀資本利得顯然具有彈性，投資人透過改變資本利得的變現時間，進而調整納稅時間。另外，資本利得可視為公司保留盈餘再投資所創造的價差，而股利支付時間將領先資本利得，採用後者有利於取得延遲納稅的時間價值。一般而言，高所得者面對高累進稅率，偏向公司不分配股利，有利於吸引其長期投資。反之，若要投資人選擇未來資本利得而放棄當期股利，則須有更高報酬率來彌補資本利得的高風險性。

> **所得稅差異論**
> 政府對股利和資本利得課徵不同稅率，不同股利分配方式不僅影響公司價值，也讓公司 (及個人) 租稅負擔出現差異。

上述理論假設股利政策不會影響投資人要求的普通股必要報酬率，亦即投資人要求較高報酬率，代表股價較低；投資人若要求較低報酬率，則代表股價較高。實務上，公司保留盈餘繼續投資，再投資所獲資本利得的不確定性，遠高於直接支付股利給投資人。是以公司降低股利支付率，投資人勢必要求提高普通股必要報酬率，作為增加額外負擔不確定性的補償。

在股票報酬中，股利和資本得利的風險等級不同，股利支付將可降低投

資報酬中的不確定性。是以 Myron J. Gordon 與 John Lintner 提出一鳥在手理論 (bird-in-the-hand theory)，認為投資人偏好「群鳥在林 (資本利得) 不如一鳥在手 (股利)」，未來的資本利得猶如林中群鳥未必可得，眼前股利則如手中之鳥飛不掉。為求降低資金成本，公司應該維持高股利支付率，提供投資人高股利收益率。另一方面，股東、債權人與管理階層基於共同利益而建立公司，但在資訊不對稱下，某方有可能犧牲他方而獲取額外利益。尤其是股東與債權人存在利益衝突，債權人希望管理階層盡可能保留現金，一旦陷入財務危機，將能保障債權人的債權獲得清償。相反地，股東希望公司發放股利，管理階層可能基於股東權益而支付股利。換言之，公司發放股利可說是將財富從債權人移轉到股東，而債權人知道股東可能從公司移轉現金成為股利，為保障自己權利，常在貸款契約附加限制公司僅能在盈餘、現金流量及營運資金超過歷史水準時才能發放股利。

雖然管理階層會設法解決股東與債權人間的利益衝突，但也可能犧牲股東利益而謀取自身利益。舉例來說，在公司擁有豐厚的自由現金流量時，管理階層偏好虛報支出、投資淨現值為負的計畫或工作怠惰，致力於追求本身利益。公司的自由現金流量是股利的來源，董事會將多餘現金流量發放股利，可視為降低代理成本的方法，削減管理階層揮霍公司資源的能力。

接著，代理理論 (agency theory) 認為股利政策反映公司內部人與外部股東間的代理問題，公司盈餘應當儘量分配給股東，並以現金股利為主，從而發揮下列效果：

- 將多數盈餘分配給股東，減少管理階層能夠支配的現金流量，抑制過度投資或特權消費，進而保障外部股東利益。
- 發放現金股利迫使公司重返資本市場尋求新融資，接受市場參與者監督。尤其是公司採取現金增資，提供外部投資人透過股權結構變化對內部人進行控制的可能性，而且每股盈餘遭到稀釋，若要維持較高股利支付率，則需付出更大努力。凡此均有助於緩和代理問題，降低代理成本。

最後，公司發放股利將隱含某些訊息內涵，可說明如下。

- **股利的訊息內容臆說** 股利政策若與公司價值存在高度相關，則將傳遞某些具有價值的訊息，亦即股利增減引起股價變動無法歸咎於股利政策變化，而係反映經營狀況發生變化的信號。
  1. **增加股利** 積極信號是：「股利增加相當於資金成本上漲，只有績優公司才會有此決策，是以股利上升意味著公司前景看好，股價將趨於上漲」。不過相反觀點卻是：「公司擁有眾多投資機會而亟需資金，

才會長期發放低股利。一旦突然增加發放現金股利，會讓投資人認為公司缺乏較佳投資機會，未來前景有限而讓股價欲振乏力」。

2. **削減股利**　積極信號是：「投資人認為公司減少股利發放是因投資計畫增多，將有助於股價上升」。相反觀點卻是：「公司削減股利可能是面臨財務危機，為彌補財務赤字而被迫降低股利，股價可能趨於滑落」。

- **信號傳遞理論** (signaling hypothesis)　訊息在市場參與者間的機率分配不同，為消除管理階層和外部人士間的可能衝突，就需建立訊息傳遞機制來紓緩訊息不對稱現象，而股利政策恰好具有這種訊息傳遞機制的功能和作用。股利政策定位與變動將反映管理階層對公司未來發展的信號，提供投資人調整對公司營運的判斷和公司價值的預期，進而作出正確決策。

信號傳遞理論

管理階層擁有大量高品質投資機會訊息，將可透過資本結構或股利政策向潛在投資人傳遞訊息。

　　就長期觀察而言，公司調整股利發放，股價通常同向變動，此即暗示投資人較偏好股利而非資本利得，此係後者存在不確定性。不過 MM 理論從不同角度來分析上述現象，認為公司通常不願意減少股利，除非預期未來盈餘超過目前水準或至少維持穩定水準，也不會輕易增發股利。是以信號傳遞理論認為股利增加傳達公司未來盈餘成長的訊息，股利減少則是傳遞公司未來盈餘可能衰退的訊息，並非投資人偏好股利甚於資本利得。

　　一般而言，高品質公司透過較高股利支付率，而與低品質公司進行區隔。對投資人而言，股利政策差異是反映公司品質差異的極佳訊息。公司持續穩定股利支付率，投資人將對公司未來盈餘能力與現金流量抱持樂觀預期。另外，顧客效果理論認為，投資人傾向選擇適合自己股利偏好的公司，公司透過股利政策吸引投資人，賦予股利政策包含更多資訊：

1. 股利所得稅率通常高於資本利得稅率，發放股利將降低公司價值，減少股東稅後收益。是以公司最佳分配原則係採取多保留盈餘，將保留盈餘再投資獲取最大價值。

股利之謎

由於股息稅率高於資本利得稅率，反而投資人應該知道公司不分配股利，反而可獲取更高資本利得。不過現實上，投資人卻偏好公司發放股利。

2. 分配現金股利若引起現金流量短缺，將重返資本市場發行新股，除產生交易成本與擴大股本外，稀釋每股稅後盈餘將對公司價值產生不利影響。

3. 分配現金股利若釀成資金匱乏，喪失有利投資機會，將會產生機會成本。

　　綜合以上所述，董事會決議分配現金股利，可向市場傳遞利多訊息，卻需付出高成本，但公司為何仍以發放現金股利為主？Black (1976) 將此難以破解的問題稱為「**股利之謎**」(dividend puzzle)，並提出四種較具說服力的觀點：

聲譽激勵理論

面對未來現金流量不確定，為求能以有利條件在資本市場融資，公司須建立良好聲譽，而分配現金股利則屬有效方法。

1. **聲譽激勵理論** (reputation incentives theory)　面對未來現金流量不確定，為求能以有利條件在資本市場融資，公司須建立良好聲譽，而分配現金股

利則屬有效方法之一。

2. **逆選擇理論 (adverse selection theory)** 管理階層擁有攸關公司實際價值的資訊，在買回庫藏股過程將可充分利用訊息優勢。當股票實際價值超過買回庫藏股價格，股東將大量買進價值低估股票。一旦股票實際價值低於買回庫藏股價格，股東將極力規避價值高估股票，從而產生逆選擇問題。為規避逆選擇現象發生，公司可採分配現金股利策略。

3. **交易成本理論** 投資人偏好定期獲得穩定現金流量，而選擇穩定分配現金股利的股票將是最佳方式。此係若以出售持股套現，投資人必須投入時間和精力選擇出售時機，勢必支付交易成本而且面臨擇時困難問題，從而促使其偏好現金股利。

4. **制度約束理論** 信託基金、保險基金、養老基金等機構投資人基於降低風險考慮，以及支付投資人收益，將選擇持有發放現金股利的股票。一旦公司不分配現金股利，將被機構投資人排除於投資標的範圍。

知識補給站

股利是公司盈餘的延伸，是營運結果分享股東的方式，也是傳遞未來營運訊息的信號。董事會受股東委託，理應擬定最適股利政策落實股東利益極大。不過董事們難免也有自身考量，擬定股利政策未必符合股東需求，從而形成代理成本。公司價值主要取決於其營運決策，股利政策只是回應及傳遞公司決策的工具，但還是須由多數股東評估是否值得投資這家公司，

董事會考慮大股東稅負後，是否降低發放現金股利？在 2000 年之前，台灣高科技業以發放股票股利為主，爾後逐漸轉為發放現金股利，此係投資人改變偏好的結果。投資人不僅應關注公司是否發放股利？以何種型態發放？更應關注發放股利決策是否符合公司整體利益與股東需求？一般而言，成長型公司鮮少發放現金股利，傾向保留盈餘或發放股票股利，藉以創造更高權益報酬率。成熟型公司則傾向發放穩定現金股利，吸引退休者或退休基金等喜歡穩健現金股利的投資人。

股利政策是否影響公司價值，理論與實證都有支持者。實務上，公司發放股利同時兼顧各種理論說法，多數董事通常考量如何回應股東需求 (類似顧客效果)，或透過發放股利傳遞營運的正面訊息給股東 (類似資訊內容與信號效果)，未必在乎是否影響公司價值。董事會傾向採取「剩餘股利政策」來決議股利水準，將盈餘扣除營運資金需求後，再計算可分配股利金額，以符合最適資本結構。不過從 2000 年後，投資人偏愛高現金股利，獲取一定報酬以規避風險 (類似一鳥在手理論)，迫使上市櫃公司改採發放現金股利。依據證交所統計，2013~2015 年所有上市櫃公司發放現金股利均超過兆元新台幣。

　　舉例來說,某回台上市公司評估發放現金股利,需依美國稅法先行就源扣繳稅款30%,卻無法成為台灣股東的抵稅權。是以董事會決議「買回股票」取代「發放現金股利」,卻引起主管機關及投保中心關切。上述董事會分配股利決策是否符合股東利益?亦即將預擬股利 5 元轉為買回股票,台灣股市能否迅速效率上漲 5 元?該公司董事會認為,不發放現金股利係讓股東免除非必要的租稅負擔,確保股東權益。美國稅法規定股利所得稅率高於長期資本利得稅率,此種因稅率差異產生的節稅效果,導致有些美國上市公司採取「買回庫藏股」替代「發放現金股利」,吸引高所得或偏好資本利得者購買該公司股票,其實相當符合「顧客效果」或「稅率差異效果」的說法。至於台灣投資人及主管機關是否接受此種變相股利政策?由於台灣證券交易所得仍屬免稅,公司是否會被冠上協助大股東逃漏稅的帽子?此舉能否吸引偏好資本利得者投資該公司股票?

　　「顧客理論」是實務上可被接受的理論之一。在效率市場下,不論股利水準與發放型態,投資人與金管實無須擔心股利多寡,股東將會決定公司股利政策是否符合其需求,進而評估是否持有該股票。公司內在價值才是投資人的決策依據,一時的股利多寡只能短暫影響股價。實際上,股東應該關注公司未來營運決策,以及資金運用是否符合股東利益,此將關係公司的真正價值,最終也將反映在營運績效或 *EBIT* 上。

財務管理理論學者:John Lintner (1916~1983)

　　曾經任教於 Kansas 州 Lawrence 大學、Harvard 大學,並擔任 Cambridge 儲蓄銀行董事,美國與外國證券公司、Chase of Boston 共同基金的董事,以及政府及企業顧問,是 1960 年代資本資產定價模型的共同創始人之一。

10.3 股利政策的相關議題

10.3.1 股票分割

股票分割
將高面額股票交換成低面額股票，股本維持不變，股東持股比例不變，但是持股數增加。

　　股票分割 (stock split) 係指將高面額股票交換成低面額股票，透過降低每股價格，增加流通在外股數 (股本維持不變，股東持股比例不變，持有股票總值不變)，吸引投資人加入以提升流動性。股票分割通常是成長公司採取的策略，宣布股票分割容易給投資人「公司處於成長狀態」的信號，從而對公司有所助益。舉例來說，微軟在 2003 年初宣布 1：2 的股票分割，此係自 1986 年公開發行迄今的第九次股票分割，其中有兩次是 2：3，另外七次則為 1：2。張三豐若在 1986 年擁有 1 股微軟，直至最近一次的 2003 年股票分割後，持有股數將成長為 288 股。同樣地，沃爾瑪自 1970 年公開發行迄今，共有 10 次 1：2 的股票分割，戴爾電腦從 1988 年迄今也有 1 次 2：3 的股票分割及 6 次 1：2 的股票分割。

　　台灣股票受面值 10 元限制，無法採取股票分割策略，但卻盛行配發股票股利，股東持有股數經過除權將會增加，股價則依除權比例下跌，公司價值與股東持股比例維持不變，公司股本增加，此係異於股票分割之處。舉例來說：張無忌擁有福雷科技 1,000 股，公司宣布 1:2 股票分割，將變為 1,000×2＝2,000 股。如果福雷股價 40 元，分割後價格是 40×(1/2)＝20 元，面值原先為 10 元，分割後面值是 5 元。另外，張無忌擁有聯發科技 1,000 股，公司宣布 1：1 盈餘配股，原先的 1,000 股將變為 1,000×(1＋1)＝2,000 股，股價如果是 740 元，除權價格將是 740×(1/2)＝370 元。總之，公司採取「一股配一股」或 1：1 的股票分割策略，均會造成流通股數倍增而股價減半，同屬紙上交易，股東權益與財富不受影響。

　　公司採取發放股票股利與股票分割策略，對股東財富似無影響，但仍有許多原因促使董事會樂於採用執行。一般而言，股價超過投資人購買能力與可以交易的區間，將排斥大多數投資人購買整股 (round lot) (基本交易單位的 1,000 股)，雖然也可購買零股 (odd-lot) (少於 1,000 股)，但台灣股市卻採取盤後交易，交易價格缺乏選擇彈性。是以管理階層透過上述兩種策略，降低股價而讓股價落在理想的交易區間，誘使更多投資人參與交易。

　　交易區間的觀點相當普遍，但有效性仍有待商榷。在二次大戰後，美國共同基金、退休基金與其他投資機構的交易量呈現穩定成長，如紐約證券交易所交易值的 80% 皆由上述基金進行。由於法人交易量龐大，每股價格幾乎不受重視，昂貴的股價有時並未帶來困擾。另外，實際資料顯示：股票分割將減少股票流動性，以 1:2 的股票分割來說，分割若能提升股票流動性，交易股數應

該超過兩倍以上，但這種現象並未出現，有時反而發生相反情形。

反向分割 (reverse split) 則是較為少見的財務策略，目的在提高股價，效果異於股票分割，投資人換得較少股票。台灣上市公司發生的唯一反向分割案例是：大同股票面值在 1979 年以前是每股 1 元，為配合證期會規定股票面額標準化為每股 10 元，遂進行 10:1 的股票反向分割，流通在外股數較原先流通股數減少 9 倍，假設大同股價原先為 2 元，反向分割後變為 20 元，股本總值維持不變。另外，波士頓生命科學 (Boston Life Sciences) 在 2005 年 2 月採取 5：1 的反向股票分割，ADC 通訊 (ADC Telecommunications) 也在同年 5 月經歷 5：1 的反向股票分割，股東以舊的 5 股換取新的 1 股，股票面值增加 5 倍。

最後，台灣上市公司累積虧損過大，可採取減資策略消除累積虧損。不過上市飯店業晶華酒店從 2003 年起首開持續減資風氣，縮減資本額退還股金給股東。不論虧損或獲利公司，公司減資將會減少股東持有股數，持股比例維持不變，股本將會降低，股價則依反除權比例上漲，公司價值維持不變。

反向分割

將低面額股票交換成高面額股票，股本不變，股東持股比例不變，但是持股數減少。

10.3.2　股票購回

公司評估股票購回策略，通常係基於兩種考慮：(1) 擁有充裕現金，但以購回公司股票取代發放現金股利；(2) 權益資本太高，購回股票以平衡負債與權益資金。近十餘年來，管理階層盛行購回股票，從市場買回一定數額的自家股票，並將購回股票註銷或作為庫藏股 (法律規定是三年)，而該部分股票不得參與盈餘分配。至於庫藏股日後可移作其他用途，如發行可轉換債券、轉讓給員工、員工分紅配股等，或在需要資金時再出售。至於管理階層買回股票的誘因如下：

1. **防止被併購**　自 1984 年以來，國際間盛行惡意併購，許多上市公司因而競相買回自家股票，以維護經營權。舉例來說，Conoco Phillips 石油公司在 1985 年動用 81 億美元買回 8,100 萬股，Exxon Mobil 石油公司在 1989 年和 1994 年動用 150 億美元和 170 億美元買回自家股票。在 1960 年代末期至 1980 年代初期，日本企業為防止被外國公司併購，競相推動「員工持股制度」和「管理階層認股制度」，在一定條件下買回自家股票以穩定經營權。前者是指公司針對員工購買與持有自家股票，給予優惠或補貼，提升員工持股誘因；後者係指公司賦予管理階層優惠認購股票權利，提升其責任感與減輕代理問題。

2. **穩定股市**　紐約股票市場在 1987 年 10 月 19 日出現股價暴跌，美國上市公司為穩定公司股價，防止因股價暴跌而陷入經營危機，競相進場購回自家股票。依據統計資料顯示：當時在兩週之內，計有 650 家公司宣布購回

自家股票計畫，抑制股價暴跌，刺激股價回升。

3. **提高每股盈餘和股價** IBM 歷經 1950~1960 年代快速成長時期，在 1970 年代中期出現大量盈餘，由於缺乏具有吸引力的投資機會，遂採取增加發放現金股利 (1950～1960 年代股利支付率僅為 1%～2%，1978 年股利支付率高達 54%)，同時於 1977～1978 年斥資 14 億美元買回股票。爾後，IBM 又於 1985～1989 年間耗費 56.6 億美元買回 4,700 萬股，而同期間的平均股利支付率為 56%。在 1975～1986 年間，美國聯合電信器材公司採取買回股票與發放現金股利政策，促使股價從每股 4 美元上漲至 35.5 美元。無獨有偶，邁入 1980 年代中期，許多日本企業也步入成熟期，不再片面追求擴大規模，增加設備投資，轉而利用剩餘資金購回股票，高效率運用剩餘資金遂成為當時日本企業面臨的重要議題。

4. **資本結構調整** 具有競爭優勢的低負債公司在營運邁入穩定成長階段後，將會改採舉債策略購回股票，透過調整資本結構，顯著提高長期負債比例和財務槓桿，降低加權平均資金成本，除提升公司價值外，兼具防止惡意併購。

至於公司買回股票方式可分類如下：

- **買回股票對象**
  1. **公開市場收購** 在固定期間內，上市公司透過公開市場買回股票。
  2. **公開報價收購** 董事會對股東宣布，在固定期間內將以某價格買回某數量股票。舉例來說，德榮發行 1,000 萬股在外流通，目前股價為 50 元，董事會宣布採取公開報價收購方式，以每股 60 元買回 300 萬股。
  3. **目標購回 (targetd repurchase)** 董事會決議向特定股東買回股票。舉例來說，永大機電於 2008 年 3 月向特定股東買回上海永大機電股權 26% 而完全掌控經營權。

目標購回
董事會決議向特定股東買回股票。

- **買回價格的確定方式**
  1. **固定購回價格** 董事會宣布在固定期間以高出目前市價的溢價，買回既定數量股票，賦予股東出售持股的均等機會，一旦買回數量不足，公司延長執行期間或再調高買價。
  2. **荷蘭式拍賣買回** 董事會宣布購回價格範圍 (通常較寬) 和買回股票數量 (以上下限形式表示)，隨後由股東投標提出願意以某一股價 (在公司買回價格範圍) 出售股票數量，再由公司彙總股東提交的價格和數量，確定買回股票的「價格數量曲線」，並依實際買回數量確定最終買回價格。此種策略由 Todd 造船公司在 1981 年用於買回股票，對公司確定買回股價給予

更大彈性。

另外，再說明管理階層可能偏好買回股票而非發放股利的理由。

1. **彈性**　股利是公司對股東的承諾，股票購回則非承諾範圍。公司現金流量呈現恆常性增加，董事會將選擇增加發放股利；反之，現金流量僅是暫時性增加，則會偏好選擇購回股票策略。

2. **管理階層的報酬**　公司發行員工認股權證給管理階層做為激勵誘因。舉例來說，德榮目前股價為 30 元，兩年前曾發行員工認股權證，可在權證到期前任何時點，以每股 20 元認購 1,000 股德榮股票。假設德榮董事會選擇發放現金股利 3 元，除息後的股價降為 27 元，認股價格也會調低為 17 元；但若將發放股息的相同資金改為購回股票，股價可能漲至 33元。很明顯地，執行長將偏好選擇股票購回策略，此係買回股票將讓股價與認股價格的差額變為 $13（＝$33－$20），發放現金股利卻僅有 $10（＝$27－$17）的差額。是以管理階層偏好買回股票而非發放現金股利，此係較高股價提升認股權證價值。

3. **投資性購回**　當管理階層評估目前缺乏投資機會，但預期未來股價趨於上漲，評估買回股票是目前最佳選擇，將會選擇股票購回策略。

4. **稅負**　個人所得稅率高於資本利得稅率，買回股票產生的稅負利益超過發放股利的稅負利益。

最後，當公司每年出現盈餘後，董事會除採取發放股利外，也可將盈餘用於購回公司股票，以下舉例說明對股東的利弊。海天企業在 2010 年的稅後盈餘 5,000 萬元，董事會決議將其中的 50%（2,500 萬）分配給股東。假設海天發行普通股 500 萬股流通在外，市價為 50 元。董事會可就財務長提出的兩個議案進行評估：

(1) 發放 2,500 萬元給股東，每股現金股利 5 元。
(2) 以 2,500 萬元購回股票，以每股 50 元購回 50 萬股。

股票購回對海天的 *EPS* 與每股市價影響如下：

(1) 目前的 *EPS*＝總盈餘／股數＝5,000 萬元／500 萬股＝10 元
(2) 本益比＝股票市價／*EPS*＝50 元／10 元＝5 倍
(3) 購回 50 萬股後的 *EPS*＝5,000 萬元／(500 萬股－50 萬股)＝11.1 元
(4) 購回後預估的市價＝本益比×*EPS*＝5×11.1 元＝55.5 元

從上述分析得知，董事會決議發放現金股利 5 元，股價將因除息而下跌至 45 元，若未填息，出售股票將面臨資本損失 5 元，而且現金股利屬於綜合所得，必須繳納綜合所得稅。反觀公司採取購回股票策略，促使股價上漲 5 元，股東出售股票可獲得 5.5 元差價 (由 50 元上漲到 55.5 元)，且無需繳納證券交易所得稅。

知識補給站

股票購回是指公司買回流通在外股票，降低股本來調整資本結構，係屬資產重組的收縮策略。此種決策與股本擴張一樣，都是公司面對不同發展階段和不同環境下採取的經營策略。一般而言，股票購回將暗示公司股價低估，且對未來財務狀況具有信心。尤其是董事會決議以超過市價的溢價買回時，更有助於穩定股價。再從另一層面來看，買回股票也隱含公司缺乏有利投資機會，而財務代理理論指出，若無合適投資機會，管理階層應將自由現金流量返還股東由其自行投資。是以股票購回也顯示管理階層不會將公司資金投入負淨現值的業務，故被市場視為正面訊息，促使股價常有不錯表現。

公司買回股票將讓資金流向股東，類似發放現金股利，不過兩者存在顯著差異：(1) 股利是依股東持股比例發放，股票購回需視股東出售股票意願而定；(2) 股東擁有股權才能享有分配股利，但在股票購回情況下，股東則是出售部分甚至全部股權；(3) 公司分配股利需有持續性和穩定性，停發股利容易被認為營運潛藏危機。至於股票購回對公司未來分配股息不會造成壓力，相對股利分配更具彈性。

面對股災橫行，董事會決議買回股票，將從三方面來穩定股價：(1) 從股市買回股票將增加股票需求，有利於穩定股價。(2) 股票購回提升財務槓桿，在公司繳納所得稅下，稅盾利益將提升公司價值。(3) 股票購回傳遞正面信號，提升股東信心，不過董事會以現金買回股票，將降低公司現金和流動資產，直接減低償債能力；若是舉債買回股票，將明顯提高負債比率，增加債權人風險。舉例來說：上櫃電池大廠加百裕發行 1 億股、淨資產 10 億元、每年淨利 1 億元，每股淨資產 10 元、每股盈餘 1 元。董事會決議動用 2 億元資金買回 2,500 萬股，讓股本減為 7,500 萬股，淨資產減為 8 億元，1 億元盈餘維持不變。股本縮小將讓每股淨資產上升至 10.67 元、每股盈餘增加為 1.33 元，相對買回股票前增加 6.7% 和 33%。

依據上述分析，董事會決議買回股票似乎有諸多利益，但在何種環境下，方才適合實施呢？

(1) 從外部環境來看，股價低於每股淨值才是買回股票時機。在多頭市場，股價超越每股淨值甚遠，買回股票勢將損及股東權益。相反的，在空頭市場，股價遠低於每股

淨值，買回股票將提升每股淨值。是以績優公司股價跌破每股淨值，買回股票將是不錯的決策。

(2) 買回股票意味著現金流出，公司擁有大量閒置資金，買回股票不會陷入現金流量不足困境，卻能提高每股盈餘與公司價值。

(3) 成熟期公司陷入發展瓶頸，但卻擁有豐厚現金流量，買回股票不失為一種選擇。尤其體系邁入緊縮時期，投資機會匱乏，上市公司買回股票案例也會增加。不過快速成長公司擁有眾多投資機會，董事會首要選擇是積極擴張投資以提高股東報酬。

問題研討

小組討論題

一、是非題

1. 亞聚董事會將依股東持股比例，將盈餘以股票方式分配給股東，此舉將會造成每股淨值下降，不過股東持有股票增加，財富也因而上升。

2. 股利無關理論認為台積電發放股利雖然愈高愈好，但此政策卻非吸引投資人選擇台積電股票的誘因。

3. 裕融企業董事會基於一鳥在手理論，擬定股利分配議案，將採取公司若有盈餘，分配現金股利愈高愈好。

4. 鴻海董事會堅持公司盈餘要看有利的投資機會所需資金決定後，剩餘盈餘才能用於發放股利，此種看法稱為剩餘股利政策。

5. 相對成長階段的上櫃公司而言，處於成熟期上市公司通常發放較少股利。

6. 上市公司財務長評估公司採取以負債資金取代權益資金的能力上升，則其建議董事採取的股利政策彈性較大。

7. 文曄董事會決議買回 6,000 張股票，將可作為員工配股之用。

8. 聚隆纖維董事會決定發放股票股利，將不會影響每股淨值。

9. 董事會決議採取 1：1 股票分割或 1：1 發放盈餘配股，均會增加股本與降低每股淨值。

10. 國巨董事會通過分配現金股利，並且搭配現金減資案，此舉將降低公司淨值而損及股東財富。

二、選擇題

1. 東貝光電於 2010 年 8 月 2 日分配現金股息 2.09 元，股票股利 0.3 元，何種結果係屬錯誤？　(a) 除權將會增加流通在外股數　(b) 除權可能會讓股價下跌　(c) 除息是發放現金股利，將會降低股東權益　(d) 除息將減少東貝流通在外股數

2. 新日興在 2010 年 8 月 12 日就其稅後盈餘，每股分配股票股利 0.5 元，何種結果係屬錯誤？　(a) 每股淨值將會稀釋　(b) 公司保留盈餘增加　(c) 公司股本增加　(d) 公司的股東權益維持不變

3. 台泥董事會決議 2010 年發放股票股利 0.3 元，將對下列科目造成影響：(I) 每股市價、(II) 每股面值、(III) 每股帳面價值、(IV) 流通在外股數。何者正確？　(a) I、II、III　(b) II、III、IV　(c) I、III、IV　(d) I、II、III、IV

4. 盛餘鋼鐵在 7 月 1 日股東會決議發放現金股利 $2,000,000，8 月 1 日為除

息基準日，9 月 1 日發放，試問對資產負債表的影響為何？　(a) 7 月 1 日現金減少 $2,000,000　(b) 7 月 1 日負債增加 $2,000,000　(c) 8 月 1 日股東權益減少 $2,000,000　(d) 9 月 1 日股東權益減少 $2,000,000

5. 何種交易不會影響超豐電子當年的每股盈餘？　(a) 同一年內低價買入庫藏股，再以高價出售　(b) 給予員工分紅配股　(c) 外幣計價之應收帳款在年底面臨匯率變動　(d) 持有交易目的金融資產在年底的市價出現變動

6. 台灣股市屬於效率市場，而國碩本益比高過勝華本益比，此將隱含何種意義？　(a) 國碩風險較低　(b) 勝華成長率較高　(c) 勝華股票較便宜　(d) 國碩現在的盈餘較低

7. 瑞軒股東權益每股 40 元，股價為 60 元，每股稅前盈餘為 4 元，公司所得稅率為 25%。試計算瑞軒的本益比為何？　(a) 2　(b) 20　(c) 33.3　(d) 24

8. 當台塑普通股市價高於面額，董事會宣布分配股票股利 30%，試問將對下列帳戶產生何種影響？　(a) 普通股股本增加；資本公積不變　(b) 普通股股本增加；資本公積減少　(c) 普通股股本增加；資本公積增加　(d) 普通股股本不變；資本公積不變

9. 聯發科技股東會通過「1 股分配 1 股」的盈餘分配案，此舉將會產生何種結果？　(a) 每股面值不變、每股淨值減半　(b) 每股面值與每股淨值不變　(c) 股東擁有股票總值上升　(d) 聯發股價將會上漲

10. 生達製藥董事會決議 2010 年將分配股票股利 15%，試問將導致何種結果？　(a) 股東權益總額增加 15%　(b) 每股權益總額增加 15%　(c) 股東持有股權比率增加 15%　(d) 股東持有股數增加 15%

三、問答題

1. 試說明台積電董事會發布股利政策，將對股價變化造成何種影響？

2. 試從公司與股東的觀點討論盈餘轉增資、資本公積轉增資和現金增資三者對公司股價形成的影響。

3. 試說明各種稅率對公司股利政策內涵的影響。

4. 試說明合庫財務部向董事會提出分配股票股利或現金股利建議案時，必須提出的附帶說明為何？

5. 張無忌持有 A 股票的股價在過去數年皆呈穩定成長，並認為此種現象將會繼續下去。張無忌想說服趙敏購買 A 股票，但因 A 公司從未發放股利，而趙敏是偏好發放穩定股利公司的股票。試回答下列問題：

(a) 張無忌與趙敏各自偏好什麼？

(b) 張無忌應提出何種理由說服趙敏購買 A 股票？

(c) 張無忌為何無法說服趙敏？

6. 試說明引起公司股本發生變動的來源為何？

7. 國內某 4G 上市公司財務部規劃籌集外部資金從事新投資，投資 100 億元將可確定回收 140 億元。然而在訊息保密下，市場投資人僅能揣測該公司資產現值是 100 億元或 20 億元，而且兩者存在可能性相同。公司財務長確知公司資產價值，卻不得洩露消息。假設市場投資人均屬風險中立者，而折現率為零。試回答下列問題：

(a) 財務長必須承諾投資人可以分享公司終值之比率為何，才能誘使投資人出資 100 億元？

(b) 在訊息不全下，原有股東知道資產現值 100 億元，將會發行新股籌資嗎？新股東有認股意願嗎？

(c) 在訊息不全下，舊股東知道資產垷值僅有 20 億元，將會發行新股籌資嗎？新股東有認股意願嗎？

(d) 市場相信唯有經理人自知公司僅值 20 億元且發行新股時，才會從事新投資，試問財務長必須承諾支付投資人何種比率的終值，才能誘使他們投資 100 億元？若財務長自知公司資產值 100 億元，而新股東只願以前述條件認股，試問原股東還會發行新股？

(e) 試問市場預期對公司投資決策的影響為何？假設市場不流行發行股權籌資，試問只有何種情況的公司會發行新股籌資？若大部分公司目前都流行發行股權籌資，則發行新股籌資有無傳遞任何訊息？

8. 泰鼎財務部規劃發行股票、發行債券或發行可轉換公司債三種策略募集資金，試問在下列狀況，採取何種或哪幾種融資方式較適合？為什麼？ (a) 股市大漲時期 (b) 市場利率低迷時期 (c) 投資人普遍預期泰鼎未來前景看好

四、計算題

1. 德榮企業在 2010 年發行在外普通股 200,000 股、每股面值 10 元，預定 2010 年投資總額為 800,000 元，而 2010 年稅後盈餘為 2,000,000 元。假設德榮在 2010 年投資計畫完全以 2010 年保留盈餘來融通 (法定公積金與特別公積金合計提存 20%)。試計算下列問題：

(a) 2010 年以剩餘資金發放股利所能達到的每股股利為何？

(b) 2010 年的股利發放率是多少？

網路練習題

1. 試連結奇摩股市網站 (http://tw.stock.yahoo.com)，尋找在塑膠產業的上市公司中，各家公司董事會宣布發放股利的日期、除息除權基準日以及最後過戶日分別為何？假設張無忌在台塑除息日 (2008/7/8) 之前買進台塑股票，試問誰可以獲得台塑分配之每股 6.7 元現金股利，張無忌或是賣方？

2. 試連結奇摩股市網站 (http://tw.stock.yahoo.com)，在半導體產業的上市公司中，試找出哪家公司的股票殖利率最高？分別有多少家公司股票的殖利率高於 5%？同時找出哪些公司的每股股利超過 4 元？

長期負債與債券評價

個案導讀

國內半導體上市公司茂矽發行 47 億元公司債於 2003 年 4 月 25 日到期,由於無力償還且僅有 4 成多的債權人同意展延方案,促使台灣證券交易所依營業細則規定,將茂矽普通股、茂矽一與茂矽二國內可轉換公司債自 5 月 5 日起打入全額交割交易。不過在變更交易方法實施日前,茂矽若能提出償還證明或與債券持有人和解的協議證明文件,並送至證交所備查,則可免予執行變更交易處分。此外,截至 2003 年 5 月 2 日止,茂矽還未將 2002 年財報及 2003 年第 1 季季報送至證交所,證交所依據規定,將於呈送證期會核准後,公告停止茂矽股票交易。

上述事件顯示公司採取中長期融資無法償付衍生的問題,是以本章首先說明中長期負債類型與公司債特質。其次,將探討債券價值的決定,說明債券存續期間與凸性對債券價格的影響。最後,將說明債券創新活動內涵,探討可轉換或可交換債券的性質。

11.1 公司的長期負債資金來源

11.1.1 公司的中長期融資策略

在營運過程中，營利事業所需中長期資金來源包括：

- 內部資金
  1. **資本主投資** 獨資老闆、企業合夥人以及公司股東對企業的投資，係屬長期資金的主要來源。
  2. **折舊與保留盈餘** 公司使用固定資產，每年攤提折舊費用是無現金外流的費用，相當於保留資金在公司。此外，公司稅後盈餘在提列法定公積後，將可保留而成為股東權益資金的來源。

- 外部資金
  1. **向銀行融通** 興建廠房與購置設備所需資金可向銀行申請中長期貸款。
  2. **分期付款** 購買設備僅需支付頭期款，其餘則在約定期限內逐期付款。
  3. **租賃** 以租賃機器設備取代融資購買資產，支付租金相當於支付利息與清償本金，此係資產負債表外交易。

公司上市上櫃後，調度中長期資金部分將轉往直接金融，包括發行普通股、普通公司債、可轉換公司債及發行海外存託憑證等。在募集中長期資金過程中，董事會決議採取股權或債務融通，考慮因素包括資產與負債期限的搭配、最適資本結構、利率水準、公司目前與未來財務情況、擔保品與現有負債契約的限制，兩者差異將如表 11-1 所示。

表 11-1
股權融通與債務融通的差異性

類型	持有人	盈餘分配權	分配收益與資產次序	風險	公司決策
普通股	公司股東	公司出現盈餘，可分配非固定比率股息，股利不屬於費用支出，不具節稅效果。	最後	必須承擔公司事業風險及舉債融通的財務風險	有投票權
公司債(或借款)	公司債權人	不論公司盈虧，均可獲得固定比率利息，利息支出屬費用性質，具有完全節稅效果。	最先	無須承擔事業風險，但公司舉債過高，也須考慮財務風險的影響。	無投票權

　　財務長為融通固定資產投資，必須取得較長使用資金期限，可向銀行借入超過 1 年的資金，而傳統的間接金融商品主要分為三種：

1. **中長期擔保放款**　公司提供銀行擔保品以取得中長期放款，若是無法清償債務，銀行可處分擔保品或向保證人、背書人追索以確保債權，而可作為擔保品者包括不動產或動產抵押權、動產或權利質權、以及因交易行為而產生的票據、金融機構保證，以及股份有限公司依規定出具的書面承諾等。

2. **中長期經常性週轉金**　公司營運需要適量週轉金，由於循環使用而呈現固定化性質，資金調度宜以中長期資金支應。

3. **資本性融資**　公司規劃購地建廠、防治污染設備投資、購置運輸設備或興建營業場所、購置耐久財等，所需資金龐大且屬長期性質，應以金融機構的資本性融資為主要資金來源。

　　接著，**聯合授信** (syndicated credit) 包括**聯合貸款**及**聯合保證** (joint guarantee) 兩類，前者係主辦銀行接受借款公司委託組成聯貸銀行團，依據承作條件及約定承貸比例提供貸放資金。後者則是參加保證銀行按約定比例出具文件提供信用保證，保證借款者如期清償借款，再由後者從金融市場取得所需資金。

　　董事會決議以聯合貸款方式募集資金，首先評估選擇單一或少數銀行做為**管理銀行** (manager bank、lead manager)，授權由其安排聯合貸款，並負責擬妥聯合貸款契約，洽商其他銀行參與放款條件談判，而取得資金的主要用途有二：

1. **中長期開發授信**　包括擴廠及建廠計畫融資、購置固定資產融資、大型不動產開發案之土地及建築融資、承攬公共工程之履約保證及預付款保證。

2. **一般週轉性授信**　包括營運週轉金與工程週轉金等。

　　實務上，聯合貸款兼具傳統放款性質與投資銀行承銷功能，涉及借款公司、管理銀行／代理銀行、參貸銀行等多方面關係，較傳統放款契約複雜。財務長透過聯合授信方式取得資金，有助於降低融資成本、維持抵押品完整性、爭取借款時效與募集鉅額資金、增加融資來源等。就銀行而言，聯合授信可分散鉅額放款之違約風險與規避銀行授信限制 (超出單一客戶授信額度)、避免客戶重複融資與抵押品不易分割的困擾、提高資金運用效率、聯合不同銀行承作多元幣別與多種期間組合的綜合性放款業務、主辦銀行透過協調同業爭取領導地位，收取聯貸管理費。

聯合授信
主辦銀行組成聯貸銀行團，依承作條件及約定承貸比例提供借款公司資金或保證。

聯合保證
參加保證銀行按約定比例出具文件提供信用保證，再由借款者從金融市場借入資金。

管理銀行
借款公司授權某一銀行安排聯合貸款、擬定聯貸契約，洽商其他銀行參與聯貸。

中華航空係國內航空業領導廠商,從 1959 年成立迄今,陸續開拓國際航線,飛航全球超過 24 國 66 個航點。在 2006 年,華航持續推動機隊簡化及汰舊換新,共引進 6 架新機,包括 2 架波音 B747-400 貨機與 4 架空中巴士 A330-300 客機,促使華航機隊總數達 67 架,平均機齡僅 5.1 年,是全球最年輕的機隊之一。另外,依據 IATA 國際排名,華航客運位居全球第 21 名、貨運名列全球第 5 名,國際權威雜誌 *Air Cargo World* 在 2006 年公布「全球航空貨運卓越獎」,華航名列全球第一。

仲航公司是國內租賃業龍頭中租迪和在 2006 年 4 月成立之特殊目的公司 (special purpose vehicle, SPV),專門承作華航航空器售後租回業務,並於 6 月承作華航 A330 客機售後租回業務。接著,仲航再與華航簽訂 B747-400F 型貨機售後租回案,是承作的第二架飛機,而基於購買飛機的資金需求,透過台灣工業銀行辦理新台幣 55 億元、期限 12 年的聯合授信案,由台灣工銀擔任聯貸案主辦銀行兼管理銀行,參與聯貸案的融資銀行,包括台灣工銀、中信銀、玉山、土銀、一銀、國泰世華、中信局 (併入台銀)、台灣企銀及輸出入銀行等 9 家銀行,並於 2006 年 12 月 18 日簽訂聯貸契約。

票券發行融資

公司取得銀行團承諾的中長期信用額度,在承諾期間隨時發行票券,以支付短期利率取得中長期資金。

另外,票券發行融資 (notes issuance facility, NIF) 是結合直接金融 (商業本票) 與間接金融 (長期週轉金放款) 的融資商品,公司取得銀行團承諾的中長期信用額度,在承諾期間隨時發行票券,以支付短期利率取得中長期資金,除改善長短期債務結構外,透過投標銀行競標也可降低融資成本。票券發行融資額度包含銀行承兌匯票 (*B/A*) 及商業本票 (*C/P*)。財務長評估資金需求狀況,選擇發行票券時點及期間,要求主辦銀行負責安排承諾銀行團 (承兌或保證銀行) 與投標銀行團,由承諾銀行團承兌公司發行的匯票或保證其發行的商業本票,再透過投標銀行團競標而取得資金。當財務長無法從投標銀行團以低於承諾購買貼現率募足資金時,可拒絕以該利率發行票券,有權要求承諾銀行改依承諾購買的貼現率發行票券。不過承諾銀行購買 (含當次發行) 已達或超過承諾額度時,則毋庸履行當次發行之購買承諾義務。

11.1.2 公司債性質與發行價格

公司債

公司在資本市場募集資金的借款憑證。

公司債 (corporate bond) 係公司在資本市場募集資金的借款憑證,不論營運狀況如何,發行公司需依發行條件支付票面利率與清償本金。至於財務長採取發行公司債融資,將可帶來下列利益:

1. 取代銀行的中長期放款,而且直接金融成本通常低於間接金融成本。
2. 傳統公司債的票面利率固定,將可鎖住中長期資金成本,有利於董事會規

劃中長期投資計畫。

3. 融資管道多元化，提高與其他金融機構議價能力，改善短期償債能力。

4. 發行公司債無涉股權變動，避免股權稀釋效果及經營權流失。

公司債契約記載債券持有人與發行公司之間的權利義務，基本特質如下：

1. **債券型態** 國內公司債面值是 100 萬元，可用記名債券 (registered) 或無記名 (bearer) 債券發行。目前多數債券屬於無實體債券 (記名)，由發行公司記錄債券所有權的移轉，清償本息直接匯入持有者的存款帳戶。至於無記名債券 (實體債券) 本身就是所有權的基本憑證，公司支付本息給持有債券者。

2. **擔保品** 以是否提供抵押品保障債券持有人的來區分債券。傳統公司債是基於公司信用而發行信用債券，隨著證券化活動盛行，公司提供擁有的資產為擔保品，如不動產、應收帳款等，而發行擔保公司債。

3. **求償順位** 依據債權人的求償順序，可分為首順位負債 (senior debt) 與次順位負債 (subordinate debt)。

4. **償債安排** 債券到期，發行公司必須清償債券面值，但也可在債券發行數年後以約定價格贖回。

公司債票面利率就是每年支付利息除以債券面值的比率，支付方式有二：

1. **固定利率債券** 票面利率固定，通常由承銷商、發行公司及投資人參酌市場利率，考慮金融環境、發行金額、債券市場供需、發行公司或保證銀行提供擔保品之信用等級、發行期限、債券還本付息方式與期間、同期間其他公司債發行參考利率等因素訂定。

2. **浮動利率債券 (floating rate note, FRN)** 票面利率係依某一利率指標每半年或季加碼重設。歐洲美元浮動利率債券通常以倫敦同業拆放利率 (London Interbank Offered Rate, LIBOR) 為基礎，或以 LIBID (倫敦銀行間拆借買價利率) 和 LIBOR 的平均值作為浮動利率，加碼是 0.125% 和 0.25% 的倍數。

公司債的固定票面利率與市場利率經常出現差異，財務長可採平價、溢價或折價方式發行債券，發行價格 P 的計算方式如下：

- 單利計息一次還本付息的附息債券

$$P = \frac{(F + r_c N)}{(1 + rN)}$$

首順位負債
負債的清償順位優於股權與其他公司債務。

次順位負債
負債的清償順位優於股權，但次於公司的其他債務。

浮動利率債券
票面利率依某一利率指標每半年或季加碼重設。

r_c 是票面利率、N 是償還期限、F 是債券面值、r 是收益率。舉例來說：鴻海集團發行單利計息、一次還本付息的公司債，面值 100 元，期限為 10 年，票面利率 5.3%，收益率 5.376%，發行價格為：

$$\frac{(100 + 5.3\% \times 100 \times 10)}{(1 + 5.376\%)^{10}} = 51.7098$$

- 複利計息多次提息的債券

$$P = \frac{\left[C(1+r)N - C - rR \right]}{(1+r)rN}$$

舉例來說：信昌化工發行普通公司債的票面利率 5%、面值 100 元，期限 20 年、複利收益率 4%，每半年付息一次 (半年收益率 $r = 4\%/2 = 2\%$)。

半年的利息 $C = \dfrac{5\% \times 100}{2} = 2.5$

期限 $N = 20/0.5 = 40$

發行價格為：$\dfrac{[2.5 \times (1 + 2\%) \times 40 - 2.5 - 2\% \times 100]}{[2\% \times (1 + 2\%) \times 40]} = 119.4853$

- 零息債券的發行價格

$$P = \frac{F}{(1+r)N}$$

舉例來說：合作金庫財務部以貼現方式發行金融債券，面值100元，期限為 3 年，年收益率為 9.25%，發行價格為：

$$\frac{100}{(1 + 9.25\%)^3} = 76.6895$$

最後，公司發行公司債募集資金，將須支付兩種成本：

1. **發行成本** 發行公司債一次支付的費用包括代理還本付息費用、受託費用、債券簽證費用、債務發行評等費用、承銷顧問費用、律師簽證費用、會計師查核費用、債券及公開說明書印製費用與公告費用。
2. 公司債發行後至到期須支付的年度費用，包括上櫃費用 (年費上限 50 萬元)、保證費用與利息費用等。

　　歷經 2008 年金融海嘯衝擊，國內景氣逐漸好轉復甦，帶動上市上櫃公司籌資需求增加。依據中華信評公佈資料顯示，2010 年新發行債券餘額 4,880 億元，僅次於 2002 年的 5,000 億元。面對國際油價漲升引來通膨壓力，市場預期央行或將展開升息，台電、鴻海與台塑集團等發行公司債大戶紛紛趁利率仍在低檔，發行公司債籌措擴張業務所需資金。再就金融債部分，隨著銀行債信前景回穩，銀行為滿足中期資金調度需求，渣打、國泰世華、彰銀和一銀都陸續發行次順位金融債，用於提高資本適足率，兩者均讓債券發行市場相當熱絡。

　　在國際債券市場，2011 年第一季爆發中東北非政治動盪、歐債危機、日本福島地震引爆核電廠危機等亂流，然而圖 11-1 顯示主要債券市場依舊表現不俗，全球高收益債市過去一季上漲近 4%，新興債市在 3 月份則是異軍突起上漲 1.3%，過去一季也有 1.7% 漲幅。值得注意者，3 月份全球債券市場發行量大增，無論企業或新興國家都希望在歐美國家央行調整貨幣政策前，以目前利率發債籌資。

　　圖 11-2 顯示，全球企業在 2011 年 3 月發行 412 億美元高收益債券，打破 2010 年 3 月創下的歷史紀錄，主要用途多為再融資以減輕利息成本與到期還本壓力。另外，債信評級以投資級占多數的美國企業，3 月共發行 1,025 億美元債券，一成資金用於融通買回股票及併購活動，創 2010 年 2 月以來新高，也擴大近期新發行公司債的折價幅度。再就新興市場而言，公司債市場近期相對熱絡，印度鐵路金融公司計畫未來一年發行 5 億美元公司債，利差較同年期美國公債高逾 220 個基點！市場預期新興市場企業偏好發行美元債券，除融資成本較低外，也提供投資人參與新興市場成長機會，規避新興國家當地貨幣政策與通膨的風險。「供給增加、但需求更旺」是近幾年新興市場美元計價公司債的主要特色之一。

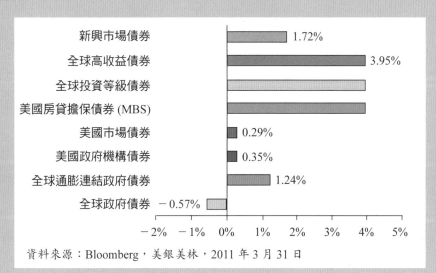

資料來源：Bloomberg，美銀美林，2011 年 3 月 31 日

圖 **11-2**

新興市場公司債
市值快速增加
(10 億美元)

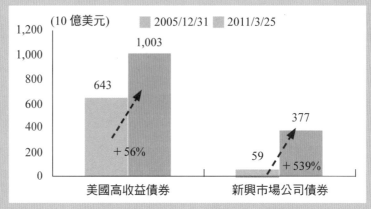

資料來源：Bloomberg，美銀美林，2011/03/02

11.2 債券評價模式

11.2.1 債券價值的決定

財務長從事債券操作，面臨風險來源有二：

- **違約風險**　發行公司績效不彰或財務狀況惡化引起信評等級下降，違約風險溢酬攀升而釀成資本損失。公司債到期違約與發行公司破產釀成的影響不同，就前者而言，發行公司可與投資人協議延期支付本息，投資人可在未來協議期間內獲得清償。但就後者而言，公司破產清算，將依法律程序清償債務，投資人將面臨部分損失甚至血本無歸。

- **市場風險**　市場環境劇變造成的損失可區分為：

  1. **利率風險**　利率波動引起債券價格變化，帶來資本損失或利得。利率上升將讓持有長期債券面臨利率風險，利率下降則讓持有短期債券承擔再投資風險。

  2. **通膨風險**　通膨率上升降低債券的實質報酬率。

  3. **流動性風險**　變現債券可能遭致的損失。熱門債券成交量與周轉率大，變現容易。冷門債券長時間乏人問津，急於變現，勢必大幅折價出售。

  4. **期限風險**　債券期限愈長，市場變化因素愈多。是以票面利率相同債券，長天期債券價格較低，15 年期債券價格對利率波動敏感性高於 5 年期債券。

財務長操作債券係以違約風險為評估重點，用於決定投資債券所要求的

報酬率 (風險溢酬加碼幅度)，而攸關發行債券公司的信用評等資料來源，包括中華信用評等公司的評等報告及新報資料庫的台灣企業信用風險指標 (Taiwan Corporate Credit Rating Index, TCRI) 徵信系統。在決定投資債券所要求的報酬率後，財務長接續評估公司債價值。

　　普通公司債是公司借款憑證，代表一系列年金 (每期利息支付 r 與到期清償本金 F)。是以債券價值將等於兩種資金流量以必要報酬率 (殖利率) r 折現的價值總和：

$$P = \sum_{t=1}^{n} \frac{R_t}{(1+r)^t} + \frac{F}{(1+r)^n} \tag{11.1}$$

　　舉例來說：遠紡在 1981 年 6 月 1 日發行面值 10 萬元、票面利率 12%、20 年期的公司債。假設當時債券市場要求的報酬率為 11%，遠紡公司債的發行價格將是：

$$PV = \sum_{t=1}^{20} \frac{100,000 \times 12\%}{(1+11\%)^t} + \frac{100,000}{(1+11\%)^{20}}$$
$$= 107,963.33 \succ 100,000$$

遠紡財務長採溢價發行公司債，溢價金額 7,963.33。如果當時債券市場要求的報酬率是 13%，遠紡公司債發行價格將是：

$$PV = \sum_{t=1}^{20} \frac{100,000 \times 12\%}{(1+13\%)^t} + \frac{100,000}{(1+13\%)^{20}}$$
$$= 92,975.25 \prec 100,000$$

此時，遠紡公司債將採折價發行，折價金額是 7,024.75($= 100,000 - 92,975.25$) 元。

11.2.2　債券存續期間

　　市場利率變動是影響債券價格的首要因素，**存續期間** (duration) 即是比較不同到期日與票面利率債券的價格風險指標，此係投資人收回債券本息的實際平均年限，用於衡量債券價格波動性對殖利率波動的敏感度。針對 (11.1) 式的債券價格對殖利率進行一階微分，可得殖利率些微變化引起債券價格變化：

存續期間
投資人收回債券本息的實際平均年限，用於衡量債券價格波動性對殖利率波動的敏感度。

$$\frac{dP}{dr} = \frac{-R}{(1+r)^2} + \frac{-2R}{(1+r)^3} + \cdots + \frac{-nR}{(1+r)^{n+1}} + \frac{-nF}{(1+r)^{n+1}}$$

$$= [\frac{-1}{(1+r)}][\sum_{t=1}^{n} \frac{tR}{(1+r)^t} + \frac{nF}{(1+r)^n}] \tag{11.2}$$

Frederick Macaulay (1938) 接著定義債券存續期間如下：

$$D = (\frac{1}{P})\left[\sum_{t=1}^{n} \frac{tR}{(1+i)^t} + \frac{nF}{(1+i)^n} \right] \tag{11.3}$$

上式顯示：債券殖利率較低，存續期間愈長；債券票面利率越低，存續期間愈長；債券到期年限較長，存續期間也較長。將 Macaulay 存續期間代入前式：

$$\frac{dP}{dr}\frac{1}{P} = \left[\frac{-1}{(1+r)} \right] D$$

$$D = \frac{-dP}{dr}\frac{(1+r)}{P} \tag{11.4}$$

舉例來說，遠東紡織在 1990 年代發行 6 年期公司債、票面利率 8%，市場殖利率 11%，存續期間 $D = 4.993$ 年。假設央行理監事會決議調升重貼現率半碼 (0.125%)，推動債券殖利率上升 1 個基本點 (由 11% 上升至 11.01%)，我們可利用 (11.4) 式估算債券價格波動幅度：

$$\frac{dP}{P} = \left[\frac{-dr}{(1+r)} \right] D = \left[\frac{-0.01\%}{(1+8\%)} \right](4.993) = -0.0462\%$$

由於債券每年付款次數可能不只一次，若要精確評估債券的利率風險，衡量殖利率變動對債券價格變動的影響，可改採「修正後存續期間」(modified duration) 或「價格變動百分比」衡量：

$$修正後存續期間 = \frac{D}{(1 + \dfrac{r}{每年付息次數})}$$

債券價格變動百分比 $= -$ (修正後存續期間) $\times$ 殖利率變動

舉例來說，東和紡織發行票面利率 6%、每年付息一次的 7 年期公司債，當市場殖利率 11% 時，存續期間是 5.85 年，而修正存續期間則為 5.41 年。此即意味著東和公司債期限雖為 7 年，但考慮每年利息收入後，投資該債券的實際年限為 5.85 年。隨著市場殖利率變動 1%，東和公司債的預期價格變動幅度將是債券市場價格的 5.41%。

一般而言，債券期限越長、票面利率越低，其價格對利率變動敏感度就

愈大。我們若以存續期間衡量債券的利率風險，面對利率劇烈波動，估計值誤差勢必擴大。(11.4) 式顯示債券價格與殖利率間係屬凸向原點的弧形曲線，而衡量存續期間卻假設兩者為直線關係，在利率微幅變動時，以存續期間推估債券價格變動的誤差不會太大，一旦利率劇烈變動，偏誤程度就不容忽視。是以我們估計利率風險，必須考慮債券價格與殖利率間的非線性關係，而衡量債券價格曲線彎曲程度的指標稱為**債券凸性** (convexity)。由於債券價格 P 為殖利率的函數，可將債券價格變動以 Taylor 數列展開：

債券凸性
衡量債券價格曲線彎曲程度的指標。

$$dP = \frac{\partial P}{\partial i}di + \frac{1}{2}\frac{\partial^2 P}{\partial i^2}(di)^2 + K \tag{11.5}$$

K 是 Taylor 數列中的二階以上各項次之值的總和，由於高階項次數值十分微小，一般均予以省略。將上式左右兩邊同時除以債券價格 P，可得債券價格變動比率：

$$\frac{dP}{P} = \underbrace{\frac{1}{P}\frac{\partial P}{\partial i}}_{\text{存續期間 D}}di + \frac{1}{2}\underbrace{\frac{1}{P}\frac{\partial^2 P}{\partial i^2}}_{\text{債券凸性 C}}(di)^2$$

$$= -Ddi + \frac{C}{2}(di)^2 \tag{11.6}$$

在上式中，右邊第一項即是債券存續期間 (D)，第二項就是債券凸性 (C)：

$$D = -\frac{1}{P}\frac{\partial P}{\partial i}$$

$$C = \frac{1}{P}\frac{\partial^2 P}{\partial i^2}$$

　　上式顯示：不論利率漲跌，利率變動促使債券價格隨存續期間反向變動，但與債券凸性同向變化。在計算債券凸性時，債券價格對利率的二次微分一般稱為**債券價格凸性** (dollar convexity)：

債券價格凸性
計算債券凸性時，債券價格對利率的二次微分。

$$\frac{d^2 P}{di^2} = \left[\sum_{t=1}^{n}\frac{t(t+1)R}{(1+i)^{t+2}} + \frac{n(n+1)F}{(1+i)^{n+2}}\right]$$

n 是債息發放總期數，F 是債券面額，將債券價格凸性乘上 $1/P$ 即可獲得債券凸性。計算債券凸性是以債息給付期間之平方為單位，如果付息期間不是

每年一次，須將其年度化，亦即債息每年發放 m 次，年度化的債券凸性為 C/m。

　　舉例來說，光寶發行七年期面額 100 元公司債，票面利率 7%、每半年付息一次。該債券的市場殖利率為 7.5%（債券價格為 97.315），存續期間 5.426 年、價格凸性 14,118，年度化後成為 $14,118/2^2 = 3,529.5$，換算債券凸性等於 $3,529.5/97.315 = 36.269$。接著，市場預期殖利率上升兩碼 (50bp)，使用債券存續期間及凸性估計利率變動後，公司債價格將下跌 2.67%。

$$
\begin{aligned}
\frac{dP}{P} &= -Ddi + \frac{C}{2}(di)^2 \\
&= -(5.426)(0.5\%) + (0.5)(36.269)(0.5\%)^2 \\
&= -2.67\%
\end{aligned}
$$

相反的，當市場預期殖利率下降 1%，債券價格預期將上升 5.61%：

$$
\begin{aligned}
\frac{dP}{P} &= -(5.426)(-1\%) + (0.5)(36.269)(-1\%)^2 \\
&= 5.61\%
\end{aligned}
$$

　　基本上，債券凸性主要取決於債券存續期間長短及其產生現金流量的分散程度。債券存續期間愈長，凸性就愈大，長期債券凸性通常高於短期債券。存續期間相同，債券的現金流量愈分散，凸性也就愈大。是以存續期間相同的債券，零息債券的凸性最小，因其產生的現金流量最集中 (分散程度最低)。在其他條件相同下，債券凸性愈大，投資價值愈高。

知識補給站

　　國內債券依發行機構分為三種：(1) 公債：《公共債務法》規定各級政府為籌措資金而發行的債務憑證，包括中央政府公債 (中央公債) 與直轄市政府公債，前者由財政部國庫署編列發行額度，並訂定票面利率，再委託央行國庫局以標售方式發行。(2) 金融債：《銀行法》規定銀行為融通中長期信用而發行的債券。(3) 公司債：《公司法》與《證券交易法》規定公開發行公司為募集中長期資金而發行的債券。

　　債券發行通常採取公開標售制度，方式有二：(1)「單一利率得標制度」或「荷蘭標」，由 William Vickrey 提出，在投資人投下的有效標單中，從投標利率最低者往上取，直到發行額度滿額的最高得標利率，即是統一作為發行利率。歐美國家標售公債多採用荷蘭標，台北市政府公債與台電公司債採取該類方式標售。(2)「複數利率得標制度」或

「英國標」，係由投資人投單中依投標利率最低者開始得標，直到額滿為止，投標者所投利率即得標利率，發行利率並非一致。目前央行標售中央政府公債即是採取該類標債制度。

William Vickrey (1914~1996)

出生於加拿大。曾經任教於 Columbia 大學，擔任過紐約市城市經濟協會會長與美國經濟研究局局長。1996 年基於在賦稅、交通、公用事業、定價等議題的卓越貢獻，是鑽研拍賣的市場機制的開創者，而獲頒諾貝爾經濟學獎。

Frederick Robertson Macaulay (1882 ~1970)

出生於美國 Montreal。曾經任職於國家經濟研究局 (NBER)，任教於社會研究新學院 (New School of Social Research)，以及擔任二十世紀基金研究執行長。Macaulay 的貢獻在提出債券存續期間概念，用於衡量債券價值對利率波動的敏感度貢獻極大。

11.3 債券創新

11.3.1 債券創新方式

結構性債券或連動債券 (structured notes) 是結合固定收益證券與衍生性商品的債券，屬於混合負債工具。依據債券還本付息方式，結構式債券分為兩大類：

結構性債券或連動債券
結合固定收益證券與衍生性商品的債券。

• 債券利息創新　債券票面利率的訂價原則如下：

$$Coupon = A \times Index + B$$

基於上述原則，財務長如何選擇指標是訂定公司債利率的重心，除需計算指標的歷史分配及波動性外，還須控制財務風險。一般常見的指標包括為壽險業保單設計的二年期定存 (保單分紅利率) 指標，為銀行業定存單設計的一年期定存利率或 90 天銀行承兌匯票利率指標，為股市參與者或產業參與者設計的指數連動債券或產業獲利指標債券。國外則以 LIBOR 或 SIBOR 為指標利率，也有以多種不同指標，如降雪量、通膨率、匯率、甚至同時連結匯率與通膨率的複合指標。

從上述原則衍生的債券付息方式分為四類：

1. **零息**　$A = 0$ 且 $B = 0$ 為零息債券，僅見於中央政府公債 851 期及 852 期，而債券分割 (bond strips) 後的新債券也屬於零息債券性質。
2. **固定計息**　$A = 0$ 且 $B > 0$ 為固定利率債券，傳統公司債屬於該類型。
3. **浮動付息**
   (a) $A > 0$ 稱為浮動利率債券。
   (b) $A < 0$ 且 $B > 0$ 稱為逆浮動利率債券 (inverse FRNs)。指標利率愈低，債息愈高，而利率低檔屬於債市多頭，又稱多頭浮動利率債券 (bull floater)。
   (c) $|A| > 1$，債息呈倍數變動，在空頭債市具有較高吸引力，又稱空頭浮動 (bear floaters) 或槓桿型利率債券。
4. **階梯式付息**　介於固定與浮動付息間的階梯債券 (step-up bonds)。發行公司在債券存續期間的前半段支付較低利率但不可贖回，後半段則支付較高利率而可贖回。發行公司也可允許投資人遞延至到期前某一時日才要求支付利息，此即利息遞延 (deferred coupon) 債券。

舉例來說，台積電曾經發行 40 億元、5 年期利息延付債券，票面利率 7%。該債券在前 3 年不付息，第 4 年底才支付利息 8.2 億元，第 5 年再支付利息 2.11 億元及本金 40 億元。該類債券係為追求避稅效果而設計，張三豐擁有股票投資抵減 (tax credit) 利益，可安排領取利息與投資抵減適用時間配合。此外，張三豐在第一次付息日前賣出 (第 4 年底前)，賣出價格包含前幾年應計息，將利息所得轉化為資本利得，享有證券交易所得免稅的利益。

- **債券本金創新**

　　傳統債券還本方式通常是到期一次清償面值，而債券創新活動則從還本時間、還本選擇權與還本方式三方面進行。

1. **還本時間**　採取分次本金清償策略，分散一次清償所需承受的財務壓力。

2. **還本選擇權**　賦予投資人有權轉換或交換股票、債權憑證或其他貨幣。

   (a) 可轉換或交換公司債提供轉換或交換權，得轉換為本公司或其他股票。

   (b) 雙元通貨債券 (dual-currency bonds)　發行公司債收取國幣，但以外幣支付利息或到期本金。

3. **還本方式**　債券的票面利率或本金與選擇的指標連動。

   (a) 指數化債券 (indexed bond)　債券本金將依消費物價指數調整，付息金額則隨本金變動，維持本金及利息的實質購買力不變。

   (b) 本金連結匯率證券 (principal exchange bond)　類似雙元通貨債券，但以同一貨幣支付本息，本金清償係隨匯率變動調整，外幣升值可使投資人獲取較多本金，外幣貶值將導致回收本金減少。

> **雙元通貨債券**
> 發行公司債收取國幣，但以外幣支付利息或到期本金。

> **指數化債券**
> 債券本金依消費物價指數調整，付息金額則隨本金變動，維持本金及利息的實質購買力不變。

> **本金連結匯率證券**
> 以同一貨幣支付本息，本金清償係隨匯率變動調整。

知識補給站

　　連動債券係指投資銀行將募集投資債券的資金，部分用於投機性操作，使其總收益包括債券的固定收益與投機操作的額外報酬。相對普通公司債而言，連動債的預期報酬率相對較高，承擔風險也相對更大。不過投資銀行與資產管理公司聯手炒作，讓連動債在 21 世紀初躍居金融市場熱門商品。隨著 2007 年美國爆發次貸事件，迅速擴散成 2008 年金融海嘯，國際景氣旋即陷入百年罕見衰退境界，影響所及讓台灣持有連動債的退休族瞬間成為受害者，連動債也立即變成毒蛇猛獸，讓投資人避之唯恐不及。

　　連動債券係以零息債券搭配組合衍生性金融商品 (股票、一籃子股票、指數、一籃子指數、利率、貨幣、基金、商品及信用等) 的商品，主要類型有二：

(1) 保本型債券 (principal-guaranteed notes, PGN)：結合固定收益商品以及參與分配連結標的資產報酬的權利而成。該類商品於到期時，本金可獲得一定比例保障，而透過連結標的選擇權，投資人也可享受未來連結標的價格上漲機會。

> **保本型債券**
> 結合固定收益商品以及參與分配連結標的資產報酬的權利而成。

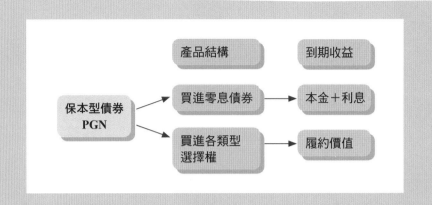

(2) 股權連結型債券 (equity-linked notes, ELN) 或稱高收益債券 (high-yield notes, HYN)：結合零息債券和賣出相關標的選擇權而成，並依選擇權的拆解及拼湊組合成不同型態的股權連結商品，並依其連結「標的」(如上市櫃股票、股價加權指數、指數股票式基金、利率、匯率等) 來決定投資績效。

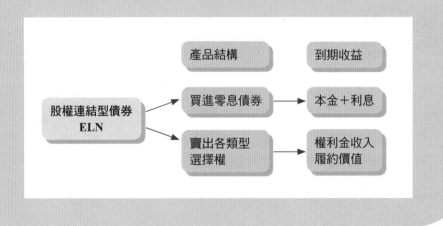

11.3.2 可轉換或可交換公司債

　　董事會可發行普通股 (股權融通) 與發行普通公司債 (債務融通) 募集中長期資金，兩種融資商品各具特色，分別吸引不同性質的投資人提供資金。隨著金融創新盛行，結合普通股與債券的金融商品不斷出爐，其中又以特別股與可轉換 (可交換) 公司債為主要型態，而附認股權證公司債具有類似性質。

　　可轉換公司債 (convertible bond, CB) 或可交換公司債 (exchangeable bond, EB) 係結合普通公司債 (債權) 與股票買權 (股權) 的金融商品，投資人有權將

債券在轉換期間依**轉換價格** (conversion price) 或**轉換比率** (conversion ratio) 轉換為普通股，將可享有下列利益：

轉換價格或轉換比例
投資人將債券轉換為股票的價格或比率。

1. **風險有限**　可轉換公司債兼具普通債券與股票性質，股價上漲提升轉換價值，轉換公司債價格隨之上升，投資人可逕自出售或轉換為股票後出售，均可獲取資本利得。反之，股價下跌因有普通公司債價值保護，不致低於債券價值。

2. **固定收益與債權保障**　轉換公司債未轉換前，投資人屬於債權人角色，償還本息順位高於普通股。隨著公司獲利能力上升，預期股利高於債券票面利率，投資人可要求轉換為股票，享受股價上漲的資本利得。

董事會決議發行可轉換公司債募集資金，將可獲取下列利益：

1. 可轉換公司債通常以零票面利率發行，在未轉換成股票前，無須支付利息，又可避免股本立即膨脹的稀釋效果。

2. 轉換價格通常高於發行時的普通股市價，相當於以溢價發行普通股。

3. 發行可轉換公司債無須由股東依持股比率認購，經營階層將可掌握轉換公司債的承銷對象，在未來轉換為股權後，將可影響股權結構與經營權。

接著，公司發行轉換公司債，相關條件包括下列各項：

1. **票面利率**　轉換公司債賦予轉換股票權利，通常採取零票面利率發行 (用於抵銷股票買權的權利金)，但也附加無法轉換時，必須支付賣回收益率。

2. **轉換價格**　通常採取訂價基準日前 10、30、60 個營業日，10、20、30 個營業日或 10、15、20 個營業日的股票平均收盤價孰低者，乘上一定比率 (100%~110% 均有) 計算。舉例來說：文曄可轉換公司債的票面金額為 10 萬元，轉換價格為 40 元，換算可轉換股數為：

$$可轉換股數＝可轉債票面金額／轉換價格$$
$$＝100,000/40$$
$$＝2,500 \ (股)$$

轉換價格重設權
為保障投資人因股價下滑而無法執行轉換權，可轉換公司債將依約定時點重設轉換價格，使其趨近於市價水準。

3. **反稀釋條款**　公司現金增資或分配股利，勢必損害可轉換公司債的轉換價值，為維護投資人權益，轉換價格將需重新計算。

4. **轉換價格重設權** (reset provision)　為保障投資人於持有期間內，因股價下滑而無法執行轉換權，將按約定時點重設轉換價格，使其趨近於市價水準。此項權利將使可轉換公司債內含的選擇權較容易達到**價平** (at the

價平
選擇權的執行價格等於市場價格。

money) 狀況，多數按初次轉換價格訂定公式，取重設日前 10、30、60 營業日或 10、20、30 個營業日或 10、15、20 個營業日的股票平均收盤價孰低者乘上一定比率，計算新的轉換價格，不過會附加規定調整後的轉換價格不得低於前次轉換價格的一定成數 (調整上限多數訂在 110%)，重設次數設計在 2~5 次間。

5. **債券賣回權 (put provision)**　可轉換公司債發行一定期間後，投資人有權要求公司以面額加計利息補償的價格收回，公司也依持有期間訂定不同賣回殖利率。

6. **歐式賣回權 (European put option)**　可轉換債券通常採高轉換價格與零票面利率發行，股災降臨讓投資人難有轉換機會且須損失票息。是以可轉換債券附加歐式賣回權，持有人可在發行滿五年而無法轉換下，領回票面金額的某一附加比率，此即保障賣回收益率。有些公司則承諾投資人隨時將債券賣回公司，此即附加美式賣回權 (American put option)。

7. **債券贖回權 (call provision)**　發行公司規定轉換公司債發行滿一定年限，標的股價連續 30 個營業日漲幅超過 50%，或流通在外餘額低於總發行額 10%，將有權收回債券，強制投資人執行可轉換公司債內含的**價內 (in the money)** 選擇權。

最後，再說明類似可轉換公司債的附認股權證公司債 (bond with warrant)。認股權證 (warrant) 是指權證持有人在權證有效期間或到期日，有權以履約價格 (strike price) 或執行價格 (exercise price) 向權證發行人買入或賣出預先約定數量的特定標的股票。認股權證持有人擁有權利而非義務，有權決定是否執行此權利。依據性質不同，認股權證可分為兩類：

1. **認購權證**　持有人有權於有效期間或到期日時，以約定價格買入約定數量的標的股票。

2. **認售權證**　持有人有權於有效期間或到期日時，以約定價格賣出約定數量的標的股票。

依據發行者不同，認股權證分成由投資銀行 (或綜合券商) 或公司發行兩種。就後者而言，上市上櫃公司為提升員工努力誘因，發行員工認股權證 (類似股票買權) 獎勵員工。另外，上市公司也可發行附認股權證公司債，以提升其吸引力而降低資金成本。該類商品與可轉換公司債的差異是：投資人執行認股權，必須依據認股價格，再繳納認股金額給公司，才能取得股票。可轉換公司債則依轉換價格直接將公司債面額換為股票，無須再支付價款。至於投資人或員工取得認股權證可有三種選擇：

債券賣回權

可轉換公司債發行一定期間後，投資人有權要求公司以面額加計利息補償的價格收回。

歐式賣回權

公司承諾投資人在固定期間將債券賣回公司，此即附加美式賣回權。

價內

選擇權的執行價格低於市場價格。

1. **執行認股權**　員工或股東在規定期限繳交認股金額，取得公司增加發行的股票。
2. **放棄認股權**　當市場股價低於認股價格時，股東或員工從公開市場購買股票更合算，而放棄認購權利。
3. **出售認股權**　股東可在有效日期出售權證，不過員工認股權證無法轉讓。

知識補給站

可轉換證券 (convertible securities) 係指投資人有權以約定價格交換成普通股或其他日期的債務工具，但無義務執行。國內可轉換公司債與海外可轉換公司債 (European convertible bonds, ECB) 是當今盛行的金融商品，後者是在國際金融市場發行以外幣計價的可轉換公司債，必須承擔匯率風險。公司支付普通公司債利息，將扣除賦予轉換股票權利所需的權利金，訂定可轉換公司債票面利率會低於普通公司債。

國內可轉換公司債是以發行公司名稱加上序號，如「宏碁一」即是宏碁第一次發行的可轉換公司債。隨著投資人執行轉換權時，公司須變更資本額登記，不過投資人的轉換時間不確定，遂採取「債券換股權利證書」替代，在發行後第一年轉換者給予序號甲，第二年為乙；但若同時存在兩個可轉換公司債，以聯電一及聯電二為例，聯電一以甲、丙、戊……為其第一、二、三年轉換序號，聯電二則使用乙、丁……為其序號。聯電甲、聯電丙即是換股權利證書，透過換股權利證書，聯電僅需於年底變更一次資本額即可。

另外，附認股權證公司債係指結合公司債與認股權證的商品，投資人除可領取固定債券利息外，尚可在特定期間以特定價格認購一定數量的發行公司股票，故其票面利率也低於普通公司債。當發行公司股價愈高，其認股權證也愈值錢，該類公司債將愈有價值，此係類似可轉換公司債之處，不過兩者差異包括：(1) 投資人執行轉換權係直接以可轉換公司債面值轉換而無需繳款，但是執行認股權則須另外繳交認股股款。(2) 附有公司買權的可轉換公司債，在股價上揚某一幅度 (通常為轉換價格的 130%) 時，公司將強制轉換，至於附認股權證公司債，發行公司無法強制執行認股權。

「可轉換公司債」與「附認股權證公司債」兼具固定收益證券與權益證券特質，故其價值具有雙重性格。當普通股價格高於轉換或認股價格時，債券本身的價值相形不重要，轉換或認股所能獲取的資本利得，才是投資人關心焦點。相對的，當普通股價格低於轉換或認股價格時，轉換權或認股權毫無價值，投資人仍可收取債券本身的固定收益，是以可轉換證券常被比喻成「進可攻、退可守」的金融商品。

問題研討

小組討論題

一、是非題

1. 當市場利率低於票面利率，燦星網將以折價方式發行公司債。

2. 存續期間係指投資人能夠完全回收公司債本金與利息所需的加權平均時間。

3. 文曄科技發行可轉換公司債，每張可轉換 2,500 股普通股，當文曄股價為 44 元時，理論上，每張公司債的轉換價值將是 25,000 元。

4. 遠紡與台塑兩種公司債面額均為 100 萬元，票面利率各自為 5%、2%，且是 3 年到期。股市大戶楚留香以利率 3% 向金鼎證券購買，則兩者均需以溢價買進。

5. 市場利率上漲將引發債券價格下跌，但是債券投資價值未必會因而降低，此係債券價格與債息再投資收益呈反向關係。

6. 東台精機發行公司債，承諾支付的固定利率即是到期殖利率。

7. 明泰科技發行零息公司債，國泰人壽將以溢價買進，但在持有期間，明泰並不支付利息。

8. 蘇蓉蓉持有希華晶體發行的附認股權公司債，若是執行認股權，將讓希華的負債減少，股東權益增加。

9. 買方可在一定期間或到期日，以約定價格向賣方買進或賣出特定數量的特定標的證券，此即稱為認購權證。

10. 遠東紡織同時發行可轉換與可交換公司債，當持有者執行轉換權或交換權時，遠東紡織的股東權益將會增加，不過每股淨值將會下降。

二、選擇題

1. 在什麼情況下，公司發行債券會吸引投資人購買？ (a) 債券價格較高而預期報酬率較高 (b) 債券價格較低而預期報酬率較高 (c) 債券價格較高而預期報酬率較低 (d) 債券價格較低而預期報酬率較低

2. 有關債券和利率的敘述，何者錯誤？ (a) 息票債券的價格等於面額，殖利率即等於息票率 (b) 債券價格和殖利率呈同向變動 (c) 利率風險是指因利率變動而造成債券獲利變動的風險 (d) 實質利率係衡量投資後所保有的購買力，能夠精確反映借貸的機會成本

3. 財政部標售面額 100 萬元的國庫券，台銀財務部以 95 萬元標入，試問財政部支付的利率為何？ (a) 5% (b) 5.27% (c) 10% (d) 4.5%

4. 上市公司發行公司債募集資金，有關其特質的敘述，何者錯誤？ (a) 凌

陽科技發行定期公司債,將僅有單一到期日 (b) 聯電發行無記名公司債,將不記載持有人姓名 (c) 東元電機發行可贖回債券,賦予債權人將債券賣回公司的權利 (d) 當市場利率低於公司債票面利率,義隆電子將採取溢價發行

5. 張三豐與統一證券進行債券附賣回交易,何種操作係屬正確? (a) 統一證券出售債券給張三豐,約定在特定日期向張三豐買回原先賣出的債券 (b) 附賣回利率通常高於附買回利率 (c) 對元富證券而言,債券附賣回交易類似向張三豐抵押借款 (d) 對張三豐而言,債券附賣回交易類似短期投資

6. 當債券的到期殖利率等於票面利率,何種說法係屬正確? (a) 債券價格等於債券面值,又稱為平價債券 (b) 債券價格小於債券面值,又稱為折價債券 (c) 債券價格大於債券面值,又稱為溢價債券 (d) 債券價格可能大於、小於或等於債券面值,又稱為零息債券

7. 國泰人壽財務部選擇投資零息債券,何種考慮係屬正確? (a) 必須承擔再投資風險 (b) 持有零息債券直至到期的報酬率,將隨市場利率變動調整 (c) 零息債券並無贖回條款,發行公司不可提前贖回 (d) 利率下跌將讓零息債券價格漲幅高於傳統的固定收益債券

8. 針對公司債凸性的敘述:(甲) 當利率增加時,凸性效果愈強、(乙) 對任意債券而言,凸性恆為正、(丙) 凸性是衡量債券價格與利率間的線性關係。何者正確? (a) 甲、乙 (b) 乙、丙 (c) 甲、丙 (d) 三者皆錯誤

9. 趙敏對東元附認股權公司債與可轉換公司債執行權利,兩者將讓東元資產負債表發生變化包括:(甲) 資產總額增加、(乙) 淨值總額增加、(丙) 流通股數增加。何者正確? (a) 乙 (b) 甲、丙 (c) 乙、丙 (d) 丙

10. 友達光電發行可轉換公司債、債券面值 10 萬元,約定轉換價格為 15.11 元,張翠山持有一張友達可轉換公司債,將可轉換成多少友達普通股? (a) 4,117 股 (b) 5,637 股 (c) 6,618 股 (d) 7,112 股

11. 力麗企業發行 10 年期面額 1,000 元、票面利率 11% 的可轉換債券,轉換比率 20,目前力麗股價是 15 元,何者正確? (a) 轉換價格大於股價 (b) 轉換價值大於債券面值 (c) 呈現溢價發行 (d) 利率變動不影響力麗公司債價格

12. 有關認股權證及可轉換公司債性質的敘述,何者錯誤? (a) 兩者皆具有選擇權特性 (b) 兩者差異主要為投資人執行認股權證,將造成股東權益增加 (c) 可轉換公司債的票面利率通常高於相類似的普通公司債 (d) 認股權證的價值決定於執行價格、有效期間及標的資產價格

13. 財政部將一張面額 100 萬的 5 年期債券,票面利率為 5%,每半年付息一

次，試問該公債將可分割成多少張零息債券？ (a) 5 張 (b) 6 張 (c) 10 張 (d) 11 張

15. 下列何種債券將具有最高的到期殖利率？ (a) 面額為 $1,000，票面利率 5%，期限為 5 年之付息債券，以 $1,200 出售 (b) 面額為 $1,000，票面利率 5%，期限為 5 年之付息債券，以 $1,000 出售 (c) 面額為 $1,000，票面利率 5%，期限為 5 年之付息債券，以 $800 出售 (d) 面額為 $1,000，票面利率 3%，期限為 10 年之付息債券，以 $1,000 出售

三、問答題

1. 中租迪和財務長透過合作金庫，採取聯合貸款策略募集龐大資金，對公司與銀行將會產生何種利益？

2. 遠東紡織同時發行「可轉換公司債」與「可交換公司債」募集中長期資金，一旦持有者執行轉換權與交換權，試問對遠紡的每股盈餘產生的稀釋效果有何差異？

3. 試說明高票面利率債券對利率變動的價格敏感度會遜於低票面利率的債券？

4. 台新金控為提升資本適足率，董事會決議同時發行可轉換金融債券與特別股來募集中長期資金，試問財務長如何評估兩者產生利弊的差異性？

5. 何謂債券的存續期間與凸性？財務長如何利用兩者進行債券投資？

6. 東元電機發行可轉換公司債訂有贖回權與賣回權條款，試問兩者有何差異性？對公司與投資人的利益分別為何？

四、計算題

1. 遠東紡織發行面額 100 元的可交換公司債，票面利率為 0%，滿期期限為 3 年，到期時可交換遠百股票，交換價格（遠百）為 25 元。假設投資人預期未來 3 年的市場安全性資產報酬率為 6%，而市場報酬率為 10%，遠百股票的 β 值為 0.11。一旦 3 年後，遠紡可交換公司債缺乏交換價值時，遠紡將以面額的 1.11 倍贖回。依據上述資料，試回答下列問題：

   (a) 遠紡股價目前為 33 元，遠百股價為 29 元，則遠紡可交換公司債的理論價格為何？

   (b) 目前距離公司債到期日僅存 2 年，遠紡股價為 33 元，遠百股價為 24 元，投資人若要投資遠紡可交換公司債，合理投資價格為何？試說明計算的理由？

   (c) 遠紡訂定交換遠百股票的價格為 25 元，係依 CAPM 理論求出之最適訂價，則遠百每年應發放的現金股息為何？

2. 聚隆纖維董事會決議發行面值 1,000 元、年利率為 12%、期限 2 年的公司

債。試計算在下列市場利率條件下的發行價格。

(a) 市場利率為 10%。

(b) 市場利率為 12%。

(c) 市場利率為 14%。

3. 裕融企業發行兩種不同期限的公司債，面值均為 1,000 元，票面利率為 10%，而債券投資人要求的利率為 15%。試計算下列問題：

(a) 試計算三年期及五年期的債券現值，並說明兩者差異所隱含的意義。

(b) 投資人要求利率若降為 8%，兩種期限債券現值將如何變化？並說明其意義。

4. 廣達電腦發行面值 1,000 元債券，票面利率 10%，每年付息一次，期限 12 年，市場利率 8%。試計算下列問題：

(a) 試計算此一公司債價格為何？（$PVIFA_{8\%,12} = 7.5361$，$PVIF_{8\%,12} = 0.3971$）

(b) 廣達將公司債付息條件改為每半年一次，試計算此種債券價格為何？（$PVIFA_{4\%,24} = 15.2470$，$PVIF_{4\%,24} = 0.3901$）

5. 可樂公司發行兩種類型債券募集資金。試回答下列問題：

(a) 發行每年付息一次的無到期日永久債券，票面利率為 8%，面值 1,000 元。假設市場利率為 10%，試問此一債券的價格為何？

(b) 發行面值 1,000 元的 50 年期債券，票面利率為 8%，每年付息一次。若市場利率為年息 10%，試問此一債券的價格為何？（$PVIFA_{10\%,50} = 9.9148$，$PVIF_{10\%,50} = 0.0085$)

(c) 試問永久債券與 50 年期債券價格的差異很大或很小？兩者差異大小的原因為何？

網路練習題

1. 勞退基金委託大華投信代為操作固定收益證券，請你連結大華證券的債券網站 (http://www.topbond.com.tw/)，查閱目前國內引進的結構型債券類型與國內上市公司發行特別股的內容，並分析其特質以提供勞退基金高層參考。

營運資金管理與短期財務規劃

個案導讀

　　1990 年代中期，營建業起家的長億集團發展如日中天。從 1995 年起，長億楊天生董事長跟隨經濟自由化腳步大肆擴張，舉凡泛亞銀行、長生電廠、國營台糖釋地出租的月眉遊樂區、機場捷運 BOT 案等無不介入，八爪章魚樣樣皆吃，導致銀行負債多達 400 億元，沉重利息負擔讓財務陷入吃緊狀態，倚賴旗下泛亞銀行短期融通勉強支撐。到了 1998 年 11 月，泛亞銀行貸放地雷企業不良債權過高，逾放比高達 9% 引發股價劇跌。爾後，台中商銀爆發被廣三百貨掏空百億元，引發泛亞銀行危機謠言不斷，存款大幅流失迫使長億集團退出經營權，後援頓失而陷入資金匱乏。自 2002年起，長億集團週轉不靈而跳票頻傳，2003 年母公司長億實業股票下市，2005 年楊天生因炒股案被起訴，2006 年交出月眉經營權，2007 年機場捷運爆發官商勾結而被調查，長億集團營運急轉直下。

　　上述有關長億集團失敗的案例，除營運績效不彰與潛藏不法操作外，更凸顯管理階層從事短期財務操作失當。本章將從營運過程來瞭解公司資金轉換循環，說明現金管理政策內涵。其次，將探討公司持有現金部位的原因與決策模式。接著，將說明短期負債資金特色，分析各種短期負債類型，再說明租賃融資與分期付款型態。最後，將說明財務長從事短期財務操作原則，以及擬定短期證券管理政策的內涵。

12.1 營運資金政策

12.1.1 現金轉換循環

營運資金
公司營運持有的流動資產與負債。

營運資金 (working capital) 係指公司在營運過程持有的流動資產與負債。

流動資產
營運資產的期限在一年內者。

1. **流動資產** (current asset) 營運資產的期限在一年內者，包括流動資金、短期投資、應收帳款、應收票據、存貨等。

流動負債
營運資金週轉期限在一年內者。

2. **流動負債** (current liability) 營運資金週轉期限在一年內者，包括短期借款、應付帳款、應計所得稅與長期負債到期未付部分等。

淨營運資金
流動資產扣除流動負債後的餘額。

淨營運資金 (net working captial) 是流動資產扣除流動負債後的餘額。財務長基於既定原則管理流動資產與流動負債即是**營運資金管理** (working capital management)，安排短期和長期資金來源的融資組合，通常採取短期資金融通短期資產 (流動資產)，長期資金融通長期資產 (固定資產、無形資產和長期投資)，而產品和原材料存貨則屬於長期占用的流動資產。

營運資金管理
安排短期和長期資金來源的融資組合，通常採取短期資金融通短期資產，長期資金融通長期資產。

營運資金管理係屬短期財務決策，前提是需瞭解公司日常營運活動、現金流入與流出型態及其特質，進而掌握期間長短。圖 12-1 顯示公司營運循環，公司營運資金結構將隨營運循環而變，總餘額卻維持穩定水準，此即淨營運資金可用流動資產或流動負債衡量的原因之一。

現金轉換循環
從購入存貨支付現金，直至出售商品收取現金所需時間。

在營運循環流程中，公司經常採取商業信用 (賒購或賒銷) 方式營運，圖 12-2 顯示影響營運資金流通的**現金轉換循環** (cash conversion cycle)，係指從購入存貨支付現金，直至出售商品收取現金所需時間，可分為三段期間：

存貨期間
公司生產成品至出售所需時間。

• **存貨期間** (inventory period) 公司生產成品至出售所需時間。

圖 12-1
公司營運循環流程

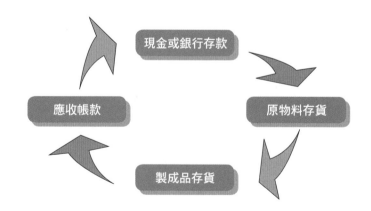

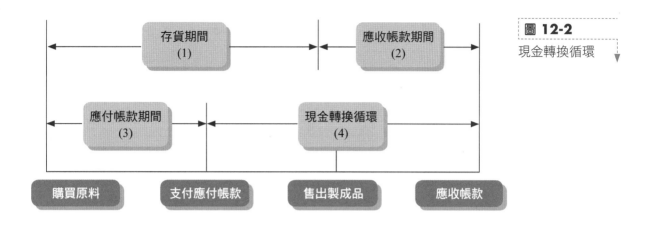

圖 **12-2**
現金轉換循環

$$存貨週轉率 = \frac{銷貨成本}{平均存貨}$$

$$平均存貨銷售天數 = \frac{365\ 天}{存貨週轉率} = \frac{平均存貨}{銷貨成本/365}$$

- **應付帳款期間** (accounts payable period)　以賒購方式取得原料，直迄以現金清償應付帳款所需時間。

應付帳款期間
以賒購方式取得原料，直迄以現金清償應付帳款所需時間。

$$應付帳款週轉率 = \frac{賒購與銷貨成本}{平均應付帳款淨額}$$

$$應付帳款平均天數 = \frac{365\ 天}{應付帳款週轉率} = \frac{平均應付帳款}{賒購與銷貨成本/365}$$

- **應收帳款期間** (accounts receivable period)　從賒銷商品直迄收到現金所需時間。

應收帳款期間
從賒銷商品直迄收到現金所需時間。

$$應收帳款週轉率 = \frac{銷貨收入}{平均應收帳款}$$

$$應收帳款平均天數 = \frac{365\ 天}{應收帳款週轉率} = \frac{平均應收帳款}{銷貨收入/365}$$

　　舉例來說，下表是德榮在 2010 年損益表與資產負債表的部分資料，該公司採取賒購支付銷或成本，我們可用前述公式計算其現金轉換循環的各段期間。

損益表資料		資產負債表資料		
2010 年 第三季季底			2010年 第三季季底	2009年 第三季季底
銷貨收入	4,951	存貨	453	490
銷貨成本	4,451	應收帳款	500	552
		應付帳款	335	382

$$平均存貨銷售天數\,(存貨期間) = \frac{平均存貨}{銷貨成本/365}$$

$$\frac{(490 + 453)/2}{4,451/365} = 38.7\,(天)$$

$$應付帳款平均天數\,(應付帳款期間) = \frac{平均應付帳款}{銷貨成本/365}$$

$$\frac{(382 + 335)/2}{4,451/365} = 29.4\,(天)$$

$$應收帳款平均天數\,(應收帳款期間) = \frac{平均應收帳款}{銷貨收入/365}$$

$$\frac{(552 + 500)/2}{4,951/365} = 38.8\,(天)$$

是以德榮的現金轉換循環將是：

現金轉換循環 = (存貨期間 + 應收帳款期間) − 應付帳款期間
= 38.7 + 38.8 − 29.4 = 48.1 天

　　最後，公司生產過程愈長，積壓存貨的資金就愈多；客戶支付帳款時間愈長，應收帳款餘額愈高。公司若能延後支付原物料價款時間，將可降低現金需求餘額，應付帳款累積將會降低淨營運資金。總之，當現金轉換循環期間愈長，公司勢必擴大外部資金需求，支付資金成本將愈高。

**知識
補給站**

在固定期間，公司為維持正常營運所需支出，必須持有淨營運資金，並可從「應收票據＋應收帳款＋存貨－應付票據－應付帳款－應付費用」計算而得。一旦可運用資金不足，勢必考驗管理階層管理現金流量能力，甚至陷入能否持續營運困境。

管理階層檢視淨營運資金，不能從「單一時點」或「絕對金額」來看，而是從連續一段期間，以每月、每季或每年的比較基礎來檢視；評估也應考量收款天數 (DSO)、存貨週轉天數 (DIO) 及付款天數 (DPO) 的連結性，三者構成流動資金比率 (working capital ratio)：DSO 是出售商品至收到帳款的平均天數；DPO 是製成商品或進貨至出售的平均天數；DPO 是原料或商品進貨至支付供應商貨款的平均天數。$DSO + DIO < DPO$ 隱含運用供應商資金來紓緩公司財務壓力，如零售商或賣場；$DSO + DIO > DPO$ 代表公司帳上須保留一定資金以支付供應商貨款。此外，管理階層也須考量維持正常營運的相關費用 (如員工薪資、租金、水電等應付費用)。

接著，財務部必須估計需要多少資金才能因應營運？舉例來說，現金轉換循環 DSO59 天 + DIO84 天 − DPO30 天 = 113 天，營運資金比率為 31% (= 113/365)，若是平均增加 1,000 萬元銷貨，則需增加 310 萬元營運資金支應 (不含銷貨增加所需的人力、水電或其他營運相關需求)，營運資金變化與現金流量息息相關。一般而言，不同產業所需的淨營運資金不一，管理階層除須與同業比較外，檢視過去淨營運資金變化，也能掌握公司財務及營運品質走向，除凸顯治理能力外，也將反映與客戶、供應商間的議價能力以及產業競爭力。

最後，管理階層掌握淨營運資金變化，將可瞭解公司財務及營運品質走向，如管理應收帳款效率、對供應商議價能力變化、存貨管理有無改善空間，進而發掘降低成本與提升效率管理空間。

12.1.2　短期財務操作策略類型

在圖 12-3 中，隨著營運規模擴大，公司總資金需求長期呈現正斜率走勢，此係投資廠房設備、存貨、應收帳款與其他資產所需資金總額，反映為融通該部分流動資產與固定資產的恆常性資金需求。實務上，公司資金需求經常出現每週與每月的季節性變動，圖中的曲線顯示公司總資金需求通常在年底達到高峰。

公司營運循環滑落谷底而仍持有的流動資產，將是恆常性 (長期) 流動資產。隨著季節或循環性波動而調整的流動資產部位，則是暫時性 (短期) 流動資產。財務長組合長期與短期融資以滿足總資金需求，將是擬定營運資金策略

圖 **12-3**

公司總資金需求
波動

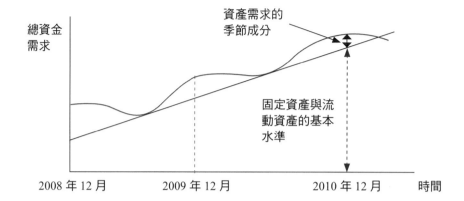

的重點。長期融資無法滿足總資金需求,須以短期融資彌補;反之,則出現剩餘資金可用於短期投資。是以長期融資金額與總資金需求間的差額,將決定公司是短期借款者或放款者,也反映其從事短期財務操作的態度。

1. **積極型策略** 屬於追求較高預期收益和高風險的策略。在圖 12-4 中,財務長以短期負債融通短期流動資產的資金需求,也同時融通部分長期資產的資金需求。由於短期負債資金成本通常低於長期負債和權益資金成本,財務長採取積極策略,促使短期負債所占比重較大,資金成本將相對較低。不過短期債務到期需重新融通或展期,容易陷入舉債和還債的循環中,除擴大財務風險外,也會面臨短期利率變動風險。

圖 **12-4**

積極型融資策略

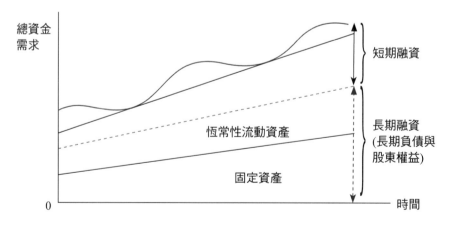

2. **中庸型策略** 屬於追求資產與負債期限配合的策略。在圖 12-5 中,財務長以短期融資滿足短期流動資產的資金需求,長期流動資產和固定資產則以長期負債和權益資金支應。公司處於營運循環谷底,除自發性負債外,應無其他流動負債;只有在短期流動資產需求高峰期,才需募集短期債務資金。

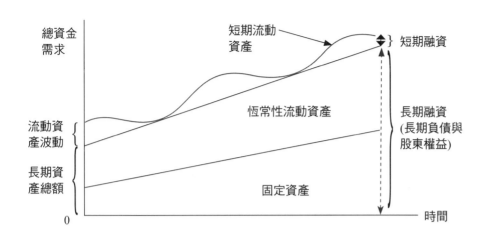

圖 **12-5**
中庸型融資策略

3. **保守型策略**　屬於追求較低風險和低弱期收益的策略。在圖 12-6 中，公司以長期資金 (長期負債加權益資金) 融通長期資產 (恆常性流動資產加固定資產)，並滿足季節或循環性波動帶來的部分短期資金需求。保守型策略的短期負債占公司資金來源的比例較小，無法清償到期債務的風險較低，承受短期利率變動風險也較低。不過長期負債成本通常高於短期負債成本，經營淡季仍需支付長期負債利息，勢必降低預期收益。

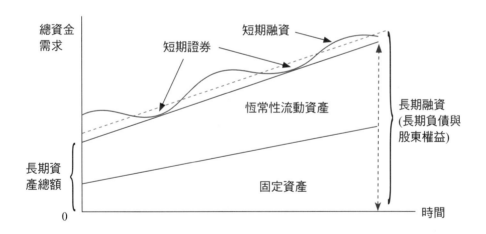

圖 **12-6**
保守型融資策略

　　基於不同操作策略，財務長從事短期財務操作，持有較多流動資產雖可降低現金匱乏成本，卻需承擔較高交易成本，而在兩者間取捨將可決定最適部位。至於財務長評估融通流動資產方式，考慮因素包括持有現金多寡而不易陷入流動性危機、應以長期資金融通長期資產，短期資金融通流動資產，必須承擔的資金成本與利率風險。另外，公司若有短期閒置資金，財務長從事短期投資應侷限於股票、債券與證券化商品等高流動性較短期限流動資產。

　　最後，財務長選擇固定和流動資產組合，搭配不同融資方式，將因組合不同而產生不同風險和預期報酬率。在維持資產總額和融資組合不變下，將固定

資產轉為流動資產,勢必降低營運風險與預期報酬率;反之,擴大固定資產以取代流動資產,勢必擴大營運風險和預期報酬率。在營運資金不變下,以較低成本的短期資金取代長期資金,將會擴大預期盈餘。但若維持流動資產不變,流動負債增加勢必降低流動比率,將會削弱短期償債能力與擴大財務風險。

12.1.3 現金預算與現金管理政策

財務長可從現金預算、建立現金部位、控制現金流量與規劃閒置資金等四個方向著手,進行短期財務規劃。現金預算 (cash budget) 係針對未來特定期間的公司資金收入與運用狀況,進行預估的作業程序,協助規劃最適現金部位,以因應營運狀況變化。財務長透過編製現金預算表,預估營運費用、債務、稅負、股息與利息的支付日期及金額,掌握屆時支應資金來源。一旦現金預算表顯示內部資金無法支應,必須及早尋求找有利融資管道;反之,現金預算表顯示出現剩餘資金,則應預估資金持續期間及金額,迅速進行短期投資,提升閒置資金獲利性。

一般而言,財務長編製未來 6~11 月間的月現金預算表,再針對未來每月編製更為詳盡的週或日現金預算,運用長期 (月) 預算來達成規劃現金收支目的,而短期 (週或日) 預算則用於達成實際控制現金收付目的,而執行現金收支管理 (collection and disbursement) 策略包括:

1. 現金流量同步化 (cash flow synchronization) 公司運用現金流量預測技術,調整現金流入與流出時間趨於一致,降低交易性餘額至最低水準。
2. 加速現金收款能力 收取現金速度與浮流量存在密切關係。浮流量 (float) 係指公司帳上與銀行存款餘額間的差額,反映公司簽發支票直至受款人兌現支票的時間差。舉例來說,統一超商簽發支票支付統一企業貨款,會計部立即貸記現金而降低現金餘額,但在台銀的存款餘額卻未立即減少,其中的時間差將產生正支出浮流量或正浮流量 (disbursement float or positive float)。反之,統一企業收到統一超商寄交的支票,會計部先行入帳,但經過支票託收與交換程序後,現金才會進入統一企業在彰銀的存款帳戶,其中的時間差將產生收款浮流量或負浮流量 (collection float or negative float)。圖 12-7 顯示統一企業的現金入帳流程,其收款浮流量的產生來源有三:
   (a) 郵寄浮流量 付款人簽發支票並郵寄給受款人公司,因郵寄延遲時間所形成的浮流量。
   (b) 作業浮流量 受款人收到支票存入銀行所需作業時間而形成的浮流量。

現金預算
針對未來特定期間的公司資金收入與運用狀況,進行預估的作業程序,協助規劃最適現金部位,以因應營運狀況變化。

現金流量同步化
公司運用現金流量預測技術,調整現金流入與流出時間趨於一致。

浮流量
公司帳上與銀行存款餘額間的差額,反映公司簽發支票直至受款人兌現支票的時間差。

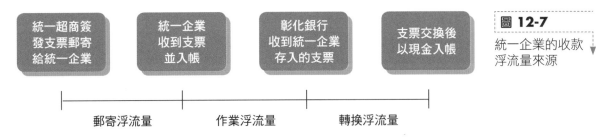

圖 12-7
統一企業的收款
浮流量來源

郵寄浮流量　　作業浮流量　　轉換浮流量

(c) **轉換浮流量**　銀行收到支票需進行票據交換才能取得現金入帳，此期間所形成之浮流量。

　　財務長執行加速收現策略，建立效率化現金作業制度，在各地區設置收款中心，通知客戶將支票直接寄至其所在地的收款中心，再由其集中至公司主要帳戶的付款銀行，縮短收款浮流量的時間，以降低資金成本。

3. **控制現金流出**　財務長評估延長付款期限，充分使用供應商提供的信用，增加短期可運用資金而賺取收益。圖 12-8 顯示統一超商的付款流程。一般而言，現金流入與流出過程並無差異，僅是付款人與受款人角色不同，此時公司處於付款人立場。為延緩現金支付，財務長採取策略如下：

(a) **成立集中付款中心**　採取集中付款制度，由集中付款銀行統籌支付並每天結算帳戶餘額。帳戶現金餘額不足則由銀行提供透支額度補足，現金餘額過剩則由銀行代為購買證券運用。

(b) **票據支付定時化**　將簽發支票付款時間固定在每週的某天，甚至半個月或每月結算一次，延長付款浮流量時間與簡化帳務處理程序。假設平均郵寄浮流量為二天，公司將開票時間訂在週四，此係支票流通在外時間會跨越週末，可多得兩日的浮流量時間。

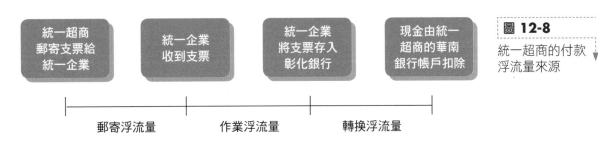

圖 12-8
統一超商的付款
浮流量來源

郵寄浮流量　　作業浮流量　　轉換浮流量

　　接著，公司持有流動資產，具有隨時變現、低交易成本、期限短、低利率風險等特性，而持有現金則在滿足經常性資金需求：

1. **交易性需求** (transaction demand)　為滿足日常業務需求，如支付購貨價款、繳納稅款等，故須維持適當現金餘額以供週轉。

交易性需求

為滿足日常業務需求，廠商必須維持適當現金餘額以供週轉。

2. **預防性需求** (precautionary demand)　在營運過程中，公司面臨突發事件引爆的意外支出，必須持有現金預作因應。

3. **投機性需求** (speculative demand)　面對市場出現套利機會，如預期股市行情看漲或原材料價格偏低，持有現金將可派上用場獲取投機利益。

公司持有現金不足容易陷入現金短缺困境，勢必承擔**現金匱乏成本**(cash-out cost)，包括緊急變現資產損失，喪失購買機會 (甚至因供應不足造成停工損失)、信用評等下降損失和無法享受折扣優惠。公司日常營運面臨現金不足，可處分證券以補充現金，每次處分證券必須支付交易稅與手續費等交易成本。當公司擴大持有現金，機會成本隨之上升，卻可減少處分證券次數而降低交易成本。相反的，公司減少持有現金，勢必增加處分證券頻率，交易成本隨之攀升。總之，流動資產收益率較低，財務長盡可能降低現金部位，縱使不用於營運週轉，也應投資生息資產避免閒置，是以從事現金管理將在追求資產流動性和獲利性間取捨。

一般而言，財務長依據 Baumol 存貨模型，在持有現金的機會成本與處分短期證券的交易成本間作出抉擇，追求總成本最低的最適現金部位是：

$$C^* = \sqrt{\frac{2fT}{k}}$$

C^* 是處分證券或舉債取得的最適現金餘額，f 是每次處分證券或舉債的交易成本，T 是公司營運期間 (通常為 1 年)，k 是持有現金的機會成本 (等於證券報酬率或舉債成本)。舉例來說：德榮財務長預估公司每年需要現金餘額 $T = 520$ 萬元，考慮以處分證券來支應，每次變現證券成本 $f = 150$ 元，而證券年報酬率 $k = 15\%$。是以財務長計算最適現金部位及預擬處分證券次數如下：

$$C^* = \sqrt{\frac{2(150)(5,200,000)}{0.15}} = 101,980$$

德榮每年處分證券約 51 次 (即 5,200,000/101,980≒51)，平均持有最適現金部位是 51,000 (即 101,980/2≒51,000)。

值得注意者：最適現金部位不會隨交易性現金需求增加而等比例上升，存在規模經濟現象，如德榮交易規模倍增，淨現金需求由每年 520 萬元擴大為 1,040 萬元，平均最適現金部位由 51,000 元攀升到 72,000 元，增加幅度僅有 40%。

財務長運用存貨決策模式將能較為精確決定最適現金部位，有助於提升現金及證券管理效率。不過該模型係立基於能夠準確預測現金流量，實務上，公

司現金流量常受各種不確定因素影響，預測結果常有偏誤狀況。是以財務長應以計算結果為評估基準，再依過往經驗，在此基礎上擬定合適的現金部位。

最後，集團企業的現金管理涉及集權與分權的管理體制，依據子公司或部門是否擁有使用資金的決策權與經營權，可分為五種模式：

1. **統收統支策略**　現金收付由總管理處帳戶集中辦理，有助於減少閒置資金餘額與提升現金運用效率，但會影響各層次實施開源節流的積極性與不同單位運作彈性，降低集團營運與財務活動效率。

2. **撥付預備金策略**　分支機構或子公司無獨立財務長，現金收入集中於總管理處，再由其依據一定期限撥付定額現金供分支機構和子公司使用，後者執行現金支出後，再持相關憑證到總管理處報銷，以補足預備金。

上述兩種策略僅適用於同一區域的非獨立核算的分支機構，子公司通常不適用該模式。

3. **設立結算中心策略**　總管理處設立結算中心辦理內部或分公司現金收付和往來結算業務，所有現金收入均須轉入結算中心的銀行帳戶集中管理，並統一撥付因業務所需資金。

4. **設立內部銀行策略**　引入銀行運作模式，建立內部資金管理機構，統一集團內部往來結算、資金調撥 (內部放款) 和籌措資金工作。

5. **設立財務公司策略**　透過設立財務公司解決集團內部產銷問題，以及透過對集團內部提供擔保、徵信調查、資訊服務、投資諮詢等為各公司提供全方位服務。

知識補給站

面對經營環境詭譎多變，管理階層擬定營運決策異於「賭博」之處就在「設定目標」與「編列預算」。公司績效係反映一系列決策與運用資產的結果，編列預算則是管理階層擬定決策的基礎。預算編列的前提是設定目標，由各部門提出各自預算彙總給總公司，各自編列預算的意見若是相左，總公司需介入溝通與協調，完成訂定總預算。

在不確定環境下，預算猶如一把尺，不論募集資金、生產線設計、原料取得、銷售評估、成本估算均須規劃，以評估決策的可行性。編列預算內容除包括銷售預算、生產量預算、物料採購預算與庫存管理、產品成本預算、銷管費用預算、現金預算與資本預算外，也將訂定年度預算表，每月、每週各有其進度表。尤其是預算具有前瞻性，本身訂有追求目標，激勵員工向目標邁進。此外，預算也代表責任，賦與管理階層預算目標與管理區域，落實目標才算達成責任。

預算是規劃的結論，管理階層藉由編列預算過程，評估決策優點和缺點，以落實「盈餘極大化」目標，而編列預算的步驟如下：

(1) 認清有利機會與建立適當目標。
(2) 考慮規劃前提與擬訂各種行動方案。
(3) 評估各種行動方案與選定最佳方案。
(4) 建立輔助計畫與編列計畫預算。

12.2 公司短期融資與投資決策

·短期負債與租賃融資

公司基於季節性或特殊需求而有臨時性營運資金需求，通常以短期融資支應，如短期借款、應收帳款、應付票據與票券等，特色如下：

1. **融資速度** 取得短期放款速度相對快於長期放款。
2. **融資彈性** 短期負債通常用於融通季節或循環性資金需求，此係長期負債發行成本較高，提前清償需支付違約金，同時存在限制公司決策的條款，如對各種財務比率設限。
3. **財務風險** 短期資金 (浮動利率計息) 流動性較高，財務風險遠高於長期負債 (固定利率計息)。

一般而言，公司的短期融資來源分為四類：

1. **商業信用** 在營運過程中，公司採購商品或接受服務，因延期付款 (以票據進貨) 或延期交貨而形成應付帳款 (商業匯票)、應付票據、預收定金與預收貨款等型態的借貸關係，此即相當於銷貨公司提供貸款，在短期融資來源中占有相當大比重。商業信用融資取得容易，缺陷則是放棄現金折扣優惠。

循環性信用協定
銀行承諾公司在特定期間循環使用的信用額度。

2. **短期間接金融** 公司與銀行建立往來關係，取得短期融資型態有三種：
   (a) 銀行週轉金放款 公司提供銀行抵押品，而取短期週轉金。
   (b) 循環性信用協定 (revolving credit agreement) 銀行承諾公司在特定期間可以循環使用的信用額度。

透支
銀行與公司簽訂透支契約，公司營運收入由銀行代收，公司需要支出則由銀行給予融通。

   (c) 透支 (overdraft) 銀行與公司簽訂透支契約，公司營運收入由銀行代收，公司需要支出則由銀行給予透支，每月依據銀行存款與放款結

算利息。

4. **應收帳款賣斷** (factoring)　將應收帳款賣斷給應收帳款公司。

5. **短期直接金融**　公司透過票券公司 (或銀行) 發行商業本票或銀行承兌匯票，在票券市場募集短期資金。

6. **民間借貸**　中小企業礙於信用評等不佳、抵押品不足，面臨資金需求則向其他家庭成員、親戚、朋友融通資金，手續較銀行放款簡單，資金成本卻遠高於銀行放款利率。

應收帳款賣斷

將應收帳款賣斷給應收帳款公司。

在上述短期融資方式中，財務長選擇在貨幣市場發行商業本票募集資金，通常以 10 萬元為交易單位，以 1~3 個月的期限最為常見。基於實質交易活動，財務長可以發行**交易性商業本票** (CPI)，也可由金融機構保證發行**融資性商業本票** (CPII) 募集短期週轉金，兩者均以貼現方式發行，金融機構將於發行日一次扣除相關利息與費用後撥付資金，支付成本包括貼現利息、保證費、簽證費及承銷費。

交易性商業本票

公司基於實際交易行為，發行商業本票而由銀行給與貼現融通。

另外，基於國內外商品或勞務交易而產生之匯票，由買方或賣方承兌稱為**商業承兌匯票** (trade acceptance)，由銀行承諾兌付則是**銀行承兌匯票** (bank acceptance)，以貼現方式發行，期限多在 6 個月內。一般而言，銀行接受辦理銀行承兌匯票者，多數是接受公司申請委託開發國內遠期信用狀衍生之買方委託承兌。至於財務長選擇發行銀行承兌匯票所需成本，包括支付受委託承兌銀行的承兌費用與貼現利息。

融資性商業本票

公司透過票券公司或銀行發行商業本票募集短期營運資金。

財務長尋求資金來源，也可考慮「取得資產使用權取替擁有資產所有權」的租賃策略，解決取得資本資產的融資問題。租賃係指在約定期間，租賃公司提供資產給企業使用，收取租金的融物活動，屬於表外交易。中小企業財務結構不佳、財務制度不健全、創業期間處於虧損狀態、擔保品不足而甚難從銀行取得信用額度，凡此均讓財務長尋求以租賃或分期付款方式來取得生產設備，成為另一重要資金來源。財務長運用租賃取得資本設備，將可發揮下列效益：

商業承兌匯票

基於商品或勞務交易而產生之票據，由買方或賣方承兌。

銀行承兌匯票

基於商品或勞務交易而產生由銀行承諾兌付的匯票。

1. **表外融資**　以資本預算融通產能擴充往往緩不濟急，改採租賃方式透過營業預算，將可快速取得使用設備權利。租賃屬於表外融資，除規避通膨影響及不受資本預算限制外，公司支付定額租金，將能確實掌握成本與現金流量管理，將資產報酬率控制在既定範圍。

2. **融資彈性**　在評估公司預算和現金流量後，財務長可選擇訂立多元化租賃條件，包括租賃期間 1~10 年，付款方式可採月繳、季繳、半年繳及年繳等方式，甚至在寬限期內只繳利息不還本金，融資彈性優於銀行放款。

3. **財務風險**　運用營業性租賃營運，資產與負債均無變化，並無財務風險。

租賃公司提供的租賃類型如下：

1. **資本性或融資性租賃 (capital or finance lease)**　租賃公司為企業購買機器設備，再由企業按期支付租金，租賃契約期滿，設備所有權也將移轉給企業。

2. **營業性租賃 (operating lease)**　性質類似資本租賃，租金可作為營業費用處理，租契約期滿，企業可選擇退回、買斷或以較低租金續租設備。舉例來說，小客車租賃就是人們以營業性租賃向汽車租賃公司承租車輛。

3. **售後租回 (sales and leaseback)**　企業先將廠房設備賣給租賃公司，再租回使用，此舉可將缺乏流動性的固定資產轉換成營運資金，既不影響生產活動，又可改善財務結構提升營運績效。舉例來說，仲航公司是中租迪和於2006 年 4 月成立特殊目的公司 (special purpose vehicle, SPV)，專門承作華航航空器售後租回業務，於 2006 年 6 月承作華航 A330 客機售後租回業務，在於同年 11 月與華航簽訂 B747-400F 型貨機售後租回案。

4. **銷售型租賃**　供應商出租本身製造或銷售之產品，如裕隆日產除有銷售汽車利益外，兼具獲取分期付款的利息收益。租賃公司擁有標的物所有權，財務帳上須提列折舊，租期屆滿後仍為租賃公司所有，故須承擔租賃物汰舊風險，有時也須支付租賃設備維護、管理、保險、稅捐等費用。

另外，公司營運面臨短期資金不足，可由分期付款公司代為購買設備或原料，再分期攤還價款，隨著清償價款超過總金額某一比例後，標的物所有權將移轉給公司，相關類型包括：

1. **設備或原物料附條件交易**　分期付款公司代為採購設備，由企業以分期付款支付價款，而設備則辦理附條件買賣抵押權設定。

2. **採購原物料之分期付款**　分期付款公司代為採購原物料，企業以分期付款方式清償，達到進貨融資效果。

3. **售後買回之分期付款**　企業將庫存原物料出售給分期付款公司，再採分期付款購回策略，達到利用存貨融資效果。

最後，公司擁有短期閒置資金，財務長評估金融市場情勢後，為效率運用資金而採取短期操作策略如下：

1. **定額投資策略**　將資金配置於股票和債券，並固定投資股票餘額。股價上升讓股票總值超過固定金額，則處分增值部分轉為擴大債券投資。反之，股價下跌造成股票總值低於固定金額，則出售部分債券轉為增加投資股票，維持股票總值固定。舉例來說：勞退基金編列短期投資預算 100 億元，60 億元投資股票、40 億元投資債券，並按市價固定投資股票總額。

隨著股票增值至 70 億元，則處分 10 億元以維持股票總值 60 億元。一旦股票總值跌至 50 億元，則出售部分債券轉而購入股票 10 億元，以維持股票總值 60 億元。

2. **定期定額投資策略**　在固定期間，選定價格變異性較大的績優股，不論股價漲跌，堅持定期以相同資金購入。每期投資金額固定，較低股價可購買較多股票，促使低價所購股票占總股數比例較大，高價所購比例較少，平均成本將低於平均市價。此種操作策略優點是：定期定額投資無須考慮投資時機，可規避高價買進過多股票風險，而在股價滑落時，將能購進更多股票。

知識補給站

　　IC 通路商能否取得豐厚營運資金，將是持續成長與維持市場競爭力的關鍵。由於該族群兼具高存貨、高負債比與應收帳款週轉天期長等三高特性，普遍不受法人青睞。國內通路業龍頭大聯大控股旗下的世平興業，擁有存貨變現性高與資金週轉營運效率高的特質，但因面對應付帳款天期約 30 天、應收帳款天期超過 80 天，現金呈現淨流出現象，促使短期營運資金需求殷切。

　　世平興業在 2004 年 11 月委請台灣工業銀行與法國興業銀行擔任主辦機構、土地銀行為受託機構，以新台幣與美元應收帳款為標的發行「應收帳款證券化短期受益證券」(asset backed commercial paper, ABCP)，成為台灣企業應收帳款證券化商品的首例。該融資商品為期五年，採循環式 (revolving) 約每月發行一次票券，信用評等機構為中華信評，承銷機構為中華票券，額度上限為新台幣 25 億元。在證券化期間前四年，受託機構 (土地銀行) 每月兩次向世平購買新的應收帳款，直至第五年才停止購買並進入攤還期。該項商品的信用評等為 twA2，票面利率將依每次發行的初級市場利率指標為準，而作為信用增強的次順位受益證券比例為 16.04%，則由世平自行持有。

　　世平運用應收帳款證券化商品籌資，除尋求短期資金來源外，票面利率係以 30 天期商業本票減碼 2 個基點 (1 個基點是 0.01%) 計價，融資成本相對低於短期借款，同時降低應收帳款、增加現金和長期投資部位，有助於健全財務結構。此外，世平以應收帳款為證券化標的，應收帳款品質須受透明公允審視，除提升營運透明度外，也有助於提升投資人對世平的信心。

　　企業採取 ABCP 和發行一般商業本票募集資金，兩者雖存在替代性，但前者主要在取代應收帳款賣斷融資，而兩者最大差異是：一般商業本票需依 20% 分離課稅，ABCP 僅需 6% 分離課稅。另外，商業本票需有票券公司或銀行保證，發行利率是以提供保證的金融機構信用評等作加減碼依據。至於 ABCP 並無保證，信用評等公司給予的評級將是訂定 ABCP 利率的依據。

問題研討

小組討論題

一、是非題

1. 國泰化工從以現金支付和生產活動有關的費用起，直至銷售產品收到現金為止，此段所需時間稱為現金轉換循環週期。

2. 聚碩財務部以中庸策略擬定營運資金融資政策，將偏好以流動資產支應長期負債。

3. 華南銀行給予聯成石化無須擔保品的最大放款額度，稱為交易信用。

4. 統一企業將應收帳款轉換成現金所需的平均時間，稱為現金轉換循環。

5. 天仁茶業的營業週期應等於存貨轉換期間加上應付帳款轉換期間。

6. 中租迪和允許長榮航空在未來三年擁有使用其購入空中巴士的權利，此種契約即稱為租賃。

7. 東南水泥業務部加速現金收款，將有助於降低支付浮額。

8. 奇偶以 10% 利率向華南銀行借款 $15,000 萬元，華銀要求 20% 補償餘額，有效利率是 12.5%。

9. 桃園敏盛醫院將醫院大樓賣給國泰人壽，再依特定條件租回大樓營運，此即稱為售後租回。

10. 中實控股財務長採取定期定額策略投資中租控股股票，將無須考慮股票市場狀況，並可規避高價買進過多股票風險，而在股價滑落時購進更多股票。

二、選擇題

1. 下列敘述，何者錯誤？　(a) 短期利率通常高於長期利率　(b) 晶豪科技持有短期負債的財務風險遠高於長期負債　(c) 瑞儀向台灣銀行申請融通短期借款的速度，將遠快於申請長期貸款　(d) 矽品的存貨融資屬於短期資金

2. 在營運資金融通政策中，三豐建設董事會要求採取中庸策略，何者正確？　(a) 以流動資產支應流動負債　(b) 以流動資產支應長期負債　(c) 以長期資金支應流動負債　(d) 以流動負債融通長期資金

3. 啟碁向板信銀行申請貸款，板信銀行授信部要求提供補償性存款，何者正確？　(a) 板信銀行的放款收入會減少　(b) 啟碁的貸款支出將增加　(c) 啟碁的借款成本將會下降　(d) 板信銀行變相調高放款利率

4. 華通電腦以 10% 利率向彰化銀行借款 $15,000 萬元，彰銀要求 20% 補償性餘額，則有效年利率為何？　(a) 20%　(b) 15%　(c) 12.5%　(d) 10%

5. 景岳向上游大廠買進原料，必須支付應付帳款，此係屬於何種性質？　(a) 自發性融資　(b) 非自發性融資　(c) 暫時性融資　(d) 恆常性融資

6. 中華航空使用的空中巴士，由中租迪和提供融資，並以分期收取租金方式收回全部融資成本，此種方式稱為？　(a) 營運租賃　(b) 售後租回　(c) 資本租賃　(d) 服務性租賃

7. 某微型企業財務長採取租賃放式取得營運設備，試問何種租賃性質的敘述係屬錯誤？　(a) 營業租賃又稱服務租賃　(b) 微型企業向中租迪和租賃財產即是承租人　(c) 槓桿租賃又稱為融資租賃　(d) 資本租賃不提供維修服務

8. 遠百財務長使用 Baumol 模型決定目標現金餘額，現金交易成本將隨現金餘額增加呈現何種變化？　(a) 增加　(b) 減少　(c) 不變　(d) 無從確定變化方向

9. 銀行同意於特定期間，提供客戶一定金額的貸款，此即稱為：　(a) 保證準備　(b) 銀行承兌匯票　(c) 貸款承諾　(d) 信用分配

三、簡答題

1. 試說明台積電財務長建立現金部位的原因為何？

2. 大聯大控股是全球第三大 IC 通路公司，試分析引發公司現金流量變動的可能來源為何？

3. 試說明廣達集團採取現金管理的策略類型為何？

4. 福光企業財務長評估取得生產螺絲設備策略，係向中租迪和採取分期付款或資本租賃，試問兩者間的差別何在？

5. 試說明國內面板大廠奇美電子財務長尋求公司短期負債資金來源可能包括哪些？

6. 試說明東和紡織財務長如何落實現金收支管理政策？

四、計算題

1. 海天企業財務長預估在 2011 年內 (365 天) 需要 1,000 萬元現金週轉，準備以出售短期債券基金來取得，而現金與債券基金的轉換成本為每次 200 元，債券基金的市場報酬率為 10%，請你代財務長計算最適現金持有量、轉換成本與機會成本各自為何？。

2. 正大公司嘗試規劃公司營運資金政策，該公司目前擁有 1,500 萬元的固定資產，打算將負債比率維持在 40%。不論長期或短期負債，假設利率同樣是 12%。財務部面臨下列三種營運資金政策選擇：流動資產占預估銷售收入的 40%；流動資產占預估銷售收入的 50%；流動資產占預估銷售收入的 60%。該公司預計可自預估銷售額 5,000 萬元中賺得息前稅前盈餘 1,000

萬元,而營利事業所得稅率為 25%。根據上述資料,試計算在三種營運資金政策下,正大公司的預期股東權益報酬率分別為何?

網路練習題

1. 你是高僑公司財務經理,從事資金管理活動,必須獲得銀行的相關服務,請連結匯豐銀行網站 (http://www.hsbc.ca.tw) 尋求相關的支援。

2. 請連結荷蘭銀行網站 (http://www.abnamro.com.hk.tw/),針對該銀行提供的商業銀行服務,何種綜合現金管理服務可用於現金管理活動?

3. 文曄科技財務經理想要尋求短期週轉金來源,請你代為連結國際票券金融公司網站 (http://www.ibfc.com.tw),查閱發行票券方式與類型。

應收帳款與存貨管理

個案導讀

　　國內餐飲業近年來面臨原物料價格上漲，紛紛調整產品售價。上市餐飲業大廠王品集團採購處總監沈榮祿指出採購分「詢價」、「比價」與「議價」三階段，而降低採購成本策略有四種：(1) 計畫性採購：採購人員須對採購品產業、影響價格因素與趨勢有所瞭解，才能在最佳時點切入。「具備採購知識和產業資訊，才能找到相對低價」。(2) 商品研發：設計產品階段即須適時加入採購，發揮研發精神以提升價值、降低成本。(3) 廠商關係：價格是成本與利潤的結合，「採購就是要砍掉不對的利潤」。王品採取現金月結付款，而景氣不佳讓供應商面臨資金需求壓力，只要低於銀行借款利率，廠商都很樂意給王品現金交易折扣，讓王品省下該部分的成本與現金存在銀行的利率相近大約是 3%。一般來說，王品依據風險與採購金額，將採購商品分成策略性商品、關鍵性商品、一般商品和槓桿商品 4 種，種類不同與供應商的議價策略也不同。(4) 組織變革：為了讓採購人員能買到品質佳與價格合理的商品，大幅調整採購方式與採購處組織架構。王品原先是由各店自行採購蔬果，為了以量制價而將採購權收回總公司，將台灣 70 多個採購中心整合成北、中、南三個，成本立刻下降 23%。至於非王品核心專長的食物調理 (如醬汁調配) 則一律外包，以提高廚房生產效率。

　　從王品採購的付款策略顯示，傳統銀貨兩訖的商業活動轉向商業信用交易，銷貨公司無不累積眾多應收帳款餘額，承擔高信用風險。本章首先說明公司債權管理的重要性與信用政策內涵。接著，將討論商業信用管理政策內容，說明最適存貨的決定與存貨管理制度。最後，將說明應收帳款管理政策內涵。

13.1 信用管理政策

一般而言，大型公司持有的債權可分為兩類：

1. **銷售債權** 在商業信用交易盛行下，公司銷售商品或提供服務，收取應收帳款係屬銷售債權，包括應收銷售款、其他應收款、應收票據等，而銷售商品和收款存在時間落差，故須墊付資金而造成應收帳款累積。

2. **其他債權** 公司基於行政管理或經營策略 (如企業併購) 而產生的非銷售債權，尤其是國際化或高科技公司的債權型態包括營運活動中產生之發明、著作等智慧財產權歸屬、對外授權管理等；其他又如公司併購後產生之繼承債權管理，或進口商依進口代理合約對原廠廣告補助請求權等。

隨著市場競爭日益激烈，應收帳款管理躍居財務管理的重要議題，原因如下：

1. **或有資產** 公司持有應收帳款無法增值，卻須承擔機會成本，採取「銀貨兩訖」策略完成交易即可收回資金，用於投資則可獲取利益。

2. **信用風險** 應收帳款到期無法收回即淪為壞帳。公司若未重視應收帳款管理，勢必承擔信用風險，甚至危及正常營運。

3. **占用營運資金** 應收帳款累積占用營運資金，嚴重影響調度資金彈性。

4. **管理費用遞增** 應收帳款將隨營業額擴大而累積，除增加資金成本外，又將伴隨催收費用發生而額外增加公司負擔。

公司追求提升銷售產品競爭力、擴大營業額成長，採取商業信用交易策略因應，但卻引爆資金配置問題，擴大成本負擔與信用風險遞增。是以財務長擬訂應收帳款管理政策，必須評估此種交易策略所能增加的盈餘，以及可能衍生的成本，而估算應收帳款累積的成本有三：

1. **機會成本** 應收帳款可視為公司提升競爭力、擴大市場占有率的短期投資，而維持賒銷業務所需資金乘以資金成本 (可用證券報酬率或資金成本設算)，即是應收帳款的機會成本。

2. **管理成本** 管理應收帳款耗費的支出，包括調查客戶信用費用、記錄應收帳款帳務費用、收帳過程中的各種支出。

3. **壞帳成本** 應收帳款無法收回則成為壞帳，而應收帳款餘額愈大，可能面臨壞帳風險與成本愈大。

前兩項構成應收帳款的直接成本，第三項則為應收帳款的風險成本。

　　接著，公司透過放帳交易提供商業信用，信用風險接踵而來，為因應銷售產品取得應收帳款的處理方式，必須建立「客戶關係管理系統」、「信用評等系統」與「催收追討系統」等三大資訊系統。為落實該項活動，控制信用風險擴大，財務長接續擬訂信用政策、建立客戶信用紀錄、提供應收帳款紀錄、處理逾期帳款方式、評估信用管理績效，此即屬於信用管理政策範疇，內容分為兩部分：

1. **信用管理**　針對交易對象進行系統化、持續性的信用風險評估，決定公司願意承擔的潛在交易損失程度，主要工作有二：
   (a) **建立信用評等與授信標準**　評估交易對象的信用等級，針對其持有的有形資產 (不動產、廠房設備等) 及無形資產 (社會地位、能力等) 進行評價，嘗試量化各種信用因素，綜合考量商品價值與屬性、售後互動關係、交易對象層次等，進而決定授信額度。
   (b) **實行徵信調查**　必須掌握直接及現場兩項原則。有些徵信調查可由相關部門執行，如客戶票信記錄可由財務長調查，但多數應由營業人員配合銷售活動執行較為適當。
2. **收款管理**　公司採取賒銷交易，從出貨到收款期間即進入收款管理階段，關鍵因素就在做好應收帳款催收工作，及時催收與盡可能縮短項目收款期間，從而降低發生壞帳可能性。

　　公司採取放帳交易衍生的應收帳款餘額，除受景氣循環及同業競爭策略影響外，信用政策內容也扮演重要角色。公司評估目前經濟環境、同業競爭策略與資金狀況訂出信用政策，內容涵蓋信用期間、信用標準、收款政策、現金折扣等四個要素。

　　信用期間 (credit period) 係指公司給予客戶從購貨到付款的時間。一般而言，信用期間過短勢必缺乏吸引力，在同業競爭中將處於劣勢，從而影響銷售額成長。相反的，信用期間過長雖有助於擴大營業額，然而伴隨而來的應收帳款、收帳費用和壞帳損失將同時擴大，大幅影響資金週轉，所獲利益會被費用擴大抵消，甚至讓公司陷入營運危機。

信用期間
公司給予客戶從購貨到付款的時間。

　　此外，財務長採取延長信用期間策略，應搭配客戶在期限內提前清償貨款，給予按銷售收入適當比率的現金折扣策略。舉例來說，揚迪實業經銷通訊器材，過去採取現金銷售策略。隨著董事會改組後，經營策略會議決定改採放帳政策以追求營業額成長，並要求財務長評估兩個信用期間方案：

　A 案　信用期間為 30 天，年銷售額預估 5 億元，銷售毛利 0.6 億元，收帳費用 300 萬元，估計壞帳損失 500 萬元。

B 案　信用期間為 50 天，年銷售額預估 8 億元，銷售毛利 1.2 億，收帳
　　　費用 500 萬元，估計壞帳損失 2,000 萬元。

財務長採取公債報酬率 10% 來設算資金成本，變動成本率為 80%。

- **兩個方案的投資收益比較**

　　　A 案銷售毛利為 6,000 萬元，B 案銷售毛利為 1.2 億元，B 案投資收
益優於 A 案。

$$1.2 \text{ 億} - 6,000 \text{ 萬} = 6,000 \text{ 萬元}$$

- **兩個方案的機會成本比較**

　　　在每種信用期間下，揚迪將資金融通應收帳款，放棄投資債券的預期
收益即是持有應收帳款的機會成本：

$$應收帳款機會成本 = 應收帳款占用資金 \times 資金成本率$$
$$應收帳款占用資金 = 應收帳款平均餘額 \times 變動成本率$$
$$應收帳款平均餘額 = 日銷售額 \times 平均收現期$$

平均收現期即是信用期間。

A 案　應收帳款平均餘額 ＝（5 億／360）× 30 ＝ 41,667,000 元
　　　應收帳款機會成本 ＝ 41,667,000 × 80% × 10% ＝ 3,333,000 元

B 案　應收帳款平均餘額 ＝（8 億／360）× 50 ＝ 111,111,000 元
　　　應收帳款機會成本 ＝ 111,111,000 × 80% × 10% ＝ 8,889,000 元

比較上述結果可知，B 案的應收帳款機會成本高於 A 案。

$$8,889,000 - 3,333,000 = 5,556,000 \text{ 元}$$

- **兩個方案的收帳費用或管理成本比較**
  B 案較 A 案的收帳費用增加

$$5,000,000 - 3,000,000 = 2,000,000 \text{ 元}$$

- **兩個方案的壞帳損失比較**
  B 案較 A 案的壞帳損失增加

$$20,000,000 - 5,000,000 = 15,000,000 \text{ 元}$$

比較兩種方案的淨損益為：

差別損益＝差別收益－差別成本費用

B 案較 A 案的差別損益為：

60,000,000 － (5,556,000 ＋ 2,000,000 ＋ 15,000,000) ＝ 37,444,000 元

綜合上述結果顯示：B 方案收益增加超過成本增加，經營策略會議應採取 50天的信用期間。在上述案例中，揚迪延長信用期間將能擴大營業額，而且其供應商仍有剩餘產能，並不發生固定成本改變問題。

另外，**信用標準** (credit standard) 係指公司提供商業信用的最低要求，是客戶必須具備的最低財務能力。財務長訂定信用標準，主要考慮客戶延遲付款或賴帳不還的機率，而機率又與客戶信用品質相關，通常係以預期壞帳損失率來衡量。信用標準訂得過鬆，有利於擴大營運收入和盈餘，卻也擴大預期壞帳損失、庫存成本和管理成本，面臨的事業風險勢必遽增。反之，信用標準太過嚴苛，雖可降低上述成本，卻可能流失信用相對較差的客戶。傳統上，衡量信用品質係針對客戶的品格、能力、資本、擔保品與企業狀況等 5C，進行調查信用情況。

> **信用標準**
> 公司提供商業信用的最低要求，是客戶必須具備的最低財務能力。

1. **品性** (character)　針對客戶的責任感、經營績效及與銀行往來情形評估信用。責任感可由客戶與供應商、銷售商、同業及員工往來有無違約背信紀錄判斷履約意願與能力；經營績效則由客戶是否具備專業知識與經驗判定經營能力優劣；與銀行往來情形則觀察企業存款、貸款及外匯實績而得。

2. **能力** (capacity)　蒐集客戶償債紀錄、掌握其經營方法以及實地觀察客戶工廠，主觀判斷客戶償債能力。

3. **資本** (capital)　泛指客戶的財務情況，透過財務比率分析評估客戶的財務、業務現況及營運資料，掌握客戶還款來源。

4. **擔保品** (collateral)　客戶為獲得商業信用提供擔保的資產或保證人，一旦客戶無法清償債務，公司仍可確保債權。

5. **企業狀況** (condition of business)　影響客戶償債能力的經濟環境以及區域經濟特殊發展形成的影響，故須評估客戶的未來展望。舉例來說：金融海嘯對客戶償債將造成何種影響，而其面對景氣衰退的因應策略為何。

景氣衰退引發倒債風波頻傳,引爆經濟與社會問題不容忽視。催款有方是管理財務風險的初步,資金調度運用與帳務管理更是企業命脈。然而在現代社會中,惡性倒閉、掏空資產與賴帳手法日新月益,逾期應收帳款 (呆帳) 已然是公司揮之不去的夢魘。業務部拚業績固然重要,不過應收帳款回收無望,管理階層也藉由應收帳款來掏空公司資產,企業崩毀自在預期當中。

2007 年 1 月 4 日,各大報紙以斗大標題標明:「力霸集團旗下的力霸及嘉食化公司宣佈重整」。全盛時期的力霸集團總資產超過 3,000 億元,擁有 5 家上市公司,事業版圖橫跨金融業的銀行 (中華商銀)、票券 (力華票券)、保險 (友聯產險)、一般產業 (嘉食化、中國力霸、亞太固網等),虛設百餘家子公司,交叉持股財務運作極端複雜。在宣告重整翌日,關係企業中華商銀就被擠兌新台幣 200 億元,迫使金管會以金融重建基金挹注資金,並配合其他行庫調撥資金與央行緊急融資,不過一週內還是被擠兌新台幣 500 億元。力霸弊案是結合以預付款、虛列應收帳款、高價買設備、超貸及關係人間的假交易等方式,配合複雜的交叉持股掩護,掏空相關企業資產,堪稱全面多元的「五鬼搬運」模式。

2008 年 11 月,老牌家電歌林公司因財務危機而股票下市,2009 年 3 月獲法院裁定重整。董事長劉啟烈及副董事長高超群在 2004~2005 年間因經營不善,指示財務長朱泰陽配合做虛偽財報以避免銀行抽銀根。爾後,劉啟烈再勾結香港南中國公司負責人陳漢榮,侵吞歌林對美國 SBC 公司應收帳款 80 億元及 12 億元的歌林產品,同時指示總經理李敦仁將不實應收帳款轉給子公司駿林及不知情的日商公司承受,還募集公司及海外債 50 億元,而於落跑前再向開發工銀等 10 家銀行詐貸 25 億元,共坑殺投資人及銀行百億元。

13.2 存貨管理

13.2.1 存貨管理活動

除服務業外,商品存貨係一般公司營運與獲利的主要來源,通常占流動資產的 20%～50%。實務上,存貨需求形成原因有二:

- 確保生產或銷售需求　為避免原料市場交易中斷,或因運輸途中出現延遲,尋求降低出現停工待料、停業待貨的機率,業務部門必須持有商品存貨;生產部門為確保製造流程順利進行,也需要持有原料存貨。
- 價格優惠考慮　大量採購可享有價格優惠,降低單位成本與總採購費用,是以採購部門會採取彈性的原料存貨政策。

存貨管理係指對公司蒐集存貨訊息並進行相關決策分析，將廠商存貨政策和價值鏈存貨政策進行作業化的綜合過程，藉以提高經濟效益。至於財務長從事存貨管理，著重焦點如下：

1. **存貨評價**　包括先進先出法 (FIFO)、後進先出法 (LIFO) 與加權平均法 (AVG)，選擇方法除須反映正確的存貨價值外，亦須評估租稅負擔。舉例來說：公司處於免稅期間，採取抑低期末存貨以增加銷貨成本、減少毛利，並無實質利益。一旦免稅優惠結束，公司必須繳納所得稅時，免稅結束年度之期末存貨轉為期初存貨，將會減少銷貨成本，導致盈餘增加而多繳納所得稅，是以選擇存貨評價方法應考量追求租稅利益極大。
2. **存貨庫存管理**　消費者偏好變化莫測大幅縮短產品生命週期，庫存過多讓公司承擔商品過時風險與積壓資金成本，故須適度掌控存貨數量。
3. **存貨盤點**　盤點存貨是確認經營績效的必要工作，故應提高盤點效率、減少盤點損失，而盤點方法包括全面盤點法、區域盤點法、重點盤點法及滿架盤點法等。財務長採取盤點方法，應視存貨種類、重要性程度、價值、數量等因素而定。至於存貨盤點工作應於事前作好有效規劃，擬定盤點計畫、設立存貨盤點控制表，善選盤點及監盤或複盤人員，適時查覺盤點盈虧情形，儘早採取防範措施，以發現弊端及遏阻不軌。

13.2.2　最適存貨模型

業務部門評估持有存貨成本，才能決定最適存貨部位。為簡化分析，相關假設包括：

- 產銷部門預測需求量變化穩定。
- 公司持有充裕的現金部位，且能及時補足存貨，故無缺貨成本。
- 訂購商品或原物料係集中到貨，而非陸續到貨。
- 商品或原物料市場供給充足，存貨價格不變。

　　基於上述假設，持有存貨部位的總成本可簡化為：
- 取得存貨成本與訂貨成本。
  1. 取得存貨成本 T_{ca} 包括辦公費、差旅費、郵費、電信費。
  2. 訂貨成本包括固定成本 F_1，如採購部門的基本支出，以及每次訂貨的變動成本 k。

$$訂貨次數 = \frac{公司年需求數量}{每次訂貨量} = \frac{D}{Q}$$

$$訂貨成本 = 訂貨次數 \times k + F_1$$

$$購置成本 = 年需求數量 \times 存貨的單價 (U)$$

$$= D \times U$$

$$取得存貨成本 = 訂貨成本 + 購置成本$$

$$T_{ca} = F_1 + (\frac{D}{Q})k + D \times U$$

- **倉儲成本** (TC_c)
  1. 固定成本 F_2 包括倉租或倉庫折舊、倉庫職工薪資等。
  2. 變動成本 k_c 或單位儲存成本，包括資金成本 (若以自有資金購買，則喪失投資證券的預期報酬率；若是舉債融通，將須支付借款利率)、存貨破損和變質損失、保險費等。

$$倉儲成本(TC_c) = F_2 + k_c(\frac{Q}{2})$$

公司持有存貨的直接成本 TC_1 是存貨成本 (訂貨成本 + 購置成本) 與倉儲成本之和：

$$TC_1 = T_{ca} + TC_c$$

$$= F_1 + (\frac{D}{Q})k + DU + F_2 + k_c(\frac{Q}{2})$$

此外，公司面臨缺貨成本 TC_s，包括原材料供應中斷造成的停工損失、產品缺貨造成延遲發貨損失和喪失銷售機會的損失 (如主觀估計的商譽損失)。假設公司緊急採購代用材料因應，缺貨成本可用額外緊急購入成本衡量，通常超過正常採購支出。是以評估公司持有存貨部位，必須考慮的總成本係由取得存貨成本 (訂貨成本與購置成本)、倉儲成本與缺貨成本三者構成。

$$TC = T_{ca} + TC_c + TC_s$$

$$= F_1 + (\frac{D}{Q})k + D \times U + F_2 + k_c \times (\frac{Q}{2}) + TC_s$$

財務長從事存貨管理活動，即是追求上述 TC 值最小：

$$Q^* = \sqrt{\frac{2kD}{k_c}}$$

公司的平均訂貨數量為：

$$N^* = \frac{D}{Q^*} = \sqrt{\frac{k_c D}{2k}}$$

最適訂貨週期將是：

$$t^* = \frac{1}{N^*} = \frac{1}{\sqrt{\dfrac{k_c D}{2k}}}$$

每年最適訂貨次數為：

$$I^* = \frac{Q^*}{2} U = \sqrt{\frac{kD}{2k_c}} U$$

基於上述存貨模型，為降低巨額倉儲成本與資金積壓成本，公司採取的存貨管理制度包括下列類型：

1. **紅線法 (red-line method)**　客戶提貨促使公司在永續盤存紀錄的存貨部位 (以紅線表示) 降至預擬訂貨水準，公司即發出補貨訂單 (訂貨量為預先估計的訂貨量)，一般採取固定訂貨數量，而訂貨週期卻視情況調整。

2. **兩箱法 (two-bin method)**　將特定商品存貨以預擬數量放置一邊 (通常放在分開的第二個箱子) 不予接觸，直至該商品的主要存貨耗盡，開始出售預備存貨時，即迅速通知業務部門並發出補貨訂單。兩箱法無須有詳細的庫存記錄，但類似紅線法的處理方式，理由是：第二隻箱子存放的就是訂貨點數量。

3. **電腦化存貨控制系統 (computerized inventory control system)**　存貨管理涉及各個產銷部門，財務長依據公司總體目標，綜合協調各種存貨數量和其占用資金比例，確定最適存貨部位，而讓存貨成本達到最低。同時，財務長必須擬定經濟訂購量、再訂購點和安全存貨部位等辦法，透過電腦化存貨控制系統控制存貨部位，提升存貨管理效率。

4. **及時供應系統 (just-in-time system, JIT)**　供應商對客戶採取少量多次運送模式。舉例來說，統一超商的分店缺乏儲藏空間，庫存非常少，採取即將實際售出商品項目傳回總公司，總公司倉庫依據各分店出售商品的歷史紀錄預估未來需求，每天運送補給品給各分店。

紅線法
客戶提貨促使公司永續盤存紀錄的存貨部位 (以紅線表示) 降至預擬訂貨水準，公司即發出補貨訂單。

兩箱法
將存貨以預擬數量放在第二個箱子，一旦該商品的主要存貨耗盡，開始出售預備存貨時，即迅速發出補貨訂單。

電腦化存貨控制系統
財務長依據公司總體目標，綜合協調各種存貨數量和其占用資金比例，確定最適存貨部位。

及時供應系統
供應商對客戶採取少量多次運送模式。

知識補給站

1953 年，日本豐田副總裁大野耐一率先推動存貨管理革命，基於「僅在需要時依據需求量生產」的思維，建立幾近零庫存的及時供應系統 (JIT) 或稱為看板管理。此係在每一運送零件的集裝箱中設有標牌，製造商打開集裝箱，就將標牌給供應商，供應商接到標牌就開始準備下批零件。理想狀況是在下批零件送達時，製造業正好用完上批零件。日本製造業透過精確協調生產和供應，大幅降低原材料庫存，提高運作效率，從而提升盈餘。實務上，JIT 制度是日本汽車業擁有競爭優勢的主要來源，而豐田則是全球在 JIT 制度上的領先公司。

接著，第二次存貨管理變革來自於數控和感測技術、精密機床與電腦技術廣泛運用於工廠，促使準備時間從原先數小時縮短為數分鐘。在電腦協助下，機器迅速從某預設的工模具狀態切換至另一工模具狀態，無須走到工具室或經人工處理再進行試車和調整，準備工作縮短讓待機時間發生關鍵性變化，大幅降低傳統工廠的在製品庫存和間接成本。豐田公司在 1970 年代率先進行該項變革，其引擎供應商洋馬柴油機公司 (Yanmar Diesel) 迅速效仿豐田改革作業程式，不到五年時間即將機型增加四倍，而在製品存貨卻減少一半，製造產品的勞動生產力也提高一倍以上。

邁入 1990 年代，通訊技術和互聯網技術進步引發第三次存貨管理革命，公司生產計劃與市場銷售訊息透過通訊技術充分共用，促使計畫、採購、生產和銷售部門緊密協調，尤其是互聯網技術提升生產預測準確性。其中，戴爾電腦 (Dell) 充分運用通訊技術和互聯網技術展開網路直銷，依據顧客需求訂製產品。當互聯網侷限於少數科技研究與和軍事用途時，戴爾僅能以電話直銷。然而隨著互聯網日益普及，戴爾依據網路訂單提供個性化產品和服務，提出「摒棄庫存、聆聽顧客意見、絕不進行間接銷售」三項原則，從而完全消除成品庫存，零件庫存係以小時計算，在其銷售額達到 123 億美元時，庫存僅有 2.33 億美元，現金週轉期則為負 8 天。

13.3 應收帳款管理政策

13.3.1 應收帳款管理與帳齡分析

公司提供商業信用交易，銷售商品自然形成應收帳款。在會計期間，財務長預估現金支付扣除同期穩定現金流入 (包括可隨時動用的信用額度、短期證券變現淨額等) 後，該部分差額將須倚賴應收帳款收現，才能融通最低資金需求。不過應收帳款管理的難度就在資金回收困難，客戶逾期拖欠帳款時間愈長，催收難度愈大，轉為壞帳機率就愈高。若要掌握應收帳款品質，必須從事

帳齡分析 (aging schedule)，此係依據客戶的應收帳款明細產生，顯示應收帳款在外天數 (帳齡) 的報告，由應收帳款帳齡、帳戶數量、金額和所占百分比等資料構成。應收帳款週轉率及平均收款天數將顯示公司整體應收帳款變現品質及收款績效，而整體數字係由個別客戶應收帳款的變現品質彙總而成，是以若要評估整體收款績效，須從個別客戶著手檢討。

> **帳齡分析**
> 依據客戶應收帳款明細產生，顯示應收帳款在外天數 (帳齡) 的報告，由應收帳款帳齡、帳戶數量、金額和所占比率等資料構成。

財務長從事帳齡分析，將可發揮兩種功能：

- 訊息揭露　針對巨額賒欠及付款誠意不佳的客戶進行補救措施。
- 評估及改善信用政策績效　透過帳齡分析表掌握下列情況，確立收款政策內容。
  1. 確定客戶在折扣期間內付款與多少欠款尚在信用期間內。
  2. 客戶在信用期間內與逾付款期間才付款的比例為何？
  3. 多少應收帳款會因拖延太久而成為壞帳？

財務長必須經常查看平均收現期間與帳齡分析表，及早掌握發展中的趨勢，評估公司商業信用相對其他公司的績效。如果平均收現期間出現延長跡象，或愈來愈多客戶未能如期清償，則應對不同拖欠時間的客戶採取不同收帳方法，訂定可行的收帳政策；對預期壞帳損失應提前準備，精確估計對盈餘的影響。

接著，收款政策 (collection policy) 係指針對違反信用條件客戶採取的收帳策略。催收帳款所需投入資源愈大，負擔成本 (如訴訟費) 愈高，預期收回應收帳款就愈多、平均收款期會縮短、壞帳損失隨之降低，不過這些並非呈線性關係。業務部初期投入收款成本，僅是向拖欠客戶發出催討訊號，可相應縮短平均收款期間收回部分款項，卻未必能降低壞帳損失。隨著收款成本攀升，應收帳款收回將相應增加、平均收款期繼續縮短，壞帳損失也隨之下降。一旦收款成本攀升超越某一程度後，持續堅持收款政策，必須在增加收款成本、減少應收帳款以降低機會成本和信用風險間取捨。

> **收款政策**
> 針對違反信用條件客戶採取的收帳策略。

舉例來說：偉詮電子面對下游客戶欠款比例偏高，財務長決定調整原有收款政策，重新擬定下表中的 A、B 兩個收款方案。

收款政策	原方案	A 方案	B 方案
年收款費用 (萬元)	10,000	11,000	12,500
平均收款期 (天)	40	35	32
壞帳損失率 (‰)	6	5	4

假設偉詮的全年銷貨收入為 810,000 萬元，全部採取商業信用交易，應收帳款機會成本以證券報酬率 8% 衡量。針對上述方案內容，分別計算對應的應

收帳款機會成本和壞帳損失將如下表所示。

（單位：萬元）

方案	銷售收入	機會成本	壞帳損失
原方案	810,000	（810,000/360）×40×8% = 7,200	810,000×6‰ = 4,860
A 方案	810,000	（810,000/360）×35×8% = 6,300	810,000×5‰ = 4,050
B 方案	810,000	（810,000/360）×32×8% = 5,760	810,000×4‰ = 3,240

財務長建議採取 A 案，收帳費用增加 1,000 萬元，機會成本和壞帳損失卻分別降低 900 萬元和 810 萬元，兩者相抵後，收帳總成本減少 710 萬元，A 案將是最佳方案。

（單位：萬元）

方案	收帳費用	機會成本	壞帳損失	收帳總成本
原方案	10,000	7,200	4,860	10,000 + 7,200 + 4,860 = 22,060
A 方案	11,000	6,300	4,050	11,000 + 6,300 + 4,050 = 21,350
B 方案	12,500	5,760	3,240	12,500 + 5,760 + 3,240 = 21,500

在特定期間內，財務長可用應收帳款週轉率衡量收回應收帳款的能力，數值越高表示收款政策越佳，或是過分收縮商業信用。相反的，數值偏低反映收款政策不當、客戶面臨財務困難或擴充過快的困境。週轉率的計算方式如下：

$$應收帳款週轉率 = \frac{賒銷淨額}{平均應收帳款}$$

為落實應收帳款管理活動，財務長可採取下列策略：

1. **客戶信用分級**　在景氣繁榮時，公司透過擴張信用爭取市場占有率；一旦景氣反轉，業務部門基於與客戶間長期往來關係、公司在商場定位的強勢性，無法迅速緊縮客戶信用。是以依據客戶清償紀錄評定信用等級，授予不同信用額度，並依實際收款紀錄隨時掌握客戶信用動態，在情況發生前採取適當行動因應。

2. **加強收款策略**　業務人員直接面對客戶，最瞭解客戶信用狀況變化，需將客戶財務資訊及時傳遞給財務長，藉以提升公司債權保障性。尤其在景氣衰退時，掌控客戶財務動向以加強收款政策，將有助於降低壞帳產生。

3. **提供應收帳款紀錄**　每月月底編製應收帳款對帳單寄交客戶核對，並提供業務部門應收帳款與欠款清單及帳齡分析表，進行重點催收工作。

4. **例外管理 (exception management)**　基於重要性原則，公司無法耗費大量人力物力監督所有往來客戶信用，而是依據風險程度劃分客戶信用等級，集中時間與精力關注最可能發生問題的客戶。

例外管理
公司依據風險程度劃分客戶信用等級，集中時間與精力關注最可能發生問題的客戶。

5. **逾期帳款處理**　針對逾期未收款項，訂定催收、訴訟及貨品回收等應變措施，並提列壞帳準備。
6. **評估信用管理績效**　針對公司信用政策、授信額度、信用政策執行績效、收款部門績效進行評估，適時修正或調整下期的信用政策及方針。

最後，**應收帳款買斷 (factoring)** 係指「將應收帳款以無追索權並通知第三債務者的方式進行買入之行為」，亦即賣方出口商品後，將匯票賣斷給應收帳款管理公司或銀行，由後者向買方催收貨款並承擔買方的違約風險，是以將從事買方的信用調查、收款、催收等工作。至於財務長運用應收帳款受讓工具將可發揮下列利益：

應收帳款買斷
將應收帳款以無追索權並通知第三債務者的方式進行買入之行為。

1. **風險移轉**　公司賣斷應收帳款債權後，信用風險將移轉由金融機構承擔。
2. **提升資金調度效率**　賣斷應收帳款將立即取得現金，除提升資金運用效率與資產流動性外，並可提升業務成長動力。
3. **資金來源擴大**　應收帳款受讓業務與銀行核准的信用額度無關，將能擴大資金來源。
4. **降低管理成本**　金融機構將會評估應收帳款客戶的信用、自行收款與帳務維護，降低公司人力、物力與時間等管理成本，提升經營績效。
5. **諮詢服務**　金融機構提供應收帳款客戶相關產業訊息、財務評估、資金規劃、法律等諮詢服務，協助公司掌握市場脈動。

知識補給站

　　面對市場激烈競爭，業務部藉由商業信用擴大銷售額，後續卻是累積應收帳款，衍生資金週轉與壞帳問題。是以業務部除擬定合理信用政策外，財務部也須運用帳齡分析強化應收帳款管理，減輕應收帳款累積造成的衝擊。

　　公司應收帳款明細帳係依銷售地區或銷售對象分戶設置，而應收帳款累積與收回係屬滾動餘額，計算帳齡比較複雜。是以財務部篩選需做帳齡分析者，再依不同情況分別處理，而無須帳齡分析者包括：

(1) 期末餘額為負數：客戶多付貨款(可能是預付貨款)或應退還客戶貨款。
(2) 期末餘額小且變動頻繁：客戶與公司交易頻繁，應收帳款週轉率快，占用時間短而餘額小，此係正常的應收帳款。
(3) 期末餘額相對期初餘額遞減且流動性高：屬於新形成的應收帳款，如客戶的期初餘額 1,000 萬元，期末遽降為 100 萬元，本期內已有數次交易，此舉意味著本期已收回貨款 900 萬元，過去的應收帳款全部收到，期末餘額是本期實際發生的債權。

(4) 新的應收帳款：帳齡分析通常是半年或一年評估一次，在分析期內形成的應收帳款可不作帳齡分析。

　　針對需作帳齡分析的應收帳款又分兩種：(1) 單筆業務：客戶僅有一筆或幾筆懸而未決貨款，如產品品質有爭議或違約造成糾紛，此種應收帳款應逐筆列示原因，提出解決意見，這種分析表可在原表基礎上加一欄「解決意見或措施」。(2) 追溯性分析：針對應收帳款形成需要進行追溯，帳齡分析即在評估此種情況。追溯性分析假設收回貨款都用於沖銷最早發生的債權。舉例來說，聚隆纖維財務部在 2010 年 6 月 30 日進行追溯性帳齡分析，從 2010 年 6 月向前追溯至 2007 年，2008 年收到 70 萬元先抵補 2007 年餘額 120 萬元，尚餘 50 萬元；2009 年、2010 年分別收到 30 萬元、10 萬元，仍是抵補 2007 年應收帳款餘額，抵補後還差 10 萬元。是以我們確定 2010 年 6 月 30 日餘額 180 萬元，係由 2007 年 10 萬元、2008 年 160 萬元、2009 年 10 萬元等金額組成。

　　財務部從事應收帳款管理，首先篩選何者應作帳齡分析，而帳齡分析表揭露哪些應收帳款超逾契約期間，逾期多久以及原因為何？財務部再依不同標準，如銷售地區、銷售人員、帳齡地區等計算結構比率，從而掌握哪一地區帳款不易收取，哪個業務員負責的貨款回收率低，哪一帳齡區間的應收帳款比率最大？在此基礎上，再依帳齡長短、按原因分析揭示問題嚴重性、依應收帳款地區、行業分布等提出管理應收帳款重點，業務部據此按輕重緩急，擬定應收帳款催收計畫。

　　接著，財務部依據帳齡分析表列示的客戶，依重要性原則排序，核對帳目，確定應收帳款金額，再由業務部依情況催收。針對帳齡時間不長、無特殊原因的應收帳款，則填寫催款通知單送交業務部，限期催收。至於帳齡長、困難大或有特殊問題的應收帳款，則是結合帳齡分析表，依風險程度進行 ABC 分類，針對未能及時收回的應收帳款，首先判斷客戶是否惡意，將惡意不還者劃為 A 類；客戶績效不彰或將資金挪作他用 (如進行專案投資而擠占流動資金)，而逾期無法及時清償者劃為 B 類；基於環境遽變 (如天災或政策調整) 陷入困境而逾期者劃為 C 類。隨後財務部再依分類，採取不同策略催討。對 A 類債權，應及時採取措施催收；對 B 類債權，則要求客戶採取補救策略，如適當延長付款時間但附加逾期補償等；對 C 類債權，可採取延長信用期間、甚至縮減部分應收債權，但需權衡以降低損失。

　　財務部透過帳齡分析，依應收帳款流動性將客戶分成三種：

(1) 流動性高、交易頻繁、信譽佳、及時清償貨款者：業務部應保證貨源並授予優惠待遇。

(2) 流動性正常者：具有清償貨款能力，但偶爾也會拖欠。財務部需健全銷售制度、嚴格依據契約供貨與收款，同時加強催收工作，必要時也可授予優惠政策，促使其能及時付款。

(3) 流動性差或信譽差者：業務部須限制供貨，甚至拒絕賒帳。

　　最後，公司考核各部門各有側重，業務部決策偏重落實產銷率，行銷偏重產品銷售量，甚少考慮應收帳款占用資金及時間長短；而財務部決策關注資金週轉和應收帳款回收。是以兩部門在收款問題上存在顯著矛盾性，形成應收帳款管理漏洞。為克服此一問題，在應收帳款管理中，業務部須及時將應收帳款累積回報財務部，後者則須定時匯總賒銷數量，進行帳齡分析並及時回報業務部，讓其評估賒銷效益，將賒銷管理重點轉移到銷售後的收款管理上。

13.3.2　信用政策調整

　　公司要求客戶清償貨款的信用條件，包括給予信用期間、現金折扣和折扣期限。現金折扣 (cash discount) 就是公司銷售商品，促使客戶在一定期限迅速清償帳款而給予折扣優惠，折扣期限則為客戶享受現金折扣的付款期間。「2/10，net30」意指客戶在購貨後的 10 天內付款，享有發票金額 2% 的現金折扣，在購貨後的 30 天內付款則需支付全額。

現金折扣
公司銷售商品，促使客戶在一定期限清償帳款而給予折扣優惠。

　　舉例來說：仁寶科技在發票上附帶信用條件是「5/20、3/30、N/45」，5%、3% 是現金折扣，20 天、30 天為折扣期限，45 天為信用期間。經銷商在仁寶開出發票後 20 天內付清款項，可享受現金折扣 5%，只需支付原價的95%。若在 20 天後、30 天內付清，只能得到現金折扣 3%，只需支付原價的97%

　　公司提供優惠的信用條件，需搭配訂定現金折扣比例與信用期間長短的關係。但如同信用期間、信用標準一樣，信用條件變化不僅對銷售收入產生影響，公司的庫存成本、壞帳損失和管理成本亦將同時改變，前兩者將隨信用條件放寬而降低，管理成本卻呈反向上升。是以財務長選擇信用條件，往往針對個案在各種信用條件下產生的淨收益進行比較，選取淨收益最大的方案。舉例來說：味全預期 2009 年銷售額為 4 億元，目前的信用條件是「1/10，net30」，平均收現期間是 21 天，有 50% 的經銷商會享受購貨折扣，財務長預期將會產生折扣費用 2,000,000 元：

$$2,000,000 = 400,000,000 \times 0.01 \times 0.5$$

　　假設味全的變動成本比率 70%，持有應收帳款的資金成本 20%，故持有應收帳款的機會成本為：

應收帳款持有成本＝平均收現期間×每日銷售額×變動成本比率×資產成本
$$= (21) \times (400,000,000/360) \times (0.7) \times (0.2)$$
$$= 3,266,667 \, 元$$

此外，味全每年花費 500 萬元分析客戶的信用情況，預估壞帳占銷售額比例為 2.5%，故壞帳費用為 1,000 萬元：

$$10,000,000 = 400,000,000 \times 0.025$$

假設業務部門規劃調整信用條件，包括由「1/10，net30」改變為「2/1，net40」、延緩催收行動與降低信用標準等措施，預估改變交易條件後，將使 2009 年銷售額 4 億元成長為 5.3 億元。在新信用政策下，預期將有 60% 的客戶享受購貨折扣，平均收現期間為 24 天。財務長計算出公司的現金折扣費用將上升為 6,360,000 元：

$$530,000,000 \times 0.02 \times 0.6 = 6,360,000$$

應收帳款持有成本將增加為：

$$4,946,667 = (24) \times (530,000,000/360) \times (0.7) \times (0.2)$$

值得注意者：財務長採取放鬆信用策略，導致平均收現期間延長，公司必須等待更長時間才能收到貨款並實現帳面利潤，機會成本將是：

$$機會成本 = (原先銷售額／360)(\Delta ACP)(1-v)(k)$$
$$= (400,000,000/360)(24-21)(1-0.7)(0.2)$$
$$= 200,000 \, 元$$
$$\triangle ACP = 平均收現期間的改變$$

$(1-v)$ 是毛邊際頁獻、v 是變動成本比、k 是應收帳款的資金成本。在採取新信用政策後，味全打算將每年信用分析與催收費用降到僅剩 20 萬元，但壞帳損失將由原來占銷售額 2.5% 上升至 6%，預期壞帳損失上升為 3,180 萬元；

$$530,000,000 \times 0.06 = 31,800,000 \, 元$$

知識補給站

　　應收帳款和存貨係屬流動資產，兩者分屬公司現金流量的前庭與後院。應收帳款產生的現金流入用於融通存貨，應付帳款則是現金流出的重要源頭；存貨順利週轉創造銷貨收入，構成應收帳款的活水，如此營運循環將讓公司營運生生不息。

　　實務上，除少數特殊產業 (如金融業) 沒有應收帳款與存貨，飯店業、電信業、有線電視業持有存貨微乎其微外，這兩種資產對公司營運的重要性猶如人們的四肢，如影隨形常相左右 (金融業除外)，除攸關現金流量進出外，也對公司營運發揮預警效果。對績優公司而言，管理階層控制愈佳將能充裕現金流量，透過內部控制關注現金安全性與削減資產損失，提升經營績效而讓獲利出色。不過對績效不彰或心懷不軌的管理階層來說，兩者卻是操縱利益與掏空公司資產的極佳工具。

　　股價是公司經營績效的領先指標，並以應收帳款與存貨週轉率為主要衡量績效指標則，兩者週轉率穩健攀升愈高愈好、週轉日數平穩下降愈低愈好，而兩者餘額遞減將能提升資金流動性、降低積壓資金，有助於提升獲利。是以管理階層需針對收款天數與銷貨天數，配合同業資料進行趨勢比較，就能洞悉公司平均銷貨與收現天數的重大轉折變化，部分掌握潛在的營運營運風險。

　　接著，存貨相對應收帳款具有較高危機與契機。應收帳款掛在帳上，顯示在應計基礎 (accrual basis) 下，銷貨收入已經實現，若無掏空事件或遭惡意倒帳，收款風險應屬有限。從投資角度來看，應收帳款僅能提供防禦性投資訊息。反觀掛在帳上的存貨未出售前不僅與營收無關，且因面臨生產過剩、庫存過高而導致市價跌破生產成本 (如 Dram 價格)，與留倉過時的呆滯損失風險；但也有可能出現回補低庫存、上游漲價與下游需求暢旺的積極補貨及調漲行動。公司持有高庫存而單價滑落時，將提供人們保守投資的防禦訊息；出現低庫存而出現回補或需求旺盛，即是提供積極作多訊息。有時透過上下游存貨原物料供應鏈，洞悉訂單快慢多寡與單價高低變化，均是投資決策的及時一線資訊。實際上，存貨提供防守與攻擊性投資訊息，只是攻擊性訊息甚難及時從財報中取得，須再投入更多資源蒐集，而防守性訊息則可評估財報內容而得。

　　「應收帳款」、「存貨」與「長期投資」三者缺乏透明度，如備抵壞帳、存貨跌價或呆滯損失、銷貨大量集中在關係人、截止日前大量塞貨、收款天數異常，管理階層容易用於操縱損益，而被投資人視為財報作奸犯科三賤客。應收帳款與存貨淪為不良資產甚至消失，常由週轉率降低及占總資產比率攀升可看出端倪，並可見諸於下游公司。舉例來說，某 IC 通路公司每月營業額約 30 億元、營益率 5%，應收帳款的收款天數為 3 個月，即相當於積壓 90 億元資金。一旦收款期逐漸攀升，流動負債若無相對融資支應，或透過海外子公司銷售而出現異狀，盈餘極可能瞬間消失大半 (倒帳)，甚或倒地不起 (掏空)，生意愈作愈大而利益有限，凡此都是下游廠商養肥應收帳款與存貨的後遺症。

再從個別財報的存貨轉向檢視「總體存貨率」變化，此係製造業存貨總值占銷貨總值比率，個體與總體存貨具有異曲同工之妙。存貨率是景氣領先指標，歷年資料顯示景氣衰退降低銷貨總額，庫存累積帶動存貨率攀升；反觀景氣復甦促使市場需求上升，存貨率將趨於下降。舉例來說，1993 年 9 月台灣製造業存貨率降至 63.5%，創下過去三年單月最低 (存貨率在 1991 年 2 月攀高至 83%)，顯示在國際景氣回升下，製造業生產呈現供不應求，預期未來半年生產將持續擴張。從 1993 年 5 月以來，存貨率持續下降 (因回補庫存有其底限) 之際，股市同時熱絡回升，產銷變化與股市息息相關，證明存貨變動趨勢將是股價的攻擊性資訊。

最後，管理階層從事風險控管，必須防範應收帳款與存貨餘額變化引發的風險遞增：

(1) 應收帳款與存貨餘額經常性超逾總資產 50%。
(2) 應收帳款及存貨成長幅度超逾營收成長幅度。
(3) 流動比率與速動比率有明顯差異者。
(4) 售貨天數與收款天數相對前期出現大幅增加趨勢。
(5) 進銷貨經常出現重大關係人交易或集中型交易。
(6) 景氣衰退擴大製成品與在製品存貨，將會擴大潛在跌價損失風險。

問題研討

小組討論題

一、是非題

1. 在任何期間內，IC 通路上市大廠威健同意客戶賒欠的最大餘額，此即信用額度。

2. 文曄評估客戶清償帳款能力，特別考慮客戶的短期償債能力與發展潛能，業務部將需衡量客戶 5C 中的抵押品。

3. 統一企業給予統一超商交易信用期間長度，亦即後者最多可延遲付款天數，即是信用期間。

4. 廣達電腦業務部規畫放寬信用條件，考慮焦點是在追求增加銷貨收入與擴大市占率。

5. 統一企業財務部想要掌握平均收款期間，可用全年銷貨總額除以平均應收帳款來衡量。

6. 台灣水泥財務部發現該公司的應收帳款的帳齡攀升，顯現發生壞帳機率趨於下降。

7. 愛之味財務部將信用條件由原來的 (1/10，net 30) 調整成 net 30 時，可能產生的情形是應收帳款減少。

8. 天仁財務部每月在一定時間，將現有客戶應收帳款餘額，依預期時間長短進行分析，此即屬於信用分析。

二、選擇題

1. 台積電衡量客戶無法償付其信用時的能力為何，尤其要考慮其長期償債能力，此係衡量客戶信用品質 5C 中的何項？　(a) 品德　(b) 能力　(c) 資本　(d) 抵押品

2. 建準每年銷售電子零件產品 100,000 單位，每單位產品的持有成本為 0.1 元，每次訂購產品的成本為 200 元，試問其經濟訂購量為何？　(a) 20,000　(b) 2,000　(c) 1,000　(d) 200

3. 信邦的信用銷售金額為 \$450,000，平均收帳期間 50 天，平均應收帳款餘額為何？(一年以 360 天計)　(a) \$62,500　(b) \$9,000　(c) \$64,800　(d) \$61,644

4. 味王財務部發現該公司的應收帳款週轉率偏高，提交經營會議的報告中，何種說法係屬正確？　(a) 味王給予客戶的信用條件較嚴苛　(b) 味王向客戶收款有困難　(c) 味王的應收帳款餘額偏高　(d) 味王當年銷貨淨額偏低

5. 國內上市筆電製造大廠廣達與仁寶在 2007 年存貨週轉率分別為廣達 6 次、仁寶 16 次，何者正確？ (a) 仁寶在一年內進貨次數比廣達多 (b) 就存貨的平均銷售天數而言，廣達低於仁寶 (c) 就存貨流動性而言，廣達的表現較佳 (d) 如果兩家公司銷貨成本相同，廣達的平均存貨水準較高

6. 康那香的存貨週轉率每年 6 次（一年以 360 天計），應收帳款週轉率每年 8 次，應收帳款平均於進貨後 30 天支付，則其現金營業循環約為幾天？
(a) 105 天 (b) 75 天 (c) 45 天 (d) 135 天

7. 聯華食品的存貨週轉率每年 8 次，應收帳款週轉率每年 12 次，應付帳款平均於進貨後 40 天支付，試問淨營業循環約為幾天 (一年以 360 天計)？
(a) 5 天 (b) 35 天 (c) 75 天 (d) 115 天

8. 廣達電子業務部規劃提供下游客戶 10 天內付款的現金折扣 2%，若是採取此政策，則將面臨：(I) 公司需使用內部資金；(II) 客戶將可降低銷貨成本；(III) 若客戶未取得此折扣，相當於使用較昂貴的融資來源；(IV) 公司將發現其平均收帳期間增加。試問何者正確？ (a) I、II、III 和 IV (b) II 和 III (c) II、III 和 IV (d) I 和 III

9. 偉盟工業擁有 900 單位的塑膠環存量，每年的單位持有成本為 0.05 元。公司於每月第 1 天訂購 1,800 單位的塑膠環，訂購成本為 15 元，試計算偉盟在 EOQ 水準下的總訂購成本為何？ (a) 24 元 (b) 48 元 (c) 90 元 (d) 180 元

10. 上市百貨公司統領運用商業信用來融通短期營運，試問其籌集的資金係來自於何者？ (a) 銀行的短期週轉金放款 (b) 上游廠商出貨給統領而預擬收取的應收帳款 (c) 發行商業本票取得的資金 (d) 統領自有的資金

三、簡答題

1. 偉詮電子財務長估計每週需要支付 X 元 (以直線型連續方式支付)，而公司短期資產係以現金或商業本票形式持有，試問財務長決定每次出售票券換取現金時，必須考慮哪些因素？這些因素對兌現票券的影響為何？

2. 光寶財務長明知持有現金無法產生收益，卻仍持有許多現金餘額，試說明可能理由為何？

3. 大聯大控股是亞洲最大的 IC 通路商，試問財務長決定「銷貨條件」時，應考慮哪些重要因素？

4. 試評論下列有關營運資金管理敘述的正確性。

(a) 文曄科技的流動比率高於 IC 通路業平均水準，顯示文曄營運資金管理很有效率。

(b) 東和紡織積欠上游公司龐大應付帳款,從而形成無成本的短期融資來源。

(c) 統一企業的平均收帳期間為 55 天,該公司的信用條件為「2/10, n/60」,此即表示顧客皆能準時付款。

5. 試說明味全財務長將如何有效管理現金流量,才能避免黑字倒閉?

四、計算題

1. 裕隆日產專門代理裕隆汽車的車種,目前握有現金 2,000 萬元,財務長預估未來一年,每月現金流出將超過現金流入 900 萬元。假設公債的年利率為 12%,每次買賣公債的交易成本為 10,000 元,試問:

(a) 目前的現金餘額應保留多少?有多少現金應該用來購買公債?

(b) 預期未來一年需賣出「幾次」公債來因應現金需求?

2. 張無忌在光華商場經營筆記型電腦量販店,專門代理華碩生產的筆記型電腦。張無忌預估每年賣出 2,000 台電腦,安全存量約為 50 台,每台平均成本為 4 萬元,庫存成本則是每台 4,000 元,每次向華碩訂貨需支付 200 元訂購費用。趙敏建議張無忌採用「經濟訂購量」模型來管理存貨,試回答下列問題:

(a) 何謂經濟訂購量?

(b) 張無忌最多會產生多少台存貨?

(c) 張無忌平均會有多少台存貨?

(d) 張無忌多久需向華碩下一次訂單?

3. 鴻海集團積極擴張大陸版圖,以低製造成本創造亮麗盈餘。在大陸廠方面,鴻海預期在現行信用政策下將有 1,500 億元營業收入。現行信用條件為 30 天 (n/30),應收帳款轉換期間為 60 天,壞帳損失率 5%。鴻海的資金成本為 15%,變動成本占銷售額 60%。為了提升公司盈餘,財務長決定調整信用政策為「2/10,n/30」,以減少壞帳並提升收帳成效。同時,財務長評估營業額將因此新信用政策增加 50 億元,且預計將有 50% 的顧客在折扣期間內付款,應收帳款轉換期間將減少為 30 天,壞帳損失率降為 4%。針對上述資訊,計算下列問題 (假設 1 年 360 天):

(a) 在鴻海的新信用政策下,現金折扣的成本為何?

(b) 鴻海採取新信用政策,壞帳損失的變化為何?

(c) 鴻海採取新信用政策,應收帳款的持有成本變化為何?

(d) 在新信用政策下,鴻海的稅前盈餘將如何變化?

4. 上新聯晴業務部預估 2013 年銷售收音機 85,000 台,單價 550 元,全部採取賒銷策略,條件為「3/15,n/40」,約有 40% 的顧客享受此折扣,試問上新聯晴在應收帳款的投資為何?

網路練習題

1. 福光企業面臨鉅額倒帳,若無法與債務人協商,勢必拖累公司正常營運,試連結大觀理債網 (http://takuan.zhone.com.tw/),掌握有關債務清理的相關做法。

2. 張無忌目前是某家剛成立小公司的財務經理,該公司因累積一些應收帳款而欠缺週轉金,請代他連結中租迪和網站 (http://www.chailease.com.tw/),尋找如何融通應收帳款的相關資訊。

資本預算與長期投資決策

個案導讀

上市晶圓代工龍頭台積電董事長張忠謀在 2014 年 7 月公司法說會指出，2015 年的 16 奈米製程市占率恐將低於競爭對手的 14 奈米市占率，此係台積電繼 28 奈米之後，又推出 20 奈米製程，預計 2014 年四季試產 16 奈米而於 2015 年三季量產。台積電採取先布建 20 奈米製程策略，導致 16 奈米製程量產時程落後三星的 14 奈米。但就目前來看，此一決策正確，在先擁有 20 奈米製程的學習與生產經驗下，預期 16 奈米晶片效能與良率都會超越競爭對手，將可在 2016 年搶回 16 奈米製程市占率。

另外，台積電為追趕三星 14 奈米的量產時程，將 16 奈米製程提早到三季試產，除將 20 奈米研發與試產人力調度到 16 奈米製程外，也將研發 10 奈米的夜鷹計畫人力部分支援 16 奈米，原本計畫四季試產時程也提早至三季試產，第一個投片試產客戶為手機晶片大廠海思半導體，賽靈思、蘋果也可望是客戶。台積電目前在 28 奈米製程占營收比達 37%，市占率超過 8 成；2014 年量產 20 奈米製程已出貨給蘋果，預計三季 20 奈米製程占營收比將達 10%，四季提高到 20%。

由於台積電持續與 Intel、三星進行先進製程競賽，是以董事會在 2014 年 8 月 12 日核准資本預算 910.3 億元，用於擴充先進製程與先進封裝產能，預計 2015 年也將採高資本支出，金額可望與

2014 年相近。此外，台積電董事會核准在 20 億美元範圍內，對設立在英屬維京群島的子公司 TSMC Global 增資，以降低外匯避險成本。

公司執行資本預算係在追求未來盈餘，此種決策稱為投資活動。在財務管理中，廣義投資是指公司從事內部與外部的資金運用，狹義投資專指公司從事對外的資金運用。財務長擬定公司資產交易決策，即是資本預算決策。另外，效率的資本預算將可提升取得與購置資產品質，財務長事先規劃公司營運所需資本資產，即能在擴增產能時，及時取得資產設備。尤其是在評估資產取得過程中，現金流量評估涉及較多變數，必須倚賴相關部門支援及專家評估，如何篩選最適資本預算不僅影響公司營運深遠，而且也是財務管理的重要議題。

針對上述台積電基於與對手持續競爭，董事會通過鉅額資本支出預算，本章首先說明預算管理制度運作過程，探討投資決策程序，包括投資標的選擇與投資計畫性質。接著，討論投資案的評估方法與優劣之處。最後，針對不確定環境，將說明財務長如何評估資本預算，進而說明實質選擇權如何運用於投資決策。

14.1 投資決策程序

完整的預算制度包括預算編製、預算控制及預算檢討三個環節，規劃嚴謹與運作得當將是達成公司目標與落實預算制度的重要關鍵。

1. **預算編製**　隨著會計年度邁入下半年，財務長開始為編製下年度預算熱身，將公司政策解讀成不同的預算科目及數字。

   (a) 訂定預算編製時間表　編製預算首應訂定時程表，以確定新會計年度開始時，所有業務運作均有所依循。

   (b) 蒐集資料　蒐集當年資料進行分析，作為擬定下年度政策參考。

   (c) 訂定政策與目標　管理階層參考過去資料，訂定下年度的方針與目標。

   (d) 擬定預算編製表格　彙總公司下年度政策與目標，據以擬定各類預算編製表格，並召開說明會說明預算編製方法與注意要點。

2. **預算控制**　為求控制預算，財務長將年度預算細分為月預算，並於月報表中設計本月實際發生數與預算數欄位，用以比較實際發生數據與預算數據的差異性，而部門主管應探討差異發生原因，提出因應對策，並由管理階層指派專人定期追蹤該對策的落實性與有效性。

3. **預算檢討**　公司預算編製完成且歷經檢討過程後，可做適度修正。尤其外

在因素劇變導致原始預算數變為不合理後，應透過預算編製流程大幅調整。一般而言，財務長每季檢討預算一次，將是預算制度的必備過程。

接著，公司投資標的包括金融資產與固定資產，評估方式也分為兩種：

1. **金融資產**　依據投資組合分析，評估金融資產預期報酬率與風險，再安排最適投資組合。

2. **固定資產**　依據資本預算分析，評估使用固定資產預期在未來產生的資金流入與流出，而資本支出具有需求大量資金、需作詳細規劃與評估、決策付諸執行而難以隨意更改等特性。尤其是規劃資本預算須考慮貨幣的時間價值、現金流入量與流出量、公司追求的必要報酬率、及不確定性程度等特質。

針對固定資產投資，財務長規劃**資本預算** (capital budget) 必須結合各部門 (行銷、生產、財務、人事、會計、研發) 資源，對未來投資案達成共識，然後評估篩選出報酬率最大者，此一過程即是資本支出決策。**值得注意者**：財務長選擇投資案必須考慮資本預算，過程包含投資案篩選、資本預算計畫、預算批准和授權、計畫執行追蹤、事後審核計畫等五個步驟，透過資本預算過程，評估現金流量變化而掌握投資案結果，進而評估投資可行性及是否繼續投資。

> **資本預算**
> 公司基於未來營運需求，追求更佳報酬而規劃資本支出計畫。

在資本預算決策中，財務長通常從現金流量觀點評估投資案效益，而投資案的現金流量與時間有關，可分為三類：

1. **初始現金流量**　公司開始投資所發生的現金流量。
   (a) **固定資產投資支出**　購入設備價格與運費、設備基礎設施及安裝費等。
   (b) **墊支流動資金**　專案投產前後投入流動資產的資金增加額。
   (c) **其他費用**　不屬於上述的投資費用，如投資案籌建費、員工培訓費等。
   (d) **出售舊設備收入**。

2. **經營現金流量**　從投資案付諸執行後，在生命週期內，由營運活動產生的現金淨流量。
   (a) **稅後現金流入**　專案投產後增加的稅後現金收入 (或成本節約額)。
   (b) **稅後現金流出**　與投資案有關以現金支付的各種稅後成本費用以及稅金支出，但在計算成本時，不包括固定資產折舊費用與無形資產攤銷等。

財務長通常根據損益表及相關資料估算營運現金流量：

營運現金流量＝稅後盈餘＋折舊

　　　　　　＝(銷售收入－付現成本費用)(1－所得稅率)＋折舊×所得稅率

舉例來說：聚隆纖維規劃興建超細纖維廠，預估第一年與第二年損益狀況如下：(單位：千元)

投資案的損益	第一年	第二年
銷售收入	200,000	200,000
付現成本費用	100,000	100,000
折舊費	50,000	
稅前盈餘或現金流量	50,000	100,000
所得稅 (33%)	16,500	16,500
稅後利潤或現金淨流量	33,500	83,500

依據上述資料，超細纖維廠在第一年的稅後盈餘和現金流量：

經營現金流量＝(200,000－100,000)(1－33%)＋50,000×33%
　　　　　　＝67,000＋16,500＝83,500

或經營現金流量＝33,500＋50,000＝83,500

3. **終結現金流量**　投資案結束發生的現金流量，包括固定資產的殘值收入、收回墊支流動資金。

最後，在眾多投資案中，董事會挑選最適方案，而方案彼此間的關係有兩種：

1. **獨立方案**　在一組投資方案中，各案投資涉及的現金流量相互獨立，彼此將無關聯性。董事會僅需考慮方案的價值並決定是否採納，無須考慮其他方案效益的影響。
2. **互斥方案**　在一組方案中，各投資案涉及之現金流量存彼此相互聯繫。董事會選取其中一個方案，則需放棄其他方案。

知識補給站

管理階層編列資本預算擴大資本支出的前提，將是預期未來展望趨於樂觀，預估有穩定的長期訂單流入，故須擴大產能與營運規模方能因應。巴克萊證券半導體首席分析師陸行之在 2011 年 9 月 7 日指出，台積電已經整合 3D 封裝結合記憶體與 IC 為 AX 晶片，若能在 2012 年打入蘋果流行的產品 (iPad、iPhone)，將須大舉擴充 28 奈米產能，是以 2012 年資本支出多寡將意味著是否順利取得蘋果訂單。

台積電預估 2012 年第四季 28 奈米占營收比率邁向 10%，但這僅是計算非蘋果陣營的處理器營收。由於蘋果 iPhone 每月出貨量達 700~800 萬台、iPad 每月也達 500 萬台，台積電若能取得蘋果主流產品處理器訂單，將會占去超過 80% 的 28 奈米產能，唯有擴充產能才能因應，而預估資本支出將達到 40~50 億美元。

近年來，台積電大幅增加資本支出，帶動折舊費用大幅攀升，毛利率因而走低。從投資人角度來看，無不希望台積電 2012 年資本支出能較 2011 年降低 40~50%，否則折舊費用持續維持高檔，毛利率勢必面臨挑戰。不過台積電若是取得蘋果主流產品訂單，資本支出降幅可能遠低於 20%。

14.2 投資方案評估

14.2.1 現值型回收期間法

　　財務部將投資案未來預期產生的現金流入量折成現值，再估算原有投資金額全數回收所需耗費的期間，然後選取還本期間最短的計畫。財務部採取該法計算回收期間，必須先分析每年現金流量，經過以要求的報酬率折現後，再進行估算回收期間。舉例來說，虹光董事會決議以 3,000 萬元向日本購買雷射掃描器專利權，預期每年回收 800 萬元。假設董事會設定的報酬率為 10%，以年金現值法計算的各年折現值如下表所示：

時間點	現金流量	折現因子	現金流量現值	累計現金流量現值
期初	−3,000	1	−3,000	
1	800	0.9091	727.27	−2,273
2	800	0.8246	661.16	−1,601
3	800	0.7513	601.05	−1,011
4	800	0.6830	546.41	−464
5	800	0.6209	496.74	33
6	800	0.5645	451.58	
7	800	0.5132	410.50	

上表顯示，在邁入第 5 年時，虹光投資案淨現值累加為 33 (已經大於零)，意味著第 5 年即可完全回收。

　　現值型回收期間法 (discounted payback approach) 的計算方式簡單，可用於衡量投資案的變現性，作為反映投資案相對風險的指標。當董事會面臨多種金

現值型回收期間法
財務部將投資案未來預期產生的現金流入量折成現值，再估算原有投資金額全數回收所需耗費的期間，然後選取還本期間最短的計畫。

額相同的投資案，每期現金收回金額與時間不同，此時回收期較短的方案相對
值得投資，理由是投資回收期愈長，夜長夢多將讓風險相對提高。實務上，財
務長需將估計的回收期間與同業相比，或與公司承受能力相比，只要小於後者
即可採用，否則就應放棄。一般認為投資案回收期間應小於專案週期的一半，
否則就不可行。不過現值型回收期間法僅是考慮回收期以前的現金流量貢獻，
並未顧及還本後的現金流量效益，容易放棄早期收益低而後期收益高的專案。

14.2.2 淨現值法

淨現值係反映投資案在生命週期內獲利能力的動態指標，將未來現金淨流
量以某一折現率折算成現值的總和，再扣除初始投資額或各期投資額現值所得
的差額。折現率係公司的加權平均資金成本或財務長設算的必要報酬率。淨現
值計算公式為：

淨現值＝未來現金淨流量的總現值－投資額現值

財務長計算投資案的淨現值，通常依據下列步驟進行：

1. 預估投資案在未來年限中產生的淨現金流量。
2. 將每年現金淨流量折算成現值。
3. 投資案若屬一次性，初始投資額就是投資額現值；若採分次投資，須將各
   次投資額按複利現值係數折算成現值，再加上初始投資額，即為投資額現
   值。
4. 淨現值為正意味著專案的投資收益超過投資成本，將可付諸執行；淨現值
   為負，則降放棄投資。

$$NPV = -\frac{CF_0}{(1+r)^0} + \frac{CF_1}{(1+r)} + \frac{CF_2}{(1+r)^2} + ... + \frac{CF_n}{(1+r)^n}$$

$$= \sum_{t=0}^{n} \frac{CF_t}{(1+r)^t}$$

CF_t 是 t 期之現金流量 (0 期係為現金流出)，r 是折現率或資金成本率，n
是投資案的預期生命年限。

5. 當董事會面臨許多獨立方案可供選擇時，應選擇正淨現值較大者。負淨現
   值方案將造成損失，則應放棄。至於面對互斥專案可供選擇時，董事會應
   選擇較高淨現值之專案。

舉例來說：台積電董事會面對 A、B、C 投資案可供選擇，A、B 兩案均

屬一次性投資，分別為 1,000 億元和 1,200 億元，C 案則在初始投資投入 800 億元、在第一年底再投入 400 億元，四年期年金現值係數為 3.3121。假設財務長建議選用 8% 貼現率，各年的現金淨流量和複利現值係數如下表所示，而財務長計算三個方案的淨現值如下：

	第一年	第二年	第三年	第四年
A 案	220	300	350	300
B 案	350	460	485	390
C 案	405	0	0	0
複利現值係數	0.9259	0.8573	0.7938	0.7350

- 方案 A

  未來現金淨流量的總現值

  $= 220 \times 0.9259 + 300 \times 0.8573 + 350 \times 0.7938 + 300 \times 0.7350 = 959.22$

  淨現值 $= 959.22 - 1,000 = -40.78$

- 方案 B

  未來現金淨流量的總現值

  $= 350 \times 0.9259 + 460 \times 0.8573 + 485 \times 0.7938 + 390 \times 0.7350 = 1,390.07$

  淨現值 $= 1,390.07 - 1,200 = 190.07$

- 方案 C

  未來現金淨流量的總現值 $= 405 \times 3.3121 = 1,341.4$

  投資額現值 $= 800 + 400 \times 0.9259 = 1,170.36$

  淨現值 $= 1,341.4 - 1,170.36 = 171.04$

　　綜合以上分析，A 案的淨現值為負，董事會應該放棄；B 與 C 案的淨現值為正值，但 B 案淨現值較 C 案大 19.03 億元，當三個方案係屬互斥專案時，董事會應該選取 B 案。

　　現值法是評估資本支出決策的最佳方法之一，優點包括：

1. 考慮資金的時間價值，同時反映投資案可獲取的收益。

2. 考慮投資案在生命年限內的現金流量。

3. 當現金流量呈現不規則變動時，較容易運用。

　　不過淨現值法也有缺陷存在：

1. 使用淨現值法的困難點在於如何選擇適當貼現率，而且偏向主觀。

2. 淨現值法無法反映專案的實際報酬率，在投資額不同時，難以確定最優的

投資案。

3. 當投資案的生命週期或投資額不等時，無從比較來決定優先次序，必須由
管理階層主觀判定。

最後，財務長也可將投資案在未來產生現金流量折現的累加值 (*PV*)，再
除以期初投資支出可得**獲利指數** (profitability index, *PI*)，*PV* > 1 則接受專案，
則拒絕該專案。

獲利指數
投資案在未來產生現金流量折現的累加值，相對期初投資支出的比率。

14.2.3 內部報酬率法

促使投資案未來產生之預期現金流入與流出現值相等，或讓投資案淨現值為零的折現率，此即**內部報酬率** (internal rate of return, *IRR*)。該貼現率若超過管理階層鎖定的最低報酬率，則可接受該方案；若小於最低報酬率，則應放棄。由於每一投資案的現金流量發生時間不同，計算內部報酬率可分兩種情況探討：

內部報酬率
促使投資案未來產生之預期現金流入與流出現值相等，或讓投資案淨現值為零的折現率。

* 各年淨現金流入量相等時，計算內部報酬率較為容易。
* 各年淨現金流入量不等，需採取試誤法 (trial and error) 計算，及逐次使用不同貼現率，直到現金流量的淨現值為零，此時的貼現率即為內部報酬率。

當投資案產生的現金流量現值等於期初投資時，此時的折現率即為 *IRR*。當下式成立時，將可求出內部報酬率 *r*：

$$NPV = -\frac{CF_0}{(1+r)^0} + \frac{CF_1}{(1+r)} + \frac{CF_2}{(1+r)^2} + ... + \frac{CF_n}{(1+r)^n}$$

$$= \sum_{t=0}^{n} \frac{CF_t}{(1+r)^t} = 0$$

CF_t 是 *t* 期之現金流量，*r* 是內部報酬率，*n* 是投資案的年限。實務上，財務長可採取試誤法與圖解法計算 *IRR*。

依據內部報酬率的理論，投資案的內部報酬率超過資金成本，扣除投資成本將有剩餘而歸股東所有，付諸執行將能增加股東財富。內部報酬率法的優點：考慮所有現金流量、考慮現金流量的時間價值、面對獨立投資案且其 *NPV*(*r*) 為遞減函數時，符合追求價值最大化原則。不過財務長以內部報酬率法評估，將會面臨各種困擾：*NPV*(*r*) 可能為遞增函數、內部報酬率可能無解、虛數解或多數解、面對互斥案件且其 *NPV*(*r*) 為遞減函數時，並非在所有

狀況下皆符合追求價值最大化原則。另外，財務長同時運用淨現值法與內部報酬率法評估投資案，是否發生不一致現象？

1. 兩個投資案在兩期產生的現金流量 C_0 與 C_1 如下表所示，計算出內部報酬率均為 50%。若選擇折現率為 10%，則計算 A 案的 NPV 值為 364，B 案淨現值卻是 -364。兩種評估方法所獲結果顯然發生矛盾。

	C_0	C_1
A	$-1,000$	1,500
B	$+1,000$	$-1,500$

2. 在投資案生命週期內，每期現金流量未必均為正值，採用內部報酬率法評估將會出現多重解或虛數解，將讓財務長無所適從。尤其當利用內部報酬率法與淨現值法評估的結果呈現南轅北轍時，更容易肇致錯誤決策。

3. 針對獨立投資案，只要每期產生的現金流量均為正值時，採用內部報酬率法或淨現值法評估的結果將會相同。一旦每期產生的現金流量是正負交錯，採取兩者評估所獲結果將會發生矛盾。同樣的，就互斥性投資案而言，採取內部報酬率法或淨現值法評估，所獲結論則與前述分析過程雷同，有其相容之處，亦有矛盾地方。

4. 淨現值法適用價值相加原則 (value additive principle)，但是內部報酬率法卻無法適用。

一般而言，財務長偏好以淨現值法評估投資案，理由如下：

1. **投資規模差異性**　內部報酬率法係以比率表示，期初投資預算並非重要考慮因素。NPV 則強調投資案獲取絕對報酬對股價發揮的直接影響，是以管理階層或投資人較偏好採用淨現值法。

2. **時間性差異**　淨現值法使用的貼現率相當於資金來源的機會成本，亦即投資案在未來產生現金流量的再投資報酬率會等於資金的機會成本。至於利用內部報酬率法求出的報酬率，係指在投資案持續年限中，現金流量再投資可獲取的報酬率。理論上，董事會接受的投資案，內部報酬率通常超過必要報酬率，而依據內部報酬率法求出的報酬率過於偏高，將不利於投資案執行後期才會產生大額現金流入者，是以在理論與實務上，淨現值法均優於內部報酬率法。

14.3 訊息不全下的資本預算評估

14.3.1 訊息不全下的投資決策

(一) 風險調整折現率法

財務長分析投資案的預測值包含執行計畫所需現金流量的掌握度、利益回收取決於需求量與價格因素、回收年限涉及投資案的生命週期、以及資金成本受通貨膨脹與利率的影響。在訊息不全下,董事會無從掌握投資案的成功機率,不確定因素將讓投資案難以抉擇是否付諸執行。舉例來說,永信製藥規劃藥品研發與建廠支出為 2.4 億元,隨著葉黃素膠囊產品上市後,預計年銷售額 10,000 個,產品變動成本 0.25 萬元,每年固定成本 0.1 億元,產品單價 0.8 萬元,投資案的生命週期原先預估為 25 年,財務長設定的資金成本為 12%。面對不確定環境,財務長模擬下列因素發生時,可能造成的影響效果。

- 投資案生命週期縮短為 15 年

  15 年內,本計畫淨現值為:

  $$T = (0.8\ 萬元 - 0.25\ 萬元) \times 10{,}000\ 個 - 0.1\ 億元 = 0.45\ 億元$$
  $$P = 0.45\ 億元 \times (PVIF,\ 12\%,\ 15) - 2.4\ 億元 = 0.66\ 億元$$

  淨現值仍為正數,顯示投資案生命週期的年數偏差不會造翻盤效果。

- 實際需求量低於預估值 30%

  若預估值低於 30%,利益減為:

  $$(0.8\ 萬 - 0.25\ 萬) \times 7{,}000\ 個 - 0.1\ 億 = 0.28\ 億$$
  淨現值為:$P = 0.28\ 億元 \times (PVIF,\ 12\%,\ 15) - 2.4\ 億 = -0.49\ 億$

  一旦需求量低於原先預估的 30%,本投資案將淪為負淨值的賠錢計畫。

在不確定環境下,如何預估投資案衍生的現金流量,以及採取何種貼現率來衡量投資案現值,將是兩大關鍵因素。前者將需考慮商品價格、*GDP* 成長率、通膨和匯率風險的影響,後者考慮因素包括利率風險、公司信用評等和通膨風險,這些因素對各公司影響並不相同,如以外銷為主的公司關注未預期匯率波動 (營收的匯兌損失),而製造業較服務業對利率風險更敏感。也因如此,財務長通常以無風險報酬率附加不同風險溢酬而來設定要求的報酬率;換言之,不同投資案會因承擔風險不同而附加不同風險溢酬,每一投資案要求的報酬率並不一樣。高風險投資案應採取較高貼現率,低風險投資案可適用較低貼

現率。

(二) 敏感性分析與情境分析

敏感性分析 (sensitivity analysis) 是運用分析和預測決定投資案的主要因素變動，對財務及經濟效益評價指標的影響，從而找出敏感性因素。隨後，再估計投資案中各項敏感性因素出現正向或逆向變動，對現值或報酬率釀成的可能影響，進而提供董事會決策參考。至於影響投資案的敏感性因素，主要包括固定資產投資、營運成本、產品價格、產品產量等。**值得注意者：**敏感性分析係單獨針對每一變數變動處理，實務上，各變數彼此間可能具有相關性而出現連動，如部門經理因一時疏忽而未妥善控制成本，投資案的變動成本與固定成本可能同時超過預期。

有鑑於此，管理階層改採情境分析 (scenario analysis) 來解決這種問題，此即敏感性分析的改良版。簡單來說，情境分析就是檢視可能出現情況，如最好情況、最可能情況與最差情況，進行評估其對投資結果可能形成的影響。舉例來說，全球景氣衰退大幅降低筆記型電腦訂單，連帶降低電池組的需求，電池組市場規模大幅萎縮。另外，太陽能電池創新促使傳統電池組市場需求轉向，也會造成後者市場規模萎縮，以及電池組製造公司的市場占有率下降。是以財務長可針對不同情境發生造成的影響，重新評估投資案的淨現值變化。

(三) Monte Carlo 模擬

敏感性分析與情境分析都在回答假設性問題，進行實務運用均有其限制。敏感性分析僅考慮單一變數變動的影響，實際現象卻是許多變數同時連動。情境分析採取特定情境，如油價狂飆、政府管制或競爭廠商數量變動，雖然相當實用，卻無法涵蓋所有情境變動。實務上，在某些情境中，公司執行投資計畫時，可能遭逢多方因素同時變動的衝擊。

Monte Carlo 是歐洲著名賭場，Monte Carlo 模擬 (simulation) 是模擬真實世界的不確定性，以分析賭博策略的方式來評估投資計畫，此係屬於敏感性分析或情境分析的後續步驟，清楚指出變數之間的互動影響，係屬較為完整的分析，提供董事會對擴廠計畫能有更深入的瞭解。Monte Carlo 模擬的發展雖有將近 35 年的歷史，然而管理階層對此種複雜系統都抱持懷疑態度，此係要設定每個變數或變數之間的影響模型並不容易。此外，透過電腦計算的結果缺少經濟直覺，是以 Monte Carlo 模擬雖然適用於現實世界，但此方法可能不會成為未來主流。實際上，J. R. Graham 與 C. R. Harvey 曾指出在其抽樣的樣本中，只有 15% 的公司係採取此種模擬方法來評估資本預算。

敏感性分析
運用分析和預測決定投資案的主要因素變動對財務及經濟效益評價指標的影響，從而找出敏感性因素。

情境分析
檢視可能出現情況，評估其對投資結果可能形成的影響。

模擬
屬於敏感性或情境分析的後續步驟，指出變數間的互動影響，提供董事會對擴廠計畫能有更深入瞭解。

決策樹分析

財務長依據投資案的決策程序,以類似樹木枝幹延伸圖形表示。決策樹枝幹可賦予投資案的現金流入及出現機率,分別計算其風險程度及預期報酬,提供董事會進行決策之比較參考。

(四) 決策樹分析 (decision trees analysis)

決策樹分析或稱機率分析方法,可用於評估在不確定環境下的風險性投資決策。財務長依據投資案的決策程序,以類似樹木枝幹延伸圖形表示,猶如下次決策係基於上次決策結果。決策樹枝幹可賦予投資案的現金流入及出現機率,分別計算其風險程度及預期報酬,提供董事會進行決策之比較參考。圖 14-1 係決策樹分析流程,可表現為樹狀圖形,各個節點稱為決策環節,可分成兩種情況:

- **主觀抉擇環節** 由財務長主觀作出選擇的決策環節。
- **客觀隨機抉擇環節** 無法由財務長主觀選擇的決策環節。

對風險決策而言,在不確定環境下,為判斷某項決策,財務長須對其決策樹全面分析,包括分析決策過程中可能出現的情況,判斷在可能出現的不同狀態下,各種不同決策方案的收益和為此所需承擔的風險。在綜合比較這些情況的基礎上,財務長才能進行決策。在圖 14-1 中,A 點是決策樹的基點,由其引申的各條線稱為方案枝。從 A 點引出兩條方案枝 (兩種可能),並分別達到 B 點和 C 點。財務長評估 C 點的情況若不會出現,則無須再持續評估,而將焦點集中於考慮從 B 點往下發展的情況,同樣也將引申出兩個方案枝 (出現 D 點和 E 點兩種情況)。

圖 14-1

決策樹分析流程

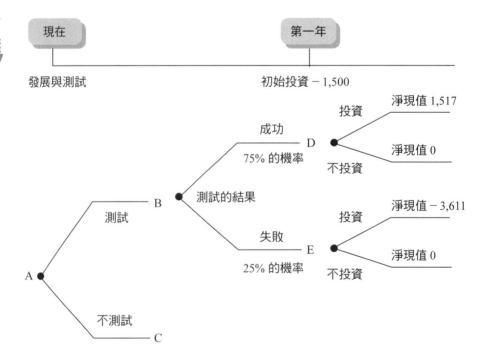

全國加油站為擴大市場占有率，提出「自營站」與「合作經營站」加盟模式，兩者的營運期間均為 20 年，其他相關內容如下：

(1) 自營站模式：預付使用加油站土地押金 7,000 萬元 (20 年後無息收回)，投資加油站硬體設施 2,000 萬元，爾後 20 年的每年營運淨現金流入均為 664 萬元。

(2) 合作經營站模式：無須負擔加油站土地成本，投資加油站硬體設施 2,000 萬元，爾後 20 年的每年營運淨現金流入則是 265 萬元。

針對全國加油站提出的方案，張無忌家族決議集資投資，並請財務長運用各種方法評估，作為選擇何種加盟方式的決策參考。

(一) 修正回收期間法 (考慮貨幣的時間價值)

財務長選取折現率為 10% (放款利率 7.5% ＋附加風險溢酬 2.5%)，回收期間計算結果下表所示：

年度	自營站模式		合作經營站模式	
	淨現金流量現值	累積淨現金流量	淨現金流量現值	累積淨現金流量
0	(9,000)	(9,000)	(2,000)	(2,000)
1	604	(8,396)	241	(1,759)
2	549	(7,847)	219	(1,540)
3	499	(7,348)	199	(1,341)
4	454	(6,894)	181	(1,160)
5	412	(6,482)	165	(995)
6	375	(6,107)	150	(845)
7	341	(5,766)	135	(710)
8	310	(5,456)	124	(586)
9	282	(5,174)	112	(474)
10	256	(4,918)	102	(372)
11	233	(4,685)	93	(278)
12	212	(4,473)	84	(195)
13	192	(4,281)	77	(118)
14	175	(4,106)	70	(48)
15	159	(3,947)	63	15
16	145	(3,802)	58	
17	131	(3,671)	52	
18	119	(3,552)	48	
19	109	(3,443)	43	
20	1,139	(2,304)	39	

自營站模式：20 年到期尚有負淨現金流量 2,304 萬元，仍無法回收成本。

合作經營站模式：14 年＋48 萬／63 萬 ＝ 14.76 年即可回收。

(二) 淨現值法

自營站模式：

$$NPV = \sum_{t=1}^{19} \frac{664}{(1+10\%)^t} + \frac{7,000+664}{(1+10\%)^{20}} - 9,000$$
$$= 664 \times 8.365 + 7,664 \times 0.149 - 9,000$$
$$= -2,304$$

合作經營站模式：

$$NPV = \sum_{t=1}^{20} \frac{265}{(1+10\%)^t} - 2,000$$
$$= 265 \times 8.514 - 2,000 = 256$$

(三) 內部報酬率法

將上表的兩種加盟方式的各期現金流量代入計算，可得下列結果：

自營站模式：$IRR = 6.83\%$

合作經營站模式：$IRR = 11.84\%$

「合作經營站」模式評估結果均優於「自營站」經營模式，財務長建議採取合作經營站模式營運。然而在訊息不全下，預估現金流量與未來實際現金流量可能發生落差，造成投資計畫變成不可行，故將再以敏感性分析與情境分析，衡量合作經營加油站計畫的風險。

(一) 敏感性分析：在其他條件不變下，某變數變動對投資計畫結果發生影響，而影響合作經營站現金流量的變數以銷售量變動與放款利率調整為主。

(1) 銷量變動敏感性分析

表 14-1 是銷售量發生變動對 NPV 及 IRR 變動的影響，將其估計為圖 14-2 顯示的迴歸方程式 $y = 696.09x + 232.8$，則可求出銷售量減少 33.45% 時，NPV 將出現負值。在折現率 10% 下，每年損益平衡點銷售量為 10,000×(1 − 33.45%) ＝ 6,656 公秉。圖 14-3 顯示，銷售量變動在正負 50% 間，對應的內部報酬率落在 9.06%~14.46%。若以放款利率 5.5% 附加風險溢酬 2.5% 觀之 (5.5% ＋ 2.5% ＝ 8%)，銷售量變動對報酬率影響的風險評估將落在可接受範圍內。

表 14-1 銷售量變動敏感性分析

銷售量變動	− 50%	− 40%	− 30%	− 20%	− 10%	10%	20%	30%	40%	50%
NPV 值 (萬)	− $155	− $46	$24	$94	$163	$302	$372	$442	$511	$581
IRR	9.06%	9.63%	10.19%	10.75%	11.29%	12.37%	12.90%	13.42%	13.94%	14.46%

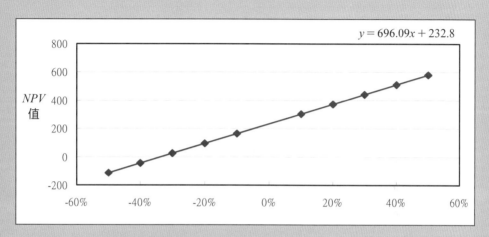

圖 14-2 銷售量變動敏感性分析 (*NPV* 變動)

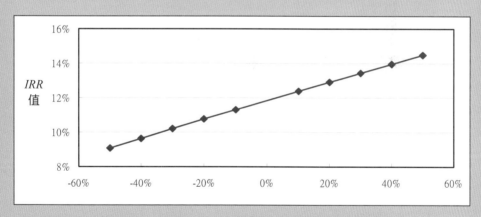

圖 14-3 銷售量變動敏感性分析 (*IRR* 變動)

(2) 放款利率調整敏感性分析

表 14-2 是放款利率調整對 *NPV* 及 *IRR* 影響的狀況。放款利率下降會降低現金流入 (本息攤還數 *PMT* 減少)，由於折現率是放款利率附加風險溢酬 2.5%，貼現率將會跟著下降。圖 14-4 顯示折現率降幅大於現金流入減少幅度，放款利率變動與 *NPV* 值變動將是負

斜率直線。圖 14-5 顯示放款利率調整在正負 25% 間，對應的內部報酬率落於 10.62%～13.13%，相較圖 14-3 的變動幅度為小，故在風險評估上，*IRR* 變動範圍仍屬可接受區間。

表 14-2　放款利率調整敏感性分析

放款利率變動	− 25%	− 20%	− 15%	− 10%	− 5%	5%	10%	15%	20%	25%
NPV 值 (萬)	$354	$328	$303	$279	$256	$218	$197	$176	$163	$144
IRR	10.62%	10.87%	11.11%	11.35%	11.60%	12.13%	12.37%	12.61%	12.90%	13.13%

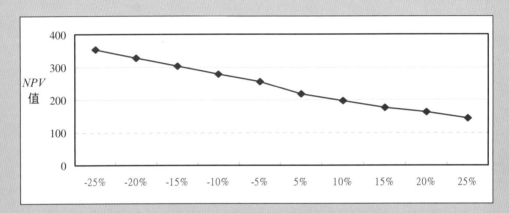

圖 14-4　放款利率調整敏感性分析 (*NPV* 變動)

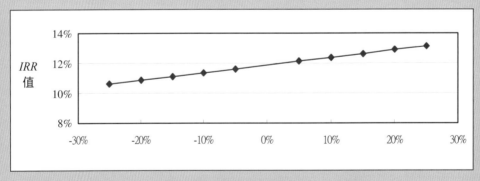

圖 14-5　放款利率調整敏感性分析 (*IRR* 變動)

(二) 情境分析：綜合上述單一變數的敏感性分析，財務長再觀察最樂觀 (銷售量增加 50%，放款利率上漲 25%) 與最悲觀 (銷售量減少 50%，放款利率下降 25%) 兩種情境，檢驗內部報酬率改變程度將如表 14-3 與表 14-4：

(1) 最樂觀情境

表 14-3　最樂觀情境內部報酬率

銷售量增加 50%	$10,000 \times (1 + 50\%) = 15,000$ 公秉
放款利率上漲 25%	$7.5\% \times (1 + 25\%) = 0.09375$
內部報酬率	15.70%

(2) 最悲觀情境

表 14-4　最悲觀情境內部報酬率

銷售量減少 50%	$10,000 \times (1 - 50\%) = 5,000$ 公秉
放款利率下跌 25%	$7.5\% \times (1 - 25\%) = 0.05625$
內部報酬率	7.75%

上表顯示，以最悲觀情境而言，*IRR* 仍有 7.75%，故此投資風險不高，對風險怯避者而言應屬可行。

14.3.2　實質選擇權的運用

淨現值法係屬靜態評估方法，隱含專案若非現在執行、就是永不執行。實務上，管理階層有時會延遲計畫，靜待訊息明朗化後再做決策，此即**投資時點選擇權** (investment timing option)。換言之，考慮未來不確定性將讓投資決策產生彈性與機會，大幅提升專案預期報酬與風險。

舉例來說，金石堂網路書店董事會面臨抉擇：某家擁有卓越研發技術的小型科技公司尋求資金來源，尋求金石堂參與投資與分享技術。金石堂除需投資 5,000 萬元外，還須承諾提供非財務資源 (管理與行銷人員) 給該合作對象。該科技公司研發的技術目前雖對電子商務影響尚未明確，然而科技顧問的分析報告指出其未來影響深遠，足以讓金石堂跨入新市場領域而脫胎換骨。然而就像其他新技術一樣，該項技術的潛力與未來均屬未知數。

傳統現金流量分析通常忽略投資計畫的選擇範圍，可能會為公司創造哪些價值。理論上，所有研發投資決策都可視為是選擇權的決策，此係研發創新提供公司未來創造市場利益的機會，無論必須承受何種風險，只要有機會，研發創新就具有價值。投入研發無異於是在購買未來市場機會的選擇權，評估關鍵就在為此選擇權而支付的代價是否合理。在財務術語上，上述現象即是**實質選擇權** (real option) 的案例，將未來不確定性視為創造價值的機會，重視投資可能帶來潛在機會與策略價值。在此，實質選擇權就是目前投資，藉此取得未來

投資時點選擇權
公司有時會延遲計畫，靜待訊息明朗化後再做決策。

實質選擇權
將未來不確定性視為創造價值的機會，從而形成實質選擇權。

能夠執行選擇技術與市場能力組合的權利。

依據傳統淨現值法，*NPV* < 0 的投資案是一律拒絕，並且拒絕「可能可以接受」的計畫，同時也將不會再被選擇。隨著 Ross (1995) 將選擇權引進來評估資本預算後，*NPV* > 0 的投資案僅表示處於「價內」而有利可圖。反之，在考慮選擇權價值後，*NPV* < 0 的投資案淨現值可能擴張成為正值，目前或許不適合投資，卻非意味著應即刻放棄。

就投資決策而言，將實質選擇權引進淨現值法，係在後者加入決策者的管理彈性 (managerial flexibility) 考量的價值，是以 L. Trigeorgis 與 S. P. Manson (1987) 修正原來的淨現值公式如下：

$$擴張淨現值 － 靜態淨現值 ＋ 隱含的實質選擇權價值$$

在考慮未來不確定性與投資時點可遞延性後，董事會將投資案隱含的實質選擇權價值加入靜態淨現值，進而求出擴張淨現值。依據前節分析，投資案的靜態淨現值為正，董事會即可付諸執行，採取「等待」策略未必是件好事，亦即目前立刻投資是屬於「**深價內**」(deep in the money) (市場價值遠高於執行價值) 的狀況，執行投資案雖讓內含的選擇權價值消失，卻是值得立刻投資，立刻執行是較佳決策，延緩執行將無正面效益。另外，縱使專案的靜態淨現值為負，採取擴張淨現值估算的價值卻未必會小於 0 (實質選擇權的價值夠大)。

深價內

市場價值遠高於執行價值。

再說明擴張淨現值為 0 的情況。在未來可預期的遞延決策期間內，若未出現滿足公司投資條件的情況，董事會將傾向不投資，導致各期可能產生的選擇權價值都是 0，從而讓擴張淨現值為零，但這不意味著此係一個可以投資的機會，只能說遞延帶來的決策彈性不會讓公司執行會賠錢的計畫，促使擴張淨現值至少會等於 0，也就是等於 0 時，在預期投資期限內，放棄投資將是較有利的選擇。

傳統的淨現值法假設董事會評估專案，係將資產以全部年限來運作。如果在專案的生命結束前，公司事先執行「**終止選擇權**」(abandonment option)，可能會降低投資案風險並增加獲利，甚至保住公司免於損失，是以「終止選擇權」將能提升潛在的計畫的價值。實務上，許多公司執行投資案多年後，常常宣布放棄繼續執行計畫，殘值也隨之放棄，亦即終止選擇權係相當普遍的現象。

終止選擇權

在專案生命結束前，公司事先終止執行，可能降低投資案風險並增加獲利，甚至保住公司免於損失。

另外，我們經常看到都市中有閒置多年土地，卻不時被買賣，為何有人會購買這些無收益來源，且淨現值不是正值的土地？實質選擇權可以簡單地解釋這種矛盾。假設土地用於興建商用大樓會有最高價值，商用大樓的總建築成本為 1 億元，而目前的淨房租 (在扣掉所有成本後) 估計為每年 900 萬元且折現率為 10%，則這棟大樓的淨現值為：

$$-1\text{ 億元} + 900\text{ 萬元}/10\% = -1,000\text{ 萬元}$$

由於淨現值為負，地主都不會想要蓋大樓，這塊土地看來似乎毫無價值。然而政府積極推動都市更新計畫，一旦成功將推動土地租金上漲，地主將有意願興建辦公大樓。相反地，都市更新計畫若是胎死腹中，土地租金將維持原先水準甚至下跌，地主就缺乏興建大樓誘因。是以地主擁有「時機選擇權」，目前雖然不想興建大樓，但若未來租金有上漲可能，就會想要興建大樓。「時機選擇權」解釋了為何閒置土地有價值，雖然地主必須負擔土地稅等其他成本，然而租金上漲帶動辦公大樓價值上漲，也許會抵消這些持有成本。

知識補給站

1990 年代初期，學者開始推動實質選擇權概念，將選擇權評價原理運用於評價實體資產，如機器設備、廠房、土地等。傳統上，管理階層預期未來環境不變，採取淨現值法評估資本預算，卻是忽略因應未來環境變化而調整策略的可能性，從而錯估投資計畫的真實價值。實務上，管理階層運用實質選擇權概念，事先預測未來成本的履約價格，讓資本預算等於傳統計算的淨現值法加上實質選擇權價值，大幅提升決策精準度。

在訊息不全下，管理階層評估資本預算，可能面對的實質選擇權類型包括：

(1) 擴大或縮減選擇權 (expansion or contraction option)：依據市場情況調整計畫規模，景氣復甦即擴大投資、景氣衰退則縮減投資，如泡麵需求超出預期，則立即擴產以提高獲利，該類選擇權適用於與景氣循環緊密相連的產業。

(2) 延遲選擇權 (deferment option)：選擇有利投資時點，如投資報酬淨現值超過投資金額，油井探勘公司方才執行開採計畫；報酬淨現值小於投資金額，則延緩執行土地或天然資源開發。

(3) 終止選擇權：為避免損失擴大，可以放棄投資與退出市場，如化工業擁有產品專利權並已著手生產，卻因製程無法滿足環保要求，即可隨時終止計畫，適用於不確定市場產品的導入。

(4) 轉換選擇權 (switch option)：依據市場需求與價格變化調整生產計畫，如玩具業者依據市場流行調整產品種類，或電力公司於用電尖峰期間，全面開啟生產設備，而於離峰期間僅關閉部分產能，適用於原料零件工業、電力、農業等。

(5) 階段投資選擇權 (stage option)：分次將資金投入各成長時期，每階段績效將影響往後決策，如藥廠在研發新藥過程中，隨著成功機會擴大，研發投入隨之增加，適用於藥品研發業、IC 設計業草創期或大型公共建設。

(6) 成長選擇權 (growth option)：在既有市場、生產線或技術已知下，擁有未來成長機會的選擇權，如通訊業利用光纖設備網路於今日傳輸資訊，未來可因網路需求獲得成長機會，適用於基礎建設或策略性產業。

(7) 複合選擇權 (compound options)：在選擇權中加入其他選擇權，初始並未決定所有決策，而是依據未來變化再選擇不同執行方式，適用於各產業。

對公司而言，管理階層執行正確決策將可獲取鉅額利潤，決策錯誤則需承擔慘重代價。面對不確定環境，管理階層善用實質選擇權，有助於精確評估投資計畫的預期報酬與風險：

(1) 彈性：依據未來發展而做出不同決策，情勢有利可執行某種決策，環境不利則改弦易轍，不同決策獲取的報酬自然不同。

(2) 預先設計及管理：管理階層先行建立評價模型，依評估結果運作，精確掌控風險與預期報酬。

(3) 一致性及便利性：運用評價模型試算所有實質選擇權產生的預期報酬，只要輸入各種不同變數即可獲得結果，參考數據具一致性且方法便利。

計算選擇權價格通常使用 Black 與 Scholes (1973) 的選擇權訂價模型，實質選擇權價格也可用相同公式計算，而影響實質選擇權價格的因素包括資本支出現值 (履約價格)、實體資產現值、預期報酬波動率、無風險利率與延遲成本。不過管理階層在計算實質選擇權價格時，必須注意下列情況：

(1) 計算資本支出現值須以無風險利率作為貼現率，但是計算資產現值則是以其資金成本設算貼現率。

(2) 資本支出現值若是高於資產現值，將是類似價外買權 (選擇權履約價格大於標的物現值)。

(3) 資本支出現值僅是考慮裁量性支出，如中油公司預擬在未來幾年開採油井，一開鑿即須支付 300 萬美元 (裁量性支出)，可開採 4 年，但每年需再支付 40 萬美元作為維持油井營運的固定支出。

問題研討

小組討論題

一、是非題

1. 台塑石化董事會評估是否擴建麥寮廠方案，將不受前往大陸設廠方案影響，兩種投資案將是互斥方案。

2. 鴻海在執行跨國併購計畫期間，擁有可以終止選擇權，此即稱為放棄選擇權。

3. 聚隆纖維擴建尼龍纖維廠，投資成本 10,000 萬元，預估每年現金流入為 3,000 萬元，在未考慮貨幣的時間成本下，此方案回收期間為 3.3 年。

4. 若將實質選擇權因素引入評估資本預算後，$NPV < 0$ 的投資案的淨現值可能擴張為正值，董事會未必要立即放棄投資。

5. 勝華科技為配合來自蘋果電腦的巨額訂單，財務部進行擴廠資本預算評估，當中的投資專案風險若無法經由多角化投資消除，即是屬於公司風險。

6. 台積電業務部將資本投資每年獲取平均稅後淨利除以平均資本支出，用於評估資本支出效益，此即稱為內部報酬率法。

7. 大亞董事會偏好以還本期限法選擇投資方案，故將挑選回收期限較長的專案。

8. 在衡量公司風險方法中，盛達電子分別算出基本情境、悲觀情境與樂觀境的淨現值，再比較不同情境投資專案的淨現值，此種方法稱為情境分析。

9. 聯電董事會考慮某 IC 設計案隨時可以終止的狀況下，依據傳統淨現值法估計的投資案，仍然必須拒絕接受。

二、選擇題

1. 聚隆纖維董事會評估超細長纖維擴廠計畫，採取何種評估指標，將未直接利用淨現金流量資訊？　(a) 投資報酬率　(b) 獲利指數　(c) 淨現值率　(d) 內部報酬率

2. 何種因素對倫飛電腦投資專案的內部報酬率毫無影響？　(a) 投資專案的原始投資　(b) 投資專案的現金流量　(c) 投資專案的項目計算期　(d) 投資專案設定的貼現率

3. 泰谷執行某項研發專案的成本為 10,000 萬元，存續期間 5 年，該專案每年將可產生現金流入 3,000 萬元，則其收回期間為何？　(a) 5 年　(b) 3.3 年　(c) 2 年　(d) 1.67 年

4. 在資本預算決策法則中，統振財務長將擴廠案的未來各期淨現金流量，以資金成本進行折現，累加得出淨現金流量現值，再扣除投資專案的期初投資額，可得擴廠案淨現值，此即稱為？　(a) 淨現值法　(b) 會計報酬率法　(c) 還本期限法　(d) 內部報酬率法

5. 精威董事會採取回收期限法評估投資案，何種看法係屬錯誤？　(a) 簡單易計算　(b) 不符合價值相加定理　(c) 考慮貨幣時間價值　(d) 未加考慮回收期間後的現金流量

6. 遠傳電訊規劃更新基地台方案的成本為 $8 億元，存續期間為 4 年，假設其每年現金流入為 $3 億元，若其資金成本為 10%，此方案的淨現值為何？　(a) 50.7 百萬元　(b) 150.7 百萬元　(c) 225.3 百萬元　(d) 48.7 百萬元

7. 網龍董事會採取內部報酬率法評估投資案，何種看法係屬錯誤？　(a) 與 *NPV* 法評估結果相同　(b) 可能導致多個報酬率　(c) 在互斥專案中可能產生不一致決策　(d) 不符合價值相加定理

8. 在其他條件不變下，宏達電擁有充裕資金，董事會面對 A 與 B 兩種手機開發計畫的淨現值均為正值，不過 A 淨現值大於 B，試問宏達電董事會該做何種選擇？　(a) A 計畫　(b) B 計畫　(c) 二者同時執行　(d) 二者皆放棄

三、簡答題

1. 就財務理論來看，聚隆纖維財務長以淨現值法評估斗六廠擴廠案，將是評估資本預算的較佳方法。實務上，財務長同時也使用現值型回收期間法與內部報酬率法進行評估，試問可能原因為何？

2. 虹光精密財務長採取現值型回收期間法來評估其生產雷射掃描器設廠專案，並將評估結果提請董事會決議。試從長期角度來看，此一評估結果可能產生何種偏誤？

3. 試說明台塑石化財務長運用敏感性分析、情境分析與蒙地卡羅模擬等方式來評估擴建石化廠預算的異同。假設台塑石化董事會評估下列兩個專案：甲案將投入 150 億元資金前往馬來西亞設廠；乙案則是以 5 億元購買一套污染防治設備。試問台塑石化董事會較有可能使用蒙地卡羅模擬處理何種專案？

4. 信昌化工董事會評估投資 1 億元在 A 或 B 兩個擴建生產酚的專案。A 案的內部報酬率為 20%、淨現值為 900 萬元，使用期間只有一年，A 專案結束後，信昌的每股盈餘將會增加。至於 B 案的內部報酬率為 30%、淨現值 5,000 萬元，須在幾年後才能產生收入，而且每股盈餘短期間會下降。試問：

(a) 董事會應該接受何種專案？試說明理由為何？

(b) 財務長指出公司自有資金有限，在此情況下，董事會是否會調整決策？

四、計算題

1. 台達電財務長日前在評估兩個擴廠案，兩者均需投入 50,000 萬元資金。假設董事會要求的報酬率為 13%，兩案的現金流量如下所示：(單位：萬元)

年度	甲案	乙案
2011	$40,000	$15,000
2012	5,000	10,000
2013	20,000	10,000
2014	5,000	30,000
2015	3,000	40,000

(a) 財務長採取現值型回收期間法評估，將會建議選擇哪一擴廠案？

(b) 財務長改採淨現值法評估，則應建議選擇哪一方案？

2. 統一實業評估購買新機器用於提升裝瓶速度，機器成本為 $45,000,000，未來產生的現金流量將如下所示：

年度	現金流量
2011	$15,000,000
2012	20,000,000
2013	25,000,000
2014	10,000,000
2015	5,000,000

試計算下列問題：

(a) 統一實業募集股權資金成本為 10%，此一專案的淨現值為何？

(b) 此一專案的內部報酬率為何？

(c) 統一實業董事會是否應該決議執行此項專案？理由為何？

3. 台塑石化的麥寮廠頻頻爆發工安污染事件，遂評估購置污染防治設備，該設備操作費用高昂且毫無收益可言。如果台塑石化未從事防治污染工作，勢必被雲林縣政府強迫關閉價值高達 200 億元的煉油廠。是以財務長提出兩個專案供董事會選擇：A 專案成本為 52,000 萬元，未來 20 年的每年淨操作成本 2,000 萬元。B 專案成本為 40,000 萬元，未來 20 年的每年淨操作成本為 3,600 萬元。財務長以股權資金成本 15% 為機會成本。試計算下列問題：

(a) 董事會應該選擇何種專案？

(b) 財務長若將資金成本分別改為 10% 與 20% 時，董事會是否會改變原來選擇？

4. 仁寶電腦財務長最近針對 A 與 B 兩個專案進行評估，兩者投資額均為 6,000 萬元、資金成本同為 12%。兩者未來產生的預期現金流量將如下所示 (單位：萬元)：

年度	A 專案	B 專案
2010	− $6,000	− $6,000
2011	3,200	800
2012	1,600	950
2013	1,200	1,300
2014	2,000	1,500
2015	600	1,800
2016	500	2,400

(a) 試分別計算出兩個專案的現值型還本期間與淨現值。

(b) A 與 B 係屬獨立投資專案，試問仁寶董事會應該選擇何者或均可接受？

5. 台泥董事會在 2010 年規畫前往大陸廣西進行「露天採礦」專案，原始投資額為 3 億元，在未來 10 年中每年將產生淨現金流入 6,000 萬元，但在 2021 年須支付土地整治費用 1 億元，才能結束此一專案。試計算下列問題：

(a) 該項專案的內部報酬率為何？

(b) 亞泥募集股權資金的資金成本為 16%，試問董事會是否接受此一專案？

6. 下表是摩斯漢堡財務部預估某新增分店專案的未來現金流量，以及 t 年底放棄所能產生的價值 (單位：萬元)。

年	現金流量	t 年底的放棄價值
0	$1,080	$1,080
1	270	600
2	140	430
3	220	380
4	250	220
5	230	50

試回答下列問題：

(a) 財務長規劃的公司資金成本是 11%，試問何時放棄該新增分店專案最有利？此時該專案的淨現值為何？

(b) 假設金融市場趨於緊縮而讓公司資金成本攀升至 20%，則何時放棄該新增分店專案最有利？此時該專案的淨現值又為何？

(c) 財務長評估該專案時，為何要使用現金流量而非會計所得？

網路練習題

1. 資本支出對半導體產業未來發展扮演極為重要角色。請你連結 google 網站，搜尋「半導體公司與資本支出」的相關網站，查看近年來國內上市半導體公司的資本支出情形，並且探討該類支出金額是否與半導體產業景氣有關聯。

2. 近年來上市公司評估資本支出計畫時，均會考慮實質選擇權的影響。請你連結 google 網站，搜尋「實質選擇權案例」，同時整理出實質選擇權的類型與相關案例。

合併、重建與公司控制

個案導讀

《三國演義》開篇即稱:「天下大勢,合久必分,分久必合」,同樣也一語道盡 21 世紀的高科技產業發展趨勢。尤其是台灣自 1999 年 5 月放寬上市 (櫃) 公司合併規定後,聯電五合一、台積電與德碁 / 世大、元大與京華證券等大型企業併購案相繼發生,而鴻海集團從 2000 年掀起併購風潮迄今仍未停止,集團營業額迅速成長超逾四兆元台幣;同一期間,國內各大電子集團將品牌與代工分家的分割計畫,也如火如荼展開。此外,台灣在 2001 年通過《金融控股公司法》,金融業併購活動蔚為風潮,國內因而出現 16 家金控公司。公司併購與重建在台灣產業界與金融業掀起風潮,成為財務管理的重大議題。

針對公司在發展過程中的「悲歡離合」,本章首先說明公司重建與控制,包括擴充類型、資產出售、公司控制與防衛、所有權結構變動與債務重組。其次,將討論公司併購活動,包括收購類型、合併類型、決定併購策略的因素、外部擴張策略評估。接著,將探討併購理論,並說明公司合併過程,包括併購決策的擬定過程、策略性收購、併購標的價值評估與槓桿收購內容。最後,將探討投資銀行在併購過程中的角色。

15.1 公司結構重組

15.1.1 公司擴充與資產出售

一般而言，公司從事本身**優勢** (strength)、**劣勢** (weakness)、**機會** (opportunity) 及**威脅** (threat) 的 SWOT 分析，進行策略性重建規劃。管理階層於再造企業流程中，發掘本身獨特能力與診斷出匱乏的資源，提升經營績效以因應外來競爭。基於追求成長與擴大營運規模，經營階層採取下列策略將會引起組織變動：

SWOT 分析
針對公司的優勢、劣勢、機會與威脅進行分析。

1. **合併** (merger)　結合多家公司或部門成單一公司或部門。舉例來說，為解決產品漸趨成熟及景氣低迷衝擊，追求成本降低遂成為提升競爭力的首要目標，而「大者恆大」是產業發展趨勢，透過合併將能迅速達到規模經濟，如第二、三線 PCB 或主機板廠商間合併成為第一、二線廠商；達碁與聯友合併而讓規模衝向全球第二，藉以度過景氣寒冬。另外，透過合併來縮減產業內廠商家數，將外部競爭轉為內部競爭。

合併
結合多家公司或部門成單一公司或部門。

股權收購
主併公司或出價者相中標的公司經營利基，直接向其股東搜購股票。

2. **股權收購** (tender offer) 與**資產收購** (acquisition)　主併公司或出價者 (bidder) 相中標的公司 (target firm) 經營利基，直接向其股東搜購股票，此即股權收購。公開收購係指公司透過公告、廣告、召開會議等方式公開必要事項 (包括數量、價格、期間等)，在股票市場與證券商營業處所以外，吸引標的公司股東出售股權，藉以取得控制權。中華開發於 2001 年 3 月 28 日申請公開收購大華證券，首開台灣公開收購案例，並於 2002 年 4 月完成收購動作。實務上，台灣的主併公司經常透過鉅額轉帳取得股權與董事席位，較少採取公開收購策略。另外，資產收購係指主併公司買下標的公司全部或大部分資產，後者僅是出售資產，除非股東決定解散公司，否則仍將持續存在。

資產收購
主併公司買下標的公司資產。

合資
多家公司共同出資成立公司營運。

3. **合資** (joint venture)　不同公司間成立追求相同目標與合作關係的**策略聯盟** (strategic alliance)，一起營運、研發新產品與技術，在不同品牌下銷售彼此商品，甚至出資成立合資企業，整合資源落實特定目的。

策略聯盟
不同公司間追求相同目標，一起營運、研發新產品與技術，在不同品牌下銷售彼此商品。

撤資
公司將資產轉向創造較高附加價值的用途，或轉給較有效率的使用者。

合併與收購屬於公司重建的擴張活動，意味著 $2+2>4$；公司重建也可反向操作，採取**撤資** (divestitures) 與**清算** (liquidations) 的緊縮活動，意味著 $4-2>2$。公司採取撤資，將資產轉向創造較高附加價值的用途，或轉給較有效率的使用者，考慮理由包括：

清算
公司進行經結現存的法律關係，處理其剩餘財產並結束公司營運的程序。

1. 調整經營策略以因應經營環境變化，專注經營核心事業。
2. 資產營運績效無法達到公司預定標準。
3. 籌資償債或增加營運資金。
4. 資產無法符合公司經營業務，避免違反《公平交易法》規定。
5. 將出售資產產生的財務與管理資源，重新投入更有成長潛力的資產。

至於公司採取撤資方式有三種：

1. **資產出售**　公司營運受制於非核心業務而缺乏競爭力，造成舉債募集資金不易、潛在負債與股權價值不易區分，遂採取出售部分非核心業務、部門、產品生產線、固定資產等，換取現金或證券以提升公司價值。

2. **資產分割 (spin-offs)**　公司將部分業務或部門分割獨立為新公司，並依原股東持股比例分配新公司股權，新公司擁有獨立董事會及管理階層。依據母公司在分割後是否存續，可分為兩類：

   (a) **剝離分割 (split-offs)**　母公司將部分資產轉讓給新成立的子公司，取得子公司的所有股權。在台灣電子業中，擁有自有品牌的大廠以宏碁 (ACER)、華碩 (ASUS) 與明基 (BENQ) 為首，傳統經營思維是兼顧自有品牌與 ODM、OEM 代工兩大市場。然而魚與熊掌難以兼得，當公司發展自有品牌威脅到客戶地位時，勢必影響客戶追加代工訂單的意願，兩者存在衝突現象。是以宏碁在 2001 年將代工事業部獨立為緯創資通，首創分割品牌與代工之路。接著，友訊在 2003 年跟進將代工部門剝離分割成立明泰，本身專注於經營「D-link」乙太網路品牌。明基也在 2007 年 10 月將製造部門更名為佳世達，專營 3C 產品代工業務，而品牌事業獨立為明基電通而成為佳世達的 100% 持有子公司。至於華碩也在 2007 年 10 月分割品牌與代工，華碩保留品牌事業，代工事業則由和碩負責電腦代工業務、永碩負責機殼模具研製及非電腦代工業務。

   (b) **分拆分割 (split-up)**　母公司將自身股權分割為兩個以上的新公司，股東持有舊公司股權將換成新公司股權，裕隆汽車在 2003 年 11 月分割為單純從事製造業的裕隆汽車，以及轉型為銷售服務業的裕隆日產汽車。

3. **權益分割 (equity carve-out)**　母公司將部門事業獨立為子公司，並為子公司初次公開發行，出售子公司部分股權給投資人，除為母公司挹注新資金外，並為子公司引進新資金來源。

資產分割
公司將部分業務或部門分割獨立為新公司，並依原股東持股比例分配新公司股權。

剝離分割
母公司將部分資產轉讓給新成立的子公司，取得子公司的所有股權。

分拆分割
母公司將自身股權分割為兩個以上的新公司，股東持有舊公司股權將換成新公司股權。

權益分割
母公司將部門事業獨立為子公司，並進行初次公開發行，為子公司引進新資金來源。

公司分割係指公司將部分或全部業務讓與既存或新設之他公司,而由後者發行新股給該公司或該公司股東,亦即將公司資產分割給另一公司,或以分割資產成立新公司。國內上市公司分割可分為「母子分割」(垂直分割) 與「兄弟分割」(水平分割) 兩類:(1) 上市公司的凌陽與旭耀,之前的緯創等係屬於「母子分割」案例。(2) 燦坤在 2009 年分割為新燦坤及燦星網則是「兄弟分割」首例,華碩接續於 2007 年分割為華碩、和碩與永碩,分割「品牌與代工」也屬於「兄弟分割」性質。

上市公司採取「兄弟分割」與「母子分割」,申請上市的差異是,母子分割後的「子公司」申請上市須經上市審議委員會重新審議;兄弟分割的「弟公司」則採簡易上市,僅須內部書面審查,可跳過上市審議委員會。在此,兄弟分割對原股東的股東持股權益不變,以燦坤分割為新燦坤及燦星網為例,原持有燦坤股票的股東,即依據分割比例將原有持股數,分別分割持有兩家公司股票上市買賣,如股東持有未分割前公司股票 1,000 股,上市公司按業務整合性的比例,水平分割為 1:4,則股東持有二家分割後的兄弟公司股權分別為 200 股及 800 股。

15.1.2 公司所有權變動與公司防衛

證券交換
以一種證券取代另一種證券,藉此改變資本結構。

負債股權交換
透過股權與債權互換而各取所需,如以負債或特別股換普通股,或以普通股換債券。

股票附買回
公司買回部分流通在外股票,達到鞏固或移轉經營權、提高每股收益、穩定股價、調整資本結構目的。

走向私有化
上市公司無須在公開市場籌集資金,經營理念也不符合投資人偏好,管理階層採取下市策略,重新調整財務結構和經營權結構,使其適合公司營運。

公司所有權結構變動或稱接管 (takeover),係指公司經營權發生變化,某群股東從另一群股東取得控制權,通常透過下列方式達成:

1. 證券交換 (exchange offer) 以一種證券取代另一種證券,藉此改變資本結構。其中,**負債股權交換** (debt equity swaps) 是透過股權與債權互換而各取所需,如以負債或特別股換普通股,或以普通股換債券等。

2. 股票附買回 (stock repurchase) 管理階層採取股票附買回策略,買回部分流通在外股票,達到鞏固或移轉經營權、提高每股收益 (庫藏股)、穩定股價、調整資本結構目的。

3. 走向私有化 (going private) 上市公司若無須在公開市場籌集資金,經營理念也不符合投資人偏好,維持上市意味著將受制於不合適的資本結構,徒然耗費管理階層精力而讓人才流失。是以管理階層採取下市策略,重新調整財務結構和經營權結構,使其更適合公司營運。舉例來說,國內上櫃公司慧智董事長張安平於 2002 年 12 月成立資本額 100 萬元的致達公司,在收購慧智股權達 20.4% 後,以每股 14.5 元現金向股東買回股票而併入致達,並以收購的股票向匯豐銀行質押貸款籌措收購資金,促使慧智成為國內因合併而下櫃的首件案例。

4. **槓桿收購或融資買下** (leveraged buyouts, LBOs)　股權收購者向銀行、私募基金或發行債券籌集資金，用於併購公司股權，並以標的公司資產或未來現金流入做為債務擔保。管理者收購 (MBO) 是管理階層採取槓桿收購策略，舉債購買公司股票，進而改變公司所有權、控制權和資產結構，讓原本扮演經營者角色轉為兼具所有者雙重身分。至於槓桿收購和下市通常是一體兩面，槓桿收購下市後也可能重新上市，此即稱為反槓桿收購。

　　前述的公司重建活動係重新調整資產結構，債務重組則指債權人依其與公司的協議或法院裁決，同意修改償債條件。一般而言，公司從事債務重組方式如下：

1. **即期清償債務**　依據債務協議即期清償債務，方式包括下列三者：
   (a) **債權人放棄部分債權**　公司以低於債務帳面價值清償債務，如銀行將**不良債權** (nonperformance loan, *NPL*) 以面值的兩成至三成標售給金融資產管理公司，而由債務人再以某一成數清償給後者。
   (b) **以非現金資產清償**　公司轉讓非現金資產給債權人以清償債務，包括存貨、短期投資、固定資產、長期投資、無形資產等。
   (c) **以債做股**　債權人將債權轉為股權，需受《公司法》規定條件的限制。不過可轉換公司債轉換為股本係屬於正常情況，並非債務重組。
2. **延期清償債務**　依據債務重組協議，債權人同意公司修改償債條件，如減少債務本金、降低利率、免除應付未付利息、延長債務償還期限等。

　　管理階層為紓緩被其他公司併購威脅，從事**公司控制與防衛** (corporate control and defenses) 活動，採取策略如下：

1. **溢價買回** (premium buybacks)　為防止經營權被接收或阻礙外部股東介入經營權，管理階層支付高於市價的溢價 (贖金，greenmail) 向外部股東大量購回股權。在溢價購回場合中，交易雙方通常簽訂停止投資協定 (standstill agreement)，將股票賣回管理階層並同意未來不再投資該公司。
2. **反入主修正條款** (antitakeover amendments)　管理階層透過修正公司章程，採取讓主併公司支付更高代價的策略，因而怯步放棄接管，內容包括：
   (a) **黃金降落傘** (golden parachutes)　公司被併購後，高階管理者被裁員而很難找到適合位置，是以許多美國公司訂定黃金降落傘制度，主併公司須支付可觀退職金給高階經理人員。
   (b) **毒藥丸** (poison pills) **計畫**　股東依其持股取得公司發行的售股證書，一旦公司被併購，有權以固定價格出售股票給主併公司，股價通常

超過目前價格數倍。從收購者角度，最佳收購策略並非買進全部股權，而是將收購價格訂在吸引股東出售過半數股票即可，取得經營權再以低價買下少數股東股票，兩者差額就是為經營權溢酬。雙重股權收購實際上降低股票出售價格，股東們競爭在第一輪以更高價格出售股票，獲取出售經營權的溢酬。毒藥丸則是針對雙重股權收購進行矯正，迫使主併公司以高於第一輪價格全面買下第二輪股票，大幅降低併購者的預期收益。

白馬騎士

為防阻外來者併購，管理階層結合其他股東以槓桿收購策略取得經營權。

(c) 白馬騎士 (white knight)　管理階層為防阻外來者併購，結合其他股東以槓桿收購策略取得經營權，有助於順利實現股東與管理階層合為一致，以降低代理成本。

(d) 委託書爭奪戰　徵集出席股東會委託書，代理股東行使投票權而取得經營權，屬於成本低廉的併購方式。管理階層針對特定股東到府收購，以及揭露收購委託書訊息吸引股東出售。徵集委託書可讓股東大會運作機制更趨完備，但易為少數股東用做爭奪經營權的工具，扭曲股東大會機制。舉例來說，2002 年茂矽管理階層搜購委託書，打敗最大股東德商英飛羚以掌控董事會。另外，少數股權股東利用公司資源收購委託書來取得經營權，遂行利益輸送與假公濟私的自肥行動。舉例來說，中華開發管理階層在 2001 年挪用公司資源搜購委託書，以極少數股權控制經營權。

知識補給站

　　許多上市公司股本膨脹太快或股權過於分散，提供管理階層以少數股權掌握經營權，形成嚴重代理問題。「管理者收購」(MBO) 是管理階層規畫將公司私有化以降低代理成本，通常是由管理階層與私募基金或策略投資人成立特殊目的公司作為收購主體，取得上市 (櫃) 公司多數股權或進行私有化與下市。

　　上市被動元件大廠國巨董事長陳泰銘於 2011 年 4 月 6 日宣布與私募基金 KKR (Kohlberg Kravis Rroberts Co.) 合組遨睿投資公司，公開收購國巨在外流通的全部股權，並申請下市 (私有化)，收購價格每股 16.1 元，公開收購期限從 4 月 6 日至 5 月 25 日止。KKR 投資國巨已經 4 年，陳泰銘與 KKR (合計持股 34.3%) 希望「不要讓短期業績壓力，干擾長期計畫與目標」，追求加速高階產品開發、策略調整及深入歐美市場，成為全球被動元件領導供應商。為籌措公開收購資金，KKR 與陳泰銘委託 UBS 與野村證券擔任財務顧問，分別接觸國內銀行籌組聯貸案，金額高達 9.9 億美元 (將近新台幣 290 億元)、為期 5 年，約占總收購金額逾 8 成，並以「遨睿公司」為借款人，陳泰銘與 KKR 擔任連帶保證人。此外，此 9.9 億美元聯貸案將以國巨資產及 EBITDA 擔保，而依據 UBS 與野村證

券提報資料顯示，2010年國巨稅前盈餘與折舊的淨利約為 100 億元。

歷經 2 個多月審核並邀集央行、財政部、勞委會、經建會與工業局提供意見，投審會官員於 6 月 22 日以「財務槓桿操作過頭、借貸比例過高、收購後會造成資本弱化、收購價格不合理」等理由，駁回此一收購案，此係第一件遭投審會駁回之私募基金股權收購案。

國巨個案採取「管理者收購」模式，不過董事長結合私募基金收購股權並規劃下市，對台灣資本市場甚為陌生。面對此種新穎操作手法，為保護股東及債權人權益，主管機關針對「資本弱化」、「股東權益保護」、「收購過程資訊透明度」等議題作為審核關鍵。國巨案吸引各界關注企業整併或合併問題，為保障投資人權益，金管會與經濟部研議修改相關法規，包括《企業併購法》、《證券交易法》、《公開收購公開發行公司有價證券管理辦法》，針對上市 (櫃) 公司被收購下市過程，增列保障小股東機制，如「利害關係人必須迴避」等，外界將此修法稱為「國巨條款」。

15.2　併購活動

15.2.1　收購與合併類型

併購 (M&A) 包括合併與收購。合併則是多家公司依合併契約及合併所在地法律之合併程序，歸併為單一公司或另設新公司；收購係指主併公司購買標的公司資產或股票，從事業務整合或經營權。公司對標的公司進行收購活動時，可依購買標的分為兩類：

1. **資產收購**　屬於一般資產交易性質，無須承受標的公司債務，優點如下：
   (a) 收購資產具有資產重估效果，可增加折舊費用而產生節稅效果。
   (b) 無須承擔標的公司債務與責任，除非法律有特殊規定。
   (c) 消除少數股東阻礙。

不過資產收購過程繁瑣且僅能收購特定資產，有些業務許可執照、特許經營權、重大租賃權等資產可能無法移轉，其他特定資源也較難取得，如行銷通路。

2. **股權收購**　購買標的公司股票或認購其現金增資股票以取得經營權，收購者成為股東，必須承受標的公司債務。採取股權收購的優點是標的公司資產隨之移轉、程序簡單、無須支付處分資產的稅負，缺陷是無資產重估利益、需概括承受標的公司債務、可能因少數股東反對而無法取得全部經營

權、上市或上櫃公司需受證期局規範。董事會可採取三種策略收購股權：

(a) 換股　發行新股換取標的公司股票，主併公司增加新股東，對財務影響有限。國內金融控股公司成立時，即是採取該項策略。

(b) 支付股票和現金　採取全部換股收購策略僅適合歷史悠久的大公司，次一級公司進行收購活動，若全部採取換股策略，成功機會較低，理由是：雙方股票的市場接受度若屬相同，將如何吸引對方股東接受換股？

(c) 現金收購　投資人在多頭市場偏愛股票，但在空頭市場中則偏好現金。

接著，《公司法》規定的合併活動包括吸收合併和創新合併兩類。跨國合併涉及不同國家法律適用性的問題，併購者須在當地設立子公司作為合併橋樑，無法直接併購外國公司，故又稱為間接合併或三角合併。

1. **吸收合併**　多家公司合併後，一家存續、其他公司消滅，消滅公司的資產與負債皆概括移轉到存續公司。

2. **創新合併**　多家公司合併設立新公司，原來公司皆消滅，權利義務全部轉由新公司承擔。

若從經濟觀點來看，公司合併活動又分為：

水平合併
為擴大經營規模，結合相同業務性質的公司，以控制或影響同類產品市場。

垂直合併
公司追求降低成本及減少營運支出，結合屬於同一產業而處於不同生產作業階段的公司。

集團合併
不同事業性質的公司結合。

1. **水平合併 (horizontal mergers)**　為擴大經營規模、強化競爭優勢，結合相同業務性質的公司，以控制或影響同類產品市場，如德國賓士集團收購美國克萊斯勒，賓士汽車從世界汽車廠排名第 19 名躍升為第 4 名。

2. **垂直合併 (vertical mergers)**　公司規劃整合原料、加工與市場通路，追求降低成本及減少營運支出，為創造有利的市場競爭條件與掌握市場變化情況，結合屬於同一產業而處於不同生產作業階段的公司。世界最大藥廠德國默克公司 (Merck) 收購美國梅德科藥房連鎖店 (Medco Containment Services)，因而成為最大的藥品製造及配銷公司。

3. **集團合併 (conglomerate mergers)**　不同事業性質的公司結合，又可分為產品延伸、市場延伸、純粹複合式等合併，如美國網路業者美國線上 (America on line, AOL) 公司與媒體娛樂業者時代華納 (Time Warner) 的合併達到多角化經營。

公司採取合併策略進行擴張，優點在於：

• 標的公司資產依法可以自動移轉到主併公司或存續公司名下，程序較為簡便；若有依法也不得自動移轉的資產，則可用被購的標的公司為存續公

司；

- 消除少數股東阻礙。不過缺點包括無法享有資產重估的好處，以及需要概括承受被併公司的債務。

最後，合併與收購性質的相似處為：均屬擴大公司規模的外部成長策略，並以公司產權為交易標的，屬於公司資本經營的基本方式。至於兩者相異點如下：

1. 合併需依《公司法》與《證券交易法》等法律辦理，而收購則是雙方同意，再經股東會認可，依據公司內部規定辦理。

2. 合併後僅留單一存續公司，其他公司均屬消滅公司；在收購中，標的公司仍是獨立法人，僅是轉讓部分產權，並無公司消滅問題。

3. 在合併後，主併公司成為標的公司的所有者和債權債務承擔者，後者的資產、股權與債務一併轉移；但在收購案中，主併公司是標的公司的新股東，承擔標的公司風險以收購出資股本為限。

4. 合併發生在標的公司財務不佳、生產經營停滯或半停滯之時，合併後將需調整生產經營、重新組合其資產；收購一般發生在公司正常生產經營狀態，產權移轉比較平和。

5. 合併必須評估各公司實際價值，計算不同公司間的股權轉換比率；收購僅需評估收購標的價值即可。

知識補給站

2011 年 4 月 9 日，寶來證券與元大金控分別召開董事會決議合併，此係國內證券業有史以來併購總值最高案件！透過此一水平合併，元大取得「十個第一」的業務冠軍，包括證券據點數、證券經紀業務市占率高達 15.72%、信用交易業務市占率 (融資、融券)、電子下單占整體電子交易比重、複委託市占率、投信資產規模、每月定時定額扣款金額市占率、期貨經紀業務市占率、選擇權業務市占率等，坐穩證券業龍頭寶座。尤其是元大銀行獲得寶來移轉的股票交易清算的證券活期儲蓄存款餘額，此係以活存利率計息的低廉資金，合併綜效非常明顯。

此項合併案於 2011 年 6 月 28 日由股東會通過、送交金管會審查核准後，在 11 月正式合併並更名為元大寶來證券。至於第二階段將納入寶來證券旗下的寶來投信、寶來曼氏期貨、寶來投顧等子公司，並更名為「元大寶來××」且三年內不會改變公司名稱。另外，員工保障包括員工全部留任、年資全部承認、保障工作權三年 (員工薪資、制度與人事規章不變) 三種。

寶來在招親過程中，深受元大、開發甚至富邦金控青睞，此係女主角家世好與姿色

美、陪嫁丫鬟們 (寶來投信、寶來曼氏期貨 (上櫃公司) 個個清秀可人，誘使男主角元大金控提出豐厚「聘金」(1 股寶來換發 0.5 股元大金控股票及現金 12.2 元，合併案價值逼近 490 億元 (股票部分以元大金控 4 月 8 日收盤價格 20.4 元計算)，並附帶其他高標準與高規格條 (提供員工更多保障)，絲毫不敢怠慢。為了這件併購案，元大金控增資 10.69 億股與準備現金 260 億元給寶來，合併後元大金控股本將膨脹至 917 億元。

15.2.2 外部擴張策略評估

董事會決議從事外部擴張，可採搜購股權 (包含搜購委託書)、併購與業務受讓三種策略，何種策略可產最大效益，通常從下列層面分析：

• 就利益觀點
  1. **營運規模變動**　透過收購標的公司股權而取得經營權，追求擴大經營規模以提升競爭力，如取得其他公司經營權而能跨業經營、取得特定資產、併購上下游公司以健全營運網路，收購高科技公司股權，以取得新市場或新領域之產品、利用併購達到節稅效果。
  2. **程序複雜性**　為保護股東及債權人利益，合併與業務受讓在制度設計上要求相當嚴格、法定程序繁複，原則上須經股東會特別決議通過。反觀收購股權策略，將因股票可以自由轉讓，只要股東願意轉讓即可。
  3. **結果確定性**　上市或上櫃公司股權分散，需經股東會決議才能進行合併或業務受讓，併購者若面對敵對公司競爭併購，一旦未獲標的公司股東會特別決議所需表決權數，併購案將前功盡棄。反觀收購股權策略，若收購價格優渥，且僅需收購過半股權即能取得經營權，無須再經任何決議，不確定性大為降低。
  4. **策略多元化**　實務上，收購股權可採現金收購、交付其他證券、或支付部分現金與證券等三種策略，而其他兩種方式則係以現金支付。

另外，管理階層收購股東會委託書或收購股權，透過參與股東會、行使表決權之機會，藉以維持經營權或達到併購目的。以單次而言，收購委託書成本較收購股權便宜，但僅能於當次股東會取得優勢，下次股東會仍須重新徵求、收購，長期仍以收購股權較為低廉。另外，收購股權若無法掌控經營權，則可將股權出售或參與董事會掌監督營運。反觀收購委託書若無法於該次股東會發揮影響力，將因失去作用而蒙受搜購成本損失。**值得注意者：**收購委託書若要達成預定目標，仍須視股東會召開及議程進行是否順遂而定，收購人較難掌握。反觀收購股權則可自行決定收購期限，充分掌控程序進行，收購股權達到

一定數量 (通常指逾表決權數半數以上) 即可取得經營權。

- 就弊病觀點

   1. **形成代理成本**　收購股權策略容易衍生代理成本，如國內盛行收購股權來借殼上市，併購者利用高財務槓桿取得上市公司經營權，容易扭曲公司經營狀況及股票價值，甚至掏空公司損及利益關係人利益。

   2. **隱密性與訊息掌握**　在執行收購股權策略前，準備工作祕密進行係屬必要。相對而言，收購者也將面臨無法詳細評估標的公司經營與財務狀態之困窘，無從掌握標的公司完整資訊。

   3. **擴大與少數股東間之衝突**　收購股權雖能取得確保股東會過半數股權，達成取得經營權目的，但標的公司的少數股東並不享有強制的股票收買請求權，是以收購者和少數股東間之利益衝突將會上升

   4. **訊息不全而致利益受損**　面對收購期限的限制，若無充分訊息可供評估，標的公司股東倉皇決定出售股權，容易蒙受損失。

知識補給站

　　2011 年 6 月 24 日，國票金控舉行股東會改選董監事，股東最後過戶日是 4 月 25 日。隨著公股銀行與旺旺集團加碼國票金控股票、躋身大股東行列後，不論美麗華陣營 (洪三雄) (原先擁有為 5 席董事、1 席監察人) 或耐斯集團 (陳哲芳) (原先擁有 3 董 2 監)，都無把握取得過半董監席次的絕對優勢。至於公股銀行宣示不會協助各方股東爭奪經營權，促使耐斯集團總裁陳哲芳表態願意與公股配合，共同爭取過半董事席次，也不排除新任董事長提名權由公股主導。

　　為了爭奪國票金控經營權，美麗華陣營與耐斯集團密集接觸委託書徵求機構，藉以取得通路優勢而為積極徵求委託書。國內民間委託書徵求主要包括張永祥、長龍和聯洲等三大系統，而熟悉內情人士指出，「委託書大王」張永祥、長龍這次將挺耐斯集團，聯洲則傾向協助美麗華集團。至於包括盟友台產、領航集團在內的美麗華陣營，徵求委託書通路除聯洲外，還包括群益證券等友好券商。不過儘管雙方提早布局委託書徵求戰，但因 2011 年董監改選戰，兩大股東擁有股權比例懸殊，洪三雄希望「董事席次能依持股比例分配而圓滿收場」，彼此無需耗費資源從事委託書爭奪戰。

　　「徵求委託書」是台灣股市特質之一，而近二十年來國內「委託書大王」卻是張永祥一人獨大局面。在 2004 年開發金控經營權爭奪戰中，辜仲瑩對上陳敏薰的經典戰役，張永祥旗下的人力通和亞洲會議顧問公司，為中信辜家和財政部合組的聯軍徵求到「最關鍵多數」。在 2004 年底，國內委託書徵求市場成立金管會支持、由證券商公會會員合資三億元成立的「台灣總合股務資料處理公司」，從事委託書徵求業務。由於金管會在《股

務處理準則》中規定，籌組股東會事務處理公司，證券商股東持有股權須超過公司發行股權五成，每家證券商持股數不得逾 10%，迄今為止，國內尚無第二家徵求委託書公司成立。另外，儘管每年徵求委託書的上市上櫃公司僅約 200 多家，一年支付手續費僅有三億元左右，不過張永祥經手上市公司經營權之爭，幾乎每年都有重頭戲，各方人馬也都願意透過他高價收購以取得優勢。

 併購理論與併購決策過程

15.3.1 併購理論

董事會決議併購通常著眼於公司間管理效率差異性。理論上，A 公司管理階層相對 B 公司具有較高經營效率，後者被併後的營運效率若提升至 A 公司水準，兩者合併將能增加公司績效。是以效率理論意味著合併將產生綜效 (synergy)，公司結合後的預期現金流量超過個別公司合併前現金流量的總和，合併後整體價值大於合併前個別價值之和。一般而言，該臆說認為併購後將因發揮營運綜效 (operating synergy)、財務綜效 (financial synergy) 與管理綜效 (managerial synergy) 而提升公司經營效率。

綜效
公司結合後的預期現金流量超過個別公司合併前現金流量的總和，合併後整體價值大於合併前個別價值之和。

$$V_{AB} > V_A + V_B$$

價值相加定律
合併過程將不存在綜效。

在財務管理中，**價值相加定律** (value additivity principle) 若是成立，則合併過程將不存在綜效。

$$V_{AB} = V_A + V_B$$

租稅臆說
公司併購後的總稅負低於併購前個別公司稅負的總和，從而增加股東財富。

另外，**租稅臆說** (tax hypothesis) 認為在併購過程中，稅負將扮演重要角色，不同併購型態與支付方式所形成的稅負差異極大，併購後的總稅負會低於併購前個別公司稅負的總和，從而增加股東財富。至於併購可能產生的租稅利益包括標的公司過去累積的虧損將轉移至主併公司，短期內即可取得租稅遞移利益、標的公司的資產價值重估，若能提高折舊費用減少應稅所得，將可發揮節稅目的。

訊息臆說
主併公司擁有特定訊息，確知標的公司價值低估，以低於標的公司的實際價值併購，將可增加股東財富。

接著，**訊息臆說** (information hypothesis) 認為，主併公司擁有特定訊息，確知標的公司的市場價值低估，以低於標的公司的實際價值併購，將可增加股

東財富。是以公司公開收購股權，不論成功與否，標的公司股價都會上漲。相關理論有二：

1. **鞠躬盡瘁臆說** (kick-in-the-pants hypothesis)　標的公司管理階層透過宣告將採取更具效率的管理方式與策略規劃，激勵公司員工士氣而使公司營運更有效率，促使市場重新評估標的公司價值。

2. **待價而沽臆說** (sitting-on-a-gold-mine hypothesis)　標的公司管理階層發布可以提高公司價值的相關訊息，促使市場重新評估以前被低估股票的價值。

上述理論係建立在股價低估的假設，管理階層藉由合併活動將此訊息傳遞給市場投資人。在此，Tobin 的 q 比率在併購過程中扮演重要角色，q 比率係指公司股票的市場價值相對股票代表資產重置價值的比率。當 $q < 1$ 時，若公司要擴充產能，較便宜的方式是買下現存公司，而非自行投資。

另一方面，經紀人和股東，或股東和債權人之間因利益衝突而產生的代理問題，將可透過併購而獲得紓緩。尤其是當公司從事跨國投資活動後，股東和債權人間若是存在難以解決之問題，併購即成為成本較低的方式。

- **減輕代理問題**　併購活動將促使公司面臨被接收、經營權被剝奪的威脅，有助於提升經理人績效，解決其和股東間的代理問題。
- **贏者的悲哀**　股票市場若具有強勢效率型態，股價已經反映所有相關訊息。基本上，併購活動無法為公司創造新價值，而經理人卻基於過分自信和樂觀，經常支付過高收購價格而損害原有股東利益。

不過 H. G. Manne (1965) 認為管理階層表現不佳，若係源自缺乏效率或存在代理問題，公司將成為被接收對象，是以公司併購市場存在可增進整個體系效率。Dennis C. Mueller (1969) 認為，管理階層取得補償係視公司規模而定，因而偏好採取合併策略來擴大規模，採取的投資邊際效率也較低。

15.3.2　公司併購決策

主併公司透過併購取得標的公司經營權，效率運用後者資源，拓展營運廣度與深度，而併購程序可說明如下：

- **評估標的公司**　主併公司從事併購應先進行策略規劃：
1. **選擇標的**　公司追求「可維持的競爭優勢」，藉以提高盈餘或降低風險。

2. **擬定價格**　評估併購對公司現金流量淨增量 (現值觀念) 的影響，作為決定併購金額上限參考，此即策略評價。實務上，擬定併購價格將面臨下列問題：

(a) 併購活動衍生的現金流量。

(b) 併購對主併公司普通股必要報酬率的影響。

(c) 財務規劃、國際稅務規劃。

(d) 雙方公司在併購後的整合分析。

3. **擬定併購策略**　公司評估採取何種策略併購，可為公司帶來最大利益。

- **諮詢顧問的選擇**　併購案涉及層面既廣且深，董事會如何選擇顧問將是併購成功與否的條件：

1. **投資銀行**　投資銀行設有併購部門從事併購業務，平時蒐集可能發生兼併交易的資訊，包括查明持有超額資金公司可能想收購其他公司、願意被併購公司、可能成為引人注目的標的公司等。基於併購資訊需求和投資銀行積累併購處理經驗，併購活動雙方通常都會聘請投資銀行協助策劃、安排有關事項。此外，投資銀行除做為收購者的財務顧問外，還兼為融資顧問，尤其是槓桿收購尚需負責募集資金。槓桿收購的主併公司主要使用債務資金以債務換取權益，是以投資銀行提供服務包括建議收購、安排資金融通、安排過渡性資金或**橋樑性資金** (bridge financing)。

2. **會計師事務所**　提供攸關併購的財務資訊，包括併購策略諮詢、編製財務報表、評估標的公司價值、併購後的公司整合，尤其是租稅規劃。

3. **律師事務所**　提供攸關併購的法律資訊，包括依據雙方共識確認重要內容有無違法情形、協助審查評鑑標的公司、將談判結果反映在契約上。

4. **經營顧問公司**　協助擬定或評估經營策略，尤其當主併公司對標的公司產業並未十分熟悉時，經營顧問公司在涉及商業審查、提供管理可行性分析或併購後的整合工作上，將扮演重要協助角色。

- **併購案評鑑**　在簽訂併購意向書 (letter of intent, LOI) 前，主併公司將進行下列審查評鑑：

1. **商業審查**　商業審查包括市場競爭分析、公司組織與經營範圍 (產品、市場、地區、客戶)、公司目標及策略、管理階層品質 (能力、操守)、廠房 (偏重產能與廠址) 與機器設備、研發管理、採購、行銷和員工。

橋樑性融資

A 銀行取得放款業務後，由於缺乏資金而無法承作，遂委託 B 銀行代為承作直至 A 銀行資金到位後，B 銀行方才退出承貸。

---

2. **財務會計審查**　確認標的公司財務狀況，包括分析標的公司獲利來源
   與資金流量，以及透過分析報表清查隱匿的陷阱，如查核律師費用支
   出，瞭解未揭露的訴訟案件。

3. **法律事項審查**　併購案涉及標的公司所在地的中央及地方法令，也涉
   及主併公司註冊地法律，故須審查有無符合法律規範。

- 併購案談判

　　財務長需運用 SWOT 分析以洞察營運環境中機會、威脅、敵我的優
劣勢，尤其是評估主併公司在行銷、財務、生產、研發、組織管理、人事
等企業功能的優缺點，再依下列因素擬定談判目標：

1. 透過投資銀行、律師等管道蒐集標的公司資料，進而臆測其需求與目
   標。

2. 董事會偏好，公司的業務、生產、財務、研發等部門也會透過內部運
   作表達意見，尤其在策略聯盟時最常見。

3. **決定併購談判目標**　基於上述因素訂定最高願意併購價格，以及評估
   標的公司設定的最後底價，據以擬定談判策略。

4. **談判併購金額策略**　併購焦點在於併購金額，可採取下列策略：

   (a) **縮小併購範圍**　要求標的公司事先處置閒置資產，縮小併購範圍與
       降低併購金額。

   (b) **付款方式**　規劃併購金額與付款方式的不同組合給標的公司選擇。

   (c) **時效**　以現金付款方式來說，通常為履約日即期付款，但也可分期
       付款。

5. **其他談判策略運用**　主併公司訂定併購契約，除表明預擬併購金額、
   付款方式外，非價格因素將是標的公司考慮的重要條件：

   (a) **附加有利條件**　統一企業在 1989 年 11 月擬出資 11 億美元併購世
       界第二大的育樂公司 (世界海洋育樂公司)，結果被 Budweiser 的母
       公司 Anheuser-Busch 以 10.75 億美元得標。後者的出價策略扮演重
       要角色，除提出除併購金額外，還附加但書「併購後十年內，若出
       售原海洋育樂公司土地，利益由併購雙方共享」。在同樣競標價格
       下，提供額外或有利益當然會吸引標的公司，促使 Anheuser-Busch
       自然雀屏中選。

   (b) **附加不利條件**　中橡在 1991 年擬收購英國 Glaxo Smith Kline 的盤尼
       西林廠，在初次契約中，中橡除提出收購金額外，另外提出標的公
       司需符合 10 項條件 (如併購前裁員 50 人)，此契約才會生效，結果
       Glaxo 真的照做。

另外，公司進行併購談判，必須注意下列事項：

(c) 時間壓力　併購契約的期間有限，讓標的公司無法迅速找到白馬騎士來競爭抬高併購價格。

(d) 付款方式　標的公司若是未上市公司，股東將關心收購案的付款安全性。在議價式的併購過程中，若能提出較安全付款方式，標的公司將會考慮在併購金額讓步。中橡在 1991 年收購英國 Glaxo 的盤尼西林廠，中橡並非出最高價，但得標主因之一在於中橡答應得標後一次付清併購款。

(e) 降低損失　在議價過程中，標的公司若堅持不降價，主併公司只能做到。

(f) 要求標的公司承擔更多責任，如提高保留安排的比率。

(g) 放寬付款條件，將簽約一個月後付現，延長至三個月內分期支付。

- 簽約　經過審查與評估後，交易雙方簽訂併購契約，內容包括交易雙方的陳述、擔保及承諾，契約履行條件，以及轉嫁風險條款。

- 併購後整合　併購程序完成後，為求發揮合併綜效，雙方如何整合將屬迫切問題。在進行整合活動時，管理階層必須考量企業策略、組織架構、薪資制度、企業文化、人力資源、監督與管理制度等層面，這些結構面布局將高度影響資源配置與運用。

知識補給站

　　胖達人香精麵包事件演變成帝寶幫炒股案，許多人才發現胖達人的母公司基因生技是借殼上櫃公司。金管會主委曾銘宗指出將提出新的借殼上市規定、提前下市退場等機制，從而稱為「胖達人條款」。借殼上市係未上市櫃 A 公司透過私募或從公開市場收購上市櫃 B 公司股權，取得經營權再將 B 公司營業項目變更為 A 公司經營業務。接著，A 公司將業務和資產移轉至 B 公司，並結束 A 公司 (消滅公司，而僅留 B 公司 (存續公司) 是以借殼上市也稱為「反向收購」。

　　從 1996 年起，國內資本市場借殼上市公司案例增多，絕大多數是營建公司借電子業的殼，此係可規避嚴格審查過程而迅速上市，省去尋找承銷商、會計師的作業成本，避開 IPO 課稅問題。尤其是被借殼公司還以減資再增資或私募方式引進經營團隊，借殼成本相對低廉。至於出現此種現象主要與營建業、電子業兩個產業景氣消長有關。台灣從 1998 年爆發本土型金融風暴後，房地產陷入十餘年大空頭，SARS 更讓房市滑落歷史谷底。為了挽救房地產業，政府陸續祭出低利房貸、調降遺產稅等利多政策，引領房地產業景氣反轉而展開十餘年多頭行情。反觀電子業歷經二十餘年大運後，產業競爭激烈、獲利下滑，有些上市櫃電子公司股價低迷不振，甚至陷入經營與財務危機。就在此時，累積不小實力

的未上市櫃建商為求快速上市櫃，遂引爆「借電子殼」風潮。依據交易所統計，近年來將近38檔借殼上市櫃股票中，超過20檔具備營建背景，被借殼者也多以電子公司為主。

一般而言，借殼上市可分為地產借殼與非地產借殼兩類，借殼股通常挑選營運差或虧損、低股價公司，而且均具有小股本特色。此外，被借殼公司前通常都會出現四個徵兆：營收突然下滑、財務或會計主管突然離職、甚至多位獨立董事先後辭職，再來就是內部人士在短時間內大量轉讓持股。至於一般投資人要如何分辨借殼股優劣？其實觀察公司的「本業比重」與「股價搭配基本面」即可看出端倪。

股價上漲存在「題材」(想像空間、產業前景) 與「營收獲利」兩大主因。隨著公司公布財報，倚賴題材和夢想上漲的股價，終究會回歸基本面。投資人操作借殼股，可從合併報表觀察公司本業與業外收入的比率。本業賺錢而業外不賺錢就須特別留意，或本業不賺錢而獲利來自業外 (賣地或售股)，此種公司也值得關注。除看本業比重外，投資人還可從「股價搭配基本面」來觀察。台灣股市通常賦予生技股較高本益比，基因國際近幾年獲利落在 3~5 元，股價大漲超越本益比近 40 倍，明顯高出其他醫美同業本益比極多，風險偏高容易讓投資人住進套房。

15.3.3 併購標的公司價值評估

董事會決定進行併購活動後，財務長接續評估標的公司價值，追求股東財富極大。評估方法如下：

- **資產價值基礎法**　評估標的公司資產以確定資產價值，關鍵是選擇合適的評估標準，主要包括帳面價值與市場價值兩種。

  1. **帳面價值方法** (the book-value apporach) 廣泛用於衡量公司合併增值，計算方法為：

     > **帳面價值方法**
     > 以公司帳面價值作為衡量公司合併的換股價值。

     $$P_m = \frac{B_1 \cdot e - B_2}{B_2}$$

     B_1 與 B_2 分別是主併公司與標的公司的每股帳面價值，e 是兩者交換比例。該項方法優點包括：帳面價值易於瞭解與衡量，忽略投資人關心的市場價值則是缺陷所在。市場價值反映公司永續經營價值 (going-concern values)，帳面價值卻是清算或公司消滅概念，兩者實有天壤之別。

  2. **市場比較法** (market comparative approach)　或稱市場價值法，主要參考標的公司股價，或以市場類似公司剛完成評價程序的價格為基準。該

     > **市場比較法**
     > 或稱市場價值法，參考標的公司股價，或以市場類似公司剛完成評價程序的價格為基準。

方法較適合股票市場具效率性的上市公司，由股價反映投資人對標的公司的現金流量和風險預期。一般係先選定比價基準，再加權調整而求出總數，然後視市場情況考慮溢價或折價。是以前述合併增值公式可修正如下：

$$P_m = \frac{MP_1 \cdot e - B_2}{B_2}$$

MP_1 是合併公司的市場價值。該項方法的缺陷是：公司市場價值往往偏向高估，且大量股票要能以某一主要價格交易，事實上係屬困難虛幻之事。

3. **價格收益方法** (the price-earnings approach)　依據標的公司收益和價格盈餘比率評估公司價值，評估程序如下：

(a) 檢查、調整標的公司近期盈餘業績，選擇與估價標的公司收益指標。

(b) 選擇確保在風險和成長性上具有可比較性的價格盈餘比率，如：標的公司在併購時點的價格盈餘比率、與其具有類比性質的公司價格盈餘比率、標的公司所屬行業的平均價格盈餘比率。

(c) 標的公司價值 = 評估收益指標 × 價格盈餘比率。

該方法可基於兩家公司的每股盈餘 EPS 進行評估，前述公式再修正為：

$$P = \frac{EPS_1 \cdot e - EPS_2}{EPS_2}$$

另外，該方法亦可採取價格收益比例 (P/E ratio) 反映公司價值，前述公式又再修正為：

$$P = \frac{(MP/EPS)_1 \cdot e - (MP/EPS)_2}{(MP/EPS)_2}$$

MP_1 是 i 公司市場價值。該項公式的缺點是：公司股票須在效率市場交易，否則 (P/E) 比例不具可信賴度。

4. **現金流量貼現法** (discount cash flow approach)　從未來角度估計併購後的現金流量 (已經考慮因營運及財務綜效帶來的額外現金流量)，並以投資報酬率、通膨率及風險等因素加權調整作為折現率，將現金流量折現後加總而求得股權或資產現值：

價格收益方法
依據標的公司收益和價格盈餘比率評估公司價值。

現金流量貼現法
以未來角度估計併購後的現金流量，並以投資報酬率、通膨率及風險等因素加權調整作為折現率，將現金流量折現後加總而求得股權或資產現值。

$$公司價值＝稅後現金流量現值＋終值現值$$

$$=\sum_{t=1}^{n}\frac{t\ \text{期稅後現金流量}}{(1+t\ \text{期折現率})^{t}}+\text{終值現值}$$

上述概念採取不同現金流量、折現率與終值的定義將衍生出多種變型，常見方式有二：

1. **調整現值法**　將標的公司預估的現金流量視為收益來源，並以無風險利率 (一般以 10 年期政府公債殖利率作代表) 作為折現率，終值則係股東權益的風險溢酬部分，進而求出公司價值。

2. **自由現金流量現值法**　將公司營運產生的現金流量扣除必要的投資支出與稅負支出，求得自由現金流量，將可反映公司實際可支配的經營利潤。另外，考慮使用資金必須支付成本，可將負債與權益資金成本經調整後得出加權資金成本 ($WACC$) 作為折現率：

$$WACC＝\text{權益資金比率}\times\text{權益資金成本}$$
$$＋(1-\text{權益資金比率})\times\text{稅後債務成本}$$

權益資金比率係以股票市場價值作為計算基礎，相較帳面價值更能反映實際權益資金，而權益資金成本通常運用資本資產訂價模式來衡量，將無風險利率加上風險溢酬與公司市場風險係數 (通常係指公司股票與大盤報酬率的相關程度)，得出自有資金成本。至於終值則以 $t+1$ 期的淨資產價值表示。如果公司未來前景看好，可依 Gordon 模型將未來成長率 g 納入考量：

$$\text{終值}＝\frac{\text{第}\ n\ \text{期現金流量}\times(1+g)}{(1+WACC)}$$

自由現金流量現值法常見於國外併購案，適合評估成長性公司，然因諸多變數係來自股票與股市，實務上，未公開發行公司價值較難採用此方式估算。不過主併公司往往認定標的公司被併購後的價值會高於目前，高估現金流量而形成併購案的最高可接受價格。運用現金流量貼現法確定可接受的最高併購價格，評估透過併購引起的預期增量現金流量和折現率 (或資金成本)，而對標的公司評估步驟是：

1. 預測自由現金流量。
2. 估計折現率或加權平均資本成本。

3. 計算現金流量現值以估計購買價格。

4. 現金流量現值的敏感性分析。

　　最後，評估標的公司將是決定提供標的公司股東何種報酬的重要工作，亦是決定提供標的公司股東的最高價格。從收購者觀點看，標的公司價值是收購前標的公司價值加上主併公司將賦予其增值溢酬的總和。後者可能來自於標的公司營運改善或兩家公司協同效應，增值還可能來自變賣標的公司資產的獲利。

👍 問題研討

👥 小組討論題

一、是非題

1. 大聯大與友尚在 2010 年合併成新大聯大，後者價值若超過前兩者個別價值之和，此種現象稱為發揮綜效。

2. 兩家公司同屬於 IC 設計產業，然而經營業務不太一樣且無業務往來，彼此結合稱為水平式合併。

3. 若從財務分析角度來看，預期不會產生營運規模經濟利益的合併，將稱為財務合併。

4. 在複合式合併過程中，兩家公司係屬不同產業，而且業務性質不同。

5. 在垂直合併過程中，兩家公司的業務性質應屬於同一產業的上下游關係。

6. 裕隆將其銷售部門分割成立裕日公司，再依裕隆股東持股比率，進行分配裕日股權，此即稱為資產分割。

7. 在公司併購過程中，金鼎證券不願意被開發金控併購，自行尋找勤益證券來併購自己，此即稱為白馬騎士。

8. 母公司採取剝離分割與權益分割，係將部分資產 (部門) 轉讓給新成立的子公司，藉以換取子公司的所有股權。

二、選擇題

1. 中信金控積極從事併購活動，若能發揮 $1+1>2$ 的效果，此舉將具有何種意義？ (a) 擴大市場占有率 (b) 發揮多角化經營 (c) 發揮綜效 (d) 水平整合成功

2. 上市 IC 通路龍頭大聯大積極從事水平合併，何種目的係屬錯誤？ (a) 達成規模經濟 (b) 降低成本 (c) 生產流程之延續 (d) 擴大市場占有率

3. 在管理激勵計畫中，仁寶提供管理階層以某一固定價格認購公司股票，隨著仁寶經營績效愈好，股價將會水漲船高，管理階層所獲報酬將會上升，此種激勵可稱為？ (a) 員工認股權證 (b) 員工股票賣權 (c) 收回庫藏股賣給員工 (d) 員工分紅配股

4. 國內許多上市公司鼓勵員工以購買自家股票方式儲存退休金，何種理由有待商榷？ (a) 穩定公司股票籌碼 (b) 員工盼望公司營運未來大幅成長，可能會有筆可觀的退休金 (c) 分散風險 (d) 降低員工流動率

5. 下列敘述，何者正確？ (a) 企業繼續經營價值必定高於清算價值 (b) 企業繼續經營價值必定等於清算價值 (c) 企業繼續經營價值必定小於清算價值 (d) 企業繼續經營價值與其清算價值的關係不確定

6. 下列攸關公司公司撤資活動的敘述，何者正確？ (a) 公司出售非核心業務，目的是在追求業外收益 (b) 友訊將代工部門分割成立明泰，此即稱為剝離分割 (c) 裕隆汽車直接分割成從事製造業的裕隆汽車與銷售服務業的裕隆日產汽車，此即稱為權益分割 (d) 宏碁將代工事業部獨立為緯創資通，此即資產出售

三、簡答題

1. 大聯大控股董事會評估採取併購策略來成為 IC 通路龍頭時，租稅問題將扮演何種角色？

2. 試討論金融控股公司係屬於何種性質的金融機構擴張策略？

3. 試評論毒藥丸對股東利益造成的利弊？試推測主併公司可採哪些策略來規避毒藥丸的影響？

4. 為對抗來自開發金控的惡意收購動作，金鼎證券管理階層可能採取哪些行動因應？金鼎股東如何從管理階層採取的反併購行動中獲利？可能會因為這些行動而蒙受損失嗎？

5. 張無忌持有美林證券股票吸引兩家公司競價併購，而美林董事會卻接受較低價的收購者，此舉意義為何？出價者支付現金或股票會影響張無忌的答案嗎？

6. 文曄科技併購慶成企業而接管經營權，但文曄股東從中卻未有明顯獲利，試分析可能原因為何？

7. 遠東航空董事會考慮併購遠東空中廚房，兩家公司均無負債。遠航公司預估此併購將讓其每年稅後現金流量增加 7,500 萬元。遠廚與遠航目前的市值分別為 200,000 萬元與 300,500 萬元。增量現金流量適合的折現率為 10%。遠航正在考慮應該支付遠廚 25% 的遠航股權或 200,500 萬元現金進行併購的代價。試回答下列問題：

(a) 對於遠航而言，此一併購的綜效為何？

(b) 遠廚將為遠航帶求多少價值？

(c) 兩種支付方法分別為遠航帶求多少成本？

(d) 兩種支付方法分別為遠航公司增加多少淨現值？

(e) 遠航應該選擇何種支付方式較為有利？

網路練習題

1. 查閱鴻海歷年來的併購案件，探討這些併購案追求的目標為何？

2. 試上網查閱在《企業併購法》通過後，國內發生併購案的所屬產業分配情況。試由這些資料，分析各公司進行併購的原因可能為何？

16

國際財務管理

本章大綱

個案導讀

隨著經濟活動國際化成為世界潮流後,國內公司擴張策略迅速朝多國籍集團發展,管理階層面臨的風險管理問題日益複雜化。尤其是近年來國際金融危機頻繁發生,促使國際金融市場劇烈震盪,集團企業在跨國營運中如何規避風險,迅速躍居為國際財務管理的重要議題。

針對跨國集團如何面對營運風險,本章首先說明多國籍企業的發展過程,進而說明國際收支帳內涵與外匯市場供需,然後探討匯率的決定與剖析決定匯率走勢的因素。其次,將說明財務長如何掌握外匯風險來源,以及從事外匯風險管理策略。接著,將討論外匯避險資產類型,包括遠期外匯、外匯選擇權、外匯期貨、換匯交易與外匯保證金交易。最後,將探討影響跨國投資決策的因素。

16.1 集團企業國際化

16.1.1 公司國際化的誘因與策略

多國籍企業

或稱跨國公司，此係公司透過直接投資式移轉技術，在多國同時生產與從事銷售業務。

　　管理階層在多國同時從事企業活動，此即**多國籍企業** (multinational enterprise, MNE) 或稱跨國公司 (transnational corporation)，通常定義為：透過直接投資與移轉技術，在多國同時生產與從事銷售業務。此外，基於共通政策，在一個或多個決策中心擬定海外營運策略，透過所有權連結這些海外實體，而且其中一個或多個實體可對其他實體發揮重大影響力。至於跨國集團的主要特色包括：

1. 透過對外直接投資或收購當地企業，在多國成立子公司或分公司。
2. 擁有完整決策體系與最高決策中心，子公司或分公司各有決策機構，可依自己經營的領域和不同特質擬訂決策，但須服從於最高決策中心。
3. 由全球戰略出發安排自己的經營活動，在全球尋求市場和建立生產布局，定點專業生產與定點銷售產品，追求盈餘極大化。
4. 擁有強大的經濟實力和技術水準、訊息快速傳遞與迅速跨國移轉資金優勢，在國際市場具有較強競爭力。
5. 跨國公司擁有經濟、技術或產品生產優勢，在某些產品或區域擁有不同程度的壟斷力。

　　Raymond Vernon (1966) 提出多國籍企業的產品生命循環成長模式，先進國家的公司面對規模經濟與寡占競爭現象，將從事密集研發活動，創新科技及差異化產品。新產品首先在本國市場推出，隨著產品生產程序逐漸標準化，公司必須協調生產與行銷活動。爾後，產品歷經一段期間發展而漸趨成熟並展開大量外銷，而類似產品也競相出籠而形成激烈競爭，促使公司盈餘趨於下降。在此階段，管理階層開始尋找產品與生產因素不完全競爭的國外據點，追求降低單位生產成本，跨國投資而形成防衛性投資，從而在國內外市場都能創造利潤，是以報酬率和風險即是考量的基本因素。

- **報酬率**　多國籍企業通常從成本面著手評估績效，包括產品成本、銷售成本和經營管理成本。
  1. **營運規模**　相對區域性企業而言，多國籍企業營運較易達到規模經濟，大幅降低營運成本。
  2. **生產區位選擇**　透過資訊網掌握各地薪資水準，將勞動密集產品轉移至工資低廉地區生產。

3. **掌握原料來源**　選擇在原料產地投資的策略，取得穩定便宜的原料來源。

4. **國際銷網路**　運用全球行銷網路發揮國際貿易功能，同時透過業務成長降低平均銷售成本。

- **風險**　多國籍企業深入評估各區域的政治、法律、社會、文化與經濟環境，掌握營運所需面對的環境風險來源。相對區域性企業而言，多國籍企業擁有較多專業人才，從事跨國業務所需承擔風險較少，如運用外匯衍生性商品來規避匯率風險、透過研究各國稅法來進行跨國租稅管理等。

本國公司由前往海外投資而蛻變為跨國集團，可能誘因如下：

1. 確保主要原料供給來源，尤其是是礦產能源及稀少的原材料。

2. 對優勢公司而言，當其技術或品牌可在海外市場獲取競爭優勢時，市場需求將是首要的考慮因素。

3. 尋求低成本的生產因素。自 1960 年代以後，國際關稅障礙大幅降低，許多以勞工為主要成本的美國與歐洲企業發現，他們的產品在與進口品競爭時處於劣勢，從而轉向外國尋求低廉的經濟資源與資金來源。

跨國集團管理階層採取的營運策略可分為三類型：

1. **國際化策略**　美國跨國公司偏好利用本國創新與知識來擴展海外競爭地位，將新產品、製程和策略推展到較落後的海外市場。

2. **多國化策略**　歐洲跨國公司偏好利用國家或區域差異性來達成策略性目標，藉以提升經營效益。換言之，跨國公司依據各國或區域顧客的偏好、產業特性和政府法規來決定產品差異化程度，賦予海外子公司從事研發、生產到銷售與服務活動的自主權。此策略模式雖能充分掌握區域的反應與差異的彈性，卻容易陷入無效率的困境，以及難以利用其他國家或區域的知識與能力。

3. **全球化策略**　日本跨國公司偏好以發展全球性效率為基礎，利用大規模製造及研發高度集中化，透過出口國際標準化產品，達到產品的最佳成本和品質定位。集中製造雖可達到國際經濟規模，但也可能導致不同區域間移轉的困難，忽略從區域性反應與差異所產生的重要收益。

在目前國際環境中，跨國公司營運通常綜合上述三種策略，同時追求國際性效率、國家或區域的反應力與世界創新能力。

　　從 1980 年代末期起，全球化迅速躍居國際經濟發展主流，也讓公司管理階層陷入如何在「全球化」(globalization) 與「地域化」或「本土化」(localization) 兩種營運策略間取捨的矛盾和衝突。global 和 local 複雜互動，因而出現 glocal 辭彙來描述該現象，顯示現代公司發展兼具 global (全球) 與 local (地方) 特色。尤其是知名跨國集團基於全球化理念，在不同文化環境與地域中落地生根，「全球公司地方化」顯然是營運成功的關鍵。以 Sony 公司為例，管理階層在 1990 年提出「思想全球化、行動本土化」概念來落實公司目標，海外子公司必須關注當地需求、文化、傳統與態度，融入當地市場商業習性與風土民情，才能彰顯「全球本土化」哲學的落實。

　　從經濟層面來看，全球化除隱含地方化外，更須以「再地方化」為前提。以 Sony 與可口可樂執行的「全球本土化」為例，企業集團國際化並非僅在全球各地建廠，而是需要融入各地域的文化，此種「地方主義」策略將隨全球化發展而愈趨重要。從 1990 年代起，通訊網路技術進步帶領許多產品品牌蔚為全球流行趨勢，如可口可樂、Nike 運動鞋、花旗信用卡、蘋果 iPad 與 iPhone 等，不再侷限於個別國家。

　　面對國際化浪潮洗禮，出版業也不例外，管理階層迅速調整營運策略。跨國出版集團看好亞洲華文市場，透過合作發行或設立分公司、辦事處與駐台代表等策略搶進台灣圖書市場，而台灣雜誌業採取的因應策略如下：

(1) 本國與外國業者合作在國外發行中文版，如儂儂文化與新加坡報業控股合作在新加坡發行《CITTA BELLA》雜誌，媽媽寶寶文化在香港及馬來西亞發行中文版《OURS》雜誌。

(2) 外國業者以授權或合資模式在台發行中文版。美國《讀者文摘》中文版 (在香港印刷) 於 1966 年在台發行，並於 1980 年成立台灣分公司。美國時代生活圖書公司於 1975年在台發行中文版套書，係在香港翻譯與印刷，再委託台灣英文雜誌社直銷。美國 Hearst 集團與華克文化合作發行《BAZAAR 哈潑時尚》、《ESQUIRE 風尚》等雜誌；澳洲雜誌集團與華克合作發行《CLEO 蔻麗雜誌》；法國樺榭集團在台灣以合資成立樺榭文化發行數種雜誌。時報集團與法國 Lefigaro 報系合作出版《費加洛》，而時報系的《美麗佳人》則改由儂儂文化與法國 Marie Claire 集團合資發行。

(3) 本國與外國業者合資在台灣創辦本土雜誌。儂儂文化與新加坡報業控股、德國布爾達、義大利李佐集團在 1997 年合資成立「聯亞世紀出版公司」，創辦《Living生活便利》雜誌並發行到新加坡。

(4) 外國業者直接成立台灣分公司發行雜誌。日本紀伊國屋書店來台開設書店，「日販」與台灣英文雜誌社合資在台成立出版公司，福武書店成立台灣分公司並發行

《巧連智月刊》，角川書店成立台灣角川書店發行都市情報誌《Taipei Walker》，「東販」以合資成立「台灣東販」相繼創辦《HERE! 台北生活情報共鳴誌》、《Bang!》、《Zakka》，並引進《Kitty Goods Collection》中文版。另外，美國 McGraw Hill、加拿大 Harlequin 出版公司、英國 Longman 出版社也相繼投入台灣圖書市場，而法國連鎖書店 Fnac 則結合 3C 賣場在台灣紮根。

跨國雜誌集團積極壓境讓國內雜誌業感受激烈競爭，管理階層遂積極尋求國際化策略，調整原有雜誌型態或另創新雜誌，藉以擴大市場競爭力。尤其是邁入 1990 年代，雜誌已被視為商品而非僅是休閒讀物，雜誌競爭已經轉為品牌競爭，不論本土雜誌、國際中文版或原文雜誌均須接受行銷考驗。近年來業者運用網路成立銷售網，亞太地區超過六成以上雜誌業設有網站及網頁，雜誌媒體已擴展到網際網路媒體，誘使雜誌業在行銷通路上使出渾身解數，尋求分食廣告大餅。

Raymond Vernon (1913~)

　　在第二次世界大戰後，美國從事國際經濟關係研究的最多產經濟學者之一。Vernon 曾在政府部門任職 20 餘年，短期從事過商業活動。爾後任教於 Harvard 大學，是 Clarence Dillon 學院的國際問題講座教授，提出產品生命循環理論而在國際貿易理論發揮重大貢獻。

16.1.2　跨國公司的資金來源

　　公司跨國營運需要龐大資金，如購買資產、併購和控股、進出口貿易、應付日常支出等活動。由於各國政治、法律制度、金融政策及資本市場發展程度不同，跨國公司財務長透過何種管道，運用何種方式募集資金，必須進行縝密評估。跨國集團的資金來源主要包括四個方面：

1. **集團內部資金**　跨國集團向子公司，或子公司間相互提供資金。

   (a) 跨國集團提供國外子公司資金，採取放款形式可以減少納稅，並避免對股息的限制。為維持對子公司的所有權和控制權，母公司必須投入足夠資金購買子公司股權，成為後者的重要資金來源。

   (b) 跨國集團的子公司間出於特定要求而相互融資，如平行放款、背對背放款、通貨交換、放款互換等。

2. **跨國集團母國的資金** 跨國集團較易從母國募集資金，具體途徑有三：

(a) 從母國銀行獲取貸款，這是公司的主要外部資金來源。

(b) 在母國資本市場發行股票和債券。

(c) 從母國政府機構獲取貿易信貸及鼓勵對外投資等專款資金。子公司從母公司採購機器設備、原材料和零件，可以獲得母國銀行提供的出口信貸。另外，母國政府為鼓勵本國企業向國外投資設立專門機構，如美國海外私人投資公司，德國的德意志開發協會等，向國外子公司提供專款。

3. **來自他國資金** 當集團內部、母國資金來源無法滿足子公司的資金需求時，子公司所在國的資金將是補充來源，包括銀行和金融機構放款，發行股票和債券等。

4. **國際融資** 隨著經濟金融國際化，跨國融資迅速成為潮流。

(a) **發行國際存託憑證** 大型跨國公司前往國際金融市場發行存託憑證 (第二上市)，能募集外匯股權資金，除可提高公司信譽外，更有利於加速國際化發展。不過在國外發行股票，發行程序比較複雜，發行成本也較高，尤其是必須遵守相關國家的金融法規。

(b) **發行國際債券** 國際債券是各國融資者在國際金融市場募集資金時，出具到期支付持票人利息並清償本金的金融商品，如裕隆公司曾經在歐洲發行以美元計價的債券。

(c) **國際銀行信貸** 本國公司向外國銀行或金融機構借入資金，如上市機殼大廠可成向日本銀行借款。

知識補給站

上市家電大廠大同於 2011 年 3 月 21 日完成 1.5 億美元，由美商摩根大通銀行提供擔保信用狀的海外擔保可轉換公司債 (ECB) 訂價。由於國際金融市場反應熱烈，超額認購超越 10 倍以上，也達成此案最高上限 20% 溢價發行，票面利率為 0%。在當時國際環境前景不明下，係屬非常成功的海外募資案例。

大同集團在太陽能、節能、LED、智慧電網與其他系統整合著墨甚深，部分重要產業皆朝上游發展並積極從事資產開發，子公司綠能科技產能與市值在過去一年快速成長，華映也積極朝向中小尺寸、利基型面板產品發展，形成集團垂直整合之綜效，具領先與關鍵的地位。大同公司本次發行的可轉換公司債，轉換價格以新台幣 7.74 元計算 (以 2011 年 3 月 21 日收盤價新台幣 6.45 元溢價 20% 訂定)。轉換價格將在大同完成減資活動，新股在 4 月 11 日重新掛牌後，調整為新台幣 18.3711 元。本次發行的可轉換公司債的面額為 10 萬美元，依面額 100% 發行，係屬 3 年期零利率，發行日為 2011 年 3 月 25 日，到期日為

2014 年 3 月 25 日，上市地點為新加坡證券交易所，可轉換為 5 億 7306 萬 2000 股之普通股，轉換匯率為新台幣 29.57 元兌換 1 美元。此一海外募集資金案係自 2010 年以來唯一訂在申報證期局送件區間最高點 (20%) 之海外可轉換債券發行案，且發行後大同股價於 3 月 22 日收盤上漲 2%，反映市場投資人的正面支持。

16.2　匯率決定理論

16.2.1　國際收支帳與外匯市場

在營運過程中，跨國公司首先面臨不同貨幣兌換問題，此即匯率風險。是以管理階層必須評估各國匯率走勢，才能從事國際風險管理活動，而國際收支帳的組成內容將是評估匯率變動的重要訊息來源。國際收支帳 (balance of payment) 係指在固定期間內，記錄本國與他國居民從事商品、勞務、單方面移轉、黃金、貨幣與證券等國際交易活動的會計帳，係依據交易者所在地而非以國籍區分，縱使外國人在台灣自美國進口商品，亦將視為台灣當期進口。觀光客以停留期間長短區分，一年以內者視為外國居民，一年以上者視為本國居民。國際收支帳內容劃分為經常帳、資本帳、金融帳三個次帳目與遺漏及官方準備交易帳等部分。

> **國際收支帳**
> 在固定期間，記錄本國與他國居民從事商品、勞務、單方面移轉、黃金、貨幣與證券等國際交易活動的會計帳。

1. 經常帳 (current account) 包括下列各項：
   (a) 商品貿易帳　商品進出口價值係以 FOB 為計價方式。
   (b) 勞務收支帳　包括運輸、旅行、通信、營建、保險、資訊、文化、休閒等勞務交易項目。
   (c) 所得收支帳　區分為薪資與投資所得收支。
   (d) 經常移轉帳。
2. 資本帳 (capital account) 係以借貸方互抵的餘額入帳：
   (a) 資本移轉交易　包括債務免除、固定資產所有權的移轉、處分或取得固定資產衍生的資金移轉等。
   (b) 非生產性、非金融性資產交易　包括無形的專利、租約、可移轉性契約與商譽等。
3. 金融帳 (financial account)
   國際貨幣基金會 (IMF) 於 1993 年將金融性資金移動項目合併為金融帳，顯示國際資金在固定期間進出國境的消長過程。在金融帳中，金融資產與

金融負債係以餘額入帳，依據投資類型包括：

(a) **直接投資**　包括國人對外直接投資、外人來台直接投資等。

(b) **證券投資**　包括國內外股權與債權證券 (長期債券、短期票券、金融衍生產品) 買賣。

(c) **其他投資**　包括借貸、貿易信用、存款、現金及其他。

經常帳、資本帳與金融帳中的上述三個項目係指在固定期間內，人們基於消費偏好、所得、利率、匯率，國內外商品與勞務相對價格等因素，預擬從事國際交易活動，係屬事前或**自主性交易** (autonomous transactions) 範疇。

自主性交易
人們基於各種經濟因素而預擬從事的國際交易活動。

4. **準備資產** (reserve account) 或稱官方準備交易帳　在金融帳中的準備資產係指一國面臨自主性交易發生差額或缺口，於事後進行彌補缺口的交易活動，具有事後交易性質，係屬**調節性交易** (accomodating transaction) 範疇。準備資產帳的內容有二：

(a) 短期官方資本移動。

(b) 其他國際準備資產移動：央行用於挹注國際收支逆差的資產總稱，內容包括貨幣用黃金、外匯資產、其他債權及基金的利用。

調節性交易
一國自主性交易出現缺口，於事後進行彌補缺口的交易活動。

外匯市場係指外匯供需雙方透過電話、電傳、電報及其他電訊系統等方式相互報價，終至成交的場所或網路。台灣外匯市場可分為兩類：

銀行與顧客間市場
外匯指定銀行與顧客進行外匯交易的市場。

1. **銀行與顧客間市場** (bank-customer market)　外匯指定銀行與顧客進行外匯交易的市場，由供需雙方自行議訂匯率，交易幣別包括美元、英鎊、歐元、日圓、新加坡幣等主要國際流通貨幣。

銀行間市場
外匯指定銀行與央行相互交易外匯的市場。

2. **銀行間市場** (interbank market)　由指定外匯銀行與央行參與組成。台灣外匯市場成立於 1979 年，係由全體外匯指定銀行組成的外匯交易中心進行雙向報價集中交易；交易中心則於 1990 年成立台北外匯市場發展基金會 (改組為台北外匯經紀公司)，由交易雙方自行買賣或經由經紀公司撮合。爾後，元太外匯經紀公司在 1998 年 5 月成立，銀行間即期交易主要透過台北與元太兩家公司撮合。

接著，公司從事國際交易活動時，出口商品或向國外募集資金將可取得外匯，進口商品或向外投資則需支付外匯。匯率則係兩國貨幣間的兌換比率或相對價格，表示方式有兩種：

國際貿易往來或跨國金融交易均需交付對方貨幣清算，而匯率是兩國貨幣間的兌換比率，如 1 美元兌換 80 日圓，或兌換 29.5 元台幣，表示方式有二：

直接匯率
以國幣表示的外幣價值，又稱價格報價法或美國基礎。

1. **直接匯率** (direct exchange rate)：$e = (NT/US)$，以國幣表示的外幣價值，又

稱價格報價法或美國基礎。

2. **間接匯率** (indirect exchange rate)：$e^* = (1/e) = (US/NT)$，以外幣表示的國幣
價值，又稱數量報價法或歐洲基礎。

間接匯率
以外幣表示的國幣價
值，又稱數量報價法
或歐洲基礎。

基於上述定義，$e = (NT/US) = 30$ 下降為 $e = 29$，若從台幣觀點來看，係指
從 $\frac{1}{30}$ 變為 $\frac{1}{29}$，台幣變動率 e^* 可計算如下：

$$e^* = \frac{(\frac{1}{29}) - (\frac{1}{30})}{(\frac{1}{30})} = \frac{30 - 29}{29} = 3.448\%$$

計算台幣兌美元匯率變動率的公式為：

$$e^* = \frac{原匯率 - 新匯率}{新匯率}$$

若從美元觀點來看，美元變動率 e^* 可計算如下：

$$e^* = \frac{29 - 30}{33} = -3.03\%$$

換言之，計算美元兌台幣匯率變動率的公式為：

$$e^* = \frac{新匯率 - 原匯率}{原匯率}$$

公司從事跨國交易，兌換外幣的價格即是**即期匯率** (spot exchange rate)，
匯率波動將使國內外商品相對價格發生變化，進而影響本國商品的國際競爭
力，是以上述匯率又稱**名目匯率** (nominal exchange rate)。當兩國物價發生變
動，以名目匯率衡量兩國商品競爭力將會出現偏誤，故可利用物價指數對名目
匯率進行修正，從而得到**實質匯率** (real exchange rate) 的概念。

即期匯率
兌換外幣的價格。

名目匯率
兩國貨幣的兌換比
率。

實質匯率
以物價指數對名目匯
率修正的匯率。

在圖 16-1 中，F^d 與 F^s 是台灣外匯市場的美元供需曲線。在其他情況不
變下，當匯率 $e = (NT/US)$ 上漲 (貶值)，以台幣表示的舶來品價格上升，台灣
進口舶來品的意願下降，美元需求數量隨之下降，是以美元需求曲線呈現負斜
率。另外，以美元表示的國貨價格下降，提升本國商品的外銷競爭力，美元供
給數量隨之增加，是以美元供給曲呈現正斜率。當外匯供需達成均衡時，即期
匯率 e^* 與外匯交易數量 F^* 即可決定。當外匯需求增加或供給減少而形成超額
美元需求時，新台幣將趨於貶值。反之，當外匯需求減少或供給增加而出現超

圖 16-1
外匯市場均衡

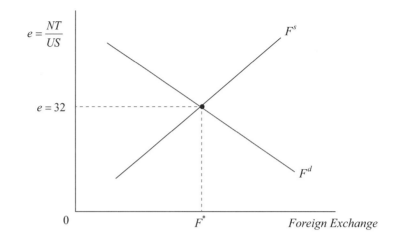

額美元供給時,新台幣將會升值。

浮動匯率
匯率取決於外匯市場供需,央行不介入干預。

匯率取決於外匯市場供需,央行不介入干預,此即浮動匯率 (floating exchange rate) 制度。一旦央行固定國幣與外幣的兌換比率,並進行干預以維持匯率穩定,此即固定匯率 (fixed exchange rate) 制度。在浮動匯率制度下,匯率將因遭到各種因素衝擊而劇烈波動,勢必擴大國際交易的不確定性。然而在改採完全固定匯率制度後,體系面臨各種因素衝擊,央行將須進場干預而須支付昂貴代價,甚至可能面臨干預失敗的風險 (外匯匱乏而崩潰或釀成通貨膨脹)。為了規避上述兩種制度運作的缺失,維持外匯市場運作穩定性,各國經常採取兩種修正方式:

固定匯率
央行固定國幣與外幣兌換比率,並進行干預以維持匯率穩定。

管理浮動匯率
匯率取決於外匯供需,當外生衝擊釀成匯率劇烈震盪,央行將適度干預以縮減匯率變異性。

1. 管理浮動匯率 (managed floating exchange rate) 制度　基本上,匯率取決於外匯市場供需,而當外生衝擊釀成匯率劇烈震盪,央行將適度干預以縮減匯率變異性。
2. 聯繫匯率 (linked exchange rate) 制度　實務上,央行既無法也無須將國幣與所有外幣的兌換比例固定,因而改採將國幣釘住關鍵性貨幣 (如美元)的兌換比例,而兌換其他外幣的比例則視美元與其兌換比例的浮動關係而定。

聯繫匯率
國幣釘住關鍵性貨幣的兌換比例,而兌換其他外幣的比例則視該貨幣與其兌換比例的浮動關係而定。

16.2.2　購買力平價理論

購買力平價理論
兩國貨幣的匯率取決於兩國相對物價水準。

購買力平價理論 (theory of purchasing power parity, PPP) 指出在無交易成本 (包括運輸成本) 與關稅限制下,假設兩國生產消費結構雷同、貨幣數量是影響兩國物價的唯一因素、商品市場價格機能健全運作,是以經濟成員透過套利活動運作,將促使商品在不同市場的價格只有一個,兩國貨幣的匯率將取決於兩國相對物價水準。在購買力平價理論下,三者間的關係可說明如下:

(一) 絕對購買力平價理論 (absolute PPP)

兩國貨幣的均衡名目匯率 (e) 將視兩國貨幣的相對購買力或相對物價而定：

$$e = \frac{P}{P^*}$$

$$P = eP^*$$

P 代表本國物價，P^* 代表外國物價。至於實質匯率或稱**貿易條件** (terms of trade)，係指兩國商品的相對價格：

$$\varepsilon = \frac{eP^*}{P}$$

上述兩式顯示：當本國物價上漲而外國物價不變時，國幣相對外幣將呈現貶值壓力，理由是：上述現象反映國貨相對舶來品的競爭力下降，本國競爭力下降導致出口數量減少，而自國外進口商品數量增加，本國經常帳陷入赤字狀況，國幣將出現貶值。實務上，運用該理論將需考慮下列狀況：

1. **經濟發展程度不同**　購買力平價理論強調兩國消費的商品均參與國際交易，實務上，任何國家都有相當部分的非貿易財未能進入跨國交易，導致兩國物價水準無法代表貿易財價格。
2. **產品異質性**　除某些初級產品外，同質產品幾乎不存在。尤其是工業成品普遍存在性能上的差異性，此係不符合購買力平價理論的前提。
3. **交易成本**　先進國家與發展中國家的交易成本存在極大差異性，此係購買力平價理論未曾考慮的因素。

(二) 相對購買力平價理論 (relative PPP)

均衡匯率應隨兩國預期通貨膨脹率調整，或匯率變動率將等於兩國預期通膨率的差額：

$$P_t = e_t P_t^* \qquad P_{t+1} = e_{t+1} P_{t+1}^*$$

就上述兩式相除，經整理可得：

$$\frac{P_{t+1}}{P_t} = \frac{e_{t+1} P_{t+1}^*}{e_t P_t^*}$$

$$(1 + \pi) = (1 + e_t^*)(1 + \pi^*)$$

$$e_t^* = \frac{\pi - \pi^*}{1 + \pi^*} \ \text{或} \ e_t^* = \pi - \pi^*$$

上述關係顯示：當匯率貶值率等於兩國預期通膨率差額時，相對購買力平價關係即成立。

知識補給站

《經濟學人》(*The Economist*) 編輯 Pam Woodall 基於購買力平價理論，於 1986 年 9 月推出衡量兩種貨幣間的匯率是否合理的大麥克指數 (Big Mac index)，可稱為庶民經濟指標，並在英語國家創造「漢堡經濟學」(Burgernomics) 一詞。爾後，《經濟學人》於 2004 年 1 月又推出「中杯拿鐵指數」(Tall Latte index)，計算原理相同，只是將麥香堡改由一杯星巴克 (Starbucks) 咖啡取代，除標誌著連鎖店的全球擴展外，也顯示該指數同樣可用於評估匯率合理性。

購買力平價的前提是兩種貨幣的匯率將自然調整至均衡水準，讓一籃子商品以這兩種貨幣計算的售價將會趨於相同 (單一價格原則)。在大麥克指數中，「一籃子」商品就是在麥當勞快餐店銷售的麥香堡，而選擇麥香堡的理由是：麥香堡遍及許多國家，各地製作規格相同 (類似同質商品)，由當地麥當勞的經銷商負責為材料議價，這些因素讓該指數符合購買力平價理論的前提，從而能有意義地用於比較各國貨幣。大麥克指數的購買力平價匯率係以本國麥香堡的國幣價格，除以外國麥香堡的外幣價格，其值可與實際匯率相比，低於實際匯率即是國幣的匯率低估 (依據購買力平價理論)；相反的，高於匯率則反映國幣的匯率高估。舉例來說，美國麥香堡售價 \$2.50，而在英國售價 £2.00，購買力平價匯率就是 2.50 ÷ 2.00 = 1.25。如果 \$1 能買到 £0.55 (或 £1 = \$1.82)，則以兩國麥香堡售價而言，英鎊兌換美元匯率高估 (1.82 − 1.25) ÷ 1.25 = 45.6%。

實務上，以麥香堡衡量購買力平價有其限制，比方說當地課稅、商業競爭力及漢堡材料的進口稅導致無法反映該國整體經濟狀況。尤其是在許多國家，前往麥當勞這樣的國際快餐店進餐要比在當地餐館貴，不同國家對麥香堡的需求並不相同。在美國，低所得家庭可能一週在麥當勞進餐數次，但在馬來西亞，低所得者就從來就不吃麥香堡。儘管如此，大麥克指數還是廣為經濟學者引述。

Gustav Cassel (1866~1945)

　　Cassel 是瑞典經濟學者，曾經擔任 Stockholms 大學經濟學教授，並於 1921 年在國際聯盟財政委員會工作成績卓著而贏得國際盛譽。Cassel (1916) 系統化提出購買力平價理論，成為匯率決定理論的重要基礎。

16.2.3　利率評價理論 (interest parity theory)

利率評價理論
預期匯率貶值率將等於兩國利率差額。

　　跨國公司將募集的國幣資金，在外匯市場換取 $1/S_t$ 外幣 (S_t 是即期匯率)，並將 $1/S_t$ 外幣資金進行跨國投資策略，一年後可得 $(1+r^*)/S_t$ 外匯資產，再從外匯市場換回國幣，可得 $(1+r^*)E(S_{t+1})/S_t$ 國幣資金，$E(S_{t+1})$ 是一年後的即期匯率，r、r^* 分別是本國與外國的投資報酬率。同理，跨國公司也可從國外募集資金，匯回國內投資本國資產，最終可得 $(1+r^*)S_t/E(S_{t+1})$ 外幣資金，兩種操作方式正好相反。在國際金融市場上，國際資金流動方向將取決於兩種投資策略的最後收益率與投資成本的比較。

　　在第一種方式中，

- 如果 $(1+r^*)E(S_{t+1})/S_t > (1+r)$，管理階層會將本國資金外移。
- 如果 $(1+r^*)E(S_{t+1})/S_t < (1+r)$，管理階層會將外國資金移入國內。
- 如果 $(1+r^*)E(S_{t+1})/S_t = (1+r)$，管理階層在國內外投資的報酬率一樣，將無移轉資金問題。

　　由第三式的相等關係將可得**國際 Fisher 效果** (international Fisher effect)：

國際 Fisher 效果
國幣的預期匯率貶值率將等於兩國利率差額。

$$1+r = (1+r^*)\left[\frac{E(\widetilde{S}_{t+1})}{S_t}\right] = (1+r^*)(1+e_t^*)$$

$$e_t^* = \frac{r-r^*}{1+r^*}$$

上式即是**拋補利率平價關係** (covered interest parity)。當 $r^* e_t^* = 0$ 時，本國利率相當於外國利率與預期匯率貶值率之和：

拋補利率平價關係
本國利率將等於外國利率與預期匯率貶值率之和。

$$r = e_t^* + r^*$$

另外，管理階層將國幣資金轉向海外投資，若是採取出售遠期外匯避險的策略，投資結果將確定為：(遠期匯率為 F_t)

$$\frac{1}{S_t}(1+r^*) \cdot F_t$$

在達成均衡時：

$$1+r = (1+r^*)\frac{F_t}{S_t} = (1+r^*)(1+\beta)$$

重新整理上式，可得遠期匯率溢酬或貼水如下：

$$\beta = \frac{r-r^*}{1+r^*}$$

假設 $r^*\beta = 0$，上式可簡化為：

$$(r-r^*) = \beta = \left[\frac{(F_t - S_t)}{S_t}\right]$$

最後，匯率與其他商品價格一樣，係取決於市場供需，而影響匯率變動的因素可歸納如下：

1. **直接因素** 主要來自國際收支帳中的經常帳與金融帳發生變動所致。
   (a) **各國經濟情勢** 包括經濟成長率、失業率、對外貿易、貨幣成長率、利率、通膨率、依據相關國家貨幣購買力計算出基礎匯率等。
   (b) **各國經濟政策** 尤其是貨幣政策和財政政策。
2. **間接因素** 包括國際經濟金融與政治環境變化。尤其是跨國資金具有追求安全的特質，政治與突發事件將是市場難以預測的未預期訊息，勢必立即衝擊外匯市場。

本質上，新興市場爆發通貨危機 (currency crisis) 經常脫離不了國際熱錢炒作。投機者係依利率與匯率互動關係來擬定決策，是以利率平價理論將能詮釋 1997 年亞洲金融危機發展：

(1) 危機醞釀期間：本國提高利率藉以吸引外資流入，而投資人相信央行將會維持匯率穩定 ($\Delta e/e = 0$)，促使市場出現 $r > r^* + \Delta e/e$ 現象，初期推動匯率升值 ($\Delta e/e < 0$)。隨著跨國資金流入累積至某一程度，將因獲利而反轉流出，導引匯率轉為貶值，旋即引發匯率貶值預期。

(2) 投機衝擊期間：隨著國幣貶值壓力攀升帶動 $\Delta e/e > 0$ 遞增，促使 $r < r^* + \Delta e/e$，本國資產的預期報酬率低於外國資產的預期報酬率，投機者開始將國內資產轉換為國外資產。隨後在羊群效果 (herding effect) 導引下，眾多投資人競相仿效投機者行為，加入拋售本國資產行列，導致國幣貶值預期成真且調整過度 (overshooting)，通貨危機完成自我實現 (self-fulfilling) 過程。

(3) 央行的反危機策略：為了紓解恐慌性資金外流，央行採取提高利率干預來回復金融市場均衡，亦即 $r = r^* + \Delta e/e$。不過本國利率上升也將再次提高預期國幣貶值率，讓國幣面臨更大貶值壓力，結果將是事與願違。

利率平價理論在解釋金融危機壓力的積累和反危機策略時，也將面臨下列挑戰：

(1) 該理論僅考慮兩國利差及匯率預期變動，甚難解釋亞洲金融危機的多國匯率變動關聯性。

(2) 該理論雖能證明亞洲金融危機爆發前的市場失衡，卻無從解釋一國承受失衡的能力與資金移動完全逆轉的轉折點。

(3) 在資金完全移動下，無法區分外部衝擊的長期與短期反應的本質差異。

Robert A. Mundell (1932~)

　　出生於加拿大 Ontario。曾經任職於國際貨幣基金，Stanford 大學和 Johns Hopkins 大學高級國際研究院 Bologna (義大利) 中心，任教於 Chicago 大學與 Columbia 大學教授，並獲選為美國藝術和科學院院士。1999 年基於系統化建立標準化國際金融模型，成為國際金融領域的先行者和預言家而獲頒諾貝爾經濟學獎。由於 Mundell 倡議並直接涉及歐元建立，被譽為「歐元之父」。

16.3 外匯風險管理

隨著經濟全球化與金融國際化蔚為風潮,為因應國際經濟與金融局勢劇變引發匯率動盪,管理階層必須進行外匯風險管理來避險,從而成為財務管理的重要議題。至於跨國集團面臨的外匯風險主要來自於:

1. **交易風險** 進行國幣與外幣交換將會面臨匯率風險。
2. **結算風險** 貿易活動係以外幣報價,勢必面對未來結算的匯率不確定性。
3. **評價風險** 進行會計處理、外幣債權與債務決算時,以國幣評價因適用匯率不同,就會產生帳面損益的差異。
4. **經濟風險** 預期未來收益將因匯率波動而蒙受損失的風險。
5. **國家風險** 國家採取外匯管制,造成外匯交易面臨終止而蒙受損失。

外匯暴露
未預期匯率變動對公司資產與負債價值,競爭力或未來現金流量現值與財務報表結構的影響。

外匯暴露 (foreign exchange exposure) 係指未預期匯率變化對公司資產與負債價值、競爭力或未來現金流量現值與財務報表結構產生影響的程度:

$$外匯暴露 = \frac{公司在時間\ T\ 以國幣表示之未預期財務結構變化}{在時間\ T\ 未預期匯率變化}$$

或

$$公司在時間\ T\ 以國幣表示之未預期財務結構變化 =$$
$$(外匯暴露) \times (在時間\ T\ 未預期匯率變化)$$

外匯暴露程度係以經過物價平減的實質國幣價值變化來衡量,暴露對象涵蓋資產、負債等存量變數,以及廠商營運所得流量變數。依據未預期匯率變化對公司營運衝擊,外匯暴露可區分為**經濟暴露** (economics exposure) 與會計暴露兩類。

經濟暴露
未預期匯率變動對經濟活動的影響。

·經濟暴露

契約暴露
又稱交易暴露,匯率波動影響以國幣衡量價值的程度。

1. **交易暴露或契約暴露** (contractual exposure) 當廠商持有外匯部位時,匯率波動影響以國幣衡量價值的程度。舉例來說,華碩電腦出口 10 億美元筆記型電腦,其台幣貨款收入將受交割美元當時的即期匯率影響。華碩從接單、生產、出口、直迄收款入帳的期間,在訊息不全下,匯率波動導致應收貨款的國幣價值與獲利水準成為隨機值。該項交易暴露可依圖 16-2 的時程劃分如下:

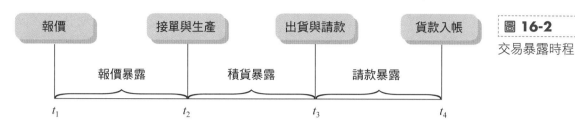

圖 16-2

交易暴露時程

(a) 報價暴露 (quotation exposure)　華碩在 t_1 點評估生產成本、時間機會成本與目前、未來匯率走勢等因素後提出報價。在國外公司接受報價前，匯率變動將影響華碩原有的報價成本結構。

(b) 積貨暴露 (backlog exposure)　國外公司接受報價並於 t_2 點下訂單，華碩隨即進入生產程序。在生產期間與出貨前，匯率波動將使華碩產品價值發生未實現獲利或損失。

(c) 請款暴露 (billing exposure)　華碩在 t_3 點將筆記型電腦裝船外銷交貨。國外公司在 t_4 點收到貨品完成驗收手續，並支付貨款。在貨款入帳前，華碩的台幣實際營運收入將因台幣匯率波動而存在不確定性。

另外，華碩向花旗銀行借入外幣融通，匯率波動將影響以國幣表示之債務金額，面臨還款金額不確定的交易暴露。華碩若以遠期外匯避險，到期日匯率將影響原先遠期外匯資產或負債的實際價值，致使原先買入或賣出者面臨交易暴露。**值得注意者**：財務長以遠期外匯避險而讓未來匯率風險為零，然而產生的交易暴露卻僅是為抵消另一交易暴露。

面對匯率變異性，財務長若未採取避險活動，則以國幣衡量的營收將暴露在匯率風險，此即**交易風險** (transaction risk)。為規避該項風險，財務長可評估採取遠期外匯、外匯期貨與匯率選擇權等策略，此即**契約化避險** (contractual hedge)。各種避險策略與收益高低的比較將列於表 16-1。

2. **營運暴露或競爭性暴露** (competitive exposure)　未預期匯率變動對公司競爭力的衝擊範圍，包括公司營業收入、市場銷售數量與營運成本高低等。**值得注意者**：縱使公司銷售對象與原料來源皆在國內，或銷貨與成本皆採

報價暴露
在國外公司接受報價前，匯率變動影響原有報價成本結構。

積貨暴露
在生產期間與出貨前，匯率波動將使產品價值發生未實現獲利或損失。

請款暴露
在貨款入帳前，公司的國幣營運收入將因匯率波動而存在不確定性。

交易風險
面對匯率變異性，公司未採取避險活動，則以國幣衡量的營收將暴露在匯率風險。

契約化避險
財務長評估採取遠期外匯、外匯期貨與匯率選擇權等策略避險。

營運暴露或競爭性暴露
未預期匯率變動對公司競爭力的衝擊。

避險方式	避險過程	避險結果
未避險	目前不採取任何避險動作，六個月後至即期市場賣出美元。	新台幣收入視當時即期匯率而定。
遠期外匯	於遠期外匯市場預售六個月期美元。	營運收入確定。
貨幣市場	將美元質押予銀行，再以目前即期匯率兌換成新台幣，投資新台幣資產。	營運收入視新台幣資產報酬而定。
匯率選擇權	支付權利金買入美元賣權。	收入隨匯率貶值增加而提高。

表 16-1

各種避險策略結果的比較

國幣計價，但仍可能面臨營運暴露的問題。匯率波動將使國內外公司間的競爭力發生消長，縱使公司的原料來源、市場銷售皆以國幣計價，然而外國公司透過匯率變化相對改變本國市場的競爭力，也將衝擊本國公司營運。

公司營運暴露程度或營運風險除受未預期匯率變動程度、通膨等因素影響外，市場結構、競爭對手策略與經濟開放程度同樣都會造成影響。財務長評估經營環境與財務結構特性，可採取下列策略降低營運暴露或營運風險。

(a) 提前或延遲債權、債務清償　依據公司財務結構及匯率預期，提早或延遲相關帳款收付，減少現金流量波動以降低營運暴露程度。舉例來說，公司持有弱勢貨幣資產與強勢貨幣負債，為防止非預期債務負擔增加與非預期資產價值貶低，可提早清償債務規避損失出現。反之，若是持有弱勢貨幣負債與強勢貨幣資產，則可延遲求償債權與支付債務。

(b) 協議風險分擔　管理階層採取風險分擔策略，分散彼此營運暴露程度。舉例來說，日本厚木提供台灣厚木生產汽車零件所需原材料，日圓匯率變動必然有利一方而不利他方。隨著日圓劇烈升值，台灣厚木為規避匯率風險，評估是否另尋美國公司為合作對象，不過卻須面臨新合作對象的產品品質與公司信譽的新風險。有鑑於此，雙方可協議簽訂風險分擔條款，分擔未預期匯率變化風險，維繫長期供貨關係與維持市場競爭力，並降低營運暴露程度。

(c) 選擇低營運成本區域　公司產品競爭力除受產地工資、原料成本與技術影響外，產地貨幣升值亦會侵蝕競爭力，故可選擇在幣值或生產成本相對較低區域生產，利用當地生產條件維持競爭力。另外，公司選擇在不同國家設立據點，彈性調整生產區位，避免匯率變動衝擊競爭力。

　　• 市場多元化　公司營運若過於集中單一國家市場，極易受到單一貨幣匯率波動衝擊。是以公司營運應採取分散市場策略，藉以降低營運暴露程度。

　　• 創新產品差異性　透過研發創造產品差異性，以維持在相關產業的競爭力。以電子產業為例，台灣廠商配合 Intel 中央處理器更新，在電腦主機板研發與創新維持領導地位。縱使新台幣匯率升值，但因研發創造產品差異性，促使廠商面對的需求曲線缺乏彈性，相對減低營運暴露與風險。

　　• 財務避險　營運暴露源自於未預期匯率變化對公司營收或債務負擔

的影響，公司間若能進行債務交換，將可降低雙方成本與營運暴露。舉例來說，台灣(美國)公司借貸新台幣 (美元) 資金，相對美國 (台灣) 公司享有較低利率，各自享有絕對利益。台灣公司營收若以美元為主，而新台幣為美國公司的主要營收來源，若各以營收清償債務利息，則因收入與利息支出的幣別不同，匯率波動將影響公司營收與償債能力，擴大營運暴露。在此，財務長若運用換匯換利交易，台灣公司將新台幣利息交由擁有新台幣收入的美國公司負擔，美國公司則將美元利息交由擁有美元收入的台灣公司負擔。此舉除使雙方避免換算收入的匯率風險，降低影響償債能力，並可分享對手在利息成本的利益，達到減輕營運成本與營運暴露的目的。

・會計暴露

又稱**匯兌折算暴露** (translation exposure)，係指未預期匯率變化對公司財務報表結構的影響。從跨國公司觀點來看，海外分支機構或子公司的資產、負債價值是以子公司所在國貨幣表示，匯率波動促使以母公司所在地貨幣表示的子公司價值產生變化。基於稅賦的計算、揭露公司價值、投資績效評估、內部管理控制、市場分析師與投資人需求等，子公司與母公司財務報表內容必須加以整合。財務長須利用考慮匯率變動因素的換算方式，顯示匯率波動對子公司資產、負債結構的影響，藉以確切顯示跨國公司的財務結構。

> **匯兌折算暴露**
> 又稱會計暴露，未預期匯率變化對公司財務報表結構的影響。

接著，財務長從事外匯風險管理，將可部分消除匯率風險、或減緩匯率風險對公司營運造成的潛在衝擊。此外，針對每筆交易特點與財務狀況，財務長可評估下列策略，選擇適合方法來管理風險：

1. **選擇計價貨幣**　公司從事跨國交易，針對應收帳款應選擇強勢貨幣為計價貨幣。反之，針對應付帳款應選擇弱勢貨幣為計價貨幣，降低收付外匯可能面臨的匯率損失。

2. **保值條款** (provison clause)　跨國公司從事跨國交易，可在交易契約附加保值條款，以價值相對穩定的黃金、強勢貨幣、綜合貨幣單位 (composite currency unit) 或依物價指數等指標，在支付時按支付貨幣當時的匯率調整。

> **保值條款**
> 公司從事跨國交易，可在交易契約選擇價值穩定的指標，作為支付時的匯率調整參考。

3. **外匯期貨選擇權**　財務長預期將有遠期外匯收入，可與銀行簽訂出售外匯期貨選擇權。反之，預期將有遠期外匯支出，也可與銀行簽訂購買外匯期貨選擇權，達到轉移匯率風險目的。

4. **遠期外匯**　公司持有外匯債權或債務部位時，可與銀行簽訂買進或出售遠期外匯，在規定時間內實現國幣與外幣沖銷，從而避免匯率風險。

5. **出口信用貸款** 出口信用貸款分為賣方和買方信用貸款。前者是在延期付款條件下，由出口公司的往來銀行對其墊付貨款，允許進口公司分期償還，此舉將讓出口公司的外幣負債與外匯資產軋平，縱使匯率變異性擴大，亦不會遭致損失。後者則由出口公司的往來銀行直接提供進口公司貸款。

6. **利率交換和貨幣交換** 將固定利率與浮動利率債務或不同貨幣債務進行交換，取得較低成本資金和規避匯率風險。

7. **提前或延遲債權、債務清償** 財務長預測支付貨幣的匯率變動趨勢，提前或延後收付有關款項，透過更改外匯收付日期來規避匯率風險。

   (a) 就進口貿易而言，預期計價貨幣貶值，則應延遲向國外購貨或要求延期付款，達到以較少國幣換取該計價貨幣的目的。至於在出口方面，則採取反向操作。

   (b) 如果預期計價貨幣升值，在進口方面應提前購買或預付貨款，防止未來計價貨幣升值而形成外匯損失。在出口方面，則操作方式正好相反。

8. **向銀行融資** 公司預期將有遠期外匯收入，可先向銀行借入相同幣別、金額、期限的貸款，並在即期外匯市場賣出，取得國幣充當週轉金，然後以到期外匯收入清償外匯貸款，消除匯率風險。

9. **對銷貿易** 公司將進口與出口相互聯繫進行商品交換，從而規避匯率風險，相關策略如下：

   (a) *物物交換貿易* 交易雙方將互換商品價格固定，履約期短而無須支付外匯。

   (b) *清算協定貿易* 交易雙方將匯率固定，且無須支付外匯。

   (c) *轉手貿易* 運用雙邊清算帳戶進行結算，係屬多邊商品交換。

10. **換匯交易** 財務長買進 (或賣出) 即期外匯時，利用換匯交易同時賣出 (或買進) 遠期外匯；或是買進 (或賣出) 某種期限的遠期外匯時，同時賣出 (或買進) 另一期限的遠期外匯，透過改變外匯的時間結構來規避匯率風險。

知識補給站

　　金融危機係指一國或多國的大部分金融指標 (如短期利率、貨幣資產、證券、房地產、土地價格、公司破產家數和金融機構倒閉家數) 呈現急劇、短暫和超週期性惡化，通常包括通貨危機、債務危機 (debt crisis)、銀行危機 (banking crisis) 類型，而近年來的金融危機則呈現這三者的結合。

　　從 2009 年爆發歐債危機迄今，希臘債務危機「烽火連三年」而愈演愈烈，儼然是國際金融市場的超級不定時炸彈。歐美五國央行決議聯手向歐洲銀行挹注資金，防止陷入流動性匱乏，甚至透過歐元區國家與國際貨幣基金 (IMF) 對希臘紓困，然而後者赤字難以縮減、本身經濟疲弱、產業缺乏競爭力，經濟體質搖搖欲墜，公債信用違約交換 (CDS) 持續飆高，標準普爾與惠譽信評公司預估希臘違約機率已達 100%。

　　在希臘陷入債信危機之際，其他經濟表現不佳、政府債台高築的葡萄牙、愛爾蘭與義大利、西班牙等「歐豬五國」也陷入債務風暴。這些國家若非失業率高達 20%、即是糾纏在房地產泡沫中，甚至是長期景氣衰退、產業缺乏競爭力，政府與民眾交相借貸揮霍度日。這些國家過去在歐元區架構庇蔭下安逸度日，而今市場關注其債務有違約之虞後，強大壓力接踵而來，全球金融市場劇烈震盪迅速浮現而拖累國際景氣。亞洲開發銀行在 2011 年 9 月中旬發布報告，全面下修 2011~2012 年各國經濟成長率，歐美債務問題短期內難以妥善解決，未來經濟風險持續攀高。

問題研討

小組討論題

一、是非題

1. 台北外匯經紀公司採取以國幣表示的外幣價值來報價,此即稱為直接報價法。

2. 鴻海集團從事跨國交易,其產生的權利義務須以外幣清算,從而面臨利益或損失的風險,將可稱為會計風險。

3. 歐債危機讓歐元匯率呈現未預期變動,迫使華碩原先預估銷售歐洲筆電的現金流量淨現值發生變化,此種風險稱為會計風險。

4. 一般而言,高通膨率國家的國際收支將會陷入逆差,促使其貨幣趨於貶值。

5. 依據購買力平價理論,美國預期通膨率若是高出台灣預期通膨率 3%,則預測未來美元匯率走向應升值 3%。

6. 在匯率決定理論中,美元利率若比台灣利率高 5%,則在遠期外匯市場上,美元將貶值 5%,這是指利率平價理論。

7. 華碩訂定以美元計價的筆記電腦契約,由於台幣匯率變動促使公司銷貨面臨匯兌損失可能性,此即稱為經濟暴露。

8. 華碩電腦董事會規劃在大陸成都設立第二營運總部,將是屬於國際收支帳中的長期資本流動。

二、選擇題

1. 央行外匯局官員看待自主性交易的內涵時,何者錯誤? (a) 屬於事前交易 (b) 國際收支達成平衡時,自主性交易的借貸雙方相等 (c) 衡量國際收支失衡的最佳指標 (d) 包括進出口、單向移轉與資金移轉

2. 下列何種因素變動將會促使台幣升值? (a) 台灣進口商品關稅下降 (b) 台灣人對外國商品偏好提高 (c) 台灣生產力相對他國生產力增加 (d) 台灣央行調低利率

3. 從國際收支平衡表觀察,台灣央行外匯存底大幅成長的可能原因是: (a) 台灣對外貿易逆差 (b) 台灣企業擴大對外投資 (c) 跨國資金大幅流入 (d) 民間來自國外所得減少

4. 依據購買力平價理論,台幣兌換美元匯率變動率將等於何者的差距? (a) 台灣利率與美國利率 (b) 台灣利率與美國通膨率 (c) 台灣通膨率與美國利率 (d) 台灣與美國的預期通膨率

5. 台灣銀行掛牌的一年期美元定存利率為 5%，新台幣定存利率為 2.5%。若未拋補利率平價理論成立，試問將會出現何種結果？ (a) 美元存款利率會下跌 (b) 新台幣預期未來會升值 (c) 預期匯率變動率會上升 (d) 通膨率將上升為 2.5%

6. 在 2007 年某月，英鎊的即期匯率是 1 英鎊兌換 2 美元，而 3 個月的遠期匯率是 2.1 美元，何者正確？ (a) 美元溢價 0.1 美元 (b) 英鎊溢價 0.1 美元 (c) 英鎊貼水 0.1 美元 (d) 英鎊貼水 0.1 美元，貼水的交換率是 1,000 點

7. 花旗台灣銀行吸收一年期美元定存利率為 5%，一年期新台幣定存利率為 2.5%，若是依據未拋補利率平價理論，試問何者可能正確？ (a) 美元存款利率會下跌 (b) 新台幣匯率預期會升值 (c) 預期台幣貶值率會上升 (d) 通膨率將上升為 2.5%

8. 依據購買力平價理論，若台灣物價水準相對於美國物價水準上升，會造成： (a) 台幣升值 (b) 台幣貶值 (c) 美元貶值 (d) 美元匯率變化不確定

9. 在固定期間，台灣物價指數若從 100 上升為 110，則： (a) 台幣購買力在該期間將下降 10% (b) 在同一期間，台灣主要貿易對手國的物價不變，則依據購買力平價理論，台幣在該期間應該會升值 (c) 在同一期間，台灣主要貿易對手國物價不變，則依據購買力平價理論，台灣有效匯率指數在該期間應該會下降 (d) 台幣購買力在該期間將上升 10%

10. 在完全市場下，假設未拋補利率平價說成立，人們投資相同風險的國外資產和國內資產，何者投資報酬率較高？ (a) 國外資產報酬率較高 (b) 國內資產報酬率較高 (c) 國內或國外資產報酬率相同 (d) 國內或國外資產報酬率無法比較

11. 依據相對購買力平價理論，台灣主計總處估計 2010 年 12 月的物價將上升 3%，而美國商務部則預估其物價將下跌 2%，則台幣兌換美元匯率將如何變動？ (a) 升值 1% (b) 貶值 1% (c) 升值 5% (d) 貶值 5%

12. 依據利率平價理論，在其他條件不變下，何種事件將造成台幣升值？ (a) 本國遠期外匯市場需求增加 (b) 本國遠期外匯市場需求減少 (c) 本國利率下降 (d) 外國利率上升

13. 報章雜誌經常看到大麥克指數，此係經濟學人雜誌依據何種理論發展出衡量兩種貨幣匯率是否合理的指標之一？ (a) 利率平價理論 (b) 購買力平價理論 (c) 匯率平價理論 (d) 賣權－買權平價理論

14. 統一企業編製合併報表時，其在大陸子公司 (100% 股權均為統一企業所有) 的資產負債表及損益表因採用不同匯率換算而產生的差額稱為： (a)

未實現兌換損益　(b) 已實現兌換損益　(c) 換算調整數　(d) 匯率變動或有損失

15. 若 1 美元兌換新台幣的匯率從 20 升為 25，表示：　(a) 新台幣貶值 20% (b) 新台幣貶值 25%　(c) 新台幣升值 25%　(d) 美元升值 50%

16. 若美國麥當勞漢堡 1 個賣 2.5 美元，相同的台灣麥當勞漢堡 1 個賣 50 元新台幣，目前 1 美元可兌換 30 元新台幣，在不考慮運輸成本與貿易障礙下，1 個美國麥當勞漢堡約可抵換多少個台灣麥當勞漢堡？　(a) 0.67　(b) 1　(c) 1.5　(d) 2

三、簡答題

1. 以鴻海集團來說，其在國外銷售規模遠超過在台灣銷售規模，試問台幣匯率變動對鴻海營運有何特別關聯？

2. 試評論下列敘述：

   (a) 假設台灣物價指數相對美國一般物價指數上漲更快，將可預期台幣會相對美元升值。

   (b) 張無忌是台中精機的財務經理，該公司出口工具機至歐洲皆以歐元報價。假設歐洲央行採取擴張性貨幣政策，導致歐洲的通膨率遠高於其他國家，是以張經理應該考慮利用遠期外匯來規避預期未來歐元貶值而蒙受損失。

   (c) 如果趙敏能夠長時間精準地估計兩國相對通膨率的差距，而其他市場參與者的評估能力卻相對遜色，則她將能成功地在即期外匯市場套利。

3. 有些國家的決策當局偏好運用匯率變動來改善短期國際貿易失衡。試評估下列情形對以外幣報價與交易的進口商與出口商造成的影響。

   (a) 台灣央行的彭淮南總裁對台幣相對美元升值感到相當滿意。

   (b) 英格蘭銀行宣布他們認為英鎊相對美元的匯率被投機者操縱得太低。

   (c) 前行政院劉兆玄院長為紓緩景氣衰退問題，宣布全國每人發放 3,600 元消費券。

4. 假設國際金融市場屬於效率市場，且歐洲美元利率高於日本借貸市場的報價，鴻海集團會考慮立刻在日本融資，然後用來投資在歐洲美元嗎？試說明理由。

5. 上市大貿易商高林實業的應收帳款均採美元計價，收款期限為 1 年。面對未來 1 年的台幣匯率變化莫測，高林財務長評估將在外匯市場進行避險。試回答下列問題：

   (a) 假設美國市場利率為 2%，台灣市場利率為 3%，目前即期匯率是 30.5 台幣兌換 1 美元。假設外匯市場預期匯率變動率不變，該公司決定與

台銀簽訂預售 1 年期遠期美元，試問台銀訂定的遠期美元匯率為何？假設 1 年後的台幣兌換美元的即期匯率變為 31.5，試問高林財務長採取預售美元策略是否成功？

(b) 假設財務長為規避美元匯率變動風險，評估利用美元選擇權來避險，但又不想支付權利金，試問要如何操作才可達到目的？

四、計算題

1. 在國際外匯市場上，假設美元兌換瑞士法郎的即期匯率為 1.50 瑞士法郎，而 90 天的遠期匯率為 1.53 瑞士法郎。試回答下列問題：

   (a) 遠期美元相對於瑞士法郎是處於溢價出售或貼水出售？

   (b) 國際金融市場預期瑞士法郎相對美元匯率將趨於強勢嗎？理由為何？

2. 新普科技是國內生產鋰電池組規模最大的上櫃公司，董事會規劃將在中國及越南建立電池工廠，在這些國家生產可使新普減少 30% ~35% 的進口關稅，降低鋰電池售價過高的現象。試說明在此投資案中，新普還可能獲取何種額外利益？可能面臨何種風險？

3. 假設美元對日圓的匯率 $e = (JP/US) = 115$，而英鎊兌美元匯率為 $e = (US/UK) = 1.7$。

   試回答下列問題：

   (a) 每英鎊兌日圓的交叉匯率 $e = (JP/UK)$ 為何？

   (b) 假設英鎊兌日圓的交叉匯率為 $e = (JP/UK) = 185$。在此情況下，當中是否存在套利機會嗎？如果存在，試解釋財務長如何從中獲利？

4. 假設美元兌換挪威幣的即期匯率為 6.43 挪威幣、6 個月的遠期匯率為 6.56 挪威幣，而美國的年無風險利率為 5%，而挪威年無風險利率為 8%。

   (a) 即期與遠期市場間存在套利機會嗎？如果有，財務長如何從中套利？

   (b) 銀行如何訂定 6 個月遠期匯率，才能避免套利？

👍 網路練習題

1. 《經濟學人》計算的麥香堡指數是違背絕對購買力平價說的著名例子，這個指數計算不同國家麥當勞麥香堡的美元價格。試連結 http://www.economist.com 網站找到麥香堡指數，點選 "Markets & Data" 連結及隨後的 "Big Mac Index" 連結。利用最近的資料，找出哪一國的麥香堡最貴？哪一國的麥香堡最便宜？為何麥香堡在每個國家的價格都不同？

索 引

財務管理

十二 劃

十三 劃

國家圖書館出版品預行編目資料

財務管理／謝德宗著. －－初版. －－臺北市：
五南，2015.10
　　面；　公分
ISBN 978-957-11-8295-7（平裝）
1.財務管理
494.7　　　　　　　　　104017002

1FTS

財務管理

作　　者 ― 謝德宗

發 行 人 ― 楊榮川

總 經 理 ― 楊士清

主　　編 ― 侯家嵐

責任編輯 ― 侯家嵐

文字校對 ― 林秋芬、許宸瑞

封面設計 ― 盧盈良

排版設計 ― 李宸葳設計工作坊

出 版 者 ― 五南圖書出版股份有限公司

地　　址：106台北市大安區和平東路二段339號4樓

電　　話：(02)2705-5066　　傳　　真：(02)2706-6100

網　　址：http://www.wunan.com.tw

電子郵件：wunan@wunan.com.tw

劃撥帳號：01068953

戶　　名：五南圖書出版股份有限公司

法律顧問　林勝安律師事務所　林勝安律師

出版日期　2015年10月初版一刷
　　　　　2019年 3 月初版二刷

定　　價　新臺幣550元